Übungsaufgaben zur Strömungsmechanik 1

Valentin Schröder

Übungsaufgaben zur Strömungsmechanik 1

116 Aufgaben mit vollständigen Musterlösungen

2. Auflage

Valentin Schröder
Hochschule Augsburg – University of Applied
Sciences
Königsbrunn, Deutschland

ISBN 978-3-662-56053-2   ISBN 978-3-662-56054-9 (eBook)
https://doi.org/10.1007/978-3-662-56054-9

Die Deutsche Nationalbibliothek verzeichnet diese Publikation in der Deutschen Nationalbibliografie; detaillier-
te bibliografische Daten sind im Internet über http://dnb.d-nb.de abrufbar.

Springer Vieweg
Ursprünglich erschienen in einem Band unter dem Titel: Prüfungstrainer Strömungsmechanik
© Springer-Verlag GmbH Deutschland, ein Teil von Springer Nature 2018

Verantwortlich im Verlag: Margit Maly

Springer Vieweg ist ein Imprint der eingetragenen Gesellschaft Springer-Verlag GmbH, DE und ist ein Teil von
Springer Nature.
Die Anschrift der Gesellschaft ist: Heidelberger Platz 3, 14197 Berlin, Germany

Vorwort

Die Idee zu diesem Buch beruht auf zwei Erfahrungen, die ich zum einen als Student und zum anderen später als Lehrender gemacht habe. Mir ist noch sehr gut in Erinnerung, dass in meiner eigenen Ausbildungszeit in den Sechzigerjahren die vorlesungsbegleitende Literatur fast ausnahmslos an den Bedürfnissen der Fachwelt orientiert war und weniger die studentischen Interessen und Erfordernisse ansprach. Der bisweilen abstrakte Hintergrund in der Strömungsmechanik wird jedoch von den meisten Lernenden dann besser oder überhaupt erst verstanden, wenn mittels geeigneter Anwendungsbeispiele die Theorie erprobt werden kann („Learning by doing"). Diesen „Hilfestellungen" wurde in der damaligen Literatur zu wenig Beachtung geschenkt. Die wenigen Beispiele, die zur Verfügung standen, zeichneten sich oft dadurch aus, dass die einzelnen Lösungsschritte gar nicht oder nur fragmentarisch vorlagen und somit die Erarbeitung der Aufgabenlösungen nur schwer möglich war und oft auch erfolglos blieb.

Um diese Mängel nicht in meinen eigenen Vorlesungen „Strömungsmechanik" und „Strömungsmaschinen", die ich während der Lehrtätigkeit von 1982 bis 2007 an der Hochschule Augsburg gehalten habe, zu wiederholen, habe ich die Vorlesungen auf zwei Schwerpunkten aufgebaut. Neben der Vermittlung des theoretischen Hintergrunds wichtiger Grundlagen kam der Erprobung des Erlernten durch die anschließende Bearbeitung zahlreicher Übungsbeispiele besondere Bedeutung zu. Das genannte Konzept fand bei den Studierenden eine hohe Akzeptanz, was u. a. in den positiven Aussagen im Rahmen der „Evaluationen" zum Ausdruck kam.

Diese positiven Erfahrungen gaben dann auch den Ausschlag, das vorliegende Buch zu konzipieren. Da die heute verfügbare Literatur zur Strömungsmechanik neben den Fachbüchern auch sehr gute Lehrbücher anbietet, die den oft abstrakten, nicht immer sofort verständlichen Stoff sowohl inhaltlich als auch pädagogisch gut aufbereitet vermitteln, bestand keine Notwendigkeit, ein weiteres Lehrbuch hinzuzufügen. Es sollte dagegen eine Lücke geschlossen werden, die im Bedarf nach einem vorlesungsergänzenden Übungsbuch bestand. Dessen besonderer Schwerpunkt liegt auf der detaillierten Vorgehensweise bei der Aufgabenlösung, um das Nachvollziehen auch von komplexeren Aufgaben zu ermöglichen.

Die diversen Gebiete der Strömungsmechanik werden von Hochschule zu Hochschule und von Fachgebiet zu Fachgebiet unterschiedlich akzentuiert. Dies hat folglich eine

Fülle verschiedenartiger Schwerpunkte der Themenbereiche zur Folge, die zum einen in diesem Buch nicht vollständig abgedeckt werden können und zum anderen auch den äußeren Umfang eines einzigen Buchs überfordern würden. Die Verteilung des ausgewählten gesamten Aufgabenumfangs auf zwei Bände bot sich folglich als Lösung an.

Vorliegendes Buch spricht vorzugsweise Hörerinnen und Hörer des Maschinenbaus, der Verfahrenstechnik und der Umwelttechnik an Hochschulen für angewandte Wissenschaften an. Voraussetzung bei der Benutzung des Buchs ist, dass die Grundlagen des Fachs Strömungsmechanik bekannt sind, was im Allgemeinen erst nach dem 3. oder auch höheren Semestern der Fall ist. Das erforderliche mathematische Rüstzeug wird mit den diesbezüglichen Vorlesungsinhalten an Hochschulen für angewandte Wissenschaften abgedeckt.

Ich wünsche allen, die sich eine Verbesserung ihres Verständnisses strömungsmechanischer Vorgänge durch die Erprobung der Theorie an konkreten Aufgaben erhoffen, dass das vorliegende Buch hierbei hilfreich ist und im Fall bevorstehender Prüfungen zum gewünschten Erfolg beiträgt.

Nicht zuletzt möchte ich mich bei meiner Frau für ihren bewundernswerten Einsatz beim Niederschreiben der zahllosen Gleichungen und für ihre kritischen Anmerkungen bei der Textgestaltung von ganzem Herzen bedanken.

Ebenfalls besten Dank sagen möchte ich dem Springer-Verlag und hier insbesondere Frau Margit Maly (Lektorat Physik und Astronomie), Frau Stella Schmoll und Frau Carola Lerch (beide Projektmanagement), die alle meine Fragen in sehr kompetenter und zuvorkommender Art beantworten konnten.

Königsbrunn   Valentin Schröder
Juni 2018

Hinweise zur Anwendung

Jedem der 11 Kapitel dieses Buchs ist eine kurze Einführung in die betreffende Thematik voran gestellt. Hier werden auch die wichtigsten diesbezüglichen Gleichungen, die bei der Lösung der nachfolgenden Beispiele benötigt werden, aufgelistet. Da man damit oft nicht allein zum Ziel kommt, werden weitere Gesetze anderer Kapitel benötigt. In den Aufgabenerläuterungen finden sich hierzu entsprechende Hinweise.

Die Übungsaufgaben selbst sind im Allgemeinen wie folgt strukturiert. Zunächst führt die Aufgabenstellung mit einer detaillierten Skizze in die Aufgabe ein. Die anschließende Aufgabenerläuterung mit Hinweisen auf die hier angesprochenen Themenbereiche soll den einzuschlagenden Lösungsweg erkennen lassen. Besonderheiten, Annahmen, z. T. nicht geläufige mathematische Zusammenhänge, usw. werden unter Anmerkungen (grau hinterlegt) genannt. Danach erfolgt unter Lösungsschritte der, oftmals vielleicht trivial anmutende, bis ins Detail aufgelöste Weg zum gesuchten Ergebnis. Hintergrund dieser engmaschigen Vorgehensweise ist der Wunsch, dem Studierenden Hürden bei der Aufgabenbearbeitung beiseite zu räumen, die eventuell durch ausgelassene Hinweise entstehen könnten.

Schwerpunktmäßig ist das Aufgabenkonzept so gewählt, dass vorrangig funktionale Zusammenhänge erarbeitet werden müssen. Erst in zweiter Linie folgt die Auswertung mit konkreten Zahlen. Hierbei ist dann auf eine konsequente Beachtung dimensionsgerechter Größen zu achten.

Die einzuschlagende Lösungsstrategie hat Turtur [19] in unten stehendem Ablaufplan übersichtlich zusammengestellt. Aufgrund der Ausführlichkeit und Vollständigkeit bedarf sie keiner weiteren Erläuterungen bzw. Ergänzungen. Sie sollte bei der Bearbeitung der einzelnen Aufgaben konsequent eingehalten werden, um den größtmöglichen Nutzen zu erzielen.

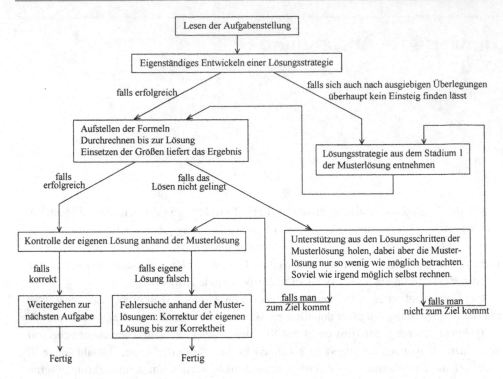

Lösungsvorgehensweise nach Turtur [19]

Nomenklatur

Größe	Einheit	Name
A	[m²]	Fläche, Querschnittsfläche
A_{UR}	[m²]	tatsächlicher durchströmter Querschnitt
a	[m/s²]	Beschleunigung
a	[m/s]	Schallgeschwindigkeit
B, b	[m]	Breite
c	[m/s]	Absolutgeschwindigkeit
$\bar{c}$	[m/s]	mittlere Geschwindigkeit
c_A	[–]	Auftriebsbeiwert
c_L	[m/s]	Laval-Geschwindigkeit
c_M	[–]	Momentenbeiwert
c_m	[m/s]	Meridiankomponente von c
c_p	[J/(kg · K)]	spezifische Wärmekapazität bei konstantem Druck
c_u	[m/s]	Umfangskomponente von c
c_W	[–]	Widerstandsbeiwert
c_∞	[m/s]	ungestörte Geschwindigkeit des Absolutsystems
D	[1/s]	Verformungsgeschwindigkeit
D, d	[m]	Durchmesser
d_{hydr}	[m]	hydraulischer Durchmesser, Gleichwertigkeitsdurchmesser
D		totales Differenzial
d		Differenzial
∂		partielles Differenzial
e	[m]	Exzentrizität
F	[N]	Kraft
f	[m/s²]	auf die Masse bezogene Kraft (z. B. F_G/m)
g	[m/s²]	Fallbeschleunigung
H, h	[m]	Höhe
I	[m⁴]	Flächenmoment 2. Grades
$\dot{I} \equiv F_I$	[N]	Impulsstrom $\equiv$ Impulskraft
I_S	[m⁴]	Flächenmoment 2. Grades um den Schwerpunkt
$\vec{i} ; \vec{j} ; \vec{k}$		Einheitsvektoren
k	[m]	Rauigkeit
k_S	[m]	äquivalente Sandrauigkeit
L, l	[m]	Länge
L_{Grenz}	[m]	Grenzlänge
Ma	[–]	Machzahl
m	[kg]	Masse
m	[–]	Exponent
$\dot{m}$	[kg/s]	Massenstrom

n	[1/s]	Drehzahl
P	[W]	Leistung
p	[Pa]	Druck
p_B	[Pa]	barometrischer Druck
p_{Da}	[Pa]	Dampfdruck
p_V	[Pa]	Druckverlust
p_∞	[Pa]	Druck in ungestörter Außenströmung
R, r	[m]	Radius
Re	[–]	Reynoldszahl
R_i	[J/(kg·K)]	spezifische Gaskonstante
s	[m]	Spaltweite, Wandstärke, Weg
T	[K]	Absoluttemperatur
T, t	[s]	Zeit
T	[N·m]	Moment
T^*	[K]	Totaltemperatur
T, t	[m]	Tiefe vom Flüssigkeitsspiegel aus gezählt
u	[m/s]	Umfangsgeschwindigkeit, Systemgeschwindigkeit
U_{UR}	[m]	gesamter fluidbenetzter Umfang
V	[m³]	Volumen
$\dot{V}$	[m³/s]	Volumenstrom
v	[m³/kg]	spezifisches Volumen
w	[m/s]	Relativgeschwindigkeit
x, y, z		kartesische Koordinaten
Y	[(N·m)/kg]	spezifische Pumpenförderenergie
Y_{Anl}	[(N·m)/kg]	spezifischer Energiebedarf einer Anlage
$Y_{Sch,\infty}$	[(N·m)/kg]	spezifische Schaufelarbeit bei schaufelkongruenter, verlustfreier Strömung
$Y_{Sp,\infty}$	[(N·m)/kg]	spezifische Spaltdruckarbeit bei schaufelkongruenter, verlustfreier Strömung
Y_V	[(N·m)/kg]	Spezifische Verlustenergie
Z	[m]	Ortshöhe

Größe	Einheit	Name
α	[°]	Winkel
α	[–]	Durchflusszahl; Ausflusszahl
α_K	[–]	Kontraktionszahl
β	[°]	Winkel
γ	[°]	Gleitwinkel
Δ		Differenz
δ	[°]	Anstellwinkel
δ	[m]	Grenzschichtdicke
ε	[–]	Gleitzahl
ζ	[–]	Verlustziffer
η	[Pa·s]	dynamische Viskosität
η	[–]	Wirkungsgrad
ϑ	[°C]	Temperatur
κ	[–]	Isentropenexponent
λ	[–]	Rohrreibungszahl
μ	[–]	Überfallbeiwert
μ_0	[–]	Haftreibungsbeiwert
ν	[m^2/s]	kinematische Viskosität
ρ	[kg/m^3]	Dichte
σ_Z	[Pa]	Zugspannung
τ	[Pa]	Schub-, Scherspannung
τ_0	[Pa]	Wandschubspannung
Φ	[m^2/s]	Potenzialfunktion
φ	[°]	Winkel
φ	[–]	Geschwindigkeitszahl
Ψ	[m^2/s]	Stromfunktion
ω	[1/s]	Winkelgeschwindigkeit

Inhaltsverzeichnis

1 **Viskose Fluideigenschaften**   1
   Aufgabe 1.1 Viskosität in zwei dünnen Flüssigkeitsschichten   4
   Aufgabe 1.2 Rotationsviskosimeter   8
   Aufgabe 1.3 Rotierender Hohlzylinder 13

2 **Translatorisch und rotierend bewegte Flüssigkeitssysteme** 17
   Aufgabe 2.1 Wasserbehälter auf LKW 20
   Aufgabe 2.2 Beschleunigtes Winkelrohr 23
   Aufgabe 2.3 Rotierendes Winkelrohr 25
   Aufgabe 2.4 Rotierendes T-Stück 28
   Aufgabe 2.5 Rotierender geschlossener Zylinder 30
   Aufgabe 2.6 Rotierender Behälter mit Steigrohr 33
   Aufgabe 2.7 Rotierender Behälter mit offenem Deckel 36
   Aufgabe 2.8 Messfühler auf rotierender Flüssigkeitsoberfläche 41
   Aufgabe 2.9 Schrägaufzug 43

3 **Fluiddruck** 51
   Aufgabe 3.1 Kolben in Ölzylinder 55
   Aufgabe 3.2 Kugelbehälter 57
   Aufgabe 3.3 U-Rohr mit zwei verschiedenen Flüssigkeiten 59
   Aufgabe 3.4 Behälter mit kommunizierenden Zylindern 61
   Aufgabe 3.5 Doppeltes Zylindersystem 64
   Aufgabe 3.6 Behälter mit verschiedenen Flüssigkeiten 67
   Aufgabe 3.7 Wasserglas 72
   Aufgabe 3.8 Ballon 75
   Aufgabe 3.9 Behälter mit Rohrleitungen 79

4 **Hydrostatische Kräfte auf ebene und gekrümmte Wände** 85
   Aufgabe 4.1 Rechteckige Staumauer 91
   Aufgabe 4.2 Schräge Absperrklappe 95
   Aufgabe 4.3 Platte auf Wasser 99
   Aufgabe 4.4 Verschlussklappe zwischen zwei Wasserkanälen 103

Aufgabe 4.5 Zylinder auf Rechteckabfluss 108
Aufgabe 4.6 Kugel auf Abflussrohr 112
Aufgabe 4.7 Segmentschütz 115
Aufgabe 4.8 Zylinder zwischen zwei Flüssigkeiten 119

5   **Auftriebskräfte an eingetauchten Körpern** 127
Aufgabe 5.1 Boje 129
Aufgabe 5.2 Dichtebestimmung eines Holzbalkens 131
Aufgabe 5.3 Eingetauchter Holzstab 135
Aufgabe 5.4 Schwimmender Hohlzylinder 139
Aufgabe 5.5 Schwimmender Quader 142
Aufgabe 5.6 Stahlklotz in Quecksilber 146
Aufgabe 5.7 TV-Quiz 148
Aufgabe 5.8 Tauchbehälter 151
Aufgabe 5.9 Schwimmender Vollzylinder 159
Aufgabe 5.10 Verschlusskegel 164

6   **Kinematik von Fluidströmungen** 171
Aufgabe 6.1 Ebenes, stationäres Geschwindigkeitsfeld 1 176
Aufgabe 6.2 Räumliches, instationäres Geschwindigkeitsfeld 1 177
Aufgabe 6.3 Räumliches, instationäres Geschwindigkeitsfeld 2 180
Aufgabe 6.4 Eindimensionale, stationäre Düsenströmung 182
Aufgabe 6.5 Ebenes, stationäres Geschwindigkeitsfeld 2 185
Aufgabe 6.6 Kreisströmung 188
Aufgabe 6.7 Räumliches, instationäres Geschwindigkeitsfeld 3 191
Aufgabe 6.8 Ebenes, stationäres Geschwindigkeitsfeld 3 194
Aufgabe 6.9 Ebenes, stationäres Geschwindigkeitsfeld 4 198
Aufgabe 6.10 Ebenes, stationäres Geschwindigkeitsfeld 5 201
Aufgabe 6.11 Räumliches, stationäres Geschwindigkeitsfeld 204

7   **Kontinuitätsgleichung, Durchflussgleichung** 207
Aufgabe 7.1 Kontinuitätsnachweis 209
Aufgabe 7.2 Durchflussgesetz 211
Aufgabe 7.3 Laminare Rohreinlaufströmung 213
Aufgabe 7.4 Ebener Konfusor 216
Aufgabe 7.5 Verteilersystem 220
Aufgabe 7.6 Messstelle der mittleren Geschwindigkeit 222
Aufgabe 7.7 Beregnetes Stadion 226
Aufgabe 7.8 Volumenstrombestimmung mittels Geschwindigkeitsverteilung . 229
Aufgabe 7.9 Behälter mit einem Zulauf und zwei Abläufen 233
Aufgabe 7.10 Kolben mit Leckage 236
Aufgabe 7.11 Windkanal mit Grenzschichtabsaugung 239

8 Bernoulli'sche Energiegleichung für ruhende Systeme 245

Aufgabe 8.1 Wasserbecken mit zwei parallelen Ausflussrohren 248

Aufgabe 8.2 Vertikale Rohrerweiterung mit U-Rohr 252

Aufgabe 8.3 Trichter 255

Aufgabe 8.4 Vertikaler Rohrausfluss 260

Aufgabe 8.5 Hakenrohr 264

Aufgabe 8.6 Venturimeter 267

Aufgabe 8.7 Rohrleitung ohne und mit Diffusor 271

Aufgabe 8.8 Druckbehälter mit einem Zulauf und zwei Abflüssen 274

Aufgabe 8.9 Behälter mit Kreisscheibendiffusor 278

Aufgabe 8.10 Wasseruhr 281

Aufgabe 8.11 Ausfluss aus zylindrischem Behälter 284

Aufgabe 8.12 Horizontaler Ausfluss aus offenem Behälter 288

Aufgabe 8.13 Wasserkanal mit Steilabfall 291

Aufgabe 8.14 Strömung im offenen Kanal aufwärts 296

Aufgabe 8.15 Ausfluss durch eine Rohrleitung aus einem offenen Behälter . . 300

Aufgabe 8.16 Zwei offene Behälter mit kreisringförmiger Verbindungsleitung 305

9 Bernoulli'sche Energiegleichung für rotierende Systeme 311

Aufgabe 9.1 Rohrpumpe 313

Aufgabe 9.2 Rotierendes gerades Rohr 319

Aufgabe 9.3 Rasensprenger 325

Aufgabe 9.4 Pumpenlaufrad 331

10 Bernoulli'sche Energiegleichung bei instationärer Strömung 337

Aufgabe 10.1 Turbinenfallleitung 338

Aufgabe 10.2 Instationär durchströmte Heberleitung 342

Aufgabe 10.3 Flüssigkeitsschwingung 350

Aufgabe 10.4 Leitung mit Verlusten 356

Aufgabe 10.5 Abgestufte Rohrleitung 364

Aufgabe 10.6 Flüssigkeitsspiegelschwingung in zwei miteinander verbundenen Behältern 372

Aufgabe 10.7 Rohrleitung mit Düse 378

Aufgabe 10.8 Ausfluss aus keilförmigem Behälter mit angeschlossener Rohrleitung 386

Aufgabe 10.9 Zwei große Wasserbehälter mit Rohrleitung und Schieber 391

Aufgabe 10.10 Füllzeit eines zylindrischen Behälters durch scharfkantiges Loch im Boden 400

Aufgabe 10.11 Schleusenentleerung 405

Aufgabe 10.12 Befüllen eines in Wasser getauchten, kegelstumpfförmigen Behälters durch ein Loch im Boden 409

Aufgabe 10.13 Innenbehälter in einem Außenbehälter 416

11   Fluidströmungen mit Dichteänderungen 425
       Aufgabe 11.1 Umströmter Körper 426
       Aufgabe 11.2 Mach-Zahl am Tragflügel 430
       Aufgabe 11.3 Isentrope Stromfadenströmung 432
       Aufgabe 11.4 Isotherme Rohrströmung 435
       Aufgabe 11.5 Geschoss 440
       Aufgabe 11.6 Gasbehälter mit Kolben 443
       Aufgabe 11.7 Rohrleitung mit Kegeldiffusor 447
       Aufgabe 11.8 Luftstrahl mit Pitot-Rohr 453
       Aufgabe 11.9 Druckbehälter mit Düse (und Diffusor) 456
       Aufgabe 11.10 Druckluftbehälter mit Laval-Düse 459
       Aufgabe 11.11 Ringförmige Laval-Düse 465
       Aufgabe 11.12 Adiabate Rohrströmung 1 473
       Aufgabe 11.13 Adiabate Rohrströmung 2 474
       Aufgabe 11.14 Isentrope Luftströmung durch Düse 477
       Aufgabe 11.15 Isentrope Luftströmung durch Diffusor 482
       Aufgabe 11.16 Stickstoffströmung aus Düse 484
       Aufgabe 11.17 Isentrope Luftströmung aus einem Behälter in eine Rohrleitung 486
       Aufgabe 11.18 Druckbehälter mit Düsenaustritt 491
       Aufgabe 11.19 Luftströmung aus einem Druckbehälter in ein Rohr 497
       Aufgabe 11.20 Isotherme, kompressible Fluidströmung im Kreisrohr 505
       Aufgabe 11.21 Isotherme, kompressible Luftströmung im Kreisrohr 509
       Aufgabe 11.22 Isotherme, kompressible Luftströmung im Graugussrohr . . . 512

Rohrreibungszahl 517

Literatur 519

Viskose Fluideigenschaften

Viskosität

Die Stoffgröße „Viskosität" ist als Resultat der inneren Reibung, die bei der Verschiebung von Fluidteilchen gegeneinander entsteht, zu verstehen. Sie ist definiert als Eigenschaft eines fließfähigen Stoffsystems (flüssig oder gasförmig), bei Verformungen Spannungen aufzunehmen. Umgekehrt kann ebenso durch eine aufgebrachte (Schub-)Spannung eine Verformung hervorgerufen werden, die sich in der Änderung der Geschwindigkeit senkrecht zu ihrer Richtung äußert. Diese Geschwindigkeitsänderung wird als Verformungsgeschwindigkeit D bezeichnet. Man muss hierbei zwischen zwei Fällen unterscheiden (Abb. 1.1 und 1.2):

Fall 1 Handelt es sich um sehr dünne Fluidschichten, so ist ein linearer Geschwindigkeitsverlauf $c_x = f(z)$ feststellbar. Die Verformungsgeschwindigkeit D innerhalb dieser Schicht ändert sich folglich nicht, d. h. $D \equiv \Delta c_x / \Delta z =$ konstant. Diesen Fall bezeichnet man auch als Couette-Strömung.

Fall 2 Abweichend hiervon, wenn also die Fluidschichten nicht mehr als sehr dünn einzustufen sind, verändert sich die Geschwindigkeit c_x nicht mehr proportional mit z. Hier ist ein nichtlinearer Geschwindigkeitsverlauf zu erkennen. Folglich wird auch die Verformungsgeschwindigkeit $D \equiv dc_x / dz \neq$ konstant.

Newton hat für den Fall dünner Fluidschichten festgestellt, dass die Reibungskraft F zwischen den Schichten abhängig ist von dem Geschwindigkeitsunterschied Δc_x, nicht aber vom Druck. Dies steht im Gegensatz zu Reibungskräften bei Festkörpern, die bekanntlich von Normalkräften abhängen. Des Weiteren konnte Newton aufgrund von Versuchen ermitteln, dass sich diese Kraft proportional zur Fläche A und der Fluiddichte ρ sowie umgekehrt proportional zum Abstand Δz verhält.

© Springer-Verlag GmbH Deutschland, ein Teil von Springer Nature 2018
V. Schröder, *Übungsaufgaben zur Strömungsmechanik 1*,
https://doi.org/10.1007/978-3-662-56054-9_1

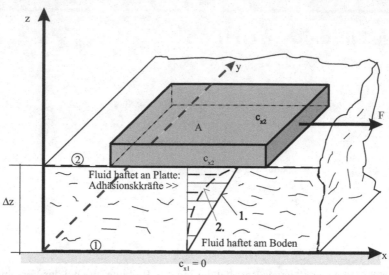

Fluide mit Newtonschem
Fließverhalten:

1. Lineare Geschwindigkeitsverteilung bei auf Fluid bewegter Platte über ruhender
   Oberfläche und kleinem Abstand Δz.

Fluide mit Newtonschem
Fließverhalten:

2. Nichtlineare Geschwindigkeitsverteilung bei auf Fluid bewegter
   Platte über ruhender Oberfläche
   und großem Abst. Δz.

Abb. 1.1 Über Flüssigkeit gezogene Platte bei zwei verschiedenen Schichtdicken

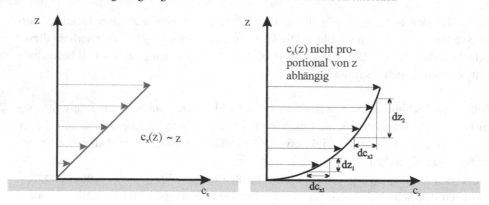

Abb. 1.2 Geschwindigkeitsverteilungen bei zwei verschiedenen Schichtdicken: *links* lineare Geschwindigkeitsverteilung bei kleiner Schichtdicke, *rechts* nichtlineare Geschwindigkeitsverteilung bei größerer Schichtdicke

Fall 1 Unter Voraussetzung dünner Fluidschichten lässt sich die Reibungskraft F aus

$$F = \eta \cdot A \cdot \frac{\Delta c_x}{\Delta z}$$

ermitteln. Bezieht man diese Kraft auf die benetzte Fläche A, so erhält man als Schubspannung

$$\tau = \frac{F}{A}.$$

Das Newton'sche Fluidreibungsgesetz der Couette-Strömung lautet somit

$$\tau = \eta \cdot \frac{\Delta c_x}{\Delta z}$$

η dynamische Viskosität
$D = \frac{\Delta c_x}{\Delta z}$ Verformungsgeschwindigkeit

η ist eine Stoffkonstante und hängt in vielen Fällen ausgeprägt von der Temperatur ab, vom Druck dagegen weniger. Wegen der konstanten Verformungsgeschwindigkeit D bei Couette-Strömungen und mit η als Stoffgröße (unabhängig von D angenommen) ist die Schubspannung τ in diesem Fall über z konstant.

Fall 2 Bei nichtlinearer c_x-Verteilung lautet das Newtonsches Fluidreibungsgesetz analog zu Fall 1

$$\tau = \eta \cdot \frac{dc_x}{dz} = \eta \cdot D^1.$$

η dynamische Viskosität
$D = \frac{dc_x}{dz}$ Verformungsgeschwindigkeit

Die Schubspannung τ ändert sich hierbei linear mit der Verformungsgeschwindigkeit $D = dc_x/dz$, wenn η als dynamische Viskosität wiederum unabhängig von D vorausgesetzt wird. Die Fluide mit diesen Eigenschaften bezeichnet man auch als Newton'sche Fluide.

Dynamische Viskosität η: Zur Dimension der dynamischen Viskosität gelangt man wie folgt:

$$\eta = \frac{\tau}{\left(\frac{dc_x}{dz}\right)} \text{ mit } \tau \left[\frac{N}{m^2}\right] \text{ und } \frac{dc_x}{dz}\left[\frac{m}{s \cdot m}\right] \text{ ergibt } \eta \left[\frac{N \cdot s}{m^2}\right] \text{ oder}$$

Tab. 1.1 Dichte, dynamische und kinematische Viskosität bei $p = 1$ bar und $\theta = 20\,°\mathrm{C}$

	ρ [kg/m^3]	η [Pa $\cdot$ s]	ν [m^2/s]
Wasser	1 000	$1\,000 \cdot 10^{-6}$	$1 \cdot 10^{-6}$
Luft	1,2	$18 \cdot 10^{-6}$	$15 \cdot 10^{-6}$

$$\eta [\mathrm{Pa} \cdot \mathrm{s}].$$

Kinematische Viskosität ν: Bezieht man die dynamische Viskosität η auf die Fluiddichte ρ, so führt dies zu einer spezifischen Viskosität, die als kinematische Viskosität ν bekannt ist:

$$\nu = \frac{\eta}{\rho}.$$

Die Dimension der kinematischen Viskosität lässt sich folgendermaßen angeben:

$$\nu = \frac{\eta}{\rho} \text{ mit } \eta \left[\frac{\mathrm{N} \cdot \mathrm{s}}{\mathrm{m}^2} \right] \text{ und } \rho \left[\frac{\mathrm{kg}}{\mathrm{m}^3} \right] \text{ ergibt } \nu \left[\frac{\mathrm{N} \cdot \mathrm{s}}{\mathrm{m}^2} \cdot \frac{\mathrm{m}^3}{\mathrm{kg}} \right] \text{ oder } \nu \left[\frac{\mathrm{kg} \cdot \mathrm{m} \cdot \mathrm{s} \cdot \mathrm{m}^3}{\mathrm{s}^2 \cdot \mathrm{m}^2 \cdot \mathrm{kg}} \right] \text{ bzw.}$$

$$\nu \left[\frac{\mathrm{m}^2}{\mathrm{s}} \right].$$

Für Wasser und Luft als sehr häufig verwendete Fluide sind in Tab. 1.1 die beiden Viskositäten bei atmosphärischer Umgebung ($p = 1$ bar und $\theta = 20\,°\mathrm{C}$) in gerundeten Werten zusammengestellt.

Aufgabe 1.1 Viskosität in zwei dünnen Flüssigkeitsschichten

In Abb. 1.3 ist ein Flüssigkeitssystem zu erkennen, das aus zwei übereinander geschichteten, sich nicht miteinander vermischenden Flüssigkeiten verschiedener Viskositäten η_1 und η_2 besteht. Die jeweiligen Schichthöhen h_1 und h_2 sind dabei als sehr klein einzustufen. Auf der oberen Schicht wird eine nicht eintauchende Platte über die Fläche gezogen, wobei von der Platte die Fläche A und die Geschwindigkeit c bekannt sind. Welche Kraft F wird für den Vorgang benötigt?

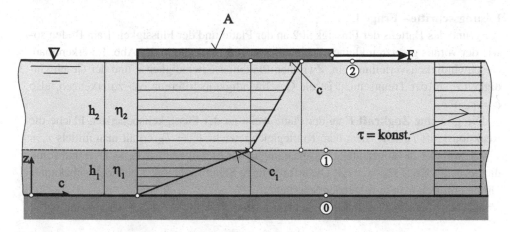

Abb. 1.3 Viskosität in zwei dünnen Flüssigkeitsschichten

Lösung zu Aufgabe 1.1

Aufgabenerläuterung

Der Aufgabe liegt das Newton'sche Reibungsgesetz $\tau = \eta \cdot dc/dz$ zu Grunde. Bei kleinen Schichtdicken liegt ein konstanter Geschwindigkeitsgradient vor, sodass man $dc/dz = \Delta c/\Delta z$ setzen kann. Dies bedeutet, dass sich auch die Schubspannung $\tau = \eta \cdot \Delta c/\Delta z$ über z nicht ändert. In der Trennfläche beider Flüssigkeiten ist die örtliche Geschwindigkeit c_1 gleich groß.

Gegeben:

- c; A; h_1; h_2; η_1; η_2

Gesucht:

1. F
2. F, wenn:
   - $\eta_1 = 1 \cdot 10^{-3}\,\mathrm{Pa \cdot s}$; $h_1 = 1\,\mathrm{mm}$
   - $\eta_2 = 15 \cdot 10^{-3}\,\mathrm{Pa \cdot s}$; $h_2 = 2\,\mathrm{mm}$
   - $c = 1\,\mathrm{m/s}$; $A = 0{,}50\,\mathrm{m}^2$

Anmerkungen

- Haftbedingung an Platte und Boden
- Flüssigkeiten vermischen sich nicht.
- Couette-Strömung in beiden Schichten
- In Ebene 1 dieselbe Geschwindigkeit c_1 bei beiden Schichten

Lösungsschritte – Frage 1

Aufgrund des Haftens der Flüssigkeit 2 an der Platte und der Flüssigkeit 1 am Boden sowie der voraus gesetzten kleinen Schichtdicken stellt sich die in der Abb. 1.3 erkennbare Geschwindigkeitsverteilung ein. Zwischen Plattengeschwindigkeit c und der Geschwindigkeit c_1 in der Trennschicht ist die Geschwindigkeitsdifferenz c_{Dif} zu erkennen, also $c = c_1 + c_2$.

Die gesuchte **Zugkraft** F an der Platte weist an der flüssigkeitsbenetzten Fläche die Reaktionskraft F_R auf. Nach dem Kräftegleichgewicht $F = F_R$ erhält man mittels $\tau = F_R/A$, wobei τ die konstante Schubspannung in der Flüssigkeit ist, $F_R = \tau \cdot A$ und somit die gesuchte Kraft $F_R = \tau \cdot A$. Die erforderliche Schubspannung τ als noch unbekannte Größe ermittelt man in folgenden Schritten:

Das Newton'sche Gesetz für die Schicht 1 lautet $\tau = \eta_1 \cdot \Delta c_1/\Delta z_1$. Hierin sind

$$\Delta c_1 = c_1 - 0$$

der Geschwindigkeitsunterschied in der Schicht 1 und folglich

$$\Delta c_1 = c_1$$

sowie

$$\Delta z_1 = h_1.$$

Dies führt zu

$$\tau = \eta_1 \cdot \frac{c_1}{h_1}.$$

Die hierin unbekannte Geschwindigkeit c_1 in der Trennschicht lautet

$$c_1 = c - c_{\text{Dif}}.$$

Eingesetzt in die Gleichung für τ führt dies zu

$$\tau = \eta_1 \cdot \frac{(c - c_{\text{Dif}})}{h_1}.$$

Nach Ausmultiplizieren der Klammer erhält man

$$\tau = \eta_1 \cdot \frac{c}{h_1} - \eta_1 \cdot \frac{c_{\text{Dif}}}{h_1}$$

oder auch

$$\tau = \frac{\eta_1}{h_1} \cdot c - \frac{\eta_1}{h_1} \cdot c_{\text{Dif}}.$$

Die unbekannte **Differenzgeschwindigkeit** c_{Dif} kann nun aus der Schubspannung in der oberen Schicht wie folgt hergeleitet werden. Das Newton'sche Gesetz für die Schicht 2 lautet $\tau = \eta_2 \cdot \Delta c_2/\Delta z_2$. Hierin sind $\Delta c_2 = c_{\text{Dif}}$ der Geschwindigkeitsunterschied in der Schicht 2 und $\Delta z_2 = h_2$. Dies führt dann zu $\tau = \eta_2 \cdot c_{\text{Dif}}/h_2$ oder nach c_{Dif} umgeformt

$c_{\text{Dif}} = (\tau \cdot h_2)/\eta_2$. Eingesetzt in die Gleichung für τ führt dies zu

$$\tau = \frac{\eta_1}{h_1} \cdot c - \frac{\eta_1}{h_1} \cdot \frac{\tau \cdot h_2}{\eta_2} = \frac{\eta_1}{h_1} \cdot c - \frac{\eta_1}{\eta_2} \cdot \frac{h_2}{h_1} \cdot \tau.$$

Wird jetzt noch die Gleichung nach Gliedern mit τ umgestellt,

$$\tau + \frac{\eta_1}{\eta_2} \cdot \frac{h_2}{h_1} \cdot \tau = \frac{\eta_1}{h_1} \cdot c,$$

dann τ ausgeklammert,

$$\tau \cdot \left(1 + \frac{\eta_1}{\eta_2} \cdot \frac{h_2}{h_1}\right) = \frac{\eta_1}{h_1} \cdot c,$$

und schließlich mit h_1/η_1 multipliziert,

$$\tau \cdot \left(\frac{h_1}{\eta_1} + \frac{\eta_1}{\eta_2} \cdot \frac{h_1}{\eta_1} \cdot \frac{h_2}{h_1}\right) = c,$$

so entsteht

$$\tau \cdot \left(\frac{h_1}{\eta_1} + \frac{h_2}{\eta_2}\right) = c.$$

Nach Division durch den Klammerausdruck ist dann

$$\tau = \frac{c}{\left(\frac{h_1}{\eta_1} + \frac{h_2}{\eta_2}\right)}.$$

Das Ergebnis für F lautet dann folgendermaßen:

$$F = A \cdot c \cdot \frac{1}{\left(\frac{h_1}{\eta_1} + \frac{h_2}{\eta_2}\right)}.$$

Lösungsschritte – Frage 2

Wie groß ist die **Kraft F**, wenn Flüssigkeit 1 Wasser ist mit $\eta_1 = 1 \cdot 10^{-3}\,\text{Pa·s}$; $h_1 = 1\,\text{mm}$ und Flüssigkeit 2 Öl ist mit $\eta_2 = 15 \cdot 10^{-3}\,\text{Pa·s}$; $h_2 = 2\,\text{mm}$? Außerdem sind $c = 1\,\text{m/s}$ und $A = 0{,}50\,\text{m}^2$.

Unter Beachtung dimensionsgerechter Größen lässt sich die Kraft F wie folgt ermitteln:

$$F = 0{,}50 \cdot 1 \cdot \frac{1}{\left(\frac{0{,}001}{0{,}001} + \frac{0{,}002}{0{,}015}\right)},$$

$$F = 0{,}441\,\text{N}.$$

Aufgabe 1.2 Rotationsviskosimeter

In Abb. 1.4 ist in vereinfachter Darstellung ein Rotationsviskosimeter zu erkennen, bei dem sich ein zylindrischer Rotor in einem mit der Prüfflüssigkeit gefüllten Hohlzylinder dreht. Zwischen Rotormantelfläche und Gehäuse erkennt man den Spalt s und zwischen Rotorbodenfläche und Gehäuse den Spalt h. Beide Spaltweiten sind so klein bemessen, dass man jeweils von einer Couette-Strömung ausgehen kann. Zur Dimensionierung des Antriebs wird von einer bekannten Viskosität η der Prüfflüssigkeit ausgegangen, ebenso wie von den Viskosimeterabmessungen r_a, r_i, H und h sowie der Rotordrehzahl n. Mit welchem Drehmoment T muss der Rotor angetrieben werden, wenn seine Mantelfläche und die untere Stirnfläche flüssigkeitsbenetzt sind?

Lösung zu 1.2

Aufgabenerläuterung
Couette-Strömungen in ebenen Schichten oder kreisringförmigen Systemen mit sehr kleinen Schichthöhen bzw. Spaltweiten weisen sich durch lineare Geschwindigkeitsverteilungen aus. Das Newton'sche Reibungsgesetz $\tau = \eta \cdot dc/dz$ für diese Fälle formuliert lautet dann $\tau = \eta \cdot \Delta c/\Delta z$ bzw. $\tau = \eta \cdot \Delta u/\Delta r$. Dies bedeutet, dass auch die Schubspannungen über der Höhe Δz bzw. Δr konstant sind. Die Anwendung dieses Gesetzes für den Spalt zwischen Rotormantel und Gehäuse und für den Spalt zwischen Rotorstirnfläche und Gehäuseboden ist die Grundlage bei der Lösung vorliegender Aufgabe. Da an der Rotorstirnfläche die Schubspannung sich jedoch über dem Radius r ändert, muss dies durch eine geeignete Integration berücksichtigt werden. Die aus den Schubspannungen

Abb. 1.4 Rotations-
viskosimeter

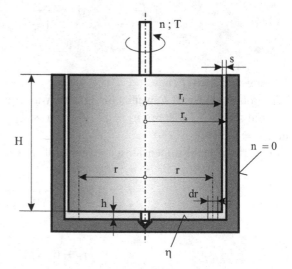

mittels der Bezugsflächen resultierenden Scherkräfte führen in Verbindung mit den Wirkradien zum gesuchten Antriebsmoment.

Gegeben:

- H; r_a; r_i; h; η; n

Gesucht:

1. T
2. T, wenn:
   - $r_a = 50{,}1\,\text{mm}$; $r_i = 50{,}0\,\text{mm}$; $H = 100\,\text{mm}$; $h = 0{,}20\,\text{mm}$; $n = 2\,\text{s}^{-1}$; $\eta = 30 \cdot 10^{-3}\,\text{Pa} \cdot \text{s}$

Anmerkungen

Die Couette-Strömung über der Spalthöhe h am Boden des Viskosimeters trifft nur bei $h \ll r$ zu. In unmittelbarer Umgebung der Drehachse ist dies jedoch nicht mehr der Fall, was aber hier nicht weiter berücksichtigt werden soll. Auch der Einfluss der Rotorlagerung soll von untergeordneter Bedeutung sein.

Lösungsschritte – Frage 1

Das **gesamte Antriebsmoment T** setzt sich aus der Summe der Momente an der Manteloberfläche T_M und dem an der bodenseitigen Stirnfläche T_B zusammen, also

$$T = T_M + T_B.$$

Das **Moment T_M am Rotormantel** ist das Produkt der dortigen Scherkraft F_{W_i} mit dem Rotorradius r_i:

$$T_M = F_{W_i} \cdot r_i.$$

Die **Scherkraft F_{W_i}** wiederum kann als Produkt der auch an der Manteloberfläche wirkenden, über der Spaltweite konstanten Schubspannung τ mit der Fläche selbst formuliert werden:

$$F_{W_i} = \tau \cdot A_i,$$

wobei

$$A_i = 2\pi \cdot r_i \cdot H$$

die Rotormanteloberfläche darstellt. Somit erhält man F_{W_i} zu

$$F_{W_i} = \tau \cdot 2\pi \cdot r_i \cdot H.$$

Das Moment

$$T_M = F_{W_i} \cdot r_i$$

Abb. 1.5 Ausschnitt aus dem
Ringspalt an der Rotormanteloberfläche

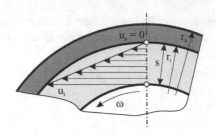

lautet dann

$$T_{\mathrm{M}} = \tau \cdot 2\pi \cdot r_i^2 \cdot H.$$

Zu der in dieser Gleichung noch benötigten **Schubspannung** τ gelangt man mittels Newton'schem Reibungsgesetz im Fall kleiner Spaltweiten $\tau = \eta \cdot \Delta u / \Delta r$, also linearer
Geschwindigkeitsverteilungen (Abb. 1.5). Da im vorliegenden Fall die Umfangsgeschwindigkeit mit wachsendem Radius $r_a > r_i$ abnimmt, muss dies durch das negative Vorzeichen im Newton'schen Gesetz berücksichtigt werden, also gilt mit $\Delta u = u_a - u_i$ und
$\Delta r = r_a - r_i = s$

$$\tau = -\eta \cdot \frac{\Delta u}{\Delta r}.$$

$u_a = 0$ Umfangsgeschwindigkeit des Gehäuses gleich null, da $\omega = 0$
$u_i = r_i \cdot \omega$ Umfangsgeschwindigkeit des Rotors
$\omega = 2\pi n$ Winkelgeschwindigkeit des Rotors

Diese Zusammenhänge in die oben genannte Gleichung für τ eingesetzt liefern zunächst

$$\tau = -\eta \cdot (-1) \cdot \frac{r_i \cdot 2\pi \cdot n}{s} \text{ oder } \tau = 2\pi \cdot \eta \cdot n \cdot \frac{r_i}{s}.$$

Damit erhält man das Moment am Rotormantel zu

$$T_{\mathrm{M}} = 2\pi \cdot \eta \cdot n \cdot \frac{r_i}{s} \cdot 2\pi \cdot r_i^2 \cdot H$$

und weiter zusammengefasst

$$T_{\mathrm{M}} = 4\pi^2 \cdot \eta \cdot n \cdot \frac{r_i^3}{s} \cdot H.$$

Dem **Moment T_{B}** an der bodenseitigen Stirnfläche des Rotors (Abb. 1.6) liegt eine Schubspannung $\tau(r)$ zu Grunde, die zwar über der Spalthöhe h (quasi-)konstant ist, mit veränderlichen Radien r und dem zu Folge auch Umfangsgeschwindigkeiten $u(r)$ eine diesbe-

Abb. 1.6 Bodenseitige Stirnfläche des Rotors

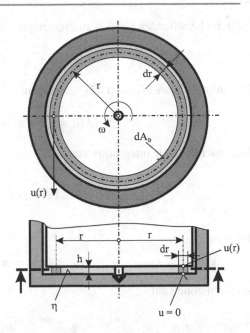

zügliche Abhängigkeit aufweist. Die Lösung T_B kann über eine Integration des infinitesimalen Moments dT_B herbeigeführt werden, also

$$T_B = \int_0^{r_i} dT_B.$$

$dT_B = dF_B \cdot r$ infinitesimales Moment am Radius r

$dF_B = \tau(r) \cdot dA_B$ infinitesimale Scherkraft an Rotorstirnfläche bei r

$dA_B = 2\pi \cdot r \cdot dr$ infinitesimale Kreisringfläche

$\tau(r) = \eta \cdot \frac{\Delta u(r)}{\Delta z}$ Schubspannung bei r über $\Delta z = h$ konstant, wenn $h \ll r$

$\Delta z = h$ Spalthöhe zwischen Gehäuseboden und Rotorstirnfläche

$\Delta u(r) = u(r) - 0 = u(r)$ Geschwindigkeitsunterschied über $\Delta z = h$

$u(r) = r \cdot \omega = 2\pi \cdot r \cdot n$ Umfangsgeschwindigkeit des Rotors bei r

$\omega = 2\pi n$ Winkelgeschwindigkeit des Rotors

Als Schubspannung erhält man mit diesen Zusammenhängen $\tau(r) = \eta \cdot \frac{2\pi \cdot n}{h} \cdot r$ oder auch
$\tau(r) = 2\pi \cdot \eta \cdot n \cdot \frac{1}{h} \cdot r$. Eingefügt in die infinitesimale Scherkraft

$$dF_B = \tau(r) \cdot dA_B = \tau(r) \cdot 2\pi \cdot r \cdot dr$$

liefert dies zunächst

$$dF_B = 2\pi \cdot \eta \cdot n \cdot \frac{1}{h} \cdot r \cdot 2\pi \cdot r \cdot dr$$

oder die betreffenden Größen zusammengefasst

$$\mathrm{d}F_B = 4\pi^2 \cdot \eta \cdot n \cdot \frac{1}{h} \cdot r^2 \cdot \mathrm{d}r.$$

Das infinitesimale Moment $\mathrm{d}T_B$ lautet dann

$$\mathrm{d}T_B = 4\pi^2 \cdot \eta \cdot n \cdot \frac{1}{h} \cdot r^3 \cdot \mathrm{d}r.$$

Die anschließende Integration von $\mathrm{d}T_B$,

$$T_B = 4\pi^2 \cdot \eta \cdot n \cdot \frac{1}{h} \cdot \int_0^{r_i} r^3 \mathrm{d}r,$$

führt zu

$$T_B = \cancel{4}\pi^2 \cdot \eta \cdot n \cdot \frac{1}{h} \cdot \left.\frac{r^4}{\cancel{4}}\right|_0^{r_i}$$

und schließlich auf

$$T_B = \pi^2 \cdot \eta \cdot n \cdot \frac{r_i^4}{h}.$$

Das Gesamtmoment durch Addition beider Teilmomente

$$T = 4\pi^2 \cdot \eta \cdot n \cdot \frac{r_i^3 \cdot H}{s} + \pi^2 \cdot \eta \cdot n \cdot \frac{r_i^4}{h}$$

lässt sich nach Ausklammern von $\pi^2 \cdot \eta \cdot n \cdot r_i^3$ wie folgt angeben:

$$T = \pi^2 \cdot \eta \cdot n \cdot r_i^3 \cdot \left(4 \cdot \frac{H}{s} + \frac{r_i}{h}\right).$$

Lösungsschritte – Frage 2

Wie groß ist das **gesamte Antriebsmoment** T, wenn $r_a = 50{,}1\,\mathrm{mm}$; $r_i = 50{,}0\,\mathrm{mm}$; $H = 100\,\mathrm{mm}$; $h = 0{,}20\,\mathrm{mm}$; $\eta = 30 \cdot 10^{-3}\,\mathrm{Pa} \cdot \mathrm{s}$ und $n = 2\,\mathrm{s}^{-1}$?

Werden die gegebenen Größen dimensionsgerecht in die obige Gleichung eingesetzt,

$$T = \pi^2 \cdot 30 \cdot 10^{-3} \cdot 2 \cdot 0{,}050^3 \cdot \left(4 \cdot \frac{100}{(50{,}1 - 50{,}0)} + \frac{50{,}0}{0{,}2}\right),$$

so benötigt man ein Antriebsmoment von

$$T = 0{,}3146\,\mathrm{Nm}.$$

Hinweis: Man kann natürlich auch die obige Gleichung im Sinne der Aufgabe des Viskosimeters nach der zu bestimmenden Viskosität η umformen und erhält dann

$$\eta = \frac{T}{\pi^2 \cdot n \cdot r_1^3 \cdot \left(4 \cdot \frac{H}{s} + \frac{r_1}{h}\right)}.$$

Hierin sind T und n Messgrößen, die in Verbindung mit den anderen Werten zur jeweiligen dynamischen Zähigkeit führen.

Aufgabe 1.3 Rotierender Hohlzylinder

Ein Hohlzylinder rotiert mit konstanter Winkelgeschwindigkeit ω um einen Vollzylinder, der die Länge L und den Radius R aufweist (Abb. 1.7). Der Raum zwischen beiden Körpern ist vollständig mit einer Flüssigkeit ausgefüllt, von der die dynamische Zähigkeit η bekannt ist. Welche Spaltweite s muss vorliegen, wenn an der Einspannstelle A des ruhenden Vollzylinders ein Grenzmoment T nicht überschritten werden soll?

Lösung zu 1.3

Aufgabenerläuterung
Die Aufgabe befasst sich mit der Anwendung des Newton'schen Schubspannungsgesetzes $\tau = \eta \cdot \Delta c / \Delta z$, das wie im vorliegenden Fall kleiner Schichtdicken bzw. Spaltweiten (Couette-Strömung) einen konstanten Geschwindigkeitsgradienten $\Delta c / \Delta z$ aufweist. Demzufolge stellt sich in dieser Schicht auch eine konstante Schubspannung τ ein. Das Grenzmoment T muss weiter verknüpft werden mit der aus der Schubspannung resultie-

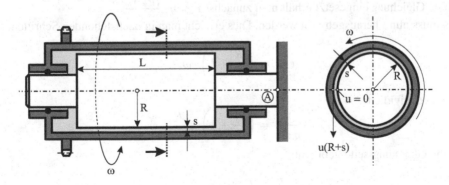

Abb. 1.7 Rotierender Hohlzylinder

renden Scherkraft an der Oberfläche des Vollzylinders, um die Spaltweite s ermitteln zu können.

Gegeben:

- R; T; L; η; ω

Gesucht:

1. s
2. s, wenn: $R = 10\,\text{cm}$; $T = 0,045\,\text{Nm}$; $L = 60\,\text{cm}$; $\eta = 0,0010\,\text{Pa} \cdot \text{s}$; $\omega = 12,57\,\text{s}^{-1}$

Anmerkungen

- Couette-Strömung im Spalt wegen $s/R \ll$, d. h. lineare Geschwindigkeitsverteilung.
- Schubspannungen an den Stirnflächen des Vollzylinders bleiben unberücksichtigt.
- Reibungsmomente in den Dichtungen bleiben unberücksichtigt.

Lösungsschritte – Frage 1

Die gesuchte **Spaltweite** s ist im Newton'sche Gesetz $\tau = \eta \cdot \Delta c / \Delta z$ enthalten, das, auf die Gegebenheiten des vorliegenden Falls bezogen (Abb. 1.7), wie folgt lautet:

$$\tau = \eta \cdot \frac{\Delta u}{\Delta R} = \text{konstant.}$$

Hierin bedeuten unter Verwendung von $u = r \cdot \omega$

$\Delta u = u\,(R + s) - u\,(R)$ Differenz der Umfangsgeschwindigkeiten
$u\,(R + s) = (R + s) \cdot \omega$ Umfangsgeschwindigkeit innen am Hohlzylinder und
$u(R) = 0$; $\omega = 0$ Umfangsgeschwindigkeit des ruhenden Vollzylinders. Es folgt
$$\Delta u = (R + s) \cdot \omega.$$
$\Delta r = s$ Die Differenz der Radien ist gleich der Spaltweite s.

In obige Gleichung eingesetzt erhält man zunächst $\tau = \eta \cdot \frac{(R+s)\cdot\omega}{s}$.

Es muss nun s herausgetrennt werden. Dies erreicht man in nachstehenden Schritten:

$$\tau = \eta \cdot \left(\frac{R}{s} + 1 \right) \cdot \omega,$$

durch $\eta \cdot \omega$ dividiert:

$$\frac{\tau}{\eta \cdot \omega} = \left(\frac{R}{s} + 1 \right) \frac{R}{s}$$

auf eine Gleichungsseite gebracht:

$$\frac{R}{s} = \left(\frac{\tau}{\eta \cdot \omega} - 1 \right)$$

und dann den Kehrwert gebildet führt zu

$$\frac{s}{R} = \frac{1}{\left(\frac{\tau}{\eta \cdot \omega} - 1\right)}.$$

oder

$$s = R \cdot \frac{\eta \cdot \omega}{(\tau - \eta \cdot \omega)}.$$

In diesem Ausdruck muss jetzt noch die Schubspannung τ in Verbindung gebracht werden mit dem vorgegebenen Grenzmoment T. Dies erreicht man in nachstehenden Schritten. Die Schubspannung an der Oberfläche des Vollzylinders lässt sich ersetzen durch die auf die wirksame Fläche bezogene Scherkraft F_{W_i}, also $\tau = \frac{F_{W_i}}{A_i} = $ konstant. Hierin ist als Bezugsfläche $A_i = 2\pi \cdot R \cdot L$ die Mantelfläche des Vollzylinders zu verwenden. Die Scherkraft F_{W_i} ersetzt man gemäß $F_{W_i} \cdot R = T$ nach Umstellen durch $F_{W_i} = T/R$. Auf diese Weise können wir die noch zu bestimmende Schubspannung darstellen mit $\tau = \frac{T}{R} \cdot \frac{1}{2\pi \cdot R \cdot L}$ oder $\tau = \frac{T}{2\pi \cdot R^2 \cdot L}$. In die Ausgangsgleichung eingesetzt lautet dann das Ergebnis für die gesuchte Spaltweite

$$s = R \cdot \frac{\eta}{\left(\dfrac{T}{2\pi \cdot R^2 \cdot L \cdot \omega} - \eta\right)}.$$

Lösungsschritte – Frage 2

Wie groß ist die **Spaltweite** s, wenn $R = 10\,\text{cm}$; $T = 0{,}045\,\text{Nm}$; $L = 60\,\text{cm}$; $\eta = 0{,}0010\,\text{Pa} \cdot \text{s}$ und $\omega = 12{,}57\,\text{s}^{-1}$?

Werden die gegebenen Größen dimensionsgerecht verwendet, so errechnet sich die Spaltweite gemäß

$$s = 0{,}10 \cdot \frac{0{,}001}{\left(\dfrac{0{,}045}{2\pi \cdot 0{,}10^2 \cdot 0{,}60 \cdot 12{,}57} - 0{,}001\right)},$$

$$s = 0{,}00106\,\text{m} = 1{,}06\,\text{mm}.$$

Translatorisch und rotierend bewegte Flüssigkeitssysteme

2

Freie Oberflächen

Die Ausbildung freier Oberflächen als Grenzflächen zwischen Flüssigkeitsspiegeln und Gasen (oft Wasser und Luft) erfolgt aufgrund folgender Beobachtungen und Feststellungen:

- Die Fluidteilchen sind leicht verschiebbar. Sie passen sich jeder Körperform an.
- Die Fluidteilchen bewegen sich unter Einwirkung von Tangentialkräften/-kraftkomponenten so lange, bis diese verschwunden sind.
- Die Fluidteilchen kommen also dann zur Ruhe, wenn nur noch Normalkräfte zwischen ihnen wirken. Im Beharrungszustand ist keine Bewegung der Fluidteilchen relativ zueinander
- und zu den Wänden vorhanden.
- Freie Oberflächen stellen sich in jedem Punkt senkrecht zur Kraftresultierenden ein.

Fall 1 **Flüssigkeitsoberfläche bei beschleunigter Translationsbewegung**

Der Neigungswinkel α einer Flüssigkeitsoberfläche bei einer am System wirksamen Beschleunigung a lässt sich gemäß Abb. 2.1 wie folgt bestimmen:

$$\tan \alpha = \frac{dm \cdot a}{dm \cdot g}, \text{ mit } dm \text{ als Masse eines Volumenelements.}$$

$$\tan \alpha = \frac{a}{g}$$

oder

© Springer-Verlag GmbH Deutschland, ein Teil von Springer Nature 2018
V. Schröder, *Übungsaufgaben zur Strömungsmechanik 1*,
https://doi.org/10.1007/978-3-662-56054-9_2

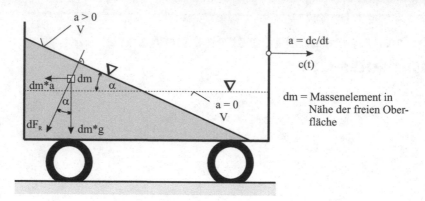

Abb. 2.1 Fluid bei beschleunigter Translationsbewegung

$$\alpha = \arctan\left(\frac{a}{g}\right)$$

Fall 2 **Flüssigkeitsoberfläche im Fall rotierender Systeme**

Im Bereich des freien Spiegels einer rotierenden Flüssigkeit kann für jeden Punkt der Oberfläche der Neigungswinkel $\alpha(r)$ und die Kontur des Spiegels hergeleitet (Abb. 2.2) werden.

$$\tan\alpha\,(r) = \frac{r\cdot\omega^2}{g} \qquad \text{Neigungswinkel } \alpha$$
$$z\,(r) = \frac{\omega^2}{2\cdot g}\cdot r^2 + Z_S \quad \text{Ortskoordinate}$$

Folglich bildet die freie Oberfläche ein Rotationsparaboloid. Dieses ist unabhängig vom Fluid, da kein Stoffwert in der Gleichung Einfluss nimmt. Weitere Abmessungen lauten:

H_0 — Einfüllhöhe
$h_1 = \frac{\omega^2}{2\cdot g}\cdot\frac{R^2}{2}$ — Spiegelabsenkung
$h_2 = \frac{\omega^2}{2\cdot g}\cdot\frac{R^2}{2}$, d.h. $h_1 = h_2$ Spiegelanstieg
$Z_S = (H_0 - h_1)$ — Scheitelhöhe
$Z_R = H_0 + h_2$ — Randhöhe

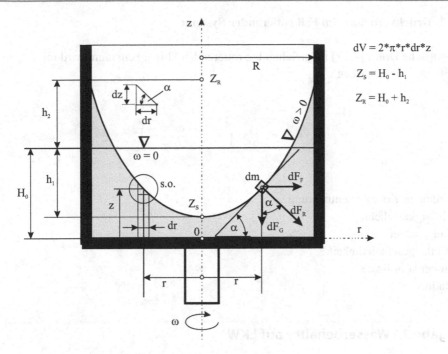

$$dV = 2 * \pi * r * dr * z$$

$$Z_S = H_0 - h_1$$

$$Z_R = H_0 + h_2$$

Abb. 2.2 Flüssigkeitsoberfläche in einem rotierenden Behälter

Druckverteilungen in bewegten Flüssigkeitssystemen
Fall 1 **Druckverteilung bei beschleunigter Translationsbewegung**

Im Fall gleichmäßig translatorisch beschleunigter Flüssigkeitssysteme lässt sich die Druckverteilung $p(x; z)$ im Flüssigkeitsraum herleiten zu:

$$p(x;z) = p_0 - \rho \cdot (a \cdot x + g \cdot z)$$

p_0 Druck im Koordinatenursprung
ρ Flüssigkeitsdichte
a Beschleunigung des Systems
g Fallbeschleunigung
x, z Ortskoordinaten

Fall 2 **Druckverteilung im Fall rotierender Systeme**

Der statische Druck $p(z; r)$ im gleichmäßig rotierenden Flüssigkeitsraum wird mit folgender Funktion beschrieben

$$p\,(z;r) = p_0 - \rho \cdot \left(g \cdot z - \frac{\omega^2}{2} \cdot r^2 \right).$$

p_0 Druck im Koordinatenursprung
ρ Flüssigkeitsdichte
g Fallbeschleunigung
ω Winkelgeschwindigkeit
z Höhenkoordinate
r Radius

Aufgabe 2.1 Wasserbehälter auf LKW

Auf einem LKW wird ein offener, mit Wasser befüllter Behälter transportiert (Abb. 2.3). Im ruhenden Zustand lässt sich das Wasservolumen V im quaderförmigen Behälter mit der Füllhöhe h, der Länge L und der Breite B (senkrecht zur Bildebene) feststellen. Der LKW soll aus der Ruhe heraus mit einer konstanten Beschleunigung a angefahren werden, bis er eine Endgeschwindigkeit c_0 erreicht hat. Wie lange dauert die Beschleunigungsphase t_0, wenn gerade kein Wasser aus dem Behälter verloren gehen soll?

Abb. 2.3 Wasserbehälter auf LKW

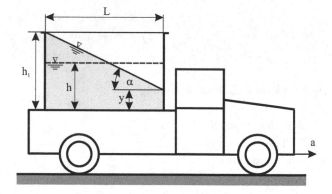

Lösung zu Aufgabe 2.1

Aufgabenerläuterung

Die Grundlage bei der Lösung dieser Aufgabe liegt in der Erkenntnis, dass sich die Oberflächen von Flüssigkeiten immer senkrecht zur Kraftresultierenden an den Fluidelementen der Oberfläche anordnen. Bei der vorliegenden translatorischen Bewegung mit zunächst konstanter Beschleunigung a bewirken die Gewichtskraft vertikal nach unten sowie die Trägheitskraft entgegen Beschleunigungsrichtung diese resultierende Kraft. Als Richtung der Wasseroberfläche zur Horizontalebene lässt sich dann der Winkel α ermitteln.

Gegeben:

- h; h_1; L; c_0

Gesucht:

1. t_0
2. t_0, wenn $h = 1,8\,\text{m}$; $h_1 = 3,0\,\text{m}$; $L = 4,0\,\text{m}$; $c_0 = 10\,\text{m/s}$

Anmerkungen
- Flüssigkeitsschwingungen sollen nicht entstehen.
- Da die Einfüllhöhe h das Ergebnis beeinflusst, soll wie in Abb. 2.3 dargestellt der Fall $h > h_1/2$ zu Grunde liegen.

Lösungsschritte – Frage 1

Die gesuchte **Zeit t_0** lässt sich aus der Definition der Beschleunigung $a = \mathrm{d}c/\mathrm{d}t$, bzw. bei konstanter Beschleunigung $a = \Delta c/\Delta t$, durch Umformung nach Δt zunächst ermitteln zu $\Delta t = \Delta c/a$. Hierin sind $\Delta c = c_0 - 0$ und $\Delta t = t_0 - 0$. Dies führt zum Ausdruck $t_0 = c_0/a$. Mit der noch zu bestimmenden Beschleunigung a erhält man die Zeit t_0.

Die **Beschleunigung a** bekommen wir mit folgender Überlegung. Wir betrachten ein Masseelement $\mathrm{d}m$ an der Flüssigkeitsoberfläche, die senkrecht zur Kraftresultierenden steht (Abb. 2.4).

Wir erkennen, dass $\tan\alpha = \mathrm{d}F_a/\mathrm{d}F_G$ ist und hierin $\mathrm{d}F_a = \mathrm{d}m \cdot a$ die Trägheitskraft am Element und $\mathrm{d}F_G = \mathrm{d}m \cdot g$ die Gewichtskraft des Elements sind. Dies liefert $\tan\alpha = \frac{\mathrm{d}m \cdot a}{\mathrm{d}m \cdot g} = \frac{a}{g}$. Einen weiteren Zusammenhang des Winkels α mit jetzt nur geometrischen Größen kann Abb. 2.4 entnommen werden. Hierbei wird berücksichtigt, dass das Wasser im Fall der gesuchten Beschleunigung gerade die obere Kante des Behälters erreicht und keine Flüssigkeitsverluste entstehen. $\tan\alpha$ lässt sich wie folgt formulieren:

$$\tan\alpha = \frac{(h_1 - y)}{L}.$$

Abb. 2.4 Kräfte am Masseelement dm

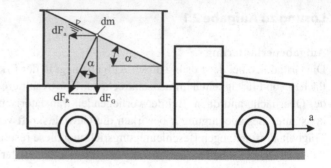

Die noch unbekannte **Größe y** ist aus der Volumengleichheit

$$V = h \cdot L \cdot B$$

im ruhenden Zustand und im gleichmäßig beschleunigten Fall

$$V = y \cdot L \cdot B + \frac{1}{2} \cdot B \cdot (h_1 - y) \cdot L$$

und somit

$$h \cdot L \cdot B = y \cdot L \cdot B + \frac{1}{2} \cdot B \cdot L \cdot (h_1 - y)$$

durch das Gleichsetzen der Gleichungen und Zusammenfassen und Kürzen betreffender Größen wie folgt bestimmbar:

$$h \cdot \cancel{L} \cdot \cancel{B} = y \cdot \cancel{L} \cdot \cancel{B} + \frac{1}{2} \cdot \cancel{B} \cdot \cancel{L} \cdot h_1 - \frac{1}{2} \cdot \cancel{B} \cdot \cancel{L} \cdot y.$$

Dies führt zunächst zu

$$h = y + \frac{1}{2} \cdot h_1 - \frac{1}{2} \cdot y \quad \text{oder} \quad h = \frac{1}{2} \cdot y + \frac{1}{2} \cdot h_1.$$

Multipliziert mit 2 und nach y umgestellt folgt $y = 2 \cdot h - h_1$. y in oben stehende Gleichung für $\tan \alpha$ eingesetzt liefert

$$\tan \alpha = \frac{(h_1 - 2 \cdot h + h_1)}{L}.$$

oder

$$\tan \alpha = \frac{2 \cdot (h_1 - h)}{L}.$$

Die zwei voneinander unabhängig ermittelten Zusammenhänge für $\tan \alpha$ gleichgesetzt

$$\tan \alpha = \frac{2 \cdot (h_1 - h)}{L} = \frac{a}{g}$$

führen zur Beschleunigung

$$a = g \cdot \frac{2 \cdot (h_1 - h)}{L}.$$

Diese in t_0 eingesetzt,

$$t_0 = \frac{c_o}{g} \cdot \frac{L}{2 \cdot (h_1 - h)},$$

liefern das folgende Ergebnis:

$$t_0 = \frac{1}{2} \cdot \frac{c_0}{g} \cdot \frac{\frac{L}{h_1}}{1 - \frac{h}{h_1}}.$$

Lösungsschritte – Frage 2

Wie groß ist t_0, wenn $h = 1{,}8$ m; $h_1 = 3$ m; $L = 4{,}0$ m; $c_0 = 10$ m/s?

Bei dimensionsgerechtem Gebrauch der gegebenen Größen erhält man

$$t_0 = \frac{1}{2} \cdot \frac{10}{9{,}81} \cdot \frac{\frac{4}{3}}{1 - \frac{1{,}8}{3}}$$

$$t_0 = 1{,}70 \text{ s}.$$

Aufgabe 2.2 Beschleunigtes Winkelrohr

Ein hakenförmiges dünnes Röhrchen ist mit Flüssigkeit gefüllt. Der horizontale Teil ist an der Stelle 3 verschlossen und weist die Länge L auf (Abb. 2.5). Im vertikalen, oben offenen Abschnitt steht das Fluid bis zur Höhe H. Das Röhrchen soll in horizontaler Richtung derart beschleunigt werden, dass an der Stelle 3 gerade der Dampfdruck p_{Da} der Flüssigkeit erreicht wird. Wie groß muss bei den gegebenen Größen die Maximalbeschleunigung a_{max} werden?

Abb. 2.5 Beschleunigtes Winkelrohr

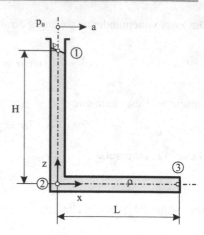

Lösung zu 2.2

Aufgabenerläuterung
Die Aufgabe beschäftigt sich mit der Anwendung der Druckverteilung in translatorisch
beschleunigten Flüssigkeitssystemen.

Gegeben:

- L; H; ρ; p_{Da}; p_B

Gesucht:

- a_{max}

- Das Röhrchen wird als sehr dünn angesehen. Diese Vereinfachung führt dazu, dass
  die Druckverteilung jeweils nur in x- bzw. z-Richtung betrachtet werden muss.
- Zur Anwendung kommt die Druckverteilungsgleichung

$$p(x;z) = p_0 - \rho \cdot (a \cdot x + g \cdot z).$$

Lösungsschritte
Die **Maximalbeschleunigung** a_{max} bei dem Druck $p_3 = p_{Da}$ bekommen wir folgendermaßen.

Die Druckverteilung in beschleunigten, translatorisch bewegten Systemen lautet (s. o.)

$$p(x;z) = p_0 - \rho \cdot (a \cdot x + g \cdot z).$$

p_0 ist hierin der Druck im gewählten Koordinatenursprung. Demnach wird im vorliegenden Fall der Druck an der Stelle 3 zuerst den Dampfdruck erreichen, da $x = L$, wenn auch $z = 0$ ist. Folglich lautet der Druck $p_3 = p(x = L; z = 0) = p_0 - \rho \cdot a \cdot L$. Es muss zur Lösung der gestellten Aufgabe weiterhin p_0 festgestellt werden. Dies lässt sich mit der Druckverteilung $p(x; z) = p_0 - \rho \cdot (a \cdot x + g \cdot z)$ jetzt an der Stelle 1 mit $x = 0$ und $z = H$ bewerkstelligen. Hier ist $p(x = 0; z = H) = p_1 = p_B$. Dies führt zu $p_1 = p_B = p_0 - \rho \cdot g \cdot H$.

Stellt man nach p_0 um, so kann man schreiben

$$p_0 = p_B + \rho \cdot g \cdot H.$$

Der Druck p_3 nimmt mit diesem Ergebnis die Form an

$$p_3 = p_B + \rho \cdot g \cdot H - \rho \cdot a \cdot L.$$

Den Beschleunigungsterm auf die linke Gleichungsseite

$$\rho \cdot a \cdot L = p_B + \rho \cdot g \cdot H - p_3$$

gebracht und dann durch $\rho \cdot L$ dividiert liefert

$$a = \frac{(p_B - p_3)}{\rho \cdot L} + g \cdot \frac{H}{L}.$$

Beachtet man jetzt noch, dass bei $p_3 = p_{Da}$ die maximale Beschleunigung $a_{max.}$ erreicht wird, so lautet das Ergebnis

$$a_{max} = \frac{(p_B - p_{Da})}{\rho \cdot L} + g \cdot \frac{H}{L}.$$

Aufgabe 2.3 Rotierendes Winkelrohr

Ein U-förmig ausgebildetes Winkelrohr ist am kürzeren vertikalen Schenkel verschlossen, der längere dagegen am oberen Ende gegen Atmosphäre offen (Abb. 2.6). Das mit Flüssigkeit der Dichte ρ befüllte Rohr rotiert mit der Winkelgeschwindigkeit ω um die Vertikalachse des kurzen Schenkels. Dort liegt eine Flüssigkeitshöhe h_1 über der Horizontalebene vor, wogegen h_2 die Höhe im offenen, längeren Schenkel ist. Dieser weist einen Abstand R von der Drehachse auf. Wie groß darf die maximale Winkelgeschwindigkeit $\omega_{max.}$ höchstens werden, wenn an der Stelle 1 der dortige statische Druck gerade den Dampfdruck der Flüssigkeit erreicht, also $p_1 = p_{Da}$ wird?

Abb. 2.6 Rotierendes Winkelrohr

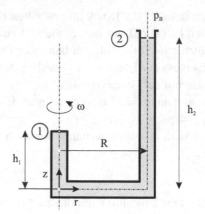

Lösung zu 2.3

Aufgabenerläuterung

Es wird bei der Bestimmung von ω die Druckgleichung rotierender, nicht strömender Flüssigkeiten Gebrauch zu machen sein. Die Besonderheiten vorliegenden Systems sind dabei zu verwenden.

Gegeben:

- R; h_1; h_2; p_B; p_{Da}; ρ

Gesucht:

1. ω_{max}
2. ω_{max}, wenn $R = 200\,\text{mm}$; $h_1 = 200\,\text{mm}$; $h_2 = 500\,\text{mm}$; $p_B = 1\,\text{bar}$; $p_{Da} = 0,0234\,\text{bar}$; $\rho = 1\,000\,\text{kg/m}^3$.

Anmerkungen

- Es wird von einem sehr dünnen Rohr ausgegangen.
- Die Druckgleichung lautet: $p\,(r,z) = p_0 - \rho \cdot \left(g \cdot z - \frac{\omega^2}{2} \cdot r^2\right)$.

Lösungsschritte – Fall 1

Wir suchen die **maximale Winkelgeschwindigkeit ω_{max}**. Die Druckverteilung in rotierenden Flüssigkeiten

$$p\,(r,z) = p_0 - \rho \cdot \left(g \cdot z - \frac{\omega^2}{2} \cdot r^2\right)$$

lautet mit $p_0 = p_1 + \rho \cdot g \cdot h_1$ als Druck im Koordinatenursprung des vorliegenden Falls

$$p\,(r,z) = p_1 + \rho \cdot g \cdot h_1 - \rho \cdot g \cdot z + \rho \cdot \frac{\omega^2}{2} \cdot r^2.$$

An der Stelle $r = R$ und $z = h_2$ liegt atmosphärischer Druck p_B vor. Also wird dann mit diesen Koordinaten in o. g. Gleichung

$$p\,(r = R; z = h_2) = p_B = p_1 + \rho \cdot g \cdot h_1 - \rho \cdot g \cdot h_2 + \rho \cdot \frac{\omega^2}{2} \cdot R^2.$$

Umgeformt nach ω folgt

$$\rho \cdot \frac{\omega^2}{2} \cdot R^2 = (p_B - p_1) + \rho \cdot g \cdot (h_2 - h_1).$$

Multipliziert mit $\frac{2}{\rho \cdot R^2}$ gibt das

$$\omega^2 = \frac{2}{\rho} \cdot \frac{1}{R^2} \cdot [(p_B - p_1) + \rho \cdot g \cdot (h_2 - h_1)].$$

Wird jetzt noch die Wurzel gezogen, so liegt die Winkelgeschwindigkeit ω ohne Einschränkung von p_1 vor:

$$\omega = \sqrt{\frac{2}{\rho} \cdot \frac{1}{R^2} \cdot [(p_B - p_1) + \rho \cdot g \cdot (h_2 - h_1)]}.$$

Da die Frage nach der maximalen Winkelgeschwindigkeit ω_{max} beim Erreichen von $p_1 = p_{Da}$ gestellt ist, werden diese Größen oben eingesetzt, und man gelangt zum Ergebnis

$$\omega_{max} = \frac{1}{R} \cdot \sqrt{\frac{2}{\rho} \cdot [(p_B - p_{Da}) + \rho \cdot g \cdot (h_2 - h_1)]} \quad \text{oder}$$

$$\omega_{max} = \frac{1}{R} \cdot \sqrt{2 \cdot \left[\frac{(p_B - p_{Da})}{\rho} + g \cdot (h_2 - h_1) \right]}.$$

Lösungsschritte – Fall 2
Wenn $R = 200\,\text{mm}$; $h_1 = 200\,\text{mm}$; $h_2 = 500\,\text{mm}$; $p_B = 1\,\text{bar}$; $p_{Da} = 0{,}0234\,\text{bar}$ und $\rho = 1\,000\,\text{kg/m}^3$ gegeben sind, haben wir für die **maximale Winkelgeschwindigkeit**

ω_{max} bei dimensionsgerechter Verwendung der gegebenen Daten

$$\omega_{max} = \frac{1}{0{,}20} \cdot \sqrt{2 \cdot \left[\frac{(100\,000 - 2\,340)}{1\,000} + 9{,}81 \cdot (0{,}50 - 0{,}20) \right]}.$$

$$\omega_{max} = 70{,}9\frac{1}{s}$$

oder mit $n_{max} = \frac{\omega_{max}}{2\pi}$

$$n_{max} = 11{,}29\frac{1}{s} \equiv 677\frac{1}{min}.$$

Aufgabe 2.4 Rotierendes T-Stück

In Abb. 2.7 ist ein T-Stück zu erkennen, das aus einem senkrechten und einem horizontalen Kreisrohr besteht. Oben ist das vertikale Rohr gegen Atmosphäre offen, die seitlichen
Enden sind dagegen verschlossen. Das in der Höhe h mit Flüssigkeit befüllte T-Stück rotiert mit der konstanten Winkelgeschwindigkeit ω um die vertikale z-Achse. Gesucht wird
eine Gleichung, mit der es möglich ist, an jeder beliebigen Stelle des Flüssigkeitsraums
den dort vorliegenden statischen Druck $p(r, z)$ zu ermitteln.

Lösung zu 2.4

Aufgabenerläuterung
Da bei konstanter Winkelgeschwindigkeit ω des rotierenden Systems jedes Flüssigkeits-
element sich gegenüber seiner Nachbarschaft in Ruhe befindet, handelt es sich um ein
statisches Problem. Zur Aufgabenlösung setzt man sinnvoller Weise die Gleichung an,
welche die Druckverteilung in rotierenden Fluiden beschreibt.

Gegeben:

- H; r_0; p_B; ρ; ω; g

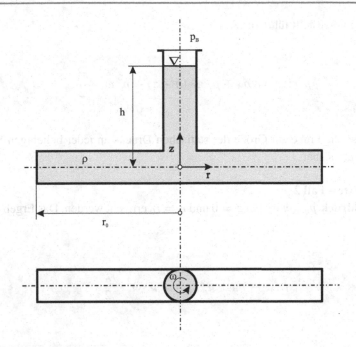

Abb. 2.7 Rotierendes T-Stück

Gesucht:

1. $p = f(z; r)$
2. p_{max}

- Die Flüssigkeitsdichte ρ ist konstant.
- Die Krümmung der Flüssigkeitsoberfläche ist ohne Einfluss.

Lösungsschritte – Fall 1

Die **Druckverteilung** $p = f(z; r)$ finden wir mit dem folgenden Ansatz. Die Druckgleichung in rotierenden Flüssigkeiten lautet $p\,(z; r) = p_0 - \rho \cdot \left(g \cdot z - \frac{\omega^2}{2} \cdot r^2 \right)$. Hierin ist p_0 der Druck im Koordinatenursprung. Im vorliegenden Fall lautet er gemäß Abb. 2.7 $p_0 = p_B + \rho \cdot g \cdot h$. In oben genannte Gleichung eingesetzt folgt

$$p\,(z; r) = p_B + \rho \cdot g \cdot h - \rho \cdot \left(g \cdot z - \frac{\omega^2}{2} \cdot r^2 \right).$$

Die Gleichung umgestellt führt zu

$$p(r;z) = p_B + \rho \cdot g \cdot (h - z) + \rho \cdot \omega^2 \cdot \frac{r^2}{2}.$$

Hiermit ist also die Frage zur Größe des statischen Drucks an jeder beliebigen Stelle im Flüssigkeitsraum lösbar.

Lösungsschritte – Fall 2
Der **Maximaldruck** p_{max} wird bei $z = 0$ und $r = r_0$ erreicht werden. Das Ergebnis lautet dann

$$p_{max} = p_B + \rho \cdot g \cdot h + \rho \cdot \omega^2 \cdot \frac{r_0^2}{2}.$$

Aufgabe 2.5 Rotierender geschlossener Zylinder

In Abb. 2.8 erkennt man einen rotierenden, vollständig mit Flüssigkeit gefüllten zylindrischen Behälter. Dem mit einem Deckel verschlossenen Zylinder wird ein Druck p_{Sys} aufgeprägt. Die Füllhöhe H, der Behälterradius R und die Wandstärke s sind bekannt. Ebenso können die zulässige Spannung $\sigma_{Z,zul}$ des Zylinders und die Flüssigkeitsdichte ρ als gegebene Größen verstanden werden. An welcher Stelle entsteht der Maximaldruck p_{max} und wie groß wird er? Mit welcher Maximaldrehzahl n_{max} darf der Behälter rotieren?

Abb. 2.8 Rotierender geschlossener Zylinder

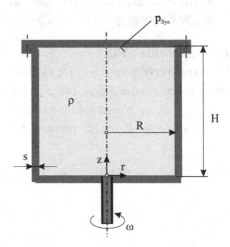

Lösung zu 2.5

Aufgabenerläuterung

Die Frage nach dem Maximaldruck p_{max} muss in zwei Schritten beantwortet werden. Einerseits wird er durch die Flüssigkeitsrotation in Verbindung mit dem Systemdruck p_{Sys} und dem hydrostatischen Druck bestimmt. Andererseits steht über die Festigkeitseigenschaften des Behälters eine zweite Möglichkeit zur Verfügung, den Druck p_{max} zu beschreiben. Aus der Verknüpfung beider Zusammenhänge wird dann die Ermittlung der zulässigen Maximaldrehzahl n_{max} bestimmbar.

Gegeben:

- R; H; p_{Sys}; $\sigma_{Z,zul}$; s; ω; ρ

Gesucht:

1. Stelle und Gleichung des maximalen Drucks p_{max}
2. n_{max}
3. n_{max} bei: $D = 1{,}5\,\text{m}$; $H = 2{,}0\,\text{m}$; $\rho = 1\,260\,\text{kg/m}^3$; $p_{Sys} = 3{,}0\,\text{bar}$; $s = 8\,\text{mm}$; $\sigma_{Z,zul} = 9{,}5 \cdot 10^7\,\text{N/m}^2$

Anmerkungen

- Die Druckverteilung in rotierenden, nicht strömenden Flüssigkeiten folgt dem Gesetz $p\,(z,r) = p_0 - \rho \cdot \left(g \cdot z - \frac{\omega^2}{2} \cdot r^2 \right)$. Hierin ist p_0 der Druck im Koordinatenursprung.
- Die Gleichung zur Wandstärkenberechnung dünnwandiger Rohre und Behälter lautet:

$$s = \frac{p_{max} \cdot d}{2 \cdot \sigma_{Z,zul}}.$$

Lösungsschritte – Fall 1

Für den **Maximaldruck** p_{max} verwenden wir o. g. Gleichung der Druckverteilung in rotierenden Flüssigkeiten,

$$p\,(z,r) = p_0 - \rho \cdot \left(g \cdot z - \frac{\omega^2}{2} \cdot r^2 \right),$$

sowie dem Druck im Koordinatenursprung p_0, der sich aus dem Systemdruck p_{Sys} und dem hydrostatischen Anteil $\rho \cdot g \cdot H$ zusammensetzt,

$$p_0 = p_{Sys} + \rho \cdot g \cdot H,$$

erhält man im vorliegenden Fall die Druckverteilung im Behälter

$$p\,(z;r) = p_{\text{Sys}} + \rho \cdot g \cdot (H - z) + \rho \cdot \frac{\omega^2}{2} \cdot r^2.$$

Der maximale Druck $p_{\max}$ liegt vor, wenn $z = 0$ und $r = R$. Hieraus erhält man

$$p_{\max} = p_{\text{Sys}} + \frac{\rho}{2} \cdot \omega^2 \cdot R^2 + \rho \cdot g \cdot H.$$

Ist die zulässige Zugspannung in der Zylinderwand $\sigma_{Z,\text{zul}}$ gegeben, so berechnet sich die zweite Gleichung für den maximalen Innendruck $p_{\max}$ durch Hinzuziehen der Wandstärkenberechnung von dünnwandigen Rohren und Kesseln („Kesselformel"):

$$s = \frac{p_{\max} \cdot d}{2 \cdot \sigma_{Z,\text{zul}}} = \frac{p_{\max} \cdot 2 \cdot R}{2 \cdot \sigma_{Z,\text{zul}}} \quad \text{oder umgeformt} \quad p_{\max} = \sigma_{Z,\text{zul}} \cdot \frac{s}{R}.$$

Aus beiden Gleichungen für $p_{\max}$ ergibt sich an der Stelle $r = R$ und $z = 0$

$$p_{\max} = p_{\text{sys}} + \frac{\rho}{2} \cdot \omega^2 \cdot R^2 + \rho \cdot g \cdot H = \sigma_{Z,\text{zul}} \cdot \frac{s}{R}.$$

Lösungsschritte – Fall 2
Die **Maximaldrehzahl** $n_{\max}$ erhalten wir über $\omega_{\max}$. Die oben stehende Gleichung nach $\omega = \omega_{\max}$ umgeformt führt zunächst zu

$$\frac{\rho}{2} \cdot \omega_{\max}^2 \cdot R^2 = \sigma_{Z,\text{zul}} \cdot \frac{s}{R} - p_{\text{Sys}} - \rho \cdot g \cdot H.$$

Dividiert durch $\frac{\rho}{2} \cdot R^2$ erhält man

$$\omega_{\max}^2 = \frac{2}{\rho \cdot R^2} \cdot \left[\sigma_{Z,\text{zul}} \cdot \frac{s}{R} - p_{\text{Sys}} - \rho \cdot g \cdot H \right],$$

und nach dem Wurzelziehen lautet das gesuchte Ergebnis

$$\omega_{\max} = \frac{1}{R} \cdot \sqrt{\frac{2}{\rho} \cdot \left(\sigma_{Z,\text{zul}} \cdot \frac{s}{R} - p_{\text{Sys}} - \rho \cdot g \cdot H \right)}$$

Lösungsschritte – Fall 3

Mit den Werten $D = 1{,}5$ m; $H = 2{,}0$ m; $\rho = 1\,260$ kg/m^3; $p_{Sys} = 3{,}0$ bar; $s = 8$ mm; $\sigma_{Z,zul} = 9{,}5 \cdot 10^7$ N/m^2 erhalten wir für die **Maximaldrehzahl** n_{max} bei dimensionsgerechtem Gebrauch der gegebenen Größen

$$\omega_{max} = \frac{1}{0{,}75} \cdot \sqrt{\frac{2}{1\,260} \cdot \left(9{,}5 \cdot 10^7 \cdot \frac{8}{750} - 300\,000 - 1\,260 \cdot 9{,}81 \cdot 2\right)}$$

$$\omega_{max} = 44{,}08 \frac{1}{s}$$

oder mit $\omega = 2\pi \cdot n$:

$$n_{max} = 7{,}016 \frac{1}{s} \equiv 421 \frac{1}{min}.$$

Aufgabe 2.6 Rotierender Behälter mit Steigrohr

Ein zylindrischer, gegen Atmosphäre offener Behälter ist am Boden mit einem sehr dünnen Steigrohr verbunden (Abb. 2.9). Nach der Befüllung mit Flüssigkeit steht der Spiegel im Behälter und im Steigrohr auf gleicher Höhe h_0 über der Bezugsebene. Nachdem der Behälter mit Steigrohr in Rotation ω versetzt wird stellt sich im stationären Zustand eine paraboloidförmige Oberflächenkontur ein, die sich auch im Steigrohr (kommunizierendes System) fortsetzt. Ermitteln Sie den Flüssigkeitsanstieg h_x im Steigrohr, wenn neben der Winkelgeschwindigkeit ω die Radien r_1 und r_0 bekannt sind. Des Weiteren sollen die statischen Drücke an den Stellen C und D am Boden des Steigrohrs im Fall der Rotation des Systems angegeben werden.

Lösung zu 2.6

Aufgabenerläuterung

Im rotierenden System liegt ein statischer Zustand vor; die Fluidteilchen bewegen sich nicht relativ zueinander. Durch die Voraussetzung, dass im Steigrohr $\Delta V \ll$ sein soll, ist von einem unveränderten Volumen im rotierenden Behälter auszugehen. Im Behälter und im Steigrohr gelten die Gesetzmäßigkeiten in rotierenden Flüssigkeiten.

Gegeben:

- ω; h_0; r_0; r_1; p_B; ρ

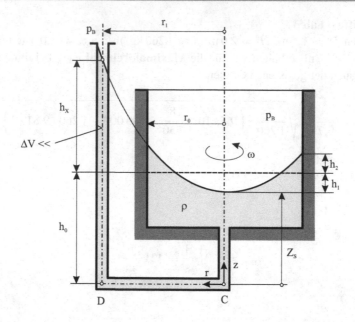

Abb. 2.9 Rotierender Behälter mit Steigrohr

Gesucht:

1. h_x
2. p_C
3. p_D

- Annahme $\Delta V \ll$
- Folgende Gleichungen sollen Verwendung finden:

$$p(z;r) = p_0 - \rho \cdot \left(g \cdot z - \frac{\omega^2}{2} \cdot r^2 \right) \text{ und } h_1 = h_2 = \frac{\omega^2}{2 \cdot g} \cdot \frac{r_0^2}{2}.$$

Lösungsschritte – Fall 1

Berechnung des **Flüssigkeitsanstiegs h_x**: Mit $p(z;r) = p_0 - \rho \cdot \left(g \cdot z - \frac{\omega^2}{2} \cdot r^2 \right)$ und

$p_0 = p_B + \rho \cdot g \cdot Z_S$ sowie $Z_S = h_0 - h_1$ und $h_1 = \frac{\omega^2}{2 \cdot g} \cdot \frac{r_0^2}{2}$ folgt

$$p(z;r) = p_B + \rho \cdot g \cdot h_0 - \rho \cdot g \cdot \frac{\omega^2}{2 \cdot g} \cdot \frac{r_0^2}{2} - \rho \cdot g \cdot z + \rho \cdot \frac{\omega^2}{2} \cdot r^2$$

oder

$$p(z,r) = p_B + \rho \cdot g \cdot (h_0 - z) + \rho \cdot \frac{\omega^2}{2} \cdot \left(r^2 - \frac{r_0^2}{2} \right).$$

An der Stelle $z = (h_x + h_0)$ und $r = r_1$ wird $p(z = h_x + h_0; r = r_1) = p_B$. Hiermit in oben stehender Gleichung eingesetzt führt zu

$$p\left(z; r\right) = p_B = p_B + \rho \cdot g \cdot (h_0 - h_x - h_0) + \rho \cdot \frac{\omega^2}{2} \cdot \left(r_1^2 - \frac{r_0^2}{2}\right).$$

Nach der gesuchten Höhe h_x umgeformt liefert dies zunächst

$$\rho \cdot g \cdot h_x = \rho \cdot \frac{\omega^2}{2} \cdot \left(r_1^2 - \frac{r_0^2}{2}\right)$$

und schließlich

$$h_x = \frac{\omega^2 \cdot r_1^2}{2 \cdot g} \cdot \left(1 - \frac{1}{2} \cdot \frac{r_0^2}{r_1^2}\right).$$

Lösungsschritte – Fall 2

Der **Druck p_C an der Stelle C** lautet $p_C = p_0 = p_B + \rho \cdot g \cdot Z_S$. Setzen wir $Z_S = h_0 - h_1$ und $h_1 = \frac{\omega^2}{2 \cdot g} \cdot \frac{r_0^2}{2}$ ein, so folgt

$$p_C = p_B + \rho \cdot g \cdot \left(h_0 - \frac{\omega^2}{2 \cdot g} \cdot \frac{r_0^2}{2}\right).$$

Der Druck an der Stelle C wird somit beschrieben durch

$$p_C = p_B + \rho \cdot g \cdot h_0 - \frac{1}{4} \cdot \rho \cdot \omega^2 \cdot r_0^2.$$

Lösungsschritte – Fall 3

Den **Druck p_D an der Stelle D** erhalten wir unter Verwendung von

$$p\left(z; r\right) = p_0 - \rho \cdot \left(g \cdot z - \frac{\omega^2}{2} \cdot r^2\right)$$

an der Stelle $z = 0$ und $r = r_1$. Dies führt zunächst auf

$$p\left(z = 0; r = r_1\right) = p_D = p_0 + \rho \cdot \frac{\omega^2}{2} \cdot r_1^2.$$

Setzt man noch $p_0 = p_B + \rho \cdot g \cdot Z_S$ und $Z_S = h_0 - h_1$ und $h_1 = \frac{\omega^2}{2 \cdot g} \cdot \frac{r_0^2}{2}$ ein, so folgt

$$p_D = p_B + \rho \cdot g \cdot \left(h_0 - \frac{\omega^2}{2 \cdot g} \cdot \frac{r_0^2}{2} \right) + \rho \cdot \frac{\omega^2}{2} \cdot r_1^2.$$

Ausmultiplizieren der Klammer gibt

$$p_D = p_B + \rho \cdot g \cdot h_0 - \rho \cdot g \cdot \frac{\omega^2}{2 \cdot g} \cdot \frac{r_0^2}{2} + \rho \cdot \frac{\omega^2}{2} \cdot r_1^2$$

und Umformen liefert schließlich

$$p_D = p_B + \rho \cdot g \cdot h_0 + \frac{1}{4} \cdot \rho \cdot \omega^2 \cdot r_1^2 \cdot \left(2 - \frac{r_0^2}{r_1^2} \right).$$

Aufgabe 2.7 Rotierender Behälter mit offenem Deckel

Ein mit Flüssigkeit befüllter zylindrischer Behälter ist mit einem Deckel ausgestattet. Aufgrund einer Öffnung im Deckel stellt sich über der Flüssigkeit atmosphärischer Zustand ein (Abb. 2.10). Bei Rotation des Behälters und der mitdrehenden Flüssigkeit wird die Fluidoberfläche in Form eines Rotationsparaboloids ausgebildet. An der Unterseite des Deckels erreicht die Flüssigkeit dabei den Radius r_1. Ermitteln Sie die Kraft F_D auf der Deckelunterseite und diejenige auf dem Behälterboden F_{Bo}, wenn die Behälterabmessungen H und R sowie der Radius r_1 gegeben sind. Die Flüssigkeitsdichte ρ, der atmosphärische Druck p_B und die Winkelgeschwindigkeit ω sollen ebenso bekannt sein. Weiterhin wird der Abstand Z_S des tiefsten Punktes der Flüssigkeit über dem Behälterboden gesucht.

Lösung zu 2.7

Aufgabenerläuterung

Grundlage bei der Frage nach den Kräften auf die Deckelunter- und die Behälterbodenseite ist die jeweilige Druckverteilung auf den beiden flüssigkeitsbenetzten Oberflächen. Die Integration der infinitesimalen Kraft $dF = p(r; z) \cdot dA$ über der betreffenden Fläche liefert die gesuchten Größen. Auch im vorliegenden Fall kann die Druckverteilungsgleichung von rotierenden Flüssigkeiten uneingeschränkt angewendet werden, wobei auf die hier vorliegenden Randbedingungen genau zu achten ist.

Abb. 2.10 Rotierender Behälter mit offenem Deckel

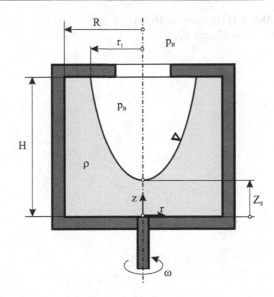

Gegeben:

- R; r_1; H; ρ; ω; p_B

Gesucht:

1. F_D
2. F_{Bo}
3. Z_S

Anmerkungen

- Die Druckverteilung in rotierenden, nicht strömenden Flüssigkeiten lautet:

$$p(r;z) = p_0 - \rho \cdot \left(g \cdot z - \frac{\omega^2}{2} \cdot r^2 \right).$$

Aus Abb. 2.11 sind die wichtigsten Größen zur Herleitung von F_D und F_{Bo} zu entnehmen.

Lösungsschritte – Fall 1

Für die **Kraft F_D auf der Deckelunterseite** lässt sich gemäß Abb. 2.11 die infinitesimale Kraft dF_D auf dem kreisringförmigen Flächenelement dA aus $dF_D = p(r; z = H) \cdot dA$ mit $dA = 2\pi \cdot r \cdot dr$ bestimmen. Folglich wird $dF_D = 2\pi \cdot p(r; z = H) \cdot r \cdot dr$. Den noch unbekannten Druck $p(r; z = H)$ erhält man aus

$$p(z;r) = p_0 - \rho \cdot \left(g \cdot z - \frac{\omega^2}{2} \cdot r^2 \right),$$

Abb. 2.11 Größen zur Herleitung von F_D und F_Bo

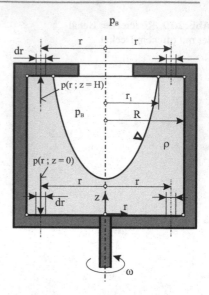

wobei zunächst p_0 als Druck im Koordinatenursprung des vorliegenden Systems ermittelt werden muss. An der Stelle $r = r_1$ und $z = H$ kennt man den Druck $p(r = r_1; z = H) = p_\mathrm{B}$. Einsetzen der Koordinaten in o. g. Druckgleichung hat

$$p\,(r = r_1; z = H) = p_\mathrm{B} = p_0 - \rho \cdot g \cdot H + \rho \cdot \frac{\omega^2}{2} \cdot r_1^2$$

zur Folge. Umgeformt nach p_0 führt dies zu

$$p_0 = p_\mathrm{B} + \rho \cdot g \cdot H - \rho \cdot \frac{\omega^2}{2} \cdot r_1^2.$$

p_0 wiederum in $p(r; z)$ eingesetzt liefert dann

$$p(r; z) = p_\mathrm{B} + \rho \cdot g \cdot H - \rho \cdot \frac{\omega^2}{2} \cdot r_1^2 - \rho \cdot g \cdot z + \rho \cdot \frac{\omega^2}{2} \cdot r^2.$$

Fasst man jetzt noch geeignete Glieder der Gleichung zusammen, so entsteht die allgemeine Druckgleichung **des vorliegenden Systems** wie folgt

$$p(r; z) = p_\mathrm{B} + \rho \cdot g \cdot (H - z) + \frac{\rho}{2} \cdot \omega^2 \cdot \left(r^2 - r_1^2\right).$$

Da zur Bestimmung von $\mathrm{d}F_\mathrm{D}$ der Druck $p(r; z = H)$ benötigt wird, setzt man oben $z = H$ und erhält

$$p(r; z = H) = p_\mathrm{B} + \frac{\rho}{2} \cdot \omega^2 \cdot \left(r^2 - r_1^2\right)$$

Die infinitesimale Kraft $\mathrm{d}F_{\mathrm{D}}$ lautet dann

$$\mathrm{d}F_{\mathrm{D}} = 2\pi \cdot \left(p_{\mathrm{B}} + \frac{\rho}{2} \cdot \omega^2 \cdot r^2 - \frac{\rho}{2} \cdot \omega^2 \cdot r_1^2 \right) \cdot r \cdot \mathrm{d}r.$$

Multipliziert man den Radius r in die Klammer, so gelangt man zur integrierbaren Kraft

$$\mathrm{d}F_{\mathrm{D}} = 2\pi \cdot \left(p_{\mathrm{B}} \cdot r \cdot \mathrm{d}r + \frac{\rho}{2} \cdot \omega^2 \cdot r^3 \cdot \mathrm{d}r - \frac{\rho}{2} \cdot \omega^2 \cdot r_1^2 \cdot r \cdot \mathrm{d}r \right).$$

Die Gesamtkraft auf der Deckelunterseite entsteht durch Integration von $\mathrm{d}F_{\mathrm{D}}$ zwischen r_1 und R:

$$\mathrm{d}F_{\mathrm{D}} = 2\pi \cdot \left(p_{\mathrm{B}} \cdot \int_{r_1}^{R} r \cdot \mathrm{d}r + \frac{\rho}{2} \cdot \omega^2 \cdot \int_{r_1}^{R} r^3 \cdot \mathrm{d}r - \frac{\rho}{2} \cdot \omega^2 \cdot r_1^2 \cdot \int_{r_1}^{R} r \cdot \mathrm{d}r \right)$$

$$= 2\pi \cdot \left(p_{\mathrm{B}} \cdot \left. \frac{r^2}{2} \right|_{r_1}^{R} + \frac{\rho}{2} \cdot \omega^2 \cdot \left. \frac{r^4}{4} \right|_{r_1}^{R} - \frac{\rho}{2} \cdot \omega^2 \cdot r_1^2 \cdot \left. \frac{r^2}{2} \right|_{r_1}^{R} \right)$$

$$= \pi \cdot \left[p_{\mathrm{B}} \cdot \left(R^2 - r_1^2 \right) + \frac{\rho}{4} \cdot \omega^2 \cdot \left(R^4 - r_1^4 \right) - \frac{\rho}{2} \cdot \omega^2 \cdot r_1^2 \cdot \left(R^2 - r_1^2 \right) \right]$$

Mit $\left(R^4 - r_1^4 \right) = \left(R^2 - r_1^2 \right) \cdot \left(R^2 + r_1^2 \right)$ und Ausklammern von $\left(R^2 - r_1^2 \right)$ führt dies zu

$$F_{\mathrm{D}} = \pi \cdot \left(R^2 - r_1^2 \right) \cdot \left[p_{\mathrm{B}} + \frac{\rho}{4} \cdot \omega^2 \cdot \left(R^2 + r_1^2 \right) - \frac{\rho}{2} \cdot \omega^2 \cdot r_1{}^2 \right]$$

$$= \left(p_{\mathrm{B}} + \frac{\rho}{4} \cdot \omega^2 \cdot R^2 + \frac{\rho}{4} \cdot \omega^2 \cdot r_1{}^2 - \frac{2 \cdot \rho}{4} \cdot \omega^2 \cdot r_1{}^2 \right)$$

$$= \left(p_{\mathrm{B}} + \frac{\rho}{4} \cdot \omega^2 \cdot R^2 - \frac{\rho}{4} \cdot \omega^2 \cdot r_1{}^2 \right)$$

Als Ergebnis entsteht nach Umformen der Klammer

$$F_{\mathrm{D}} = \pi \cdot \left(R^2 - r_1^2 \right) \cdot \left[p_{\mathrm{B}} + \frac{\rho}{4} \cdot \omega^2 \cdot R^2 \cdot \left(1 - \frac{r_1{}^2}{R^2} \right) \right].$$

Lösungsschritte – Fall 2

Gemäß Abb. 2.11 bestimmt man für die **Kraft F_{Bo} auf den Behälterboden** die infinitesimale Kraft $\mathrm{d}F_{\mathrm{Bo}}$ auf dem kreisringförmigen Flächenelement $\mathrm{d}A$ aus $\mathrm{d}F_{\mathrm{Bo}} = p(r; z = 0) \cdot \mathrm{d}A$ mit $\mathrm{d}A = 2\pi \cdot r \cdot \mathrm{d}r$ und somit $\mathrm{d}F_{\mathrm{Bo}} = 2\pi \cdot p(r; z = 0) \cdot r \cdot \mathrm{d}r$. Den Druck $p(r; z = 0)$ erhält man mit der allgemeine Druckgleichung des vorliegenden Systems (s. o.):

$$p(r; z) = p_{\mathrm{B}} + \rho \cdot g \cdot (H - z) + \frac{\rho}{2} \cdot \omega^2 \cdot \left(r^2 - r_1^2 \right)$$

an der Stelle r und $z = 0$

$$p(r; z) = p_\text{B} + \rho \cdot g \cdot H + \frac{\rho}{2} \cdot \omega^2 \cdot \left(r^2 - r_1^2\right).$$

Die infinitesimale Kraft $\mathrm{d}F_{Bo}$ lautet dann

$$\mathrm{d}F_\text{Bo} = 2\pi \cdot \left(p_\text{B} + \rho \cdot g \cdot H + \frac{\rho}{2} \cdot \omega^2 \cdot r^2 - \frac{\rho}{2} \cdot \omega^2 \cdot r_1^2\right) \cdot r \cdot \mathrm{d}r.$$

Den Radius r in die Klammer multipliziert,

$$\mathrm{d}F_\text{Bo} = 2\pi \cdot \left(p_\text{B} \cdot r \cdot \mathrm{d}r + \rho \cdot g \cdot H \cdot r \cdot \mathrm{d}r + \frac{\rho}{2} \cdot \omega^2 \cdot r^3 \cdot \mathrm{d}r - \frac{\rho}{2} \cdot \omega^2 \cdot r_1^2 \cdot r \cdot \mathrm{d}r\right),$$

liefert nach Integration zwischen $r = 0$ und $r = R$ die Kraft F_Bo:

$$
\begin{aligned}
F_\text{Bo} = \int_0^R \mathrm{d}F_\text{Bo} = \ & 2\pi \cdot \left(p_\text{B} \cdot \int_0^R r \cdot \mathrm{d}r + \rho \cdot g \cdot H \cdot \int_0^R r \cdot \mathrm{d}r \right. \\
& \left. + \frac{\rho}{2} \cdot \omega^2 \cdot \int_0^R r^3 \cdot \mathrm{d}r - \frac{\rho}{2} \cdot \omega^2 \cdot r_1^2 \cdot \int_0^R r \cdot \mathrm{d}r\right) \\
= \ & 2\pi \cdot \left(p_\text{B} \cdot \frac{r^2}{2}\Big|_0^R + \rho \cdot g \cdot H \cdot \frac{r^2}{2}\Big|_0^R \right. \\
& \left. + \frac{\rho}{2} \cdot \omega^2 \cdot \frac{r^4}{4}\Big|_0^R - \frac{\rho}{2} \cdot \omega^2 \cdot r_1^2 \cdot \frac{r^2}{2}\Big|_0^R\right) \\
= \ & 2\pi \cdot \left(p_\text{B} \cdot \frac{R^2}{2} + \rho \cdot g \cdot H \cdot \frac{R^2}{2} + \frac{\rho}{2} \cdot \omega^2 \cdot \frac{R^4}{4} - \frac{\rho}{2} \cdot \omega^2 \cdot r_1^2 \cdot \frac{R^2}{2}\right)
\end{aligned}
$$

Nach Ausklammern von R^2 erhält man

$$F_\text{Bo} = \pi \cdot R^2 \cdot \left(p_\text{B} + \rho \cdot g \cdot H + \frac{\rho}{4} \cdot \omega^2 \cdot R^2 - \frac{\rho}{2} \cdot \omega^2 \cdot r_1^2\right).$$

Eine Umformung in der Klammer führt dann zum gesuchten Ergebnis:

$$F_\text{Bo} = \pi \cdot R^2 \cdot \left[p_\text{B} + \rho \cdot g \cdot H + \frac{\rho}{4} \cdot \omega^2 \cdot R^2 \cdot \left(1 - 2 \cdot \frac{r_1^2}{R^2}\right)\right].$$

Lösungsschritte – Fall 3

Den **tiefsten Punkt** Z_S der Flüssigkeitsoberfläche erhält man aus der Druckgleichung des vorliegenden Systems (s. o.),

$$p(r; z) = p_\text{B} + \rho \cdot g \cdot (H - z) + \frac{\rho}{2} \cdot \omega^2 \cdot \left(r^2 - r_1^2\right),$$

indem man die Koordinaten an der Stelle $r = 0$ und $z = Z_S$ und den Druck $p(r = 0; z = Z_S) = p_B$ einsetzt. Dies liefert

$$p(r = 0; z = Z_S) = p_B + \rho \cdot g \cdot (H - Z_S) + \frac{\rho}{2} \cdot \omega^2 \cdot \left(0 - r_1^2\right)$$

oder

$$\rho \cdot g \cdot (H - Z_S) - \frac{\rho}{2} \cdot \omega^2 \cdot r_1^2 = 0.$$

Nach Z_S umgeformt führt das zunächst auf

$$g \cdot Z_S = g \cdot H - \frac{1}{2} \cdot \omega^2 \cdot r_1^2$$

und nach Division durch g lautet das Ergebnis dann

$$Z_S = H - \frac{1}{2 \cdot g} \cdot \omega^2 \cdot r_1^2.$$

Aufgabe 2.8 Messfühler auf rotierender Flüssigkeitsoberfläche

Abb. 2.12 zeigt einen mit Flüssigkeit befüllten, rotierenden zylindrischen Behälter im Fall zweier unterschiedlicher Winkelgeschwindigkeiten ω. Es bilden sich in Abhängigkeit von ω jeweils Oberflächenprofile in Form von Rotationsparaboloiden aus, bei denen die Vertikalschnitte demgemäß Parabeln sind. Ermitteln Sie die Stelle 1 dieser Parabeln, an der man mittels Messfühler am Radius r_1 durch Abtasten der dortigen Höhe Z_1 das eingefüllte Volumen V bestimmen kann. Hierbei wird der Innenradius r_0 des Zylinders als bekannt vorausgesetzt.

Lösung zu 2.8

Aufgabenerläuterung

Bei Volumengleichheit $V =$ konstant lässt sich nachweisen, dass die Stelle 1 ein fester Punkt $(r_1; Z_1)$ aller Parabeln ist, die bei den verschiedenen Drehzahlen n (bzw. Winkelgeschwindigkeiten ω) entstehen. Die Verwendung unten stehender Gesetze bei zwei verschiedenen ω-Werten führt zur gesuchten Lösung der Frage.

Gegeben:

- r_0

Abb. 2.12 Messfühler auf
rotierender Flüssigkeitsoberfläche

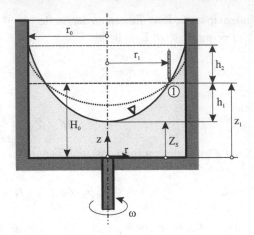

Gesucht:

- r_1

Anmerkungen

- Es darf kein Volumen verloren gehen, d. h. $\Delta V = 0$.
- Die Schnittparabel folgt dem Gesetz $z = \frac{\omega^2}{2 \cdot g} \cdot r^2 + Z_S$.
- Die Absenkhöhe h_1 bzw. Anstiegshöhe h_2 ermittelt sich mit $h_{1,2} = \frac{\omega^2}{2 \cdot g} \cdot \frac{r_0^2}{2}$.

Lösungsschritte
Für den **Radius r_1** benötigen wir die Parabel $z = \frac{\omega^2}{2 \cdot g} \cdot r^2 + Z_S$, welche die Oberflächenkontur beschreibt. Hierfür kann man z. B. bei zwei verschiedenen Winkelgeschwindigkeiten ω_1 und ω_2 an der Stelle $z = Z_1$ formulieren:

$$Z_1 = \frac{\omega_1^2}{2 \cdot g} \cdot r^2 + Z_S \quad \text{bzw.} \quad Z_2 = \frac{\omega_2^2}{2 \cdot g} \cdot r^2 + Z_S.$$

Also wird

$$\frac{\omega_1^2}{2 \cdot g} \cdot r_1^2 + Z_{S,1} = \frac{\omega_2^2}{2 \cdot g} \cdot r_1^2 + Z_{S,2}.$$

Nach einer Umformung erhalten wir

$$\frac{\omega_2^2}{2 \cdot g} \cdot r_1^2 - \frac{\omega_1^2}{2 \cdot g} \cdot r_1^2 = Z_{S,1} - Z_{S,2}.$$

Dann klammern wir $r_1^2 / (2 \cdot g)$ aus und bekommen

$$\frac{r_1^2}{2 \cdot g} \cdot \left(\omega_2^2 - \omega_1^2 \right) = Z_{S,1} - Z_{S,2}$$

Mit der Scheitelhöhe $Z_S = H_0 - h_1$ oder im vorliegenden Fall $Z_{S,1} = H_0 - h_{1,1}$ und $Z_{S,2} = H_0 - h_{1,2}$ folgt dann

$$\frac{r_1^2}{2 \cdot g} \cdot \left(\omega_2^2 - \omega_1^2\right) = (H_0 - h_{1,1}) - (H_0 - h_{1,2})$$

und damit

$$\frac{r_1^2}{2 \cdot g} \cdot \left(\omega_2^2 - \omega_1^2\right) = h_{1,2} - h_{1,1}$$

Die Absenkhöhe h_1 lautet allgemein $h_1 = \frac{\omega^2}{2 \cdot g} \cdot \frac{r_0^2}{2}$ oder im vorliegenden Fall

$$h_{1,1} = \frac{\omega_1^2}{2 \cdot g} \cdot \frac{r_0^2}{2} \quad \text{und} \quad h_{1,2} = \frac{\omega_2^2}{2 \cdot g} \cdot \frac{r_0^2}{2}.$$

Oben eingesetzt führt dies zu

$$\frac{r_1^2}{2 \cdot g} \cdot \left(\omega_2^2 - \omega_1^2\right) = \frac{\omega_2^2}{2 \cdot g} \cdot \frac{r_0^2}{2} - \frac{\omega_1^2}{2 \cdot g} \cdot \frac{r_0^2}{2}$$

Rechts $r_0^2 / (4 \cdot g)$ ausgeklammert liefert

$$\frac{r_1^2}{2 \cdot g} \cdot \left(\omega_2^2 - \omega_1^2\right) = \frac{r_0^2}{4 \cdot g} \cdot \left(\omega_2^2 - \omega_1^2\right)$$

Damit wird $r_1^2 = \frac{2}{4} \cdot r_0^2 = \frac{1}{2} \cdot r_0^2$.

Hieraus erhält man das gesuchte Ergebnis

$$r_1 = \frac{1}{\sqrt{2}} \cdot r_0.$$

Aufgabe 2.9 Schrägaufzug

Im Hochgebirge und auch an anderen Orten sind bisweilen so genannte „Schrägaufzüge" installiert, mit denen Lasten und Personen z. T. über beachtliche Höhenunterschiede transportiert werden. In Abb. 2.13 ist die schematische Darstellung eines solchen Aufzugs zu erkennen, der im vorliegenden Fall zum Flüssigkeitstransport in einem offenen Behälter eingesetzt wird. Über das Zugseil greift die Kraft F am Behälter an, um ihn und das eingefüllte Wasser aus der Ruhe heraus mit gleichbleibender Beschleunigung a in Bewegung zu setzen. Hierbei darf gerade kein Wasser verloren gehen. Unter dieser Voraussetzung

Abb. 2.13 Kräfte am Schrägaufzug

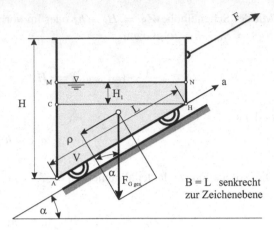

soll zunächst die Beschleunigung a ermittelt werden. Neben der Behältermasse m_B, der Bodenlänge L und der Behälterbreite B sind die wirksame Kraft F, die Höhe h_1 der Wasserbefüllung und der Steigungswinkel α bekannt. Nach Feststellung der Beschleunigung a ist der Winkel β zwischen Wasseroberfläche und Horizontalebene (Abb. 2.14) unter Einwirkung von a zu bestimmen. Des Weiteren wird unter der genannten Vorgabe nach der Mindesthöhe H der hinteren Behälterwand gefragt.

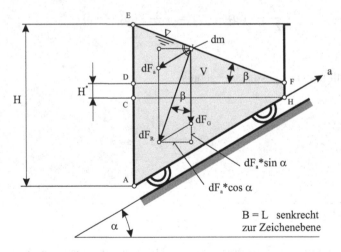

Abb. 2.14 Kräfte an einem Oberflächenelement dm

Lösung zu 2.9

Aufgabenerläuterung

Die Frage nach der Beschleunigung a lässt sich mit der Anwendung des zweiten Newton'schen Gesetzes am Behälter unter Berücksichtigung aller äußeren Kräfte lösen. Bei der Ermittlung des Winkels β werden die Kräfte an einem Element dm der Flüssigkeitsoberfläche benötigt mit der Feststellung, dass sich diese Oberflächen immer normal zur Kraftresultierenden orientieren. Die Höhe H hängt von den geometrischen Abmessungen in Abb. 2.14 ab.

Gegeben:

- F; ρ; m_B; L; α; $B = L$; $h_1 = L/4$

Gesucht:

1. a
2. β
3. H
4. a, β und H, wenn $F = 25\,000\,\text{N}$; $m_B = 400\,\text{kg}$; $\rho = 1\,000\,\text{kg/m}^3$; $L = 2\,\text{m}$; $\alpha = 30°$

Anmerkungen

- Das Flüssigkeitsvolumen ist bei allen Überlegungen eine konstante Größe.

Lösungsschritte – Fall 1

Zur Frage nach der **Beschleunigung a** stellen wir das Newtonsche Gesetz auf, angewendet am gleichmäßig beschleunigten Schrägaufzug in Bewegungsrichtung bedeutet das $\sum F_i = m \cdot a$ mit $m \equiv m_{ges} = m_B + m_F$ als Gesamtmasse und $\sum F_i = F - F_{G,ges} \cdot \sin\alpha$ als resultierender äußerer Kraft. Somit wird

$$(m_B + m_F) \cdot a = F - F_{G,ges} \cdot \sin\alpha$$

oder nach der gesuchten Beschleunigung aufgelöst

$$a = \frac{(F - F_{G,ges} \cdot \sin\alpha)}{(m_B + m_F)}.$$

Hierin bedeuten

$F_{G,ges} = F_{G,B} + F_{G,F}$ Gesamtgewichtskraft
$F_{G,B} = g \cdot m_B$ Behältergewichtskraft
$F_{G,F} = g \cdot m_F$ Flüssigkeitsgewichtskraft

$m_F = \rho \cdot V_F$ Flüssigkeitsmasse

V_F Flüssigkeitsvolumen

Das **Flüssigkeitsvolumen** V_F setzt sich gemäß Abb. 2.13 aus dem Produkt der Rechteckfläche A_{CMNH} und der Dreiecksfläche A_{ACH} multipliziert mit der Breite $B = L$ zusammen. Hierbei sind

$$A_{CMNH} = \overline{CH} \cdot \overline{CM} \qquad \text{mit} \qquad \overline{CH} = L \cdot \cos\alpha \quad \text{und} \quad \overline{CM} = h_1$$

$$A_{ACH} = \frac{1}{2} \cdot \overline{CA} \cdot \overline{CH} \qquad \text{mit} \qquad \overline{CA} = L \cdot \sin\alpha$$

und das Flüssigkeitsvolumen lautet folglich

$$V_F = h_1 \cdot (L \cdot \cos\alpha) \cdot B + \frac{1}{2} \cdot (L \cdot \cos\alpha) \cdot (L \cdot \sin\alpha) \cdot B.$$

Mit $B = L$ und $h_1 = L/4$ wird

$$V_F = \frac{1}{4} \cdot L^3 \cdot \cos\alpha + \frac{1}{2} \cdot L^3 \cdot \sin\alpha \cdot \cos\alpha$$

oder schließlich

$$V_F = \frac{1}{4} \cdot L^3 \cdot (1 + 2 \cdot \sin\alpha) \cdot \cos\alpha.$$

Die Zusammenhänge, in die Gleichung für a eingesetzt, liefern die gesuchte Beschleunigung:

$$a = \frac{F - \left[g \cdot m_B + g \cdot \rho \cdot \frac{1}{4} \cdot L^3 \cdot (1 + 2 \cdot \sin\alpha) \cdot \cos\alpha \right] \cdot \sin\alpha}{m_B + \rho \cdot \frac{1}{4} \cdot L^3 \cdot (1 + 2 \cdot \sin\alpha) \cdot \cos\alpha}$$

$$= \frac{\frac{1}{4} \cdot \left\{ 4 \cdot F - \left[4 \cdot g \cdot m_B + g \cdot \rho \cdot L^3 \cdot (1 + 2 \cdot \sin\alpha) \cdot \cos\alpha \right] \cdot \sin\alpha \right\}}{\frac{1}{4} \cdot \left[4 \cdot m_B + \rho \cdot L^3 \cdot (1 + 2 \cdot \sin\alpha) \cdot \cos\alpha \right]}$$

und damit

$$a = \frac{4 \cdot F - g \cdot \left[4 \cdot m_B + \rho \cdot L^3 \cdot (1 + 2 \cdot \sin\alpha) \cdot \cos\alpha \right] \cdot \sin\alpha}{4 \cdot m_B + \rho \cdot L^3 \cdot (1 + 2 \cdot \sin\alpha) \cdot \cos\alpha}.$$

Lösungsschritte – Fall 2

Für den gesuchten Winkel β wissen wir, dass der Flüssigkeitsspiegel sich immer senkrecht zur Kraftresultierenden am Masseelement dm an der Oberfläche einstellt. Im vorliegenden

Fall erhält man aus dem Kräfteparallelogramm folgenden Zusammenhang zwischen dem gesuchten Winkel β sowie dem Winkel α und den Beschleunigungen a und g:

Gemäß Abb. 2.14 erkennt man, dass $\tan \beta = \frac{\mathrm{d}F_a \cdot \cos\alpha}{\mathrm{d}F_G + \mathrm{d}F_a \cdot \sin\alpha}$, wobei $\mathrm{d}F_G = \mathrm{d}m \cdot g$ und $\mathrm{d}F_a = \mathrm{d}m \cdot a$ lauten. Hieraus folgt $\tan \beta = \frac{\mathrm{d}m \cdot a \cdot \cos\alpha}{\mathrm{d}m \cdot g + \mathrm{d}m \cdot a \cdot \sin\alpha}$ oder

$$\tan \beta = \frac{\cos\alpha}{\frac{g}{a} + \sin\alpha}$$

und schließlich

$$\beta = \arctan\left(\frac{\cos\alpha}{\frac{g}{a} + \sin\alpha}\right).$$

Lösungsschritte – Fall 3

Gemäß Abb. 2.14 setzt sich die **Mindesthöhe H der hinteren Behälterwand** wie folgt zusammen: $H = \overline{AC} + H^* + \overline{DE}$. Hierbei sind $\overline{AC} = L \cdot \sin\alpha$, $\overline{DE} = \overline{DF} \cdot \tan\beta$ und $\overline{DF} = \overline{CH} = L \cdot \cos\alpha$. Zunächst erhält man somit

$$H = L \cdot \sin\alpha + H^* + L \cdot \cos\alpha \cdot \tan\beta.$$

Unbekannt ist hierin noch H^*. Aus dem Volumen V_F in Ruhe und bei der beschleunigten Bewegung lässt sich diese Größe in nachstehenden Schritten ermitteln.

Flüssigkeitsvolumen im Ruhezustand (s. o.):

$$V_F = \frac{1}{4} \cdot L^3 \cdot (1 + 2 \cdot \sin\alpha) \cdot \cos\alpha.$$

Flüssigkeitsvolumen (ohne Verluste) bei der beschleunigten Bewegung (Abb. 2.14):

$$V_F = B \cdot (A_{EDF} + A_{DFHC} + A_{ACH}).$$

Die erste Dreieckfläche berechnet sich gemäß $A_{EDF} = \frac{1}{2} \cdot \overline{DE} \cdot \overline{DF}$. Mit $\overline{DE} = \overline{DF} \cdot \tan\beta$ und $\overline{DF} = \overline{CH} = L \cdot \cos\alpha$ heißt das

$$A_{EDF} = \frac{1}{2} \cdot (L \cdot \cos\alpha) \cdot \tan\beta \cdot (L \cdot \cos\alpha) = \frac{1}{2} \cdot L^2 \cdot \cos^2\alpha \cdot \tan\beta.$$

Für die Rechteckfläche gilt $A_{DFHC} = B \cdot \overline{DC} \cdot \overline{CH}$. Mit $\overline{DC} = H^*$ und $\overline{CH} = \overline{DF}$ (s. o.) ist dann

$$A_{DFHC} = B \cdot H^* \cdot (L \cdot \cos\alpha).$$

Die zweite Dreieckfläche ist $A_{\mathrm{ACH}} = \frac{1}{2}\cdot\overline{AC}\cdot\overline{CH}$, bzw. mit $\overline{AC} = L\cdot\sin\alpha$ und $\overline{CH} = \overline{DF}$ (s. o.)

$$A_{\mathrm{ACH}} = \frac{1}{2} \cdot (L \cdot \sin\alpha) \cdot (L \cdot \cos\alpha).$$

Man erhält nun aus den drei Einzelflächen A_{EDF}, A_{DFHC} und A_{ACH} das Volumen

$$V_{\mathrm{F}} = B \cdot \left(\frac{1}{2} \cdot L^2 \cdot \cos^2\alpha \cdot \tan\beta + H^* \cdot L \cdot \cos\alpha + \frac{1}{2} \cdot L^2 \cdot \sin\alpha \cdot \cos\alpha \right).$$

Mit $B = L$ führt dies zu

$$V_{\mathrm{F}} = \frac{1}{2} \cdot L^3 \cdot \cos^2\alpha \cdot \tan\beta + H^* \cdot L^2 \cdot \cos\alpha + \frac{1}{2} \cdot L^3 \cdot \sin\alpha \cdot \cos\alpha.$$

Nach Ausklammern von $\frac{1}{2} \cdot L^3 \cdot \cos\alpha$ folgt die zweite Gleichung für V_{F}:

$$V_{\mathrm{F}} = \frac{1}{2} \cdot L^3 \cdot \cos\alpha \cdot \left(\cos\alpha \cdot \tan\beta + 2 \cdot \frac{H^*}{L} + \sin\alpha \right).$$

Beide Gleichungen für V_{F} gleichgesetzt und entsprechende Größen gekürzt liefert

$$\frac{1}{4} \cdot L^3 \cdot \cos\alpha \cdot (1 + 2 \cdot \sin\alpha) = \frac{1}{2} \cdot L^3 \cdot \cos\alpha \cdot \left(\cos\alpha \cdot \tan\beta + 2 \cdot \frac{H^*}{L} + \sin\alpha \right),$$

oder mit 2 multipliziert und gekürzt:

$$\frac{1}{2} \cdot (1 + 2 \cdot \sin\alpha) = \cos\alpha \cdot \tan\beta + 2 \cdot \frac{H^*}{L} + \sin\alpha.$$

Weiteres Umstellen liefert

$$2 \cdot \frac{H^*}{L} = \frac{1}{2} + \sin\alpha - \cos\alpha \cdot \tan\beta - \sin\alpha.$$

Nach Division durch 2 ist dann

$$\frac{H^*}{L} = \frac{1}{4} - \frac{1}{2} \cdot \cos\alpha \cdot \tan\beta.$$

Das Ergebnis für H^* nimmt dann folgende Form an:

$$H^* = \frac{L}{4} \cdot (1 - 2 \cdot \cos\alpha \cdot \tan\beta).$$

Mit H^* lässt sich die gesuchte Höhe H ermitteln zu

$$H = L \cdot \sin \alpha + \frac{1}{4} \cdot L + L \cdot \cos \alpha \cdot \tan \beta - \frac{1}{2} \cdot L \cdot \cos \alpha \cdot \tan \beta,$$

also

$$H = L \cdot \left(\frac{1}{4} + \sin \alpha + \frac{1}{2} \cdot \cos \alpha \cdot \tan \beta \right).$$

Lösungsschritte – Fall 4

Zum Schluss berechnen wir a, β und H, wenn $F = 25\,000$ N; $m_B = 400$ kg; $\rho = 1\,000$ kg/m^3; $L = 2$ m; $\alpha = 30°$

Bei dimensionsgerechter Verwendung der gegebenen Größen erhält man:

$$a = \frac{4 \cdot 25\,000 - 9{,}81 \cdot \left[4 \cdot 400 + 1\,000 \cdot 2^3 \cdot (1 + 2 \cdot \sin 30°) \cdot \cos 30° \right] \cdot \sin 30°}{4 \cdot 400 + 1\,000 \cdot 2^3 \cdot (1 + 2 \cdot \sin 30°) \cdot \cos 30°}$$

$$= 1{,}565 \, \text{m/s}^2$$

$$\beta = \arctan \beta = \arctan \left(\frac{\cos 30°}{\frac{9{,}81}{1{,}565} + \sin 30°} \right) = 7{,}29°$$

$$H = 2 \cdot \left(\sin 30° + \frac{1}{4} + \frac{1}{2} \cdot \cos 30° \cdot \tan 7{,}29° \right) = 1{,}61 \, \text{m}$$

Fluiddruck

3

Druckdefinition

In einem in Ruhe befindlichen Newton'schen Fluid können nur Normalkräfte auftreten. Schubspannungen sind in Ruhe nicht vorhanden ($\tau = 0$). Zugkräfte/-spannungen können von Fluiden nicht oder nur sehr geringfügig übertragen werden. Bezieht man die Normalkraft auf die belastete Fläche, so wird damit der Druck p formuliert. Die allgemeine Druckdefinition lautet

$$p = \frac{\mathrm{d}F}{\mathrm{d}A}.$$

In dieser Form kann der Druck auch bei ungleichmäßigen Verteilungen auf Begrenzungswänden von z. B. hohen Flüssigkeitsbehältern, Absperrmauern usw. oder auch bei ungleichförmigen Verteilungen als statischer Druck an umströmten Profilen angewendet werden, um z. B. resultierende Kräfte zu ermitteln. Die jeweilige Druckverteilung muss hierbei bekannt sein. Bei einer homogenen Verteilung der Normalkraft F über der Fläche A lautet der Druck

$$p = \frac{F}{A}$$

Dimensionen des Drucks

[N/m^2]; [Pa]; [bar]; 1 bar $= 10^5$ Pa

© Springer-Verlag GmbH Deutschland, ein Teil von Springer Nature 2018
V. Schröder, *Übungsaufgaben zur Strömungsmechanik 1*,
https://doi.org/10.1007/978-3-662-56054-9_3

Druckentstehung

Äußere Kräfte: Pressung durch Kolben, o. ä.
Innere Kräfte: Gewichtskräfte, Fliehkräfte, . . .

Richtungseinfluss auf den Druck

Es kann festgestellt werden, dass der Druck p in irgendeinem Punkt des im Gleichgewicht befindlichen Fluids eine skalare Größe ist und nur von den Koordinaten des Punktes abhängt.

Druckfortpflanzung

Durch z. B. eine äußere Kraft (Presskraft), die mittels eines Kolbens auf die Fläche A ausgeübt wird, entsteht ein als Pressung bezeichneter Druck, der sich im geschlossenen Raum überall, auch an den Wänden, gleichmäßig fortsetzt.

Druck durch Gewichtskräfte

Flüssigkeiten In diesem Zusammenhang sollen Druckkräfte aufgrund von Gewichtskräften erfasst werden, die sich über der Höhe z oder Tiefe t ändern. Die Flüssigkeitsdichte sei dabei konstant. Das Kräftegleichgewicht an dem in Abb. 3.1 dargestellten Flüssigkeitsvolumen in z-Richtung führt zu dem Ergebnis

$$p\,(Z_0) + g \cdot \rho \cdot Z_0 = p\,(Z_1) + g \cdot \rho \cdot Z_1$$

Abb. 3.1 Vertikale Kräfte an
einem Flüssigkeitsvolumen

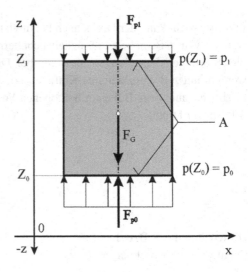

Wählt man das Koordinatensystem so, dass $Z_0 = 0$ und $Z_0 \equiv z$ (also beliebig) und gibt $p(Z_0)$ die Bezeichnung $p(Z_0) = p_0$, so wird

$$p\,(z) = p_0 - \rho \cdot g \cdot z$$

Dabei sind:

p_0 Druck in der Horizontalebene des Koordinatenursprungs
ρ Flüssigkeitsdichte
g Fallbeschleunigung
z Ortskoordinate vom Koordinatenursprung nach oben zählend

In zahlreichen Fällen ist es angebracht, die Horizontalebene des Koordinatenursprungs auf die Flüssigkeitsoberfläche anzuordnen (Abb. 3.2), da dort der Druck i. a. bekannt ist. Hiervon ausgehend lässt sich dann an jeder Stelle der Druck unterhalb der Oberfläche ermitteln, wenn in der o. g. Gleichung $-z = t$ gesetzt wird:

$$p\,(t) = p_0 + \rho \cdot g \cdot t$$

Abb. 3.2 Druckverteilung in vertikaler t-Richtung

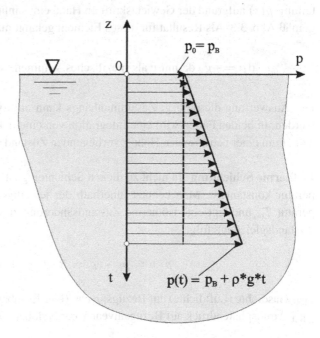

Abb. 3.3 Vertikale Kräfte an einem Gasvolumen

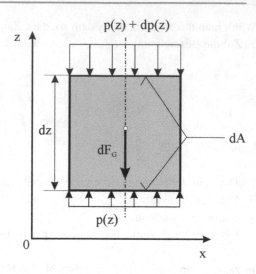

Bei atmosphärischen Bedingungen ist $p_0 = p_B$ und man erhält in diesem Fall

$$p\,(t) = p_B + \rho \cdot g \cdot t.$$

Gase Da die Dichte von Gasen i. a. nicht konstant ist, erfolgt die Herleitung der Druckverteilung $p(z)$ aufgrund der Gewichtskraft an Hand eines infinitesimalen Volumenelements gemäß Abb. 3.3. Als Resultat für dieses Element gelangt man zu:

$$v \cdot \mathrm{d}p = -g \cdot \mathrm{d}z \text{ mit } v \text{ als spezifisches Volumen, wobei } v = \frac{V}{m} = \frac{1}{\rho} \text{ ist.}$$

Die Auswertung dieses o. g. Zusammenhangs kann auf zweierlei Weise vorgenommen werden. In beiden Fällen wird eine Integration von einem definierten Anfangszustand bis zu dem in einer betreffenden Höhe z vorliegenden Zustand vorgenommen.

Isotherme Schichtung In nicht zu dicken Schichten geht man davon aus, dass die Temperatur konstant ist. Man benutzt innerhalb der jeweiligen Schicht eine mittlere Temperatur T_m und legt eine isotherme Zustandsänderung zu Grunde. Aus der thermischen Zustandsgleichung folgt

$$p \cdot v = p_{b_o} \cdot v_{b_o} = R \cdot T_m = \text{konst.}$$

$\rho_{B,0}$ Gasdichte (Luftdichte) auf Bezugsniveau (hier Erdoberfläche) festgelegt
$p_{B,0}$ Atmosphärendruck auf Bezugsniveau (hier Erdoberfläche) festgelegt

Als Ergebnis der Integration erhält man eine Gleichung in der Form:

$$p(z) = p_{B,0} \cdot e^{-\frac{\rho_{B,0}}{p_{B,0}} \cdot g \cdot z}.$$

Nach ICAO-Norm sind hierin:

$$\rho_{B,0} = 1{,}225 \, \text{kg/m}^3$$
$$T_{B,0} = 288{,}15 \, \text{K} = 15\,^{\circ}\text{C}$$
$$p_{B,0} = 1{,}01325 \, \text{bar} = 1\,013{,}25 \, \text{mbar}$$

Isentrope Schichtung Bei größeren Luft-(Gas-)Schichten kann man die Annahme konstanter Temperatur (in der jeweiligen Schicht) nicht mehr aufrechterhalten. Hier benutzt man die Vorgabe einer isentropen Zustandsänderung, das heißt:

• keine Wärmezufuhr oder -abfuhr und
• keine Verluste.

Bei isentroper Zustandsänderung gilt mit κ als Isentropenexponent des Gases

$$p \cdot v^{\kappa} = p_{B,0} \cdot v_{B,0}^{\kappa} = \text{konstant.}$$

Die Integration von $v \cdot dp = -g \cdot dz$ unter Verwendung von $p \cdot v^{\varkappa} = $ konstant liefert

$$p(z) = p_{B,0} \left[1 - \frac{\rho_{B,0}}{p_{B,0}} \cdot \frac{(\kappa - 1)}{\kappa} \cdot g \cdot z \right]^{\frac{\kappa}{\kappa - 1}}.$$

wobei wiederum

$$\rho_{B,0} = 1{,}225 \, \text{kg/m}^3$$
$$T_{B,0} = 288{,}15 \, \text{K} = 15\,^{\circ}\text{C}$$
$$p_{B,0} = 1{,}01325 \, \text{bar} = 1\,013{,}25 \, \text{mbar}$$

Aufgabe 3.1 Kolben in Ölzylinder

Auf der Flüssigkeitsoberfläche eines ölgefüllten Zylinders liegt ein Kolben mit dem Durchmesser D auf (Abb. 3.4). Der Zylinder ist über eine Messleitung mit einem Druckmessgerät verbunden, welches sich in einer Höhe H über dem Kolbenboden befindet. Das Druckmessgerät zeigt einen Absolutdruck p_H an. Gesucht wird die Kolbengewichtskraft $F_{G,K}$.

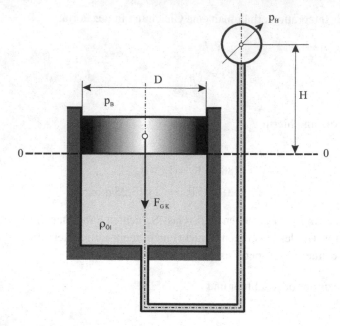

Abb. 3.4 Kolben in Ölzylinder

Lösung zu Aufgabe 3.1

Aufgabenerläuterung
Neben dem von Flüssigkeiten verursachten hydrostatischen Druck kommt hier eine weitere Druckerzeugung zur Wirkung, die von der Gewichtskraft des Kolbens auf die belastete Flüssigkeitsoberfläche verursacht wird.

Gegeben:

- H; D; p_B; p_H; $\rho_{Öl}$

Gesucht:

- $F_{G,K}$

Anmerkungen

- Es soll keine Reibungskraft zwischen Kolben und Zylinderwand wirken.

Lösungsschritte

In der vorgegebenen Bezugsebene 0–0 in Abb. 3.4 ist der Druck p_0 links im Behälter gleich groß wie der Druck p_0 rechts in der ölgefüllten Messleitung, also

$$\text{links:} \quad p_0 = p_B + \frac{F_{G,K}}{A_K},$$

$$\text{rechts:} \quad p_0 = p_H + \rho_{\text{Öl}} \cdot g \cdot H.$$

Gleichsetzen liefert

$$p_B + \frac{F_{G,K}}{A_K} = p_H + \rho_{\text{Öl}} \cdot g \cdot H,$$

Auflösen nach $F_{G,K}$ ergibt

$$\frac{F_{G,K}}{A_K} = (p_H - p_B) + \rho_{\text{Öl}} \cdot g \cdot H.$$

Multipliziert mit $A = \frac{\pi}{4} \cdot D^2$ lautet das Ergebnis der gesuchten Kolbengewichtskraft

$$F_{G,K} = \frac{\pi}{4} \cdot D^2 \cdot \left[(p_H - p_B) + \rho_{\text{Öl}} \cdot g \cdot H \right].$$

Aufgabe 3.2 Kugelbehälter

In Abb. 3.5 sind zwei Behälter mit einem zwischengeschalteten U-Rohrmanometer zu erkennen. Der linke Behälter ist mit Wasser gefüllt, im rechten befindet sich Luft. Als Sperrflüssigkeit im U-Rohrmanometer dient Quecksilber. Der obere Teil des rechten Manometerschenkels muss aus Platzgründen schräg angeordnet werden. Aufgrund des Druckunterschieds $(p_1 - p_2)$ wird die Sperrflüssigkeit um die Länge l_3 in den Schrägabschnitt verschoben. Wie groß wird der Druckunterschied $\Delta p = (p_1 - p_2)$, wenn neben den Höhen h_1, h_2, der Länge l_3 und dem Winkel α noch die Dichte von Wasser ρ_W und Quecksilber ρ_{Hg} bekannt sind?

Lösung zu Aufgabe 3.2

Gegeben:

- h_1; h_2; l_3; α; ρ_W; ρ_{Hg}

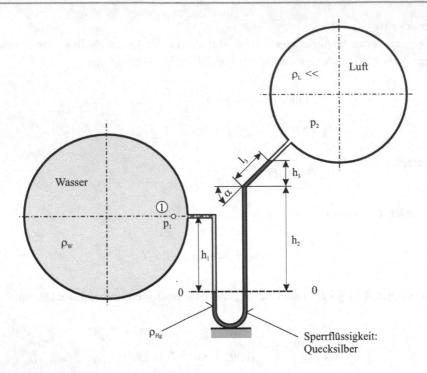

Abb. 3.5 Kugelbehälter

Gesucht:

1. $\Delta p = (p_1 - p_2)$
2. Δp, wenn $h_1 = 800\,\text{mm}$; $h_2 = 1\,000\,\text{mm}$; $l_3 = 400\,\text{mm}$; $\alpha = 45°$; $\rho_\text{W} = 1\,000\,\text{kg/m}^3$; $\rho_\text{Hg} = 13\,550\,\text{kg/m}^3$

Anmerkungen

- Die Luftdichte im Manometer ist vernachlässigbar.
- Die Ebene 0–0 durch das Manometer dient als Bezugsebene.

Lösungsschritte – Fall 1

Für die **Druckdifferenz Δp** bemerken wir, dass der Druck p_0 im Schnitt der Ebene 0–0 mit dem linken und rechten Manometerschenkel gleich groß ist, also:

$$\text{linker Schenkel:} \quad p_0 = p_1 + \rho_\text{W} \cdot g \cdot h_1,$$
$$\text{rechter Schenkel:} \quad p_0 = p_2 + \rho_\text{Hg} \cdot g \cdot (h_2 + h_3).$$

Der Anteil aus der Luftdichte wird vereinbarungsgemäß vernachlässigt. Die Gleichheit von p_0 hat somit zur Folge

$$p_1 + \rho_\text{W} \cdot g \cdot h_1 = p_2 + (h_2 + h_3) \cdot g \cdot \rho_\text{Hg}.$$

Verwendet man noch gemäß Abb. 3.5 den Zusammenhang $h_3 = l_3 \cdot \sin \alpha$ (rechtwinkliges Dreieck) und löst nach $(p_1 - p_2)$ auf, so entsteht

$$(p_1 - p_2) = (h_2 + l_3 \cdot \sin \alpha) \cdot g \cdot \rho_\text{Hg} - h_1 \cdot g \cdot \rho_\text{W}.$$

Nach Ausklammern von $g \cdot \rho_\text{W}$ steht das Ergebnis wie folgt fest:

$$\Delta p = (p_1 - p_2) = g \cdot \rho_\text{W} \cdot \left[(h_2 + l_3 \cdot \sin \alpha) \cdot \frac{\rho_\text{Hg}}{\rho_\text{W}} - h_1 \right].$$

Lösungsschritte – Fall 2

Mit den Werten $h_1 = 800\,\text{mm}$; $h_2 = 1\,000\,\text{mm}$; $l_3 = 400\,\text{mm}$; $\alpha = 45°$; $\rho_\text{W} = 1\,000\,\text{kg/m}^3$ und $\rho_\text{Hg} = 13\,550\,\text{kg/m}^3$ bekommen Sie bei dimensionsgerechtem Gebrauch

$$\Delta p = 9{,}81 \cdot 1\,000 \cdot \left[(1{,}000 + 0{,}400 \cdot \sin 45°) \cdot \frac{13\,550}{1\,000} - 0{,}80 \right]$$

und damit

$$\Delta p = 162\,675\,\text{Pa}.$$

Aufgabe 3.3 U-Rohr mit zwei verschiedenen Flüssigkeiten

Über einer Flüssigkeit 2 der Dichte ρ_b steht im rechten Schenkel eines U-Rohrs eine Flüssigkeit 1 der Dichte ρ_a mit einer Höhe h_1 (Abb. 3.6). Dieselbe Flüssigkeit 1 steht im linken Schenkel mit einer Höhe h_2 über dem Spiegel von Flüssigkeit 2. Ermitteln Sie bei gegebenen Dichten ρ_a und ρ_b sowie den Höhen h_1 und h_2 die Meniskenhöhenunterschiede Δh_a von Flüssigkeit 1 und Δh_b von Flüssigkeit 2.

Abb. 3.6 U-Rohr mit zwei
verschiedenen Flüssigkeiten

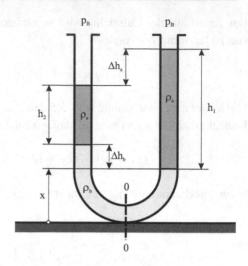

Lösung zu Aufgabe 3.3

Aufgabenerläuterung

Bei dieser Aufgabe müssen die hydrostatischen Druckgleichungen für Flüssigkeiten verschiedener Dichte z. B. im Schnitt 0–0 des U-Rohrs angewendet werden. In Verbindung mit den gegebenen Größen resultieren hieraus die gesuchten Höhen Δh_a und Δh_b.

Gegeben:

- h_1; h_2; ρ_a; ρ_b

Gesucht:

1. Δh_a
2. Δh_b

Anmerkungen

- Die Flüssigkeiten vermischen sich nicht.
- Die Höhe x in Abb. 3.6 ist als Hilfsgröße bei der Lösungsfindung zu sehen.

Lösungsschritte – Fall 1

Für die **Höhe Δh_b** betrachten wir den Schnitt 0–0 des U-Rohrs in Abb. 3.6. Dort sind die Drücke auf der linken und rechten Seite des Schnitts gleich groß:

$$\text{rechts:} \quad p_0 = p_B + \rho_a \cdot g \cdot h_1 + \rho_b \cdot g \cdot x,$$

$$\text{links:} \quad p_0 = p_B + \rho_a \cdot g \cdot h_2 + \rho_b \cdot g \cdot (\Delta h_b + x).$$

Folglich ergibt das Gleichsetzen beider Gleichungen

$$p_B + \rho_a \cdot g \cdot h_1 + \rho_b \cdot g \cdot x = p_B + \rho_a \cdot g \cdot h_2 + \rho_b \cdot g \cdot \Delta h_b + \rho_b \cdot g \cdot x.$$

Aufgelöst nach der gesuchten Größe Δh_b bleibt zunächst

$$\rho_b \cdot \Delta h_b = \rho_a \cdot h_1 - \rho_a \cdot h_2 = \rho_a \cdot (h_1 - h_2)$$

und nach Division durch ρ_b erhält man das Ergebnis für Δh_b:

$$\Delta h_b = (h_1 - h_2) \cdot \frac{\rho_a}{\rho_b}.$$

Für die **Höhe** Δh_a stellt man aus den Abmessungen am U-Rohr fest, dass $h_1 - \Delta h_a = h_2 + \Delta h_b$. Der gesuchte Meniskenhöhenunterschied Δh_a lautet folglich $\Delta h_a = (h_1 - h_2) - \Delta h_b$. Unter Verwendung des Ergebnisses für Δh_b führt dies zu

$$\Delta h_a = (h_1 - h_2) - (h_1 - h_2) \cdot \frac{\rho_a}{\rho_b}.$$

Nach Ausklammern von $(h_1 - h_2)$ gelangt man zu:

$$\Delta h_a = (h_1 - h_2) \cdot \left(1 - \frac{\rho_a}{\rho_b}\right).$$

Aufgabe 3.4 Behälter mit kommunizierenden Zylindern

Zwei Rohre und ein in der Mitte befindlicher, nach unten offener zylindrischer Behälter sind gemäß Abb. 3.7 in einem flüssigkeitsgefüllten Gefäß fest installiert. In den drei Bauteilen steht in unterschiedlichen Höhen die im Gefäß eingefüllte Flüssigkeit. Dies wird bewirkt durch zwei Kräfte F_1 und F_2, die über Kolben auf die Flüssigkeitsoberflächen in den Rohren übertragen werden. Des Weiteren wird der Druck p_K im mittleren Behälter wirksam. Ermitteln Sie die Höhen h_1 und h_2, wenn von bekannten Kräften, Rohrdurchmessern, Drücken und der Flüssigkeitsdichte ausgegangen werden kann.

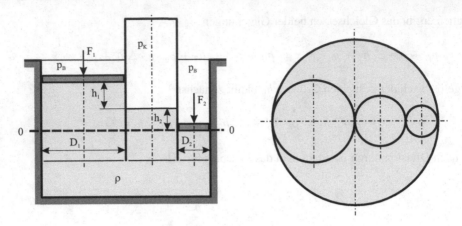

Abb. 3.7 Behälter mit kommunizierenden Zylindern

Lösung zu Aufgabe 3.4

Aufgabenerläuterung

Im vorliegenden Fall kommunizierender Rohre sind zur Lösung der Fragen die hydro-statischen Druckgleichungen nebst den von außen eingeleiteten Kräften anzusetzen. Zur Vereinfachung wird die Bezugsebene 0–0 vorgegeben.

Gegeben:

- F_1; F_2; D_1; D_2; p_B; p_K; ρ; g

Gesucht:

1. h_1
2. h_2

Anmerkungen

- Die Kolbenmassen sind vernachlässigbar.
- Die Wandstärke des mittleren Behälters ist vernachlässigbar.
- Die Ebene 0–0 in Abb. 3.7 ist zur Lösungsfindung zu verwenden.
- Die Kolben dichten vollständig ab, und es sind keine Reibungskräfte wirksam.

Lösungsschritte – Fall 1

Wir beginnen mit der **Höhe h_2** und bemerken, dass in der Bezugsebene 0–0 der Druck p_0 in den drei Bauteilen jeweils gleich groß ist:

$$\text{linkes Rohr:} \quad p_0 = p_B + \frac{F_1}{A_1} + \rho \cdot g \cdot (h_1 + h_2),$$

$$\text{mittlerer Behälter:} \quad p_0 = p_K + \rho \cdot g \cdot h_2,$$

$$\text{rechtes Rohr:} \quad p_0 = p_B + \frac{F_2}{A_2}.$$

Es sollten zunächst die beiden Gleichungen des rechten Rohrs und des mittleren Behälters für p_0 zusammengefügt werden, da hier die Höhe h_2 als einzige unbekannte Größe vorliegt:

$$p_K + \rho \cdot g \cdot h_2 = p_B + \frac{F_2}{A_2}.$$

Nach h_2 umgeformt liefert dies zunächst

$$\rho \cdot g \cdot h_2 = \frac{F_2}{A_2} - (p_K - p_B).$$

Danach durch $(\rho \cdot g)$ dividiert,

$$h_2 = \frac{F_2}{A_2 \cdot \rho \cdot g} - \frac{(p_K - p_B)}{\rho \cdot g},$$

und die Fläche $A_2 = \frac{\pi}{4} \cdot D_2^2$ eingesetzt, dies führt auf

$$h_2 = \frac{4 \cdot F_2}{\pi \cdot D_2^2 \cdot \rho \cdot g} - \frac{(p_K - p_B)}{\rho \cdot g}.$$

Klammern wir noch $\frac{1}{\rho \cdot g}$ aus, so lautet das Ergebnis

$$h_2 = \frac{1}{\rho \cdot g} \cdot \left[\frac{4 \cdot F_2}{\pi \cdot D_2^2} - (p_K - p_B) \right].$$

Lösungsschritte – Fall 2

Für die **Höhe h_1** werden die Druckgleichungen jetzt für das linke Rohr und den mittleren Behälter gleichgesetzt:

$$p_B + \frac{F_1}{A_1} + \rho \cdot g \cdot h_1 + \rho \cdot g \cdot h_2 = p_K + \rho \cdot g \cdot h_2$$

ergibt nach Wegstreichen von $\rho \cdot g \cdot h_2$ und Umstellung nach h_1 zunächst nachstehenden Ausdruck:

$$\rho \cdot g \cdot h_1 = (p_K - p_B) - \frac{F_1}{A_1}.$$

Nach Division durch $(\rho \cdot g)$ und anschließendem Ausklammern von $\frac{1}{\rho \cdot g}$ erhält man h_1 zu

$$h_1 = \frac{1}{\rho \cdot g} \cdot \left[(p_K - p_B) - \frac{F_1}{A_1} \right].$$

Die Fläche $A_1 = \frac{\pi}{4} \cdot D_1^2$ noch eingesetzt, bekommen wir das Ergebnis von h_1 wie folgt:

$$h_1 = \frac{1}{\rho \cdot g} \cdot \left[(p_K - p_B) - \frac{4 \cdot F_1}{\pi \cdot D_1^2} \right].$$

Aufgabe 3.5 Doppeltes Zylindersystem

In Abb. 3.8 erkennt man ein zweifaches Zylinder-Kolbensystem. Die zwei Kolben verbindet dabei eine Stange. Beide Zylinder sind jeweils mit einer gegen Atmosphäre offenen Steigleitung versehen. Ermitteln Sie den Druck p_2 in Zylinder 2 sowie die Höhen h_1 und h_2, wenn die Drücke p_1 und p_B, die Zylinderdurchmesser d_1 und d_2 sowie die Wasserdichte ρ gegeben sind.

Lösung zu Aufgabe 3.5

Aufgabenerläuterung

Im vorliegenden Kolben-Zylinder-System ist es bei der Lösungsfindung zunächst wichtig, die an den beiden Kolben wirksamen Kräfte einzutragen. Hierbei ist darauf zu achten, dass auf beiden Seiten der jeweiligen Kolben Kräfte zu berücksichtigen sind. Zu den Kräften aus den hydrostatischen Druckverteilungen ist der Hinweis unter „Anmerkungen" zu beachten.

Gegeben:

- p_1; p_B; d_1; d_2; ρ

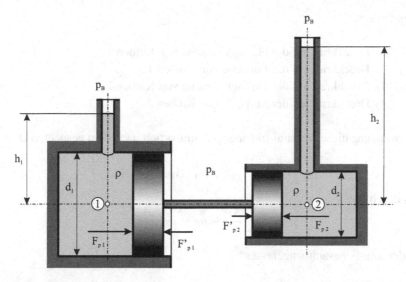

Abb. 3.8 Doppeltes Zylindersystem

Gesucht:

1. p_2
2. h_1
3. h_2
4. p_2, h_1 und h_2, wenn $p_1 = 110\,000\,\text{Pa}$; $p_B = 100\,000\,\text{Pa}$; $d_1 = 0{,}03\,\text{m}$; $d_2 = 0{,}01\,\text{m}$; $\rho = 1\,000\,\text{kg/m}^3$.

Anmerkungen

- Der Stangenquerschnitt kann vernachlässigt werden.
- Wegen der linearen Verteilung des statischen Drucks in der Vertikalebene wird derjenige in Kolbenmitte als gleichmäßig über der Kolbenfläche wirkend benutzt.
- Reibungskräfte sind vernachlässigbar.

Lösungsschritte – Fall 1
Ansatz ist das Kräftegleichgewicht am Kolbensystem, wobei der gesuchte **Druck p_2** in der Kraft F_{p_2} enthalten ist, soweit alle anderen Kräfte bekannt sind:

$$\sum F_i = 0 = F_{p_1} + F'_{p_2} - F_{p_2} - F'_{p_1}.$$

Im Folgenden sind:

$F_{p_1} = p_1 \cdot A_1$ Druckkraft auf der Flüssigkeitsseite von Kolben 1
$F'_{p_1} = p_B \cdot A_1$ Druckkraft auf der Luftseite von Kolben 1
$F_{p_2} = p_2 \cdot A_2$ Druckkraft auf der Flüssigkeitsseite von Kolben 2
$F'_{p_2} = p_B \cdot A_2$ Druckkraft auf der Luftseite von Kolben 2

Unter Verwendung dieser Zusammenhänge und umsortiert nach dem gesuchten Druck p_2 folgt

$$p_2 \cdot A_2 = p_1 \cdot A_1 + p_B \cdot A_2 - p_B \cdot A_1.$$

Dividiert durch A_2,

$$p_2 = p_1 \cdot \frac{A_1}{A_2} + p_B - p_B \cdot \frac{A_1}{A_2},$$

und Glieder mit $\frac{A_1}{A_2}$ zusammengefasst,

$$p_2 = p_B + (p_1 - p_B) \cdot \frac{A_1}{A_2},$$

sowie die Kreisflächen $A_1 = \frac{\pi}{4} \cdot d_1^2$ und $A_2 = \frac{\pi}{4} \cdot d_2^2$ verwendet, bekommen wir

$$p_2 = p_B + (p_1 - p_B) \cdot \frac{d_1^2}{d_2^2}.$$

Lösungsschritte – Fall 2
Die **Höhe h_1** lässt sich leicht aus $p_1 = p_B + \rho \cdot g \cdot h_1$ bestimmen, oder umgeformt:

$$\rho \cdot g \cdot h = p_1 - p_B.$$

Dividiert durch $(\rho \cdot g)$ wird daraus

$$h_1 = \frac{(p_1 - p_B)}{\rho \cdot g}.$$

Lösungsschritte – Fall 3

Analog zu Fall 2 bestimmt man die **Höhe h_2** zu

$$h_2 = \frac{(p_2 - p_B)}{\rho \cdot g}.$$

Lösungsschritte – Fall 4

Die Größen p_2, h_1 und h_2 sind für den Fall $p_1 = 110\,000$ Pa; $p_B = 100\,000$ Pa; $d_1 = 0,03$ m; $d_2 = 0,01$ m; $\rho = 1\,000$ kg/m^3 zu berechnen. Man gelangt bei dimensionsgerechtem Gebrauch der vorliegenden Zahlenwerte zu folgenden Ergebnissen.

$$p_2 = 100\,000 + (110\,000 - 100\,000) \cdot \left(\frac{0,03}{0,01}\right)^2 = 190\,000 \text{ Pa}$$

$$h_1 = \frac{(110\,000 - 100\,000)}{1\,000 \cdot 9,81} = 1,019 \text{ m}$$

$$h_2 = \frac{(190\,000 - 100\,000)}{1\,000 \cdot 9,81} = 9,17 \text{ m}$$

Aufgabe 3.6 Behälter mit verschiedenen Flüssigkeiten

In Abb. 3.9 sind zwei querschnittsgleiche (A), gegen Atmosphäre offene Behälter zu erkennen, die durch einen engen Kanal miteinander verbunden sind. Im rechten Behälter und z. T. auch auf der linken Seite ist eine Flüssigkeit der Dichte ρ_1 und dem Volumen V_1 eingefüllt. Die linke Oberfläche der Flüssigkeit V_1 wird überlagert von einer zweiten Flüssigkeit der Dichte $\rho_2 < \rho_1$ und dem Volumen V_2. Dieses Volumen soll der n-te Teil von V_1 sein. Die Dichten ρ_1 und ρ_2, die Querschnittsfläche A sowie das Gesamtflüssigkeitsvolumen V und n sind bekannt. Ermitteln Sie die Füllhöhen h_1 und h_2.

Abb. 3.9 Zwei Behälter mit
verschiedenen Flüssigkeiten

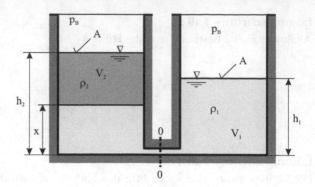

Lösung zu Aufgabe 3.6

Aufgabenerläuterung

Bei der Aufgabenlösung müssen die hydrostatischen Druckgleichungen für Flüssigkeiten
verschiedener Dichte z. B. im Schnitt 0–0 des Verbindungskanals angewendet werden. In
Verbindung mit den gegebenen Größen resultieren hieraus die gesuchten Höhen h_1 und
h_2.

Gegeben:

- A; V; ρ_1; ρ_2; n

Gesucht:

1. h_1
2. h_2

Anmerkungen

- Das Volumen im Verbindungskanal ist vernachlässigbar.
- Die Flüssigkeiten vermischen sich nicht.
- Die Höhe x in Abb. 3.9 ist als Hilfsgröße bei der Lösungsfindung zu sehen.

Lösungsschritte – Fall 1

Die gesuchte **Höhe h_1** ist zunächst bei gegebenem Behälterquerschnitt A mit dem Gesamtvolumen V und der anderen Höhe h_2 wie folgt verknüpft: $V = A \cdot (h_1 + h_2)$. Weiterhin
gilt $V = V_1 + V_2$, und mit der Vorgabe $V_2 = \frac{1}{n} \cdot V_1$ wird dann

$$V = V_1 + \frac{1}{n} \cdot V_1 = V_1 \cdot \left(1 + \frac{1}{n}\right).$$

Da gemäß Abb. 3.9 auch gleichzeitig das Teilvolumen $V_1 = A \cdot (h_1 + x)$ ist, erhält man einmal für das Gesamtvolumen

$$V = A \cdot (h_1 + x) \cdot \left(1 + \frac{1}{n}\right),$$

außerdem gilt ja $V = A \cdot (h_1 + h_2)$. Beide Gleichungen für V führen zu

$$A \cdot (h_1 + h_2) = A \cdot (h_1 + x) \cdot \left(1 + \frac{1}{n}\right)$$

und folglich

$$h_1 + h_2 = (h_1 + x) \cdot \left(1 + \frac{1}{n}\right).$$

Dies ist eine Gleichung mit den drei Unbekannten h_1, h_2 und x, die mit entsprechenden weiteren Zusammenhängen zu einer Gleichung mit nur noch einer Unbekannten reduziert werden muss. Im ersten Schritt wenden wir uns der Höhe x zu. Im Schnitt 0–0 der Verbindungsleitung ist der Druck links und rechts gleich groß, also

$$\text{rechts:} \quad p_0 = p_B + \rho_1 \cdot g \cdot h_1,$$
$$\text{links:} \quad p_0 = p_B + \rho_2 \cdot g \cdot (h_2 - x) + \rho_1 \cdot g \cdot x.$$

Somit gelangt man zu

$$p_B + \rho_1 \cdot g \cdot h_1 = p_B + \rho_2 \cdot g \cdot (h_2 - x) + \rho_1 \cdot g \cdot x.$$

oder

$$\rho_1 \cdot g \cdot h_1 = \rho_2 \cdot g \cdot (h_2 - x) + \rho_1 \cdot g \cdot x.$$

Nach Kürzen von g, Ausmultiplizieren,

$$\rho_1 \cdot h_1 = \rho_2 \cdot h_2 - \rho_2 \cdot x + \rho_1 \cdot x,$$

und Zusammenfassen der Größen mit x liefert dies

$$\rho_1 \cdot h_1 = x \cdot (\rho_1 - \rho_2) + \rho_2 \cdot h_2.$$

Stellen wir $x \cdot (\rho_1 - \rho_2)$ auf die linke Gleichungsseite,

$$x \cdot (\rho_1 - \rho_2) = \rho_1 \cdot h_1 - \rho_2 \cdot h_2,$$

und dividieren durch $(\rho_1-\rho_2)$, so führt dies zu

$$x = \frac{(\rho_1 \cdot h_1 - \rho_2 \cdot h_2)}{(\rho_1 - \rho_2)}.$$

Hiermit können wir jetzt in der obigen Gleichung

$$(h_1 + h_2) = (h_1 + x) \cdot \left(1 + \frac{1}{n}\right)$$

die Variable x eliminieren:

$$(h_1 + h_2) = \left[h_1 + \frac{(\rho_1 \cdot h_1 - \rho_2 \cdot h_2)}{(\rho_1 - \rho_2)}\right] \cdot \left(1 + \frac{1}{n}\right).$$

Ersetzt man nun links $(h_1 + h_2) = V/A$, so erhält man zunächst

$$\frac{V}{A} = \left[h_1 + \frac{(\rho_1 \cdot h_1 - \rho_2 \cdot h_2)}{(\rho_1 - \rho_2)}\right] \cdot \left(1 + \frac{1}{n}\right).$$

Nach Division durch $\left(1 + \frac{1}{n}\right)$, also

$$\frac{V}{A} \cdot \frac{1}{\left(1 + \frac{1}{n}\right)} = \left[h_1 + \frac{(\rho_1 \cdot h_1 - \rho_2 \cdot h_2)}{(\rho_1 - \rho_2)}\right],$$

und Erweitern von h_1 mit $(\rho_1-\rho_2)$ entsteht zunächst

$$\frac{V}{A} \cdot \frac{1}{\left(1 + \frac{1}{n}\right)} = \left[h_1 \cdot \frac{(\rho_1 - \rho_2)}{(\rho_1 - \rho_2)} + \frac{(\rho_1 \cdot h_1 - \rho_2 \cdot h_2)}{(\rho_1 - \rho_2)}\right].$$

Weiteres Umformen liefert

$$\frac{V}{A} \cdot \frac{1}{\left(1 + \frac{1}{n}\right)} = \left[\frac{h_1 \cdot (\rho_1 - \rho_2) + (\rho_1 \cdot h_1 - \rho_2 \cdot h_2)}{(\rho_1 - \rho_2)}\right].$$

Wir multiplizieren noch einmal mit $(\rho_1-\rho_2)$:

$$\frac{V}{A} \cdot \frac{(\rho_1 - \rho_2)}{\left(1 + \frac{1}{n}\right)} = h_1 \cdot (\rho_1 - \rho_2) + \rho_1 \cdot h_1 - \rho_2 \cdot h_2.$$

Die gesuchte Gleichung mit nur noch einer Unbekannten lässt sich aufstellen, indem h_2 aus $V = A \cdot (h_1 + h_2)$ bzw. $h_2 = \frac{V}{A} - h_1$ ersetzt wird. Oben eingefügt folgt

$$\frac{V}{A} \cdot \frac{(\rho_1 - \rho_2)}{\left(1 + \frac{1}{n}\right)} = h_1 \cdot (\rho_1 - \rho_2) + \rho_1 \cdot h_1 - \rho_2 \cdot \left(\frac{V}{A} - h_1\right)$$

oder

$$\frac{V}{A} \cdot \frac{(\rho_1 - \rho_2)}{\left(1 + \frac{1}{n}\right)} = h_1 \cdot \rho_1 - h_1 \cdot \rho_2 + \rho_1 \cdot h_1 - \rho_2 \cdot \frac{V}{A} + h_1 \cdot \rho_2.$$

Hieraus entsteht

$$\frac{V}{A} \cdot \frac{(\rho_1 - \rho_2)}{\left(1 + \frac{1}{n}\right)} = 2 \cdot h_1 \cdot \rho_1 - \rho_2 \cdot \frac{V}{A}.$$

Umgestellt nach h_1 ergibt

$$2 \cdot h_1 \cdot \rho_1 = \frac{V}{A} \cdot \frac{(\rho_1 - \rho_2)}{\left(1 + \frac{1}{n}\right)} + \rho_2 \cdot \frac{V}{A}$$

und Ausklammern von V/A liefert

$$2 \cdot h_1 \cdot \rho_1 = \frac{V}{A} \cdot \left[\frac{(\rho_1 - \rho_2)}{\left(1 + \frac{1}{n}\right)} + \rho_2 \right].$$

Erweitern von ρ_2 in der Klammer mit $\left(1 + \frac{1}{n}\right)$ führt auf

$$2 \cdot h_1 \cdot \rho_1 = \frac{V}{A} \cdot \left[\frac{(\rho_1 - \rho_2)}{\left(1 + \frac{1}{n}\right)} + \rho_2 \cdot \frac{\left(1 + \frac{1}{n}\right)}{\left(1 + \frac{1}{n}\right)} \right] = \frac{V}{A} \cdot \left[\frac{(\rho_1 - \rho_2) + \rho_2 \cdot \left(1 + \frac{1}{n}\right)}{\left(1 + \frac{1}{n}\right)} \right]$$

und weiteres Vereinfachen ergibt

$$2 \cdot h_1 \cdot \rho_1 = \frac{V}{A} \cdot \left[\frac{\rho_1 + \frac{1}{n} \cdot \rho_2}{\left(1 + \frac{1}{n}\right)} \right] = \frac{V}{A} \cdot \left[\frac{\frac{1}{n} \cdot (\rho_1 \cdot n + \rho_2)}{\frac{1}{n} \cdot (n + 1)} \right] = \frac{V}{A} \cdot \left[\frac{(\rho_1 \cdot n + \rho_2)}{(n + 1)} \right].$$

Nach Division durch $2 \cdot \rho_1$ erhalten wir als Ergebnis

$$h_1 = \frac{V}{2 \cdot A} \cdot \left[\frac{n + \frac{\rho_2}{\rho_1}}{n + 1} \right].$$

Lösungsschritte – Fall 2

Wir lösen $V = A \cdot (h_1 + h_2)$ nach der **Höhe h_2** auf und erweitern V/A mit 2:

$$h_2 = \frac{V}{A} - h_1 = 2 \cdot \frac{V}{2 \cdot A} - h_1.$$

Setzt man jetzt noch das gefundene Ergebnis für h_1 ein,

$$h_2 = 2 \cdot \frac{V}{2 \cdot A} - \frac{V}{2 \cdot A} \cdot \left[\frac{n + \frac{\rho_2}{\rho_1}}{n + 1} \right],$$

und klammert $V/(2 \cdot A)$ aus, so entsteht

$$h_2 = \frac{V}{2 \cdot A} \cdot \left[2 - \frac{n + \frac{\rho_2}{\rho_1}}{n + 1} \right].$$

Eine Erweiterung in der Klammer mit $(n + 1)$ liefert

$$h_2 = \frac{V}{2 \cdot A} \cdot \left[\frac{2 \cdot (n + 1) - n - \frac{\rho_2}{\rho_1}}{(n + 1)} \right]$$

oder

$$h_2 = \frac{V}{2 \cdot A} \cdot \left[\frac{2 \cdot n + 2 - n - \frac{\rho_2}{\rho_1}}{(n + 1)} \right].$$

Das Ergebnis für h_2 lautet folglich

$$h_2 = \frac{V}{2 \cdot A} \cdot \left[\frac{2 + n - \frac{\rho_2}{\rho_1}}{(n + 1)} \right].$$

Aufgabe 3.7 Wasserglas

Ein zylindrisches Glas wird in einem Wasserbehälter (z. B. Eimer) untergetaucht, bis es vollkommen mit Wasser gefüllt ist. Dann dreht man das Glas im Wasser mit der Öffnung nach unten in die vertikale Position und zieht es (in Abb. 3.10 beispielhaft an einer Auf-hängung) nach oben bis sich der Glasboden im Abstand h_1 über der Wasseroberfläche befindet. Wie groß wird in diesem Fall der Druck p_1 am höchsten Punkt **im** Glas, und mit welcher Kraft F_H wird das Glas in dieser Lage gehalten. Die Masse des leeren Zylinder-glases m_Z, der Glasdurchmesser d, die Wasserdichte ρ und der atmosphärische Druck p_B sind dabei bekannt.

Lösung zu Aufgabe 3.7

Aufgabenerläuterung
Die Aufgabe beinhaltet die Anwendung der hydrostatischen Druckgleichung sowie der Kräftebilanzen an gegebenen Systemen.

Gegeben:

- d; h_1; p_B; m_Z; ρ

Abb. 3.10 Wasserglas

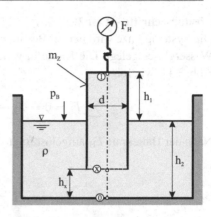

Gesucht:

1. p_1
2. F_H
3. p_1 und F_H, wenn $h_1 = 8,5\,\text{cm}$; $d = 6\,\text{cm}$; $m_Z = 280\,\text{g}$; $\rho = 1\,000\,\text{kg/m}^3$

Anmerkungen

- Die in Abb. 3.10 eingetragenen Höhen h_2 und h_x sind Hilfsgrößen bei der Lösungs-findung.

Lösungsschritte – Fall 1
Für den **Druck p_1 am höchsten Punkt im Glas** formulieren wir zunächst den Druck p_0 in der Ebene am Behälterboden, und zwar sowohl unterhalb des Glases als auch unterhalb der freien Wasseroberfläche.

$$\text{unterhalb des Glases:} \quad p_0 = p_1 + \rho \cdot g \cdot (h_1 + h_2),$$
$$\text{unterhalb der Wasseroberfläche:} \quad p_0 = p_B + \rho \cdot g \cdot h_2.$$

Wegen der Gleichheit von p_0 folgt:

$$p_B + \rho \cdot g \cdot h_2 = p_1 + \rho \cdot g \cdot (h_1 + h_2)$$

oder, nach dem gesuchten Druck p_1 aufgelöst:

$$p_1 = p_B - \rho \cdot g \cdot h_1$$

Lösungsschritte – Fall 2

Die Systemgrenze wird bei der Bestimmung der **Haltekraft** F_H außen um die Kontur des Wasserglases gelegt. Die Kräfte in vertikaler Richtung an diesem System lauten gemäß Abb. 3.11 wie folgt.

$$\sum F_i = 0 = F_H - F_{\mathrm{G,W}} - F_{\mathrm{G,Z}} + F_{p_x} - F_{p_y}.$$

Nach der Haltekraft F_H aufgelöst folgt

$$F_\mathrm{H} = F_{\mathrm{G,W}} + F_{\mathrm{G,Z}} - \left(F_{p_x} - F_{p_y}\right).$$

Dabei sind:

$F_{\mathrm{G,W}} = g \cdot m_\mathrm{W}$	Wassergewichtskraft im Behälter
$m_\mathrm{W} = \rho \cdot V_\mathrm{W}$	Wassermasse im Behälter
$V_\mathrm{W} = A \cdot (h_1 + h_2 - h_x)$	Wasservolumen im Behälter
$F_{\mathrm{G,Z}} = g \cdot m_\mathrm{Z}$	Behältergewichtskraft
m_Z	Behältermasse
$F_{p_y} = p_y \cdot A$	Druckkraft auf obere Systemfläche
$F_{p_x} = p_x \cdot A$	Druckkraft auf untere Systemfläche
$p_y = p_\mathrm{B}$	Druck auf obere Systemfläche
$p_x = p_\mathrm{B} + \rho \cdot g \cdot (h_2 - h_x)$	Druck auf untere Systemfläche

Setzt man diese Zusammenhänge in die Gleichung für F_H ein und berücksichtigt gleiche Größen mit umgekehrten Vorzeichen, so führt dies zu

$$F_\mathrm{H} = g \cdot \rho \cdot A \cdot (h_1 + h_2 - h_x) + g \cdot m_\mathrm{Z} - A \cdot [p_\mathrm{B} + \rho \cdot g \cdot (h_2 - h_x) - p_\mathrm{B}]$$

Abb. 3.11 Wasserglas mit wirksamen Kräften

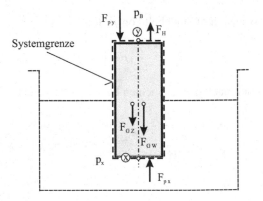

oder

$$F_{\mathrm{H}} = g \cdot \rho \cdot A \cdot h_1 + g \cdot m_{\mathrm{Z}}.$$

Mit der Kreisquerschnittsfläche $A = \frac{\pi}{4} \cdot d^2$ lautet das gesuchte Ergebnis für die Haltekraft F_{H}

$$F_{\mathrm{H}} = \frac{\pi}{4} \cdot d^2 \cdot g \cdot \rho \cdot h_1 + g \cdot m_{\mathrm{Z}}.$$

Lösungsschritte – Fall 3

Wenn $h_1 = 8{,}5\,\mathrm{cm}$, $d = 6\,\mathrm{cm}$, $m_{\mathrm{Z}} = 280\,\mathrm{g}$ und $\rho = 1\,000\,\mathrm{kg/m^3}$ sind, haben p_1 und F_{H} – bei dimensionsgerechter Verwendung der gegebenen Größen – die folgenden Werte:

$$p_1 = 100\,000 - 1\,000 \cdot 9{,}81 \cdot 0{,}085$$

$$p_1 = 99\,166\,\mathrm{Pa}$$

$$F_{\mathrm{H}} = \frac{\pi}{4} \cdot 0{,}06^2 \cdot 9{,}81 \cdot 1\,000 \cdot 0{,}085 + 9{,}81 \cdot 0{,}28$$

$$F_{\mathrm{H}} = 5{,}1\,\mathrm{N}$$

Es sei erwähnt, dass man zur selben Lösung der Haltekraft F_{H} gelangt, wenn man die Systemgrenzen unmittelbar außen und innen um die Glaskontur anordnet. Es entfällt dann allerdings die Wassergewichtskraft $F_{\mathrm{G,W}}$ und es muss dafür eine veränderte Druckkraft F_{p_x} verwendet werden.

Aufgabe 3.8 Ballon

Ein mit Gas (Helium) befüllter Ballon steigt gemäß Abb. 3.12 von der Erdoberfläche auf und erreicht seine maximale Steighöhe bei $Z_{\max}$, wo er in den Schwebezustand übergeht. Die Ballonhülle ist nicht verformbar und weist ein Volumen V auf. Der Ballon wird am Boden mit der Gasmasse m_{G} befüllt, die danach unverändert bleibt. Die Masse m des Ballons (ohne die zusätzliche Gasmasse m_{G}) ist bekannt ebenso wie die Zustandsgrößen der Luft an der Erdoberfläche (Stelle 0) sowie die jeweiligen Gaskonstanten R_{i} und

Abb. 3.12 Ballon im Schwebezustand

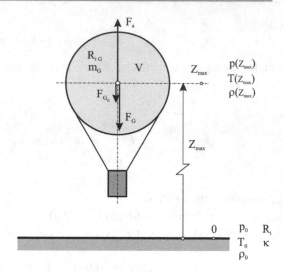

Adiabatenexponenten κ der Luft und des verwendeten Gases. Ermitteln Sie die maximale Steighöhe Z_{max} bei „isentroper Schichtung" und unter Voraussetzung eines gasdichten Ballons.

Lösung zu Aufgabe 3.8

Aufgabenerläuterung

Um Z_{max} zu bestimmen, muss man von der Druckgleichung isentroper Schichtung ausgehen und diese zunächst nach z auflösen. Die Variable $p(z)$ in der neuen Gleichung lässt sich mittels

$$\frac{p(z)}{\rho(z)^{\kappa}} = \frac{p_0}{\rho_0^{\kappa}}$$

in Zusammenhang mit der Dichte $\rho(z)$ bringen. Diese Dichte $\rho(z)$ ist wiederum über die Auftriebskraft mit der Gesamtgewichtskraft verknüpft, die sich aus den gegebenen Größen herleiten lässt.

Gegeben:

* p_0; ρ_0; T_0; R_i; κ; $R_{i,G}$; m; V

Gesucht:

1. Z_{max}
2. Z_{max}, wenn $p_0 = 1{,}013$ bar; $\rho_0 = 1{,}225\,\text{kg/m}^3$; $T_0 = 288$ K; $R_i = 287 (\text{N} \cdot \text{m})/(\text{kg} \cdot \text{K})$; $\kappa = 1{,}4$; $R_{i,G} = 2\,078 (\text{N} \cdot \text{m})/(\text{kg} \cdot \text{K})$; $m = 500$ kg; $V = 700\,\text{m}^3$

- Bei isentroper Schichtung gilt:

$$p\left(z\right) = p_0 \cdot \left[1 - \frac{(\kappa - 1)}{\kappa} \cdot \frac{\rho_0}{p_0} \cdot g \cdot z\right]^{\frac{\kappa}{(\kappa-1)}}$$

und

$$\frac{p(z)}{\rho\left(z\right)^{\kappa}} = \frac{p_0}{\rho_0^{\kappa}}.$$

- Die Gasbefüllung findet bei p_0 und T_0 mit $R_{i,G}$ statt.

Lösungsschritte – Fall 1

Gesucht ist die **maximale Steighöhe Z_{max}**. Wir beginnen mit der Druckgleichung bei isentroper Schichtung,

$$\frac{p\left(z\right)}{p_0} = \left[1 - \frac{(\kappa - 1)}{\kappa} \cdot \frac{\rho_0}{p_0} \cdot g \cdot z\right]^{\frac{\kappa}{(\kappa-1)}},$$

und formen die Gleichung

$$\frac{p(z)}{\rho\left(z\right)^{\kappa}} = \frac{p_0}{\rho_0^{\kappa}}$$

um nach

$$\frac{p\left(z\right)}{p_0} = \left(\frac{\rho(z)}{\rho_0}\right)^{\kappa}.$$

Miteinander verknüpft liefert das

$$\left(\frac{\rho(z)}{\rho_0}\right)^{\kappa} = \left[1 - \frac{(\kappa - 1)}{\kappa} \cdot \frac{\rho_0}{p_0} \cdot g \cdot z\right]^{\frac{\kappa}{(\kappa-1)}}.$$

Mit $(\kappa - 1)/\kappa$ potenziert führt dies zunächst zu

$$\left(\frac{\rho(z)}{\rho_0}\right)^{(\kappa-1)} = 1 - \frac{(\kappa - 1)}{\kappa} \cdot \frac{\rho_0}{p_0} \cdot g \cdot z.$$

Umgestellt nach dem Term mit z

$$\frac{(\kappa - 1)}{\kappa} \cdot \frac{\rho_0}{p_0} \cdot g \cdot z = 1 - \left(\frac{\rho(z)}{\rho_0}\right)^{(\kappa-1)}$$

und mit $\frac{\kappa}{(\kappa-1)} \cdot \frac{p_0}{\rho_0} \cdot \frac{1}{g}$ multipliziert lautet das Ergebnis zunächst allgemein

$$z = \frac{\kappa}{(\kappa - 1)} \cdot \frac{p_0}{\rho_0} \cdot \frac{1}{g} \cdot \left[1 - \left(\frac{\rho(z)}{\rho_0}\right)^{(\kappa-1)}\right].$$

Auf die gesuchte maximale Steighöhe Z_{max} übertragen folgt

$$Z_{max} = \frac{\kappa}{(\kappa - 1)} \cdot \frac{p_0}{\rho_0} \cdot \frac{1}{g} \cdot \left[1 - \left(\frac{\rho(Z_{max})}{\rho_0} \right)^{(\kappa - 1)} \right].$$

Die noch unbekannte Dichte $\rho(Z_{max})$ in dieser Gleichung lässt sich in nachstehenden Schritten feststellen. Im Fall der maximalen Steighöhe schwebt der Ballon, d. h. es entfällt die beim Steigen oder Sinken wirkende Widerstandskraft F_W. Das Kräftegleichgewicht lautet:

$$\sum F_i = 0 = F_a - F_G - F_{G,G} (-F_W)$$

und umgestellt

$$F_a = F_G + F_{G,G}.$$

Dabei sind:

$F_a = g \cdot \rho (Z_{max}) \cdot V$ Auftriebskraft in der Höhe Z_{max}
$F_G = g \cdot m$ Gewichtskraft des Ballons ohne die Gasmasse m_G
$F_{G,G} = g \cdot m_G$ Gewichtskraft der Gasmasse m_G

Dies führt dann auf

$$g \cdot \rho (Z_{max}) \cdot V = g \cdot m + g \cdot m_G.$$

Nach Division durch $(g \cdot V)$ folgt daraus

$$\rho (Z_{max}) = \frac{(m + m_G)}{V}.$$

Zur noch unbekannten Gasmasse $m_G = \rho_G \cdot V$ gelangt man, wenn m_G an der Erdoberfläche im Zustand 0 eingefüllt wird. Unter Verwendung der thermischen Zustandsgleichung $p \cdot v = R_i \cdot T$ mit $v = 1/\rho$ wird $\rho = p/(R_i \cdot T)$ und somit haben wir für das einzufüllende Gas

$$\rho_G = \frac{p_G}{R_{i,G} \cdot T_G}.$$

Beim Befüllen an der Stelle 0 gilt $T_G = T_0$ und $P_G = p_0$. Die Gasdichte lautet dann

$$\rho_G = \frac{p_0}{R_{i,G} \cdot T_0}.$$

Damit gelangt man zur benötigten Gasmasse m_G aus den gegebenen Größen wie folgt

$$m_G = \frac{p_0 \cdot V}{R_{i,G} \cdot T_0}.$$

Die Dichte an der Stelle Z_{max} lässt sich nun ermitteln als

$$\rho\left(Z_{max}\right) = \left(\frac{m}{V} + \frac{p_0 \cdot V}{V \cdot R_{i,G} \cdot T_0}\right)$$

oder

$$\rho\left(Z_{max}\right) = \left(\frac{m}{V} + \frac{p_0}{R_{i,G} \cdot T_0}\right).$$

Die so bestimmte Dichte $\rho(Z_{max})$ liefert dann in o. g. Gleichung für Z_{max} die gesuchte maximale Steighöhe.

Lösungsschritte – Fall 2

Die maximale Steighöhe soll nun bei $p_0 = 1{,}013$ bar, $\rho_0 = 1{,}225\,\text{kg/m}^3$, $T_0 = 288\,\text{K}$, $R_i = 287(\text{N} \cdot \text{m})/(\text{kg} \cdot \text{K})$, $\kappa = 1{,}4$, $R_{i,G} = 2\,078(\text{N} \cdot \text{m})/(\text{kg} \cdot \text{K})$, $m = 500\,\text{kg}$ und $V = 700\,\text{m}^3$ berechnet werden.

Bei dimensionsgerechter Verwendung der gegebenen Größen erhält man zunächst die Dichte $\rho(Z_{max})$:

$$\rho\left(Z_{max}\right) = \left(\frac{500}{700} + \frac{101\,300}{2\,078 \cdot 288}\right) = 0{,}8836\,\frac{\text{kg}}{\text{m}^3}$$

Z_{max} erhält man damit dann zu

$$Z_{max} = \frac{1{,}4}{(1{,}4 - 1)} \cdot \frac{101\,300}{1{,}225} \cdot \frac{1}{9{,}81} \cdot \left[1 - \left(\frac{0{,}8836}{1{,}225}\right)^{(1{,}4-1)}\right] = 3\,615\,\text{m}.$$

Aufgabe 3.9 Behälter mit Rohrleitungen

In Abb. 3.13 ist ein Behälter zu erkennen, an dem drei Rohrleitungen installiert sind. Behälterquerschnittsfläche A, Behälterhöhe H sowie Abstand h von Leitung B zum Behälterboden und die Flüssigkeitsdichte ρ sind bekannt. Auf der linken Seite in Abb. 3.13 ist die Flüssigkeit bis zur Höhe h_0 eingefüllt. Leitung A ist geöffnet und Leitung C abgesperrt. Im Raum oberhalb der Flüssigkeit und auch im oberen Teil der beidseitig offenen

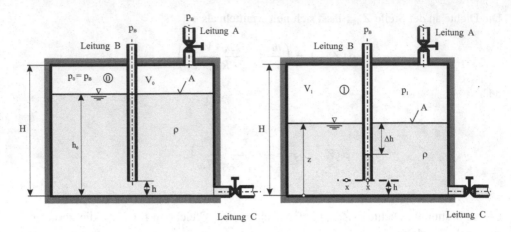

Abb. 3.13 Behälter mit Rohrleitungen

Leitung B herrscht somit Atmosphärendruck p_B. Es liegt überall gleiche Einfüllhöhe h_0 vor. Auf der rechten Seite in Abb. 3.13 wird die Leitung A verschlossen und dem Behälter entnimmt man Flüssigkeit über die geöffnete Leitung C, bis im Behälter der Flüssigkeitsstand z erreicht ist. Hierbei verschiebt sich der Flüssigkeitsspiegel in der offenen Leitung B um Δh gegenüber z. Der luftgefüllte Raum oberhalb des Flüssigkeitsspiegels im Behälter wird vom Zustand 0 auf den Zustand 1 expandiert.

Stellen Sie einen Zusammenhang zwischen Δh und z her und ermitteln Sie die kleinstmögliche Höhe z_{min}, bis zu der gerade noch keine Luft über Leitung B in den Behälter gelangt.

Lösung zu Aufgabe 3.9

Aufgabenerläuterung
Neben den hydrostatischen Druckgleichungen ist bei der Aufgabenlösung von der thermischen Zustandsgleichung Gebrauch zu machen, da man über sie zur neuen Füllhöhe z gelangt.

Gegeben:

- H; h_0, h, p_B, ρ

Gesucht:

1. Δh
2. z_{min}, wenn gerade noch keine Luft über Leitung B eindringt

3. Δh und z_{min}, wenn $H = 2{,}0\,\text{m}$; $h_0 = 1{,}0\,\text{m}$; $H = 0{,}20\,\text{m}$; $p_B = 10^5\,\text{Pa}$; $\rho = 1\,000\,\text{kg/m}^3$

Anmerkungen

- Der Rohrquerschnitt von Leitung B ist gegenüber dem Behälterquerschnitt vernachlässigbar.
- Isotherme Zustandsänderung vom Zustand 0 auf den Zustand 1

Lösungsschritte – Fall 1

Die **Pegeländerung Δh** ist im statischen Druck an der Stelle x enthalten:

$$p_x = p_B + g \cdot \rho \cdot (z - h - \Delta h)$$

Wobei

$$p_x = p_1 + g \cdot \rho \cdot (z - h).$$

Beide Gleichungen miteinander über p_x verknüpft,

$$p_B + \rho \cdot g \cdot z - \rho \cdot g \cdot h - \rho \cdot g \cdot \Delta h = p_1 + \rho \cdot g \cdot z - \rho \cdot g \cdot h,$$

liefert

$$\rho \cdot g \cdot \Delta h = p_B - p_1$$

und somit das vorläufige Ergebnis

$$\Delta h = \frac{1}{\rho \cdot g} \cdot (p_B - p_1).$$

Den **Druck p_1 im Zustand 1** bekommen wir über die isotherme Zustandsänderung von Zustand 0 auf Zustand 1 mit der thermischen Zustandsgleichung $p \cdot V = m \cdot R_i \cdot T = $ konstant:

$$p_0 \cdot V_0 = p_1 \cdot V_1.$$

Hierin sind gemäß Abb. 3.13

$$p_0 = p_B,$$
$$V_0 = A \cdot (H - h_0),$$
$$V_1 = A \cdot (H - z).$$

Somit folgt

$$p_B \cdot A \cdot (H - h_0) = p_1 \cdot A \cdot (H - z)$$

oder umgeformt

$$p_1 = p_B \cdot \frac{(H - h_0)}{(H - z)}.$$

Diesen Ausdruck für den p_1 setzen wir in die oben gefundene Gleichung Δh ein:

$$\Delta h = \frac{1}{\rho \cdot g} \cdot \left[p_{\mathrm{B}} - p_{\mathrm{B}} \cdot \frac{(H - h_0)}{(H - z)} \right],$$

dann wird p_{B} ausgeklammert und weiter umgeformt:

$$\Delta h = \frac{p_{\mathrm{B}}}{\rho \cdot g} \cdot \left[1 - \frac{(H - h_0)}{(H - z)} \right]$$

$$= \frac{p_{\mathrm{B}}}{\rho \cdot g} \cdot \left[\frac{(H - z)}{(H - z)} - \frac{(H - h_0)}{(H - z)} \right] = \frac{p_{\mathrm{B}}}{\rho \cdot g} \cdot \left[\frac{H - z - H + h_0}{(H - z)} \right].$$

Das führt zu

$$\Delta h = \frac{p_{\mathrm{B}}}{\rho \cdot g} \cdot \left(\frac{h_0 - z}{H - z} \right).$$

Jetzt sollte noch im Zähler und Nenner z ausgeklammert werden:

$$\Delta h = \frac{p_{\mathrm{B}}}{\rho \cdot g} \cdot \frac{z}{z} \cdot \frac{\left(\frac{h_0}{z} - 1 \right)}{\left(\frac{H}{z} - 1 \right)}.$$

Damit liegt das Ergebnis für Δh wie folgt vor:

$$\Delta h = \frac{p_{\mathrm{B}}}{\rho \cdot g} \cdot \frac{\left(\frac{h_0}{z} - 1 \right)}{\left(\frac{H}{z} - 1 \right)}.$$

Lösungsschritte – Fall 2

Jetzt interessiert uns die **minimale Höhe** $z_{\min}$, in der gemäß Abb. 3.13 gerade noch keine Luft an der Stelle x in den Behälter gelangt. Dies ist der Fall, wenn $z_{\min} = \Delta h + h$. Hierin ist nun noch Δh aus dem o. g. Ergebnis bei kleinstmöglichem $z_{\min}$ einzusetzen, also

$$\Delta h = \frac{p_{\mathrm{B}}}{\rho \cdot g} \cdot \frac{(h_0 - z_{\min})}{(H - z_{\min})}.$$

Dies führt zu

$$z_{\min} = \frac{p_{\mathrm{B}}}{\rho \cdot g} \cdot \frac{(h_0 - z_{\min})}{(H - z_{\min})} + h.$$

Erweitert man jetzt den zweiten Term der rechten Seite mit $(H - z_{\min})/(H - z_{\min})$, so wird

$$z_{\min} = \frac{p_{\mathrm{B}}}{\rho \cdot g} \cdot \frac{(h_0 - z_{\min})}{(H - z_{\min})} + h \cdot \frac{(H - z_{\min})}{(H - z_{\min})}.$$

Wir multiplizieren die Gleichung mit $(H - z_{\min})$,

$$z_{\min} \cdot (H - z_{\min}) = \frac{p_B}{\rho \cdot g} \cdot (h_0 - z_{\min}) + h \cdot (H - z_{\min}),$$

dann wird ausmultipliziert:

$$z_{\min} \cdot H - z_{\min}^2 = \frac{p_B}{\rho \cdot g} \cdot h_0 - \frac{p_B}{\rho \cdot g} \cdot z_{\min} + h \cdot H - h \cdot z_{\min}.$$

Wir bringen alle Glieder mit $z_{\min}$ auf die linke Gleichungsseite sowie die restlichen auf die rechte Seite:

$$z_{\min} \cdot H - z_{\min}^2 + \frac{p_B}{\rho \cdot g} \cdot z_{\min} + h \cdot z_{\min} = \frac{p_B}{\rho \cdot g} \cdot h_0 + h \cdot H.$$

Jetzt werden noch sämtliche Vorzeichen vertauscht und die Glieder mit $z_{\min}$ zusammengefasst:

$$z_{\min}^2 - z_{\min} \cdot \left(H + h + \frac{p_B}{\rho \cdot g} \right) = - \left(H \cdot h + \frac{p_B}{\rho \cdot g} \cdot h_0 \right).$$

Um eine binomische Formel der Art $a^2 - 2 \cdot a \cdot b + b^2 = (a - b)^2$ anwenden zu können, muss der Term

$$\left[\frac{1}{2} \cdot \left(H + h + \frac{p_B}{\rho \cdot g} \right) \right]^2$$

auf beiden Gleichungsseiten hinzuaddiert werden:

$$z_{\min}^2 - z_{\min} \cdot \left(H + h + \frac{p_B}{\rho \cdot g} \right) + \left[\frac{1}{2} \cdot \left(H + h + \frac{p_B}{\rho \cdot g} \right) \right]^2 = \frac{1}{4} \cdot \left(H + h + \frac{p_B}{\rho \cdot g} \right)^2$$

$$- \left(H \cdot h + \frac{p_B}{\rho \cdot g} \cdot h_0 \right).$$

Die binomische Formel des vorliegenden Falls lautet dann auch

$$\left[z_{\min} - \frac{1}{2} \cdot \left(H + h + \frac{p_B}{\rho \cdot g} \right) \right]^2 = \frac{1}{4} \cdot \left(H + h + \frac{p_B}{\rho \cdot g} \right)^2 - \left(H \cdot h + \frac{p_B}{\rho \cdot g} \cdot h_0 \right).$$

Nach dem Wurzelziehen erhalten wir das gesuchte Ergebnis wie folgt:

$$z_{\min} = \frac{1}{2} \cdot \left(H + h + \frac{p_B}{\rho \cdot g} \right) - \sqrt{ \frac{1}{4} \cdot \left(H + h + \frac{p_B}{\rho \cdot g} \right)^2 - \left(H \cdot h + \frac{p_B}{\rho \cdot g} \cdot h_0 \right) }.$$

Das positive Vorzeichen vor der Wurzel entfällt, da es keinen Sinn macht.

Lösungsschritte – Fall 3

Wenn $H = 2,0\,\text{m}$, $h_0 = 1,0\,\text{m}$, $H = 0,20\,\text{m}$, $p_B = 10^5\,\text{Pa}$ und $\rho = 1\,000\,\text{kg/m}^3$ sind, erhalten wir für Δh und $z_{\min}$ bei dimensionsgerechter Benutzung der gegebenen Größen

$$\Delta h = \frac{100\,000}{9,81 \cdot 1\,000} \cdot \frac{\left(\frac{1,0}{z} - 1\right)}{\left(\frac{2,0}{z} - 1\right)} = 10,19 \cdot \frac{\left(\frac{1}{z} - 1\right)}{\left(\frac{2}{z} - 1\right)}$$

und

$$z_{\min} = \frac{1}{2} \cdot \left(2 + 0,2 + \frac{100\,000}{9,81 \cdot 1\,000}\right)$$
$$- \sqrt{\frac{1}{4} \cdot \left(2 + 0,2 + \frac{100\,000}{9,81 \cdot 1\,000}\right)^2 - \left(2 \cdot 0,2 + \frac{100\,000}{9,81 \cdot 1\,000} \cdot 1\right)}$$

$$z_{\min} = 0,924\,\text{m}.$$

Hydrostatische Kräfte auf ebene und gekrümmte Wände

4

Die korrekte Dimensionierung von Strukturen, die statischen Belastungen durch Flüssigkeiten ausgesetzt sind, setzt die Kenntnis der wirksamen Kräfte voraus ebenso wie die Angriffsrichtung und die Angriffspunkte. Die geometrischen Formen der betreffenden Bauteile können ebener oder auch gekrümmter Art sein. Die im Folgenden angegebenen Zusammenhänge beziehen sich auf Flüssigkeitssysteme, die gegen Atmosphäre offen sind. Gegebenenfalls müssen andersartige Systemdrücke zusätzlich berücksichtigt werden.

Ebene Wände

Flüssigkeitskraft F Bei der Ermittlung der resultierenden Kraft F als Folge des Flüssigkeitsdrucks auf die Fläche A wird der Druck in der Tiefe t, $p(t) = \rho \cdot g \cdot t$ in seiner Auswirkung auf die infinitesimale Fläche dA herangezogen (Abb. 4.1). Es sei erwähnt, dass der atmosphärische Druck p_B, der auf beiden Seiten der Fläche A bzw. dA wirkt, bei der Herleitung von F entfällt. Die Integration der auf dA wirksamen Kraft $dF = \rho \cdot g \cdot t \cdot dA$ mit $t = y \cdot \cos\alpha$ über die Fläche A liefert

$$F = \int_A dF = \rho \cdot g \cdot \int_A y \cdot \cos\alpha \cdot dA = \rho \cdot g \cdot \cos\alpha \cdot \int_A y \cdot dA$$

Aus der Mechanik kennt man das Flächenmoment 1. Grades bezüglich der x-Achse

$$\int_A y \cdot dA = y_S \cdot A.$$

Somit folgt

$$F = \rho \cdot g \cdot \cos\alpha \cdot y_S \cdot A$$

© Springer-Verlag GmbH Deutschland, ein Teil von Springer Nature 2018
V. Schröder, *Übungsaufgaben zur Strömungsmechanik 1*,
https://doi.org/10.1007/978-3-662-56054-9_4

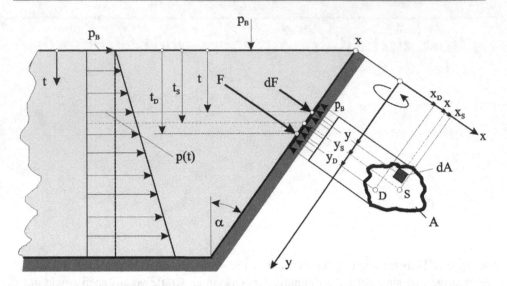

Das Koordinatensystem y-x ist aus der Wand
versetzt und um 90° um die y-Achse gedreht
dargestellt.

Abb. 4.1 Flüssigkeitskraft gegen ebene Wand

oder, mit $t_S = y_S \cdot \cos \alpha$,

$$F = \rho \cdot g \cdot t_S \cdot A.$$

ρ Flüssigkeitsdichte
t_S Schwerpunktabstand der Fläche A vom Flüssigkeitsspiegel
A belastete Fläche

Angriffspunkt D (x_D, y_D) der Kraft F   Es sollen hier nur Flächen betrachtet werden,
die symmetrisch zur y-Achse ausgebildet sind.

Dies hat zur Folge, dass $x_D = 0$ ist und nur y_D ermittelt werden muss. Mit der Definition, dass die resultierende Kraft F im Druckmittelpunkt D angreift, folgt aus dem
Momentensatz bezüglich der x-Achse

$$\int_A y \cdot \mathrm{d}F = y_D \cdot F.$$

Unter Verwendung von $\mathrm{d}F$ und F (s. o.) gelangt man zunächst zu

$$\int_A y \cdot \mathrm{d}F = \int_A \rho \cdot g \cdot y \cdot \cos\alpha \cdot \mathrm{d}A \cdot y = y_D \cdot \rho \cdot g \cdot y_S \cdot \cos\alpha \cdot A$$

oder

$$\int_A y^2 \cdot \mathrm{d}A = y_D \cdot y_S \cdot A$$

Mit dem Flächenmoment 2. Grades bezüglich der x-Achse, $I_x = \int y^2 \cdot \mathrm{d}A$, erhält man

$$y_D = \frac{I_x}{y_S \cdot A}$$

Unter Verwendung des Steiner'schen Satzes, $I_x = I_S + A \cdot y_S^2$, folgt für y_D auch

$$y_D = y_S + \frac{I_S}{y_S \cdot A}$$

I_S Flächenmoment 2. Grades um Schwerpunkt S
y_S Schwerpunktabstand von der x-Achse

Exzentrizität e:

$$e = y_D - y_S = \frac{I_S}{y_S \cdot A}$$

Im Fall senkrechter Wände, wenn also $\alpha = 90°$ und folglich $\cos\alpha = 1$ ist, wird $y_S = t_S$ und damit

$$y_D = t_D.$$

Gekrümmte Wände

Es ist zu beachten, dass die folgenden Angaben von einem Koordinatensystem ausgehen, welches gegenüber dem vorangegangenen Fall ebener Wände z. T. verändert wurde. Bei der Herleitung der auf einer gekrümmten Fläche wirksamen Kraft F wird von einer infinitesimalen Fläche $\mathrm{d}A$ und der auf ihr angreifenden Kraft $\mathrm{d}F$ ausgegangen. Die Fläche $\mathrm{d}A$ und die Kraft $\mathrm{d}F$ müssen hierbei in ihre x- und t-Komponenten zerlegt werden. Durch Integration von $\mathrm{d}F_t$ und $\mathrm{d}F_x$ erhält man die gesuchten Lösungen F_t und F_x. Gemäß Abb. 4.2 lauten die Komponenten

$$\mathrm{d}A_t = \mathrm{d}A \cdot \sin\alpha; \quad \mathrm{d}A_x = \mathrm{d}A \cdot \cos\alpha;$$
$$\mathrm{d}F_t = \mathrm{d}F \cdot \cos\alpha; \quad \mathrm{d}F_x = \mathrm{d}F \cdot \sin\alpha.$$

Weiterhin gilt

$$\mathrm{d}F = p\,(t) \cdot \mathrm{d}A \quad \text{und} \quad p\,(t) = \rho \cdot g \cdot t$$

und folglich

$$\mathrm{d}F = \rho \cdot g \cdot t \cdot \mathrm{d}A.$$

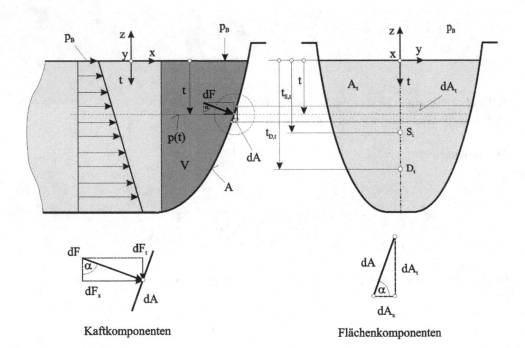

Kaftkomponenten   Flächenkomponenten

Abb. 4.2 Flüssigkeitskraft gegen gekrümmte Wand

Vertikalkomponente F_t Unter Verwendung der o. g. Zusammenhänge lässt sich mittels Integration $F_t = \int \mathrm{d}F_t$ oder

$$F_t = \rho \cdot g \cdot \int_V t \cdot \mathrm{d}A_x$$

mit $\mathrm{d}V = t \cdot \mathrm{d}A_x$ die gesuchte Komponente F_t herleiten zu

$$F_t = \rho \cdot g \cdot V$$

ρ Flüssigkeitsdichte
V Volumen **über** der gekrümmten Fläche (Abb. 4.3)

Horizontalkomponente F_x Wiederum unter Verwendung der o. g. Zusammenhänge wird mittels Integration die gesuchte Komponente F_x hergeleitet zu $F_x = \int \mathrm{d}F_x$ bzw.

$$F_x = \rho \cdot g \cdot \int_{A_t} t \cdot \mathrm{d}A_t$$

Dabei ist $\int t \cdot \mathrm{d}A_t$ das Flächenmoment 1. Grades der Projektionsfläche A_t bezüglich der y-Achse.

Mit t_{S_t} als Abstand des Schwerpunktes S_t der Projektionsfläche A_t von der y-Achse erhält man

$$\int_A t \cdot \mathrm{d}A_t = t_{S_t} \cdot A_t$$

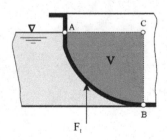
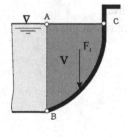

Abb. 4.3 Volumen über der gekrümmten Fläche

Somit lautet das Ergebnis für F_x

$$F_x = \rho \cdot g \cdot t_{S_t} \cdot A_t$$

ρ Flüssigkeitsdichte
t_{S_t} Schwerpunktabstand der Flächenprojektion A_t von der y-Achse
A_t Projektion der Fläche A in die t-y-Ebene

Kraftangriffspunkt D Analog zur ebenen Fläche erhält man für die t_{D_t}-Koordinate des Kraftangriffspunktes im Fall der gekrümmten Fläche

$$t_{D_t} = \frac{I_{y_t}}{t_{S_t} \cdot A_t}$$

I_{y_t} Flächenmoment 2. Grades der Projektionsfläche A_t um die y-Achse

Mit dem Steiner'schen Satz $I_{y_t} = I_{S_t} + A_t \cdot t_{S_t}^2$ erhält man

$$t_{D_t} = t_{S_t} + \frac{I_{S_t}}{t_{S_t} \cdot A_t}$$

I_{S_t} ist hier das Flächenmoment 2. Grades der Projektionsfläche A_t um die horizontale Schwerpunktachse.

   Für die Exzentrizität gilt nun

$$e_t = t_{D_t} - t_{S_t} = \frac{I_{S_t}}{t_{S_t} \cdot A_t}$$

Die horizontale Kraftkomponente F_x verläuft immer durch den Kraftangriffspunkt D_t der Projektionsfläche A_t, die Wirkungslinie von F_t durch den Schwerpunkt S_F des Volumens über der gekrümmten Fläche. Der Kraftangriffspunkt D ist der Schnittpunkt der Wirkungslinien von F_x und F_t.

Die Gesamtkraft F lautet

$$F = \sqrt{F_x^2 + F_t^2}.$$

Aufgabe 4.1 Rechteckige Staumauer

Eine Staumauer (Abb. 4.4) mit rechteckigem Querschnitt steht auf einem ebenen Fundament und wird von links im Kraftangriffspunkt D mit der hydraulischen Kraft F belastet. Die Gewichtskraft F_G der Mauer greift bekanntermaßen im Schwerpunkt S_M an. Zwischen Mauerboden und Fundament wirkt die Haftreibungskraft $F_{R,0}$. Die Flüssigkeitshöhe T über dem Fundament ist neben der Mauerhöhe H und der Mauerlänge L bekannt. Ebenso gegeben sind die Dichten ρ_W der Flüssigkeit (Wasser) und des Mauerwerkstoffs ρ_M. Ermittelt werden soll die erforderliche Mauerbreite B, die vorgesehen werden muss, um die gegen das Verrutschen notwendige Mauergewichtskraft sicher zu stellen. Aufgrund dieser dann bekannten Breite ist danach zu überprüfen, ob die Mauer um den Punkt G kippen kann oder nicht.

Abb. 4.4 Rechteckige Staumauer

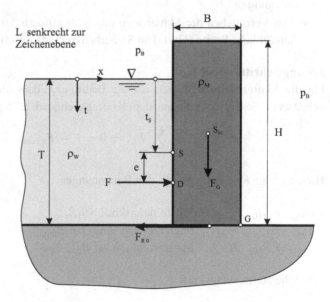

Lösung zu 4.1

Aufgabenerläuterung

Diese Aufgabe stellt einen klassischen Fall der Kräfte- und Momentenbilanz an einem System dar. Als primär wirksame Kräfte sind hier in horizontaler Richtung die aufgrund des Flüssigkeitsdrucks an der Mauer angreifende hydraulische Kraft F und in vertikaler Richtung die Mauergewichtskraft F_G zu nennen. Letztere, multipliziert mit dem Haftreibungskoeffizienten μ_0, bewirkt in der Maueraufstandsfläche die entgegen F gerichtete Haftreibungskraft $F_{R,0}$.

Gegeben:

- ρ_M; ρ_W; g; T; H; μ_0; $k = B/B_{min}$

Gesucht:

1. B
2. Kippsicherheit um Punkt G
3. Die Fälle 1 und 2, wenn $\rho_M = 2\,406\,\text{kg/m}^3$; $\rho_W = 1\,000\,\text{kg/m}^3$; $T = 5\,\text{m}$; $H = 6\,\text{m}$; $\mu_0 = 0{,}42$; $k = 1{,}5$

Anmerkungen

- Das Verrutschen der Mauer wird durch Vergrößern der Mindestbreite B_{min} auf die tatsächliche Breite B mit dem Sicherheitsfaktor k vermieden.

Lösungsschritte – Fall 1

Für die **Mauerbreite B** nutzen wir die Bedingung, dass die Mauer gerade noch nicht verrutscht. Diese erhält man aus dem Kräftegleichgewicht in x-Richtung

$$\sum_i F_{i,x} = 0 = F - F_{R,0,min}.$$

Hieraus folgt $F_{R,0,min} = F$. Mit den Benennungen

$F_{R,0,min} = \mu_0 \cdot F_{G,min}$ Haftreibungskraft bei B_{min}
$F_{G,min} = g \cdot \rho_M \cdot V_{M,min}$ Mauergewichtskraft bei B_{min}
$V_{M,min} = B_{min} \cdot H \cdot L$ Mauervolumen bei B_{min}

lautet die Haftreibungskraft

$$F_{R,0,min} = \mu_0 \cdot g \cdot \rho_M \cdot B_{min} \cdot H \cdot L.$$

Die Kraft F aus der Druckverteilung in der Flüssigkeit ergibt sich zu $F = g \cdot \rho_W \cdot t_S \cdot A$. Dabei sind

$t_S = T/2$ Flächenschwerpunktabstand vom Flüssigkeitsspiegel
$A = T \cdot L$ vom Fluid benetzte Fläche

Die Kraft F aus der Druckverteilung in der Flüssigkeit ermittelt man hier also aus

$$F = \frac{1}{2} \cdot g \cdot \rho_W \cdot T^2 \cdot L.$$

Somit lässt sich die o. g. Kräftebilanz in x-Richtung auch ersetzen mit

$$\mu_0 \cdot g \cdot \rho_M \cdot B_{min} \cdot H \cdot L = \frac{1}{2} \cdot g \cdot \rho_W \cdot T^2 \cdot L$$

oder, nach B_{min} umgeformt,

$$B_{min} = \frac{1}{2} \cdot \frac{\rho_W}{\rho_M} \cdot \frac{1}{\mu_0} \cdot \frac{T^2}{H}.$$

Um die Sicherheit gegen das Verrutschen zu gewährleisten, muss die Haftreibungskraft so gewählt werden, dass $F_{R,0} > F_{R,0,min}$. Dies erreicht man im vorliegenden Fall durch eine Vergrößerung der tatsächlichen Breite B gegenüber der berechneten Größe B_{min}. Mit dem Sicherheitsfaktor

$$k = \frac{B}{B_{min}}$$

erhält man die tatsächliche Breite zu

$$B = \frac{1}{2} \cdot \frac{\rho_W}{\rho_M} \cdot \frac{k}{\mu_0} \cdot \frac{T^2}{H}$$

Lösungsschritte – Fall 2

Die **Kippsicherheit um G**, also die Frage, ob die Mauer bei den an ihr wirkenden Kräften Gefahr läuft, um den Punkt G zu kippen, lässt sich mit der Gegenüberstellung des Momentes $F_G \cdot B/2$ aus der Gewichtskraft und des Momentes $F \cdot (T/2 - e)$ aus der hydraulischen Kraft um den Punkt G beantworten.

Die Mauer ist immer dann kippsicher, wenn

$$F_G \cdot \frac{B}{2} > F \cdot \left(\frac{T}{2} - e \right)$$

erfüllt ist.

Nach der Mauerbreite aufgelöst erhält man

$$B > 2 \cdot \frac{F}{F_G} \cdot \left(\frac{T}{2} - e \right)$$

oder umgeformt

$$B > \frac{F}{F_G} \cdot (T - 2 \cdot e) \,.$$

Mit der Exzentrizität

$$e = \frac{I_S}{A \cdot y_S} = \frac{I_S}{A \cdot t_S}$$

(bei $\alpha = 0°$, also senkrechte Wand), dem Flächenmoment 2. Grades der Rechteckfläche um den Schwerpunkt S, $I_S = L \cdot T^3/12$, dem Schwerpunktabstand $t_S = T/2$ und der Fläche $A = T \cdot L$ wird

$$e = \frac{\cancel{L} \cdot T^{\cancel{3}} \cdot 2}{12 \cdot \cancel{L} \cdot \cancel{T} \cdot \cancel{T}} = \frac{T}{6} \,.$$

Damit wird

$$B > \frac{F}{F_G} \cdot \left(T - \frac{2}{6} \cdot T \right) = \frac{F}{F_G} \cdot \left(T - \frac{1}{3} \cdot T \right)$$

bzw.

$$B > \frac{2}{3} \cdot \frac{F}{F_G} \cdot T \,.$$

Einsetzen von $F_G = g \cdot \rho_M \cdot B \cdot H \cdot L$ und $F = \frac{1}{2} \cdot g \cdot \rho_W \cdot T^2 \cdot L$ liefert

$$B > \frac{2}{3} \cdot \frac{g \cdot \rho_W \cdot T^2 \cdot L}{2 \cdot g \cdot \rho_M \cdot B \cdot H \cdot L} \cdot T \,.$$

Durch Kürzen sowie Multiplikation mit B kommt man zu

$$B^2 > \frac{1}{3} \cdot \frac{\rho_W}{\rho_M} \cdot \frac{T^3}{H} \,.$$

Nach Wurzelziehen lautet das Ergebnis schließlich

$$B > T \cdot \sqrt{\frac{1}{3} \cdot \frac{\rho_W}{\rho_M} \cdot \frac{T}{H}} \,.$$

Ein Umkippen der Staumauer wird immer dann vermieden, wenn diese Bedingung eingehalten wird.

Lösungsschritte – Fall 3

Die Fälle 1 und 2, wenn $\rho_M = 2\,406\,\text{kg/m}^3$, $\rho_W = 1\,000\,\text{kg/m}^3$, $T = 5\,\text{m}$, $H = 6\,\text{m}$, $\mu_0 = 0,42$ und $k = 1,5$ gegeben sind, führen zunächst auf (dimensionsgerechtes Vorgehen vorausgesetzt)

$$B = \frac{1}{2} \cdot \frac{1\,000}{2\,406} \cdot \frac{1,5}{0,42} \cdot \frac{5^2}{6} = 3,09\,\text{m}$$

Andererseits muss dann

$$B > 5 \cdot \sqrt{\frac{1}{3} \cdot \frac{1\,000}{2\,406} \cdot \frac{5}{6}} = 1,70\,\text{m}$$

Sein. Darum können wir schließen:

Wegen $3,09\,\text{m} > 1,70\,\text{m}$ ist die Kippsicherheit gewährleistet.

Aufgabe 4.2 Schräge Absperrklappe

Eine Absperrklappe liegt gemäß Abb. 4.5 auf einer Flüssigkeit auf und dichtet den Flüssigkeitsraum gegenüber der Umgebung ab. Die Klappe ist um den Punkt G drehbar gelagert. Der vertikale Abstand h ihres höchsten Punktes A vom Gelenk G sowie der des Flüssigkeitsspiegels vom Punkt A sind gleich groß. Die Klappensteigung wird durch den Winkel α festgelegt. Die Gewichtskraft der Klappe F_G ist bekannt. Zu ermitteln ist diejenige im Klappenschwerpunkt angreifende, vertikale Haltekraft F_t, mit der am Punkt A gerade noch abgedichtet wird.

Lösung zu 4.2

Aufgabenerläuterung

Zur Lösung der Frage nach der Vertikalkraft F_t sind sämtliche an der Klappe wirksamen Kräfte im Gleichgewichtszustand zu berücksichtigen. Die o. g. Formulierung „… gerade noch abgedichtet …" soll darauf hinweisen, dass an der Stelle A keine Kraft mehr zwischen Klappe und Fundament wirkt. Neben der bekannten Klappengewichtskraft F_G und der gesuchten Haltekraft F_t muss die aufgrund der hydrostatischen Druckverteilung an der Klappenunterseite angreifende Kraft F ermittelt werden. Kraftangriffspunkt für F_G und F_t ist jeweils der Schwerpunkt der Klappe; dagegen ist derjenige von F um die Exzentrizität e vom Schwerpunkt aus nach unten versetzt.

Gegeben:

- ρ; α; g; h; F_G; B

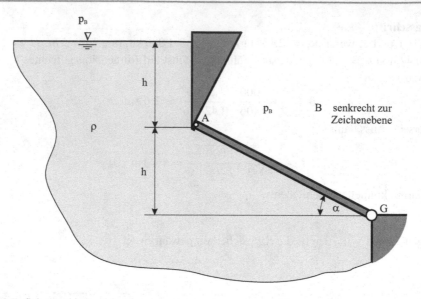

Abb. 4.5 Schräge Absperrklappe

Gesucht:

1. F_t
2. F_t, wenn $\rho = 1\,000\,\text{kg/m}^3$; $\alpha = 30°$; $g = 9{,}81\,\text{m/s}^2$; $h = 2\,\text{m}$; $F_G = 300\,\text{kN}$; $B = 3\,\text{m}$

Lösungsschritte – Fall 1

Einen schnellen Weg zur Bestimmung der **Kraft F_t** stellt die Anwendung des Momentensatzes um das Gelenk G dar. Hierzu ist es zunächst erforderlich, alle Kräfte und notwendigen geometrischen Größen in Abb. 4.6 einzutragen. Es wird davon ausgegangen, dass im Gelenk kein mechanisches Reibmoment wirkt.

Die Kräfte F_G und F_t greifen im Schwerpunkt S dieser Rechteckplatte mittig, vertikal nach unten gerichtet an. Die hydraulische Kraft F steht senkrecht am Angriffspunkt D auf der Klappenfläche.

Der Momentensatz liefert mit den Abmessungen in Abb. 4.6:

$$\sum T_G = 0 = F \cdot \left(\frac{1}{2} \cdot \frac{h}{\sin \alpha} - e \right) - F_t \cdot \cos \alpha \cdot \frac{1}{2} \cdot \frac{h}{\sin \alpha} - F_G \cdot \cos \alpha \cdot \frac{1}{2} \cdot \frac{h}{\sin \alpha}$$

Da F_t gesucht wird, stellen wir um:

$$F_t \cdot \cos \alpha \cdot \frac{1}{2} \cdot \frac{h}{\sin \alpha} = F \cdot \left(\frac{1}{2} \cdot \frac{h}{\sin \alpha} - e \right) - F_G \cdot \cos \alpha \cdot \frac{1}{2} \cdot \frac{h}{\sin \alpha}$$

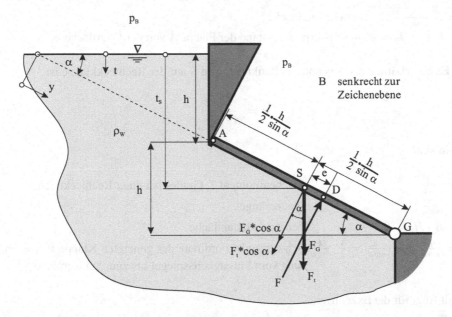

Abb. 4.6 Abmessungen und Kräfte an schräger Absperrklappe

Multiplizieren mit $\frac{2 \cdot \sin\alpha}{h \cdot \cos\alpha}$ liefert die gesuchte Kraft F_t alleine auf der linken Seite:

$$F_t = F \cdot \frac{2 \cdot \sin\alpha}{\cos\alpha} \cdot \frac{1}{h} \cdot \left(\frac{1}{2} \cdot \frac{h}{\sin\alpha} - e\right) - F_G \cdot \cos\alpha \cdot \frac{1}{2} \cdot \frac{h}{\sin\alpha} \cdot \frac{2 \cdot \sin\alpha}{h \cdot \cos\alpha}.$$

Das Kürzen geeigneter Größen und Ausmultiplizieren auf der rechten Seite

$$F_t = F \cdot \left(\frac{2 \cdot \sin\alpha}{h \cdot \cos\alpha} \cdot \frac{1}{2} \cdot \frac{h}{\sin\alpha} - \frac{e}{h} \cdot \frac{2 \cdot \sin\alpha}{\cos\alpha}\right) - F_G$$

führt zum vorläufigen Zwischenergebnis

$$F_t = F \cdot \left(\frac{1}{\cos\alpha} - 2 \cdot \frac{e}{h} \cdot \frac{\sin\alpha}{\cos\alpha}\right) - F_G.$$

Es sind also noch die hydraulische Kraft F und die Exzentrizität e unbekannt.

Die **hydraulische Kraft** F lässt sich beschreiben mit

$$F = \rho \cdot g \cdot B \cdot \frac{3}{2} \cdot \frac{h^2}{\sin\alpha}.$$

Dabei sind

$F = \rho \cdot g \cdot A \cdot t_S$ durch den Flüssigkeitsdruck bewirkte hydraulische Kraft

$A = B \cdot \frac{h}{\sin \alpha}$ benetzte Fläche

$t_S = h + \frac{1}{2} \cdot h = \frac{3}{2} \cdot h$ Schwerpunktabstand der Fläche A von der Oberfläche

Die **Exzentrizität** e als Abstand des Punktes D von S auf der Rechteckklappe ist

$$e = \frac{I_S}{A \cdot y_S}.$$

Hierin sind

$I_S = \frac{B \cdot H^3}{12}$ Flächenmoment 2. Grades bei einer Rechteckfläche

$H = \frac{h}{\sin \alpha}$ Plattenlänge

$A = B \cdot H = B \cdot \frac{h}{\sin \alpha}$ benetzte Plattenfläche

$y_S = \frac{h}{\sin \alpha} + \frac{1}{2} \cdot \frac{h}{\sin \alpha} = \frac{3}{2} \cdot \frac{h}{\sin \alpha}$ Schwerpunktkoordinate der geneigten Klappe in y-Richtung vom Flüssigkeitsspiegel bis zum Schwerpunkt S.

Somit folgt für die Exzentrizität

$$e = \frac{B \cdot h^3 \cdot \sin \alpha \cdot 2 \cdot \sin \alpha}{\sin^3 \alpha \cdot 12 \cdot B \cdot h \cdot 3 \cdot h} = \frac{1}{18} \cdot \frac{h}{\sin \alpha}.$$

Die gesuchte Kraft F_t lässt sich zunächst durch Verwendung von e in der Ausgangsgleichung herleiten zu

$$F_t = F \cdot \left(\frac{1}{\cos \alpha} - \frac{2}{18} \cdot \frac{h}{\sin \alpha \cdot h} \cdot \frac{\sin \alpha}{\cos \alpha} \right) - F_G$$

oder, die Klammer zusammengefasst,

$$F_t = F \cdot \left(\frac{1}{\cos \alpha} - \frac{1}{9} \cdot \frac{1}{\cos \alpha} \right) - F_G$$

und folglich

$$F_t = \frac{8}{9} \cdot \frac{F}{\cos \alpha} - F_G.$$

Des Weiteren gelangt man unter Verwendung von

$$F = \rho \cdot g \cdot B \cdot \frac{3}{2} \cdot \frac{h}{\sin \alpha}$$

zu

$$F_t = \frac{8}{9} \cdot \rho \cdot g \cdot B \cdot \frac{3}{2} \cdot \frac{h^2}{\sin \alpha} \cdot \frac{1}{\cos \alpha} - F_G.$$

Nach Kürzen lautet dann das Ergebnis

$$F_t = \frac{4}{3} \cdot \frac{\rho \cdot g}{\sin\alpha \cdot \cos\alpha} \cdot B \cdot h^2 - F_G.$$

Lösungsschritte – Fall 2

Unter Beachtung der dimensionsgerechten Benutzung der gegebenen Größen berechnet man die erforderliche Vertikalkraft F_t im Fall $\rho = 1\,000\,\text{kg}/\text{m}^3$, $\alpha = 30°$, $g = 9,81\,\text{m}/\text{s}^2$, $h = 2\,\text{m}$, $F_G = 300\,\text{kN}$ und $B = 3\,\text{m}$ zu

$$F_t = \frac{4}{3} \cdot \frac{1}{\sin 30° \cdot \cos 30°} \cdot 1\,000 \cdot 9,81 \cdot 3 \cdot 2^2 - 300\,000$$

$$F_t = 62,48\,\text{kN}.$$

Aufgabe 4.3 Platte auf Wasser

Bei der folgenden Aufgabe stelle man sich gemäß Abb. 4.7 vor, dass eine schwere massive Stahlplatte als Abdichtelement den Austritt von Wasser aus einem Becken verhindern soll. Die Platte ist drehbar im Beckenfundament gelagert und liegt auf dem Wasser auf. Die seitlichen Abdichtungen sind in Abb. 4.7 nicht erkennbar. Im Fall von Holz als Plattenwerkstoff hat man keine Vorstellungsschwierigkeiten dieses Vorgangs; bei einer z. B. 20 Tonnen schweren Stahlplatte dagegen könnte man meinen, dass ein Untergehen im Wasser aufgrund der enormen Plattenmasse unvermeidlich ist. Die hydrostatische Druckverteilung im Wasser sorgt jedoch dafür, dass auch die Stahlplatte bei korrekter Dimensionierung die Aufgabe erfüllt.

Da die Flüssigkeitstiefe t_1 über dem Drehgelenk variabel angenommen wird (z. B. Ebbe und Flut), soll der Zusammenhang zwischen t_1 und dem Plattenneigungswinkel φ hergeleitet werden.

Lösung zu 4.3

Aufgabenerläuterung

Die variable Wassertiefe t_1 bewirkt, dass die flüssigkeitsbenetzte Plattenfläche A_1, auf welcher der hydrostatische Druck wirkt, sich ebenfalls verändert ($A_1 = B \cdot L_1$ mit

Abb. 4.7 Platte auf Wasser

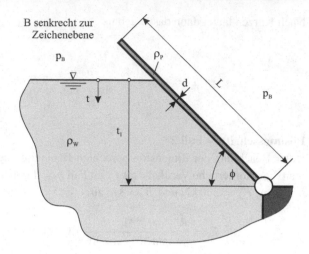

$B =$ konstant und $L_1 \neq$ konstant). Aufgrund der Verschiebung des Bezugsschwerpunktes S_1 der Fläche A_1 liegen auch unterschiedliche Schwerpunktabstände t_{S_1} vor. Direkte Auswirkungen auf die vom Flüssigkeitsdruck erzeugte Plattenkraft $F = g \cdot \rho_W \cdot A_1 \cdot t_{S_1}$ sind die Folge. Weiterhin wird auch der Angriffspunkt D_1 der Kraft F durch die variable Wassertiefe t_1 beeinflusst. Dies äußert sich in veränderlichen Werten der Exzentrizität e_1.

Gegeben:

- ρ_W; ρ_P; g; B; L; d

Gesucht:

- $t_1 = f(\varphi)$

***

Anmerkungen
- Der Plattenschwerpunkt S darf nicht mit dem Flächenschwerpunkt S_1 verwechselt werden.

Lösungsschritte
Zunächst müssen alle bekannten bzw. benötigten geometrischen Größen in Abb. 4.8 eingetragen werden ebenso wie die beiden Kräfte F_G und F in ihren Wirkungspunkten S bzw. D_1.

Den einfachsten Ansatz zur Ermittlung der gesuchten Funktion liefert die Momentensumme um das Drehgelenk, wobei davon ausgegangen wird, dass im Gelenk Reibungsfreiheit vorliegt:

$$\sum T = 0 = F_G \cdot \cos\varphi \cdot \frac{L}{2} - F \cdot \left(L_1 - y_{S_1} - e_1\right).$$

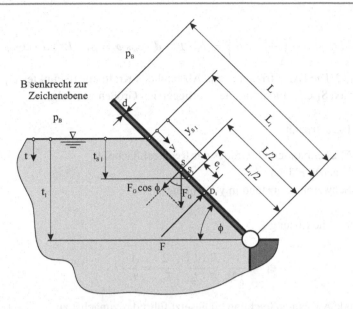

Abb. 4.8 Abmessungen und Kräfte bei Platte auf Wasser

Umgeformt folgt

$$F \cdot (L_1 - y_{S_1} - e_1) = F_G \cdot \cos\varphi \cdot \frac{L}{2}.$$

Multiplikation mit 2 liefert zunächst

$$2 \cdot F \cdot (L_1 - y_{S_1} - e_1) = F_G \cdot \cos\varphi \cdot L.$$

Hierin sind

$F = g \cdot \rho_W \cdot A_1 \cdot t_{S_1}$ hydraulische Kraft in D_1
$A_1 = B \cdot L_1$ benetzte Fläche
$t_{S_1} = y_{S_1} \cdot \sin\varphi$ Schwerpunktabstand der Fläche A_1
$y_{S_1} = \frac{L_1}{2}$ Schwerpunktkoordinate in der Flächenrichtung
$F_G = g \cdot m_P$ Gewichtskraft der Platte
$m_P = \rho_P \cdot V_P$ Plattenmasse
$V_P = B \cdot L \cdot d$ Plattenvolumen

Diese Zusammenhänge in der Ausgangsgleichung verwendet führen zu:

$$2 \cdot \frac{1}{2} \cdot g \cdot \rho_W \cdot B \cdot L_1^2 \cdot \sin\varphi \cdot (L_1 - y_{S_1} - e_1) = g \cdot \rho_P \cdot B \cdot L \cdot d \cdot \cos\varphi \cdot L$$

oder

$$\rho_{\text{W}} \cdot L_1^2 \cdot \sin\varphi \cdot \left(\frac{L_1}{2} - e_1\right) = \rho_{\text{P}} \cdot L^2 \cdot d \cdot \cos\varphi = \rho_P \cdot L^2 \cdot d \cdot \cos\varphi$$

mit $y_{\text{S}_1} = L_1/2$. Die Exzentrizität e_1 als Abstand des Kraftangriffspunktes D_1 vom Flächenschwerpunkt S_1 erhält man mit den vorliegenden Größen wie folgt.

$e_1 = \frac{I_{\text{S}_1}}{A_1 \cdot y_{\text{S}_1}}$ Exzentrizität

$I_{\text{S}_1} = \frac{B \cdot L_1^3}{12}$ Flächenmoment 2. Grades der Rechteckfläche A_1

$A_1 = L_1 \cdot B$ benetzte Fläche

$y_{\text{S}_1} = \frac{L_1}{2}$ Schwerpunktabstand in y-Richtung

Dies liefert für e_1 die Lösung

$$e_1 = \frac{1}{12} \cdot \frac{B \cdot L_1^3}{B \cdot L_1} \cdot \frac{2}{L_1} = \frac{1}{6} \cdot L_1.$$

In oben stehende Ausgangsgleichung eingesetzt führt das zunächst zu

$$\rho_{\text{W}} \cdot L_1^2 \cdot \sin\varphi \cdot \left(\frac{L_1}{2} - \frac{L_1}{6}\right) = \rho_{\text{P}} \cdot L^2 \cdot d \cdot \cos\varphi$$

oder

$$\frac{1}{3} \cdot \rho_{\text{W}} \cdot L_1^3 \cdot \sin\varphi = \rho_{\text{P}} \cdot L^2 \cdot d \cdot \cos\varphi.$$

Nach L_1^3 aufgelöst bedeutet das

$$L_1^3 = \frac{3 \cdot \rho_{\text{P}} \cdot L^2 \cdot d \cdot \cos\varphi}{\rho_{\text{W}} \cdot \sin\varphi}.$$

Ersetzt man jetzt $L_1 = t_1/\sin\varphi$, so erhält man

$$t_1^3 = 3 \cdot \frac{\rho_{\text{P}}}{\rho_{\text{W}}} \cdot L^2 \cdot d \cdot \cos\varphi \cdot \sin^2\varphi$$

und somit als gesuchtes Ergebnis:

$$t_1 = \sqrt[3]{3 \cdot \frac{\rho_{\text{P}}}{\rho_{\text{W}}} \cdot L^2 \cdot d \cdot \cos\varphi \cdot \sin^2\varphi}$$

Aufgabe 4.4 Verschlussklappe zwischen zwei Wasserkanälen

Wie in Abb. 4.9 erkennbar, werden zwei Kanäle durch eine Wand voneinander getrennt. In der Wand ist eine kreisförmige Verschlussklappe in der Weise installiert, dass sie den Kanalboden gerade berührt und am höchsten Punkt in einem Drehgelenk gelagert ist. An diesem angeschweißt erkennt man einen Hebel, der am hinteren Ende mit einer Masse m belastet wird mit der Aufgabe, die Abdichtung zwischen beiden Kanälen herzustellen. Die Frage, die sich im vorliegenden Fall stellt, ist zweigeteilt und behandelt den Abdichtvorgang unter verschiedenen Aspekten:

1. Mit welcher Masse m muss der Hebel belastet werden, damit bei gegebener Füllhöhe t_1 im linken Kanal (Abb. 4.9) die Verschlussklappe gegenüber dem rechten leeren Kanal „gerade noch" abdichtet?
2. Bei unterschiedlichen Wasserständen in beiden Kanälen (Abb. 4.10) soll festgestellt werden, wie groß die linke Füllhöhe t_2 werden darf, dass bei eingetauchter Masse m und fester Höhe t im rechten Kanal die Abdichtung ebenfalls „gerade noch" funktioniert?

Lösung zu 4.4

Aufgabenerläuterung
Die Aufgabe behandelt das Zusammenwirken verschiedener an der Verschlussklappe angreifender Kräfte unter jeweils dem Aspekt des „gerade noch" Abdichtens an der Dichtfläche. Dies bedeutet, dass die Kraft zwischen Dichtung und Klappe in diesem Grenzfall gleich null ist und folglich nicht berücksichtigt wird. Als Kräfte kommen neben der Gewichtskraft der Masse m noch diejenigen aus den hydrostatischen Druckverteilungen an der Verschlussklappe und im zweiten Fall auch die Auftriebskraft der eingetauchten Masse zur Wirkung.

Abb. 4.9 Verschlussklappe zwischen zwei Wasserkanälen

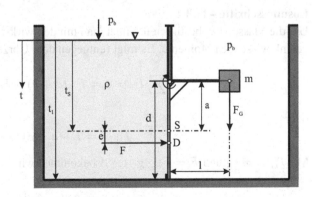

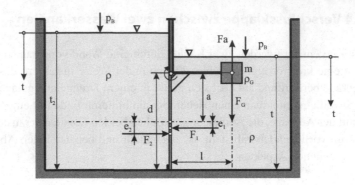

Abb. 4.10 Abmessungen und Kräfte bei Verschlussklappe zwischen zwei Wasserkanälen

Gegeben:

- ρ_W; d; a; l; t_1

Gesucht:

1. m
2. t_2
3. m und t_2, wenn $t_1 = 1\,\text{m}$; $t = 1\,\text{m}$; $d = 0,90\,\text{m}$; $a = 0,53\,\text{m}$; $l = 0,95\,\text{m}$; $\rho_W = 1\,000\,\text{kg/m}^3$; $\rho_G = 7\,850\,\text{kg/m}^3$.

Anmerkungen

- $a > d/2$ ist in Abb. 4.9 nicht eindeutig erkennbar.
- Das Drehgelenk ist reibungsfrei.
- Die Volumina des Hebels und des Versteifungswinkels sind vernachlässigbar.
- $I_S = \frac{\pi}{64} \cdot d^4$ ist das Flächenmoment 2. Grades um Schwerpunkt einer Kreisfläche.

Lösungsschritte – Fall 1

Um die Masse m zu bestimmen, bildet man mit den wirksamen Kräften die um das Dreh-gelenk wirkenden Momente. Es folgt (entgegen dem Uhrzeigersinn gezählt)

$$\sum T_D = 0 = F \cdot (a + e) - F_G \cdot l$$

oder

$$F_G \cdot l = F \cdot (a + e).$$

Mit $F_G = m \cdot g$ und $F = \rho_W \cdot g \cdot t_S \cdot A$ bekommen wir

$$m \cdot g \cdot l = \rho_W \cdot g \cdot t_S \cdot A \cdot (a + e).$$

Nach m aufgelöst und mit $A = \frac{\pi}{4} \cdot d^2$ wird daraus

$$m = \rho_W \cdot \frac{t_S}{l} \cdot (a + e) \cdot \frac{\pi}{4} \cdot d^2.$$

t_S in die Klammer multipliziert und umgestellt liefert

$$m = \frac{\pi}{4} \cdot \rho_W \cdot \frac{d^2}{l} \cdot (t_S \cdot a + t_S \cdot e).$$

Jetzt fehlt noch die **Exzentrizität** e. Die Exzentrizität e lautet allgemein $e = \frac{I_S}{t_S \cdot A}$. Im Falle von Kreisplatten gilt

$I_S = \frac{\pi}{64} \cdot d^4$ Flächenmoment 2. Grades um den Schwerpunkt S
$A = \frac{\pi}{4} \cdot d^2$ Fläche
$t_S = \left(t_1 - \frac{d}{2}\right)$ Abstand des Schwerpunkts von der Flüssigkeitsoberfläche

Somit lässt sich e unter Verwendung dieser Zusammenhänge ermitteln zu

$$e = \frac{\frac{\pi}{64} \cdot d^4}{t_S \cdot \frac{\pi}{4} \cdot d^2} = \frac{d^2}{16} \cdot \frac{l}{t_S}.$$

Wird e in die Gleichung für die gesuchte Masse eingesetzt, so führt dies zum Ergebnis

$$m = \frac{\pi}{4} \cdot \rho_W \cdot \frac{d^2}{l} \cdot \left(t_S \cdot a + \frac{d^2}{16}\right),$$

oder mit $t_S = \left(t_1 - \frac{d}{2}\right)$:

$$m = \frac{\pi}{4} \cdot \rho_W \cdot \frac{d^2}{l} \cdot \left[\left(t_1 - \frac{d}{2}\right) \cdot a + \frac{d^2}{16}\right]$$

Lösungsschritte – Fall 2

Auch hier ist der Ansatz der von allen Kräften um das Drehgelenk erzeugten Momente der einfachste Weg, die gesuchte **maximal zulässige Flüssigkeitshöhe t_2** zu ermitteln. Jetzt wirken aber **zwei** durch den Flüssigkeitsdruck an der Verschlussklappe hervorgerufene Kräfte F_1 und F_2 (Abb. 4.10). Die verschiedenen Füllhöhen in den Kanälen verursachen des Weiteren unterschiedliche Kraftangriffspunkte von F_1 und F_2. Dies äußert sich in voneinander abweichenden Exzentrizitäten e_1 und e_2. Weiterhin wird eine Kraft wirksam, die immer dann entsteht, wenn ein Körper mit seinem Volumen in einem Fluid das gleiche Fluidvolumen verdrängt, die archimedische Auftriebskraft. Im vorliegenden Fall entsteht sie an der jetzt bekannten, nun aber vollkommen eingetauchten Masse m und greift wie die Gewichtskraft F_G im Massenschwerpunkt an.

Bildet man mit den wirksamen Kräften die um das Drehgelenk wirkenden Momente, so folgt (im Uhrzeigersinn gezählt)

$$\sum T_D = 0 = F_G \cdot l - F_A \cdot l + F_1 \cdot (e_1 + a) - F_2 \cdot (e_2 + a)$$

oder umgestellt

$$F_2 \cdot (e_2 + a) - F_1 \cdot (e_1 + a) = (F_G - F_A) \cdot l.$$

Dabei sind

$F_G = g \cdot m$ Gewichtskraft
$F_A = g \cdot \rho_W \cdot V_G$ Auftriebskraft
$V_G = m/\rho_G$ Volumen der Masse

Oben eingesetzt bekommen wir

$$F_2 \cdot (e_2 + a) - F_1 \cdot (e_1 + a) = l \cdot (m \cdot g - \rho_W \cdot g \cdot V_G),$$

und nach Ausklammern von $m \cdot g$ und Ersetzen von $V_G = m/\rho_G$:

$$F_2 \cdot (e_2 + a) - F_1 \cdot (e_1 + a) = l \cdot m \cdot g \cdot \left(1 - \frac{\rho_W}{\rho_G}\right).$$

Die hydraulischen Kräfte F_2 und F_1 an der Klappe unterscheiden sich nur durch die verschiedenen Schwerpunktabstände t_{S_2} und t_{S_1}. Sie lauten

$$F_2 = \rho_W \cdot g \cdot t_{S_2} \cdot A \quad \text{und} \quad F_1 = \rho_W \cdot g \cdot t_{S_1} \cdot A.$$

Die Schwerpunktabstände t_{S_2} und t_{S_1} lassen sich aus Abb. 4.10 wie folgt ablesen:

$$t_{S_2} = \left(t_2 - \frac{d}{2}\right) \quad \text{und} \quad t_{S_1} = \left(t - \frac{d}{2}\right).$$

Die beiden noch benötigten Exzentrizitäten folgen allgemein dem Ansatz $e = \frac{I_S}{y_S \cdot A}$. Im Fall der senkrechten Fläche ($\alpha = 0°$) wird gemäß $t_S = y_S \cdot \cos\alpha$ auch $t_S = y_S$. Man erhält folglich

$$e_1 = \frac{I_S}{t_{S_1} \cdot A} \quad \text{und} \quad e_2 = \frac{I_S}{t_{S_2} \cdot A}.$$

Wir setzen F_2 und F_1 sowie e_1 und e_2 mit den neuen Zusammenhängen in das Ergebnis der Momentengleichung ein,

$$\rho_W \cdot g \cdot A \cdot t_{S_2} \cdot \left(\frac{I_S}{t_{S_2} \cdot A} + a \right) - \rho_W \cdot g \cdot A \cdot t_{S_1} \cdot \left(\frac{I_S}{t_{S_1} \cdot A} + a \right) = l \cdot m \cdot g \cdot \left(1 - \frac{\rho_W}{\rho_G} \right)$$

und vereinfachen:

$$\rho_W \cdot \left(I_S \cdot A \cdot t_{S_2} \cdot a - I_S \cdot A \cdot t_{S_1} \cdot a \right) = l \cdot m \cdot \left(1 - \frac{\rho_W}{\rho_G} \right).$$

Dies führt zu

$$A \cdot a \cdot \left(t_{S_2} - t_{S_1} \right) = \frac{m}{\rho_W} \cdot l \cdot \left(1 - \frac{\rho_W}{\rho_G} \right).$$

Dividiert man noch durch $(A \cdot a)$, so bleibt

$$t_{S_2} - t_{S_1} = \frac{m \cdot l}{A \cdot a} \cdot \frac{1}{\rho_W} \cdot \left(1 - \frac{\rho_W}{\rho_G} \right)$$

stehen. Mit den o. g. Schwerpunktabständen erhält man

$$\left(t_2 - \frac{d}{2} \right) - \left(t - \frac{d}{2} \right) = \frac{m \cdot l}{A \cdot a} \cdot \frac{1}{\rho_W} \cdot \left(1 - \frac{\rho_W}{\rho_G} \right)$$

und mit $A = \frac{\pi}{4} \cdot d^2$ das Endergebnis

$$t_2 = t + \frac{4 \cdot m \cdot l}{\pi \cdot d^2 \cdot a} \cdot \frac{1}{\rho_W} \cdot \left(1 - \frac{\rho_W}{\rho_G} \right)$$

Lösungsschritte – Fall 3

m und t_2 werden für $t_1 = 1\,\text{m}$, $t = 1\,\text{m}$, $d = 0{,}90\,\text{m}$, $a = 0{,}53\,\text{m}$, $l = 0{,}95\,\text{m}$, $\rho_W = 1\,000\,\text{kg/m}^3$ und $\rho_G = 7\,850\,\text{kg/m}^3$ dimensionsgerecht berechnet:

$$m = \frac{\pi}{4} \cdot 1\,000 \cdot \frac{0{,}9^2}{0{,}95} \cdot \left[\left(1 - \frac{0{,}9}{2} \right) \cdot 0{,}53 + \frac{0{,}9^2}{16} \right] = 229\,\text{kg}$$

$$t_2 = 1 + \frac{4 \cdot 229 \cdot 0{,}95}{\pi \cdot 0{,}9^2 \cdot 0{,}53} \cdot \frac{1}{1\,000} \cdot \left(1 - \frac{1\,000}{7\,850} \right) = 1{,}56\,\text{m}$$

Aufgabe 4.5 Zylinder auf Rechteckabfluss

In Abb. 4.11 ist der Querschnitt durch ein flüssigkeitsgefülltes Becken mit einem rechteckigen Abfluss zu erkennen. Eine zylindrische Walze mit dem Radius R und der Länge L (senkrecht zur Bildebene) liegt auf diesem Rechteckabfluss gleicher Länge auf und verhindert das Ausströmen der Flüssigkeit. An der oberen und unteren flüssigkeitsbenetzten Zylinderoberfläche wirken unterschiedliche, durch die hydrostatische Druckverteilung hervorgerufene Kräfte. Zu ermitteln ist die resultierende hydrostatische Kraft, die an der Walze zur Wirkung kommt.

Lösung zu 4.5

Aufgabenerläuterung

Im vorliegenden Fall der im unteren Segment nicht vollständig in Flüssigkeit eingetauchten Walze stellt sich die Frage nach Kräften, die an Körpern mit gekrümmten Oberflächen aufgrund der hydrostatischen Druckverteilung in Flüssigkeiten wirken. Da Symmetrie zur t-Achse vorliegt, heben sich die Horizontalkomponenten der Kräfte bei gleicher Größe, aber entgegen gesetzter Wirkrichtung vollständig auf. Somit sind nur die Kraftkomponenten F_t von Bedeutung. Bei deren Bestimmung ist es erforderlich, zu unterscheiden, ob die Kraftkomponente „von oben", also in t-Richtung oder „von unten", also entgegen der t-Richtung wirkt. Hiernach richtet sich das Volumen V, welches bei der Ermittlung von $F_t = g \cdot \rho \cdot V$ benötigt wird.

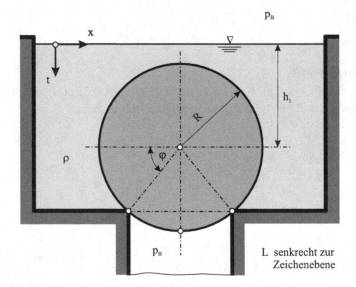

Abb. 4.11 Zylinder auf Rechteckabfluss

Gegeben:

- h_1; ρ; φ; R; L

Gesucht:

1. F_{t_1}; F_{t_2}; $F_{t_{res}}$
2. $F_{t_{res}}$, wenn $h_1 = 7\,\mathrm{m}$; $\rho = 1\,000\,\mathrm{kg/m^3}$; $\varphi = 30°$; $R = 4\,\mathrm{m}$; $L = 3\,\mathrm{m}$.

Lösungsschritte – Fall 1

An die **resultierende hydrostatische Kraft** $F_{t_{res}}$ kommt man über die beiden **Kraftkomponenten** F_{t_1} und F_{t_2}. Diese müssen zunächst in Abb. 4.12 zusammen mit den benötigten Volumina V_1 und V_2 eingetragen werden. Zweckmäßigerweise ist es ratsam (aber nicht zwingend erforderlich), die Kräfte und Volumina pro Walzenhälfte einzuzeichnen und zu ermitteln. Das Volumen V_1 und auch F_{t_1}, eigentlich in der linken Hälfte vorhanden, sind wegen der besseren Erkennbarkeit auf der rechten Seite eingezeichnet.

Die resultierende hydraulische Kraftkomponente wird wie folgt festgelegt:

$$\frac{F_{t_{res}}}{2} = F_{t_1} - F_{t_2} \ (\text{pro Hälfte des Zylinders}).$$

Die **Vertikalkraft** F_{t_1}, welche eine Zylinderhälfte von oben belastet, ermittelt man mithilfe der folgenden Größen bzw. Gleichungen:

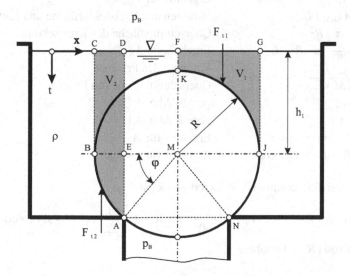

Abb. 4.12 Zylinder auf Rechteckabfluss; Abmessungen und Kräfte

$F_{t_1} = \rho \cdot g \cdot V_1$ von oben wirkende hydraulische Kraft

$V_1 = V_{\text{Quader}} - V_{\text{Viertelkreis}}$ wirksames Flüssigkeitsvolumen gemäß Abb. 4.12

$V_{\text{Quader}} = A_{\text{FMJG}} \cdot L$ Quadervolumen

$V_{\text{Viertelkreis}} = A_{\text{MKJ}} \cdot L$ Volumen aus Viertelkreis und Länge

$A_{\text{FMJG}} = h_1 \cdot R$ Querschnittsfläche des Quaders

$A_{\text{MKJ}} = \frac{1}{4} \cdot \pi \cdot R^2$ Querschnittsfläche des Viertelkreises

Diese Zusammenhänge liefern zunächst

$$V_1 = R \cdot L \cdot \left(h_1 - \frac{\pi}{4} \cdot R \right)$$

und dann die gesuchte Kraft:

$$F_{t_1} = \rho \cdot g \cdot R \cdot L \cdot \left(h_1 - \frac{\pi}{4} \cdot R \right)$$

Zur **Vertikalkraft** F_{t_2}, welche eine Zylinderhälfte von unten belastet, kommen wir mit den folgenden Größen bzw. Gleichungen:

$F_{t_2} = \rho \cdot g \cdot V_2$ von unten wirkende hydraulische Kraft

$V_2 = V_{\text{Quader}} + V_{\text{Kreissektor}} - V_{\text{Prisma}}$ wirksames Flüssigkeitsvolumen gemäß Abb. 4.12

$V_{\text{Quader}} = A_{\text{BCDE}} \cdot L$ Volumen des Quaders

$A_{\text{BCDE}} = h_1 \cdot \overline{BE}$ Querschnittsfläche des Quaders

$\overline{BE} = R - R \cdot \cos\varphi = R \cdot (1 - \cos\varphi)$ gemäß Abb. 4.12

$V_{\text{Quader}} = h_1 \cdot L \cdot R \cdot (1 - \cos\varphi)$ Ergebnis für V_{Quader}

$V_{\text{Kreissektor}} = A_{\text{ABM}} \cdot L$ Volumen aus Kreissektorfläche und Länge

$A_{\text{ABM}} = \frac{\varphi}{360°} \cdot \pi \cdot R^2$ Querschnittsfläche des Kreissektors

$V_{\text{Kreissektor}} = \frac{\varphi}{360°} \cdot \pi \cdot R^2 \cdot L$ Ergebnis für $V_{\text{Kreissektor}}$

$V_{\text{Prisma}} = A_{\text{AEM}} \cdot L$ Volumen des Prismas

$A_{\text{AEM}} = \frac{1}{2} \cdot \overline{EM} \cdot \overline{EA}$ Querschnittsfläche des Prismas

$\overline{EM} = R \cdot \cos\varphi$ gemäß Abb. 4.12

$\overline{EA} = R \cdot \sin\varphi$ gemäß Abb. 4.12

$A_{\text{AEM}} = \frac{1}{2} \cdot R^2 \cdot \sin\varphi \cdot \cos\varphi$ Ergebnis für A_{AEM}

$V_{\text{Prisma}} = \frac{1}{2} \cdot R^2 \cdot L \cdot \sin\varphi \cdot \cos\varphi$ Ergebnis für V_{Prisma}

Einsetzen der drei Teilvolumina in V_2 liefert zunächst

$$V_2 = h_1 \cdot R \cdot L \cdot (1 - \cos\varphi) + \frac{\varphi}{360°} \cdot \pi \cdot R^2 \cdot L - \frac{1}{2} \cdot R^2 \cdot L \cdot \sin\varphi \cdot \cos\varphi.$$

Ausklammern von $(R \cdot L)$ ergibt

$$V_2 = R \cdot L \cdot \left[h_1 \cdot (1 - \cos\varphi) + \frac{\varphi}{360°} \cdot \pi \cdot R - \frac{1}{2} \cdot R \cdot \sin\varphi \cdot \cos\varphi \right].$$

Unter Verwendung von $\varphi = 30°$ und $\sin 30° = 1/2$ sowie $\cos 30° = \frac{1}{2} \cdot \sqrt{3}$ gelangt man zu

$$V_2 = R \cdot L \cdot \left[h_1 \cdot \left(1 - \frac{1}{2} \cdot \sqrt{3} \right) + \frac{30°}{360°} \cdot \pi \cdot R - \frac{1}{2} \cdot R \cdot \frac{1}{2} \cdot \frac{1}{2} \cdot \sqrt{3} \right]$$

oder zusammengefasst

$$V_2 = R \cdot L \cdot \left[h_1 \cdot \left(1 - \frac{1}{2} \cdot \sqrt{3} \right) + \frac{R}{12} \cdot \left(\pi - \frac{3}{2} \cdot \sqrt{3} \right) \right].$$

Die Kraftkomponente F_{t_2} lautet folglich:

$$F_{t_2} = \rho \cdot g \cdot R \cdot L \cdot \left[h_1 \cdot \left(1 - \frac{1}{2} \cdot \sqrt{3} \right) + \frac{R}{12} \cdot \left(\pi - \frac{3}{2} \cdot \sqrt{3} \right) \right].$$

Die resultierende hydraulische Kraftkomponente $F_{t_{res}}/2$ erhält man dann mit

$$\frac{F_{t_{res}}}{2} = \rho \cdot g \cdot R \cdot L \cdot \left\{ \left(h_1 - \frac{\pi}{4} \cdot R \right) - \left[h_1 \cdot \left(1 - \frac{1}{2} \cdot \sqrt{3} \right) + \frac{R}{12} \cdot \left(\pi - \frac{3}{2} \cdot \sqrt{3} \right) \right] \right\}$$

$$= \rho \cdot g \cdot R \cdot L \cdot \left(h_1 - \frac{\pi}{4} \cdot R - h_1 + \frac{1}{2} \cdot \sqrt{3} \cdot h_1 - \frac{\pi}{12} \cdot R + \frac{1}{8} \cdot \sqrt{3} \cdot R \right)$$

und nach Multiplikation mit 2 als

$$F_{t_{res}} = \rho \cdot g \cdot R \cdot L \cdot \left(\sqrt{3} \cdot h_1 + \frac{\sqrt{3}}{4} \cdot R - \frac{2}{3} \cdot \pi \cdot R \right)$$

Lösungsschritte – Fall 2

Wenn $h_1 = 7\,\text{m}$, $\rho = 1\,000\,\text{kg/m}^3$, $\varphi = 30°$, $R = 4\,\text{m}$ und $L = 3\,\text{m}$ gilt, dann berechnet sich – dimensionsgerechte Benutzung der gegebenen Zahlen vorausgesetzt – die **resultierende Kraft $F_{t\,\text{res}}$** zu

$$F_{t_{res}} = 1\,000 \cdot 9{,}81 \cdot 4 \cdot 3 \cdot \left(\sqrt{3} \cdot 7 + \frac{\sqrt{3}}{4} \cdot 4 - \frac{2}{3} \cdot \pi \cdot 4 \right)$$

oder

$$F_{t_{res}} = 644\,967\,\text{N} \approx 645\,\text{kN}.$$

Aufgabe 4.6 Kugel auf Abflussrohr

Am Boden eines offenen Wasserbeckens befindet sich ein kreisförmiges Abflussrohr (Abb. 4.13). Das Becken ist bis zur Höhe h mit Wasser befüllt. Den Eintrittsquerschnitt des Abflussrohrs versperrt eine Kugel mit der Gewichtskraft F_G und dem Radius r_0. Der obere Kugelscheitelpunkt weist einen Abstand h_0 vom Beckenboden auf. Das Abflussrohr mündet ins Freie. Zu ermitteln ist diejenige Kantenkraft F_K, die zwischen Kugel und Eintrittskante der Abflussleitung wirkt.

Lösung zu 4.6

Aufgabenerläuterung

Die gesuchte Kantenkraft F_K lässt sich aus den verschiedenen an der Kugel wirkenden Kräften herleiten. Hierbei handelt es sich neben dem bekannten Gewichtsanteil F_G um Kräfte, die an Körpern mit gekrümmten Oberflächen aufgrund der hydrostatischen Druckverteilung in Flüssigkeiten wirken. Da Symmetrie zur t-Achse vorliegt, heben sich die Horizontalkomponenten F_x der Kräfte bei gleicher Größe, aber entgegen gesetzter Wirkrichtung vollständig auf. Somit sind nur die Kraftkomponenten F_t von Bedeutung. Bei deren Bestimmung ist es erforderlich, zu unterscheiden, ob die Kraftkomponente „von oben" (hier F_{t_2}) oder „von unten" (hier F_{t_1}) wirkt. Hiernach richtet sich das jeweilige Volumen V, welches bei der Ermittlung von $F_t = g \cdot \rho \cdot V$ benötigt wird.

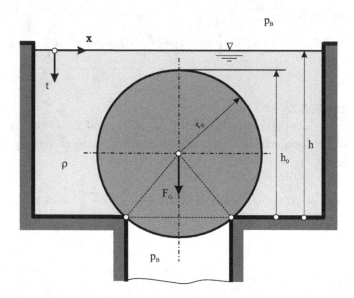

Abb. 4.13 Kugel auf Abflussrohr

Anmerkungen

- Das Volumen der mit zu verwendenden Kugelkalotte V_3 lautet im vorliegenden Fall (Abb. 4.13):

$$V_{\text{Kalotte}} = \frac{\pi}{3} \cdot h_0^2 \cdot (3 \cdot r_0 - h_0)$$

Gegeben:

- $g, h, r_0, h_0, \rho, F_G$

Gesucht:

1. F_K
2. F_K, wenn $g = 9{,}81\,\text{m/s}^2$; $h = 200\,\text{mm}$; $r_0 = 50\,\text{mm}$; $h_0 = 90\,\text{mm}$; $\rho = 1\,000\,\text{kg/m}^3$; $F_G = 3{,}924\,\text{N}$.

Lösungsschritte – Fall 1

Die gegebenen Größen h, r_0, h_0, F_G sowie die Kräfte F_{t_1} und F_{t_2} sowie die gesuchte Kantenkraft F_K müssen zunächst in Abb. 4.14 eingezeichnet werden. Die Wirkrichtungen der Kräfte sind alle bis auf diejenige von F_K bekannt. Diese kann man willkürlich wählen, da das Vorzeichen des Ergebnisses die Lösung liefert. Die Kraftangriffspunkte von F_G und F_{t_2} entsprechen den tatsächlichen Gegebenheiten. Aus Darstellungsgründen erkennt man

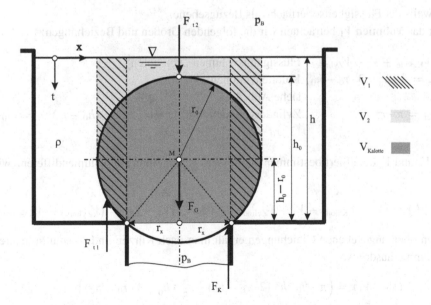

Abb. 4.14 Kugel auf Abflussrohr; Abmessungen und Kräfte

die Kräfte F_{t_1} und F_K an frei gewählten Stellen, was aber auf das Ergebnis keinen Einfluss hat. Weiterhin benötigte geometrische Größen wie der Radius r_x und der Abstand der Kugelmittelebene vom Beckenboden ($h_0 - r_0$) sind ebenfalls zur Lösungsfindung erforderlich.

Als Ansatz für die **Kantenkraft F_K** wird die Kräftebilanz in t-Richtung wie folgt benutzt:

$$\sum F_{t_i} = 0 = F_G + F_{t_2} - F_{t_1} - F_K \quad \text{oder} \quad F_K = F_{t_2} - F_{t_1} + F_G.$$

Die Kräfte F_{t_1} und F_{t_2} lauten mit dem allgemeinen Ansatz $F_K = \rho \cdot g \cdot (V_2 - V_1) + F_G$ demgemäß

$$F_{t_1} = \rho \cdot g \cdot V_1 \quad \text{bzw.} \quad F_{t_2} = \rho \cdot g \cdot V_2.$$

Oben eingesetzt erhält man folglich

$$F_K = \rho \cdot g \cdot (V_2 - V_1) + F_G.$$

Somit hängt die gesuchte Kantenkraft F_K in diesem Fall nur noch von den Volumina ab:

- V_2 „oberhalb" der flüssigkeitsbenetzten Kugelkonturkrümmung bis zur Scheitelebene und
- V_1 „unterhalb" der flüssigkeitsbenetzten Kugelkonturkrümmung bis zur Scheitelebene

mit jeweils der Flüssigkeitsoberfläche als Bezugsebene.

Für das **Volumen V_1** betrachten wir die folgenden Größen und Beziehungen:

$V_1 = V_{\text{Kalotte}} + V_2 - V_{\text{Zylinder}}$ Flüssigkeitsvolumen „von unten"
$V_{\text{Kalotte}} = \frac{\pi}{3} \cdot h_0^2 \cdot (3 \cdot r_0 - h_0)$ Kalottenvolumen
V_2 siehe Abb. 4.14
$V_{\text{Zylinder}} = \pi \cdot r_x^2 \cdot h$ Zylindervolumen mit $r_x^2 = r_0^2 - (h_0 - r_0)^2 = h_0 \cdot (2 \cdot r_0 - h_0)$.

Ohne V_1 und V_2 detailliert bestimmen zu müssen, gelangt man zur Volumendifferenz wie folgt:

$$(V_2 - V_1) = \left(V_2 - V_{\text{Kalotte}} - V_2 + V_{\text{Zylinder}}\right) \quad \text{oder} \quad (V_2 - V_1) = \left(V_{\text{Zylinder}} - V_{\text{Kalotte}}\right).$$

Mit den oben angegebenen Gleichungen erhält man nach Kürzen und Ausmultiplizieren der Klammerausdrücke

$$(V_2 - V_1) = \left(\pi \cdot h_0 \cdot h \cdot (2 \cdot r_0 - h_0) - \frac{\pi}{3} \cdot h_0^2 \cdot (3 \cdot r_0 - h_0)\right)$$
$$= \left(2 \cdot \pi \cdot h_0 \cdot h \cdot r_0 - \pi \cdot h_0^2 \cdot h - \pi \cdot h_0^2 \cdot r_0 + \frac{\pi}{3} \cdot h_0^3\right).$$

Zur Vereinfachung wird nun noch $\pi \cdot h_0^2 \cdot r_0$ vor die Klammer gebracht und es resultiert

$$(V_2 - V_1) = \pi \cdot h_0^2 \cdot r_0 \cdot \left(\frac{2 \cdot h_0 \cdot h \cdot r_0}{h_0^2 \cdot r_0} - \frac{h_0^2 \cdot h}{h_0^2 \cdot r_0} - \frac{h_0^2 \cdot r_0}{h_0^2 \cdot r_0} + \frac{h_0^3}{3 \cdot h_0^2 \cdot r_0} \right)$$

$$= \pi \cdot h_0^2 \cdot r_0 \cdot \left(2 \cdot \frac{h}{h_0} - \frac{h}{r_0} - 1 + \frac{h_0}{3 \cdot r_0} \right)$$

$$= \pi \cdot h_0^2 \cdot r_0 \cdot \left[\frac{h}{h_0} \cdot \left(2 - \frac{h_0}{r_0} \right) - \left(1 - \frac{h_0}{3 \cdot r_0} \right) \right].$$

Die gesuchte Kantenkraft F_K lautet dann mit den genannten Zusammenhängen

$$F_K = \rho \cdot g \cdot \pi \cdot r_0 \cdot h_0^2 \cdot \left[\frac{h}{h_0} \cdot \left(2 - \frac{h_0}{r_0} \right) - \left(1 - \frac{1}{3} \cdot \frac{h_0}{r_0} \right) \right] + F_G.$$

Lösungsschritte – Fall 2

Wenn $g = 9{,}81\,\mathrm{m/s}^2$, $h = 200\,\mathrm{mm}$, $r_0 = 50\,\mathrm{mm}$, $h_0 = 90\,\mathrm{mm}$, $\rho = 1\,000\,\mathrm{kg/m}^3$ und $F_G = 3{,}924\,\mathrm{N}$ sind, führt die dimensionsgerechte Verwendung der genannten Größen zu folgendem Ergebnis:

$$F_K = 1\,000 \cdot 9{,}81 \cdot \pi \cdot 0{,}05 \cdot 0{,}09^2 \cdot \left[\frac{0{,}2}{0{,}09} \cdot \left(2 - \frac{0{,}09}{0{,}05} \right) - \left(1 - \frac{1}{3} \cdot \frac{0{,}09}{0{,}05} \right) \right] + 3{,}924$$

$$F_K = 4{,}478\,\mathrm{N}$$

Aufgabe 4.7 Segmentschütz

Ein Kreissegmentschütz (Radius R) ist gemäß Abb. 4.15 im Gelenk G drehbar angebracht und liegt mit der Unterkante abdichtend auf einem Fundament auf. Der Wasserspiegel erreicht mit der Höhe H über dem Fundament den Scheitelpunkt des Segments. Die aufgrund der hydrostatischen Druckverteilung auf die flüssigkeitsbenetzte Oberfläche wirkenden Kraft weist die beiden Komponenten F_x und F_t auf. Diese, bezogen auf die Segmentlänge L, sollen neben dem Winkel φ im vorliegenden Fall ermittelt werden.

Abb. 4.15 Kreissegment-schütz

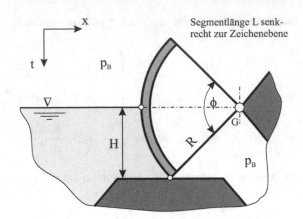

Lösung zu 4.7

Aufgabenerläuterung
Die Fragestellung ist in diesem Fall relativ einfach. Die Kraftkomponenten der auf die gekrümmte Kontur einwirkenden Gesamtkraft leiten sich bekanntermaßen wie folgt her:

- x-Richtung: $F_x = \rho \cdot g \cdot t_S \cdot A_t$
- t-Richtung: $F_t = \rho \cdot g \cdot V$.

Hierin bedeuten:

t_S Schwerpunktabstand der Projektionsfläche A_t von der Flüssigkeitsoberfläche
A_t Projektion der benetzten Krümmungsfläche in die t-y-Ebene
V Bei Wirkung der Komponente F_t „von unten" auf die Krümmungsfläche wird das Volumen über dieser Fläche im hier nicht fluidgefüllten Raum verwendet.

Somit ist die Aufgabe gelöst, wenn t_S, A_t und V mittels der gegebenen Größen bekannt sind.

Gegeben:

- ρ; g; R; H

Gesucht:

1. φ, F_t/L; F_x/L
2. Die drei Größen aus Fall 1, wenn $\rho = 1\,000\,\text{kg/m}^3$; $g = 9{,}81\,\text{m/s}^2$; $R = 6{,}1\,\text{m}$; $H = 3{,}05\,\text{m}$

Abb. 4.16 Kreissegment-
schütz; Abmessungen und
Kräfte

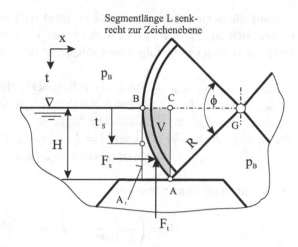

Lösungsschritte – Fall 1

Zunächst werden die betreffenden Größen F_x, F_t, t_S, A_t und V in Abb. 4.16 eingetragen, um sie leichter in Verbindung mit den Vorgaben zu formulieren.

Über den **Winkel** φ wissen wir, dass $(\varphi/2)$ durch $\sin(\varphi/2) = H/R$ gegeben ist, also $\varphi/2 = \arcsin(H/R)$. Hieraus folgt

$$\varphi = 2 \cdot \arcsin\left(\frac{H}{R}\right)$$

Die **auf die Segmentlänge bezogene horizontal wirkende Kraftkomponente**, F_x/L, berechnet sich aus $F_x = \rho \cdot g \cdot t_S \cdot A_t$, mit

$t_S = H/2$ Schwerpunktabstand der Flächenprojektion A_t
$A_t = H \cdot L$ Flächenprojektion

F_x lautet dann

$$F_x = \rho \cdot g \cdot \frac{H}{2} \cdot H \cdot L$$

und bezogen auf L

$$\frac{F_x}{L} = \frac{1}{2} \cdot \rho \cdot g \cdot H^2.$$

Die **auf die Segmentlänge bezogene vertikal wirkende Kraftkomponente, F_t/L,** berechnet sich aus $F_t = \rho \cdot g \cdot V$, wobei V aus $V = V_{\text{Kreissektor}} - V_{\text{Prisma}}$ zu ermitteln ist. Dazu verwenden wir die folgenden Größen und Beziehungen:

$V_{\text{Kreissektor}} = A_{\text{Kreissektor}} \cdot L$ Volumen aus Kreissektorfläche und Länge

$V_{\text{Prisma}} = A_{\text{Prisma}} \cdot L$ Volumen aus Prismenquerschnittsfläche und Länge

$A_{\text{Kreissektor}} = \frac{\varphi}{2 \cdot 360°} \cdot \pi \cdot R^2$ Kreissektorfläche

$A_{\text{Prisma}} = \frac{1}{2} \cdot R \cdot \sin\left(\frac{\varphi}{2}\right) \cdot R \cdot \cos\left(\frac{\varphi}{2}\right) = \frac{1}{4} \cdot R^2 \cdot \sin \varphi$ Prismenquerschnittsfläche (es wurde $\sin \alpha \cdot \cos \alpha = 2 \cdot \sin(2 \cdot \alpha)$ benutzt)

Das Volumen erhält man somit zu:

$$V = \left(\frac{\varphi}{2 \cdot 360°} \cdot \pi \cdot R^2 - \frac{1}{4} \cdot R^2 \cdot \sin \varphi\right) \cdot L$$

oder, wenn $R^2/4$ ausgeklammert wird,

$$V = \frac{1}{4} \cdot R^2 \cdot \left(\frac{\varphi}{180°} \cdot \pi - \sin \varphi\right) \cdot L.$$

Die Kraftkomponente F_t lässt sich dann beschreiben mit

$$F_t = \frac{1}{4} \cdot R^2 \cdot \rho \cdot g \cdot \left(\frac{\varphi}{180°} \cdot \pi - \sin \varphi\right) \cdot L$$

bzw. durch L dividiert

$$\frac{F_t}{L} = \frac{1}{4} \cdot R^2 \cdot \rho \cdot g \cdot \left(\frac{\varphi}{180°} \cdot \pi - \sin \varphi\right).$$

Lösungsschritte – Fall 2

Mit $\rho = 1\,000\,\text{kg/m}^3$, $g = 9{,}81\,\text{m/s}^2$, $R = 6{,}1\,\text{m}$ und $H = 3{,}05\,\text{m}$ folgt für die gesuchten Größen (dimensionsgerechte Verwendung der gegebenen Größen!):

$$\varphi = 2 \cdot \arcsin\left(\frac{3{,}05}{6{,}1}\right) = 60°,$$

$$\frac{F_x}{L} = \frac{1}{2} \cdot 1\,000 \cdot 9{,}81 \cdot 3{,}05^2 = 45\,629\,\frac{\text{N}}{\text{m}},$$

$$\frac{F_t}{L} = \frac{1}{4} \cdot 1\,000 \cdot 9{,}81 \cdot 6{,}1^2 \cdot \left[\frac{60°}{180°} \cdot \pi - \sin 60°\right] = 16\,533\,\frac{\text{N}}{\text{m}}.$$

Aufgabe 4.8 Zylinder zwischen zwei Flüssigkeiten

Eine zylindrische Walze mit der Gewichtskraft F_G berührt eine Ebene und trennt hierbei zwei Flüssigkeiten 1 und 2 unterschiedlicher Dichte ρ_1 und ρ_2 (Abb. 4.17). Die Flüssigkeitshöhe von Flüssigkeit 1 über der Ebene ist gleich dem halben Zylinderradius, die der Flüssigkeit 2 entspricht dem Zylinderradius selbst. Gesucht wird die Kraft F an der Berührlinie von Zylinder und Ebene, wobei hierzu zunächst die beiden Komponenten F_x und F_t zu ermitteln sind.

Lösung zu 4.8

Aufgabenerläuterung
Bei dieser Aufgabe ist das Zusammenwirken verschiedener Kräfte an der zylindrischen Walze verantwortlich für die gesuchte Kraft an der Berührlinie zwischen Ebene und Walze. Diese Kräfte sind neben der schon genannten Walzengewichtskraft die aus den Flüs-

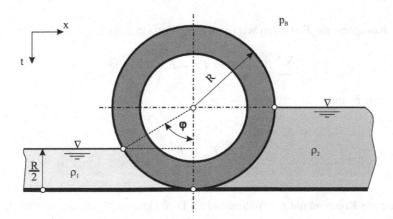

Abb. 4.17 Zylinder zwischen zwei Flüssigkeiten

sigkeitsdrücken von unten auf die gekrümmten Konturen wirkenden Druckkräfte. Diese werden notwendigerweise in ihre Komponenten F_{x_1} und F_{t_1} sowie F_{x_2} und F_{t_2} zerlegt und getrennt den Kräftegleichgewichtsbedingungen in x- und t-Richtung zugeführt.

Gegeben:

- R; L; ρ_1; ρ_2; F_G; g.

Gesucht:

1. F_x, F_t, F
2. F_x, F_t und F, wenn $F_G = 2\,225\,\text{N}$; $R = 1{,}219\,\text{m}$; $L = 0{,}9144\,\text{m}$; $\rho_1 = 1\,000\,\text{kg/m}^3$; $\rho_2 = 750\,\text{kg/m}^3$

Anmerkungen

- Zu beachten ist, dass die t-Achse nach unten positiv definiert ist.
- Der barometrische Druck p_B hat auf die Lösung keinen Einfluss, da er am Walzenumfang homogen verteilt ist und sich seine Auswirkung folglich aufhebt.
- Der Winkel φ ist eine Hilfsgröße

Lösungsschritte – Fall 1

Für die **Kräfte F_x, F_t, F** ist es zunächst erforderlich, an der äußeren Kontur der Walze in Abb. 4.18 die vorliegenden Kräfte respektive ihre Komponenten einzutragen. Des Weiteren müssen dort alle notwendigen geometrischen Größen festgelegt werden. Dies betrifft die jeweiligen Schwerpunktabstände t_S, Flächenprojektionen A_t sowie den Winkel φ, der sich aus den Vorgaben ermitteln lässt. Da noch keine Angaben über Größe und Richtung der gesuchten Kraft F (mit F_x und F_t) vorliegen, ist der eingezeichnete Fall eine willkürliche Vorgabe. Die wahren Gegebenheiten lassen sich erst für konkrete Daten feststellen (Fall 2).

Für die **Komponente F_x** stellen wir die Kräftebilanz in x-Richtung auf:

$$\sum F_{i,x} = 0 = F_x + F_{x_1} - F_{x_2}$$

und lösen nach F_x auf:

$$F_x = F_{x_2} - F_{x_1}$$

Die horizontale Komponente der hydraulischen Druckkraft auf gekrümmte Oberflächen ermittelt sich **allgemein** aus $F_x = \rho \cdot g \cdot t_S \cdot A_t$. t_S ist hierin der Abstand des Schwerpunktes

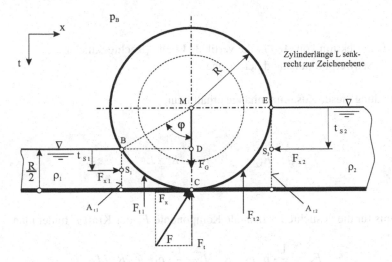

Abb. 4.18 Zylinder zwischen zwei Flüssigkeiten; Abmessungen und Kräfte

S der Fläche A_t von der Flüssigkeitsoberfläche. A_t wiederum stellt die Projektion der gekrümmten Fläche in die vertikale Ebene (t-Richtung) dar. Somit erhält man

$$F_{x_1} = \rho_1 \cdot g \cdot t_{S_1} \cdot A_{t_1}$$

mit

$A_{t_1} = \frac{R}{2} \cdot L$ Projektion von A_{BC} in die vertikale Ebene (Rechteckfläche)

$t_{S_1} = \frac{1}{2} \cdot \frac{1}{2} \cdot R = \frac{1}{4} \cdot R$ Schwerpunktabstand der Fläche A_{t_1}

Hiermit gelangt man zu F_{x_1} gemäß

$$F_{x_1} = \rho_1 \cdot g \cdot \frac{R}{4} \cdot \frac{R}{2} \cdot L$$

oder

$$F_{x_1} = \frac{1}{8} \cdot \rho_1 \cdot g \cdot R^2 \cdot L.$$

Analog hierzu lässt sich die Kraftkomponente F_{x_2} auf der rechten Seite der Walze bestimmen:

$$F_{x_2} = \rho_2 \cdot g \cdot t_{S_2} \cdot A_{t_2}.$$

Hier sind

$A_{t_2} = R \cdot L$ Projektion von A_{EC} in die vertikale Ebene (Rechteckfläche)
$t_{s_2} = \frac{R}{2}$ Schwerpunktabstand der Fläche A_{t_2}

Bei Verwendung dieser Zusammenhänge erhält man

$$F_{x_2} = \frac{1}{2} \cdot \rho_2 \cdot g \cdot R^2 \cdot L.$$

Als Ergebnis für die gesuchte horizontale Komponente F_x der Kraft F findet man

$$F_x = \frac{1}{2} \cdot \rho_2 \cdot g \cdot R^2 \cdot L - \frac{1}{8} \cdot \rho_1 \cdot g \cdot R^2 \cdot L$$

oder

$$F_x = \frac{1}{8} \cdot g \cdot R^2 \cdot L \cdot (4 \cdot \rho_2 - \rho_1)$$

Für die **Komponenten F_t** lautet die Kräftebilanz in t-Richtung lautet

$$\sum F_{i,t} = 0 = F_{\mathrm{G}} - F_t - F_{t_1} - F_{t_2},$$

oder nach F_t aufgelöst:

$$F_t = F_{\mathrm{G}} - F_{t_1} - F_{t_2}.$$

Die vertikale Komponente der hydraulischen Druckkraft auf gekrümmte Oberflächen wird ermittelt nach $F_t = \rho \cdot g \cdot V$. Das Volumen V muss hierbei wie folgt unterschieden werden:

- Wird eine gekrümmte Fläche „von unten" vom hydrostatischen Druck belastet (linke Seite in Abb. 4.19), dann ist das Volumen zwischen ABC (im wie z. B. hier nicht-flüssigkeitsgefüllten Raum) zu verwenden.
- Wird eine gekrümmte Fläche „von oben" vom hydrostatischen Druck belastet (rechte Seite in Abb. 4.19), dann ist das Volumen zwischen ABC (im flüssigkeitsgefüllten Raum) zu verwenden.

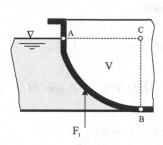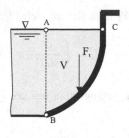

Abb. 4.19 Zylinder zwischen zwei Flüssigkeiten; Volumina

Die **vertikale Komponente der hydraulischen Druckkraft auf gekrümmte Oberflächen**, F_{t_1}, ermittelt sich allgemein aus $F_t = \rho \cdot g \cdot V$ oder im vorliegenden Fall aus

$$F_{t_1} = \rho_1 \cdot g \cdot V_1.$$

Im Folgenden brauchen wir diese Hilfsgrößen:

$V_1 = (A_{\mathrm{MBC}} - A_{\mathrm{BDM}}) \cdot L$ Volumen gemäß Abb. 4.18 in Anlehnung an Abb. 4.19
L Walzenlänge
A_{MBC} Kreissektorfläche
A_{BDM} Dreiecksfläche

Die **Kreissektorfläche** A_{MBC} ergibt sich aus

$$\frac{\text{Kreissektorfläche}}{\text{Kreisfläche}} = \frac{A_{\mathrm{MBC}}}{\pi \cdot R^2} = \frac{\varphi}{360^0}$$

zu

$$A_{\mathrm{MBC}} = \frac{\varphi}{360^0} \cdot \pi \cdot R^2.$$

Die **Dreiecksfläche** A_{BDM} folgt aus

$$A_{\mathrm{BDM}} = \frac{1}{2} \cdot \overline{MD} \cdot \overline{BD}.$$

Mit $\overline{BD} = R \cdot \sin\varphi$ und $\overline{MD} = R \cdot \cos\varphi$ wird daraus

$$A_{\mathrm{BDM}} = \frac{1}{2} \cdot R^2 \cdot \sin\varphi \cdot \cos\varphi.$$

Das **Volumen** V_1 lässt sich zunächst formulieren zu

$$V_1 = \left(\frac{\varphi}{360^0} \cdot \pi \cdot R^2 - \frac{1}{2} \cdot R^2 \cdot \sin\varphi \cdot \cos\varphi \right) \cdot L.$$

Zum **Winkel** φ gelangt man mit $\cos\varphi = \overline{MD}/\overline{MB}$, $\overline{MB} = R$ und $\overline{MD} = R/2$ wie folgt:

$$\cos\varphi = \frac{\frac{R}{2}}{R} = \frac{1}{2}, \quad \text{also} \quad \varphi = 60°.$$

In die Gleichung für V_1 eingesetzt ist dann

$$V_1 = \left(\frac{60°}{360°} \cdot \pi \cdot R^2 - \frac{1}{2} \cdot R^2 \cdot \sin 60° \cdot \cos 60° \right) \cdot L$$

oder mit $\cos 60° = 1/2$ und $\sin 60° = \sqrt{3}/2$ wird

$$V_1 = \left(\frac{1}{6} \cdot \pi \cdot R^2 - \frac{1}{2} \cdot R^2 \cdot \frac{\sqrt{3}}{2} \cdot \frac{1}{2} \right) \cdot L.$$

Nach Ausklammern von $\frac{1}{12} \cdot R^2$ erhält man

$$V_1 = \frac{1}{12} \cdot R^2 \cdot L \cdot \left(2 \cdot \pi - \frac{3}{2} \cdot \sqrt{3} \right).$$

Die Vertikalkraftkomponente, die von der Flüssigkeit 1 auf die Walze hervorgerufen wird, lautet dann

$$F_{t_1} = \frac{1}{12} \cdot \rho_1 \cdot g \cdot R^2 \cdot L \left(2 \cdot \pi - \frac{3}{2} \cdot \sqrt{3} \right).$$

Die **Komponente F_{t_2} der hydraulischen Druckkraft** ergibt sich analog zu F_{t_1}:

$$F_{t_2} = \rho_2 \cdot g \cdot V_2.$$

Das Volumen V_2 stellt sich auf der rechten Seite der Walze gemäß Abb. 4.19 jetzt als das Produkt der Viertelkreisfläche multipliziert mit der Walzenlänge L dar, also $V_2 = \frac{1}{4} \cdot \pi \cdot$

$R^2 \cdot L$. Die Vertikalkraftkomponente, die von der Flüssigkeit 2 auf die Walze hervorgerufen wird, lautet

$$F_{t_2} = \frac{1}{4} \cdot \rho_2 \cdot g \cdot \pi \cdot R^2 \cdot L.$$

Mit den so gefundenen Größen F_{t_1} und F_{t_2} erhält man die gesuchte Vertikalkomponente F_t von F zu:

$$F_t = F_G - \frac{1}{12} \cdot \rho_1 \cdot g \cdot R^2 \cdot L \cdot \left(2 \cdot \pi - \frac{3}{2} \cdot \sqrt{3} \right) - \frac{1}{4} \cdot \rho_2 \cdot g \cdot \pi \cdot R^2 \cdot L$$

oder

$$F_t = F_G - \frac{1}{12} \cdot g \cdot R^2 \cdot L \cdot \left(2 \cdot \pi \cdot \rho_1 - \frac{3}{2} \cdot \sqrt{3} \cdot \rho_1 + 3 \cdot \pi \cdot \rho_2 \right).$$

Die **Gesamtkraft** F wird somit

$$F = \sqrt{F_x^2 + F_t^2}$$

Lösungsschritte – Fall 2

Für F_x, F_t und F finden wir, wenn $F_G = 2\,225\,\text{N}$, $R = 1{,}219\,\text{m}$, $L = 0{,}9144\,\text{m}$, $\rho_1 = 1\,000\,\text{kg/m}^3$ und $\rho_2 = 750\,\text{kg/m}^3$ gilt, mit den vorgegebenen Daten (dimensionsgerecht verwendet):

$$F_x = \frac{1}{8} \cdot 9{,}81 \cdot 1{,}219^2 \cdot 0{,}9144 \cdot (4 \cdot 750 - 1\,000)$$

$$F_x = 3\,332\,\text{N},$$

$$F_t = 2\,225 - 9{,}81 \cdot 1{,}219^2 \cdot 0{,}9144 \cdot \left[\frac{1}{12} \cdot 1\,000 \cdot (2\pi - 3 \cdot \sin 60°) + \frac{1}{4} \cdot 750 \cdot \pi \right]$$

$$F_t = -9\,720\,\text{N}$$

(nach unten wirkend, d. h. entgegen der angenommenen Richtung in Abb. 4.18) und

$$F = \sqrt{3\,332^2 + (-9\,720)^2} = 10\,275\,\text{N}.$$

Auftriebskräfte an eingetauchten Körpern

5

Auftrieb

Archimedes hat das Grundprinzip des Auftriebs und des Schwimmens vor mehr als 2 200 Jahren entdeckt und formuliert. Man kann dieses Prinzip wie folgt beschreiben. An einem auf einer Flüssigkeit schwimmender oder in ihr eingetauchter Körper wirkt eine Kraft aufwärts, die gleich ist der Gewichtskraft der vom Körper verdrängten Flüssigkeitsmasse. Hieraus leiten sich zahlreiche Anwendungsfälle ab, wie z. B.

- Volumenbestimmung unregelmäßig geformter Körper,
- Dichtebestimmung von Flüssigkeiten, usw.

Die Auftriebskraft ist als „resultierende vertikale Druckkraft" an einem in ein Fluid eingetauchten Körper zu verstehen. Hierbei wird ursächlich die Verteilung des statischen Drucks im Fluid wirksam. Die Definition der Auftriebskraft an einem infinitesimalen Volumenelement dV lautet wie folgt.

$$dF_{\mathrm{A}} = dF_{t,2} - dF_{t,1}$$

Bei diesen Betrachtungen kommen nur die vertikalen Kraftkomponenten dF_t der Kraft dF zur Wirkung, da sich die horizontalen Komponenten über der Oberfläche aufheben.

Unter Verwendung der in Abb. 5.1 erkennbaren Drücke, Kräfte, sowie Komponenten der Kräfte und Flächen an einem infinitesimalen Volumenelement dV gelangt man zu dF_a:

$$p_1 = (p_B + \rho \cdot g \cdot t_1) \quad dF_1 = p\,(t_1) \cdot dA_1 \quad dF_{t,1} = dF_1 \cdot \cos\alpha_1 \quad dA_1 = \frac{dA}{\cos\alpha_1}$$

$$p_2 = (p_B + \rho \cdot g \cdot t_2) \quad dF_2 = p\,(t_2) \cdot dA_2 \quad dF_{t,2} = dF_2 \cdot \cos\alpha_2 \quad dA_2 = \frac{dA}{\cos\alpha_2}$$

© Springer-Verlag GmbH Deutschland, ein Teil von Springer Nature 2018
V. Schröder, *Übungsaufgaben zur Strömungsmechanik 1*,
https://doi.org/10.1007/978-3-662-56054-9_5

Abb. 5.1 Skizze zur Herleitung der Auftriebskraft F_A

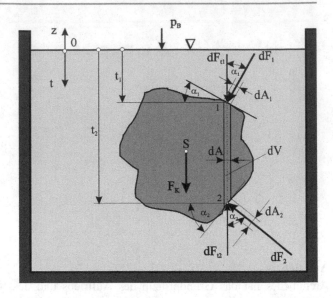

Weiter ist $\mathrm{d}F_A = \rho \cdot g \cdot \mathrm{d}A \cdot (t_2 - t_1)$ oder mit $\mathrm{d}V = \mathrm{d}A \cdot (t_2 - t_1)$

$$\mathrm{d}F_A = \rho \cdot g \cdot \mathrm{d}V.$$

Die Integration

$$F_A = \int_V \mathrm{d}F_A = \rho \cdot g \cdot \int_{V_K} \mathrm{d}V$$

liefert

$$F_A = \rho \cdot g \cdot V_K.$$

ρ Fluiddichte
V_K vom Körper verdrängtes Fluidvolumen

Schwimmen
Ein Körper schwimmt immer dann, wenn Gleichgewicht zwischen der Gesamtgewichtskraft F_G des Körpers und der Auftriebskraft F_A herrscht. Man unterscheidet des Weiteren folgende drei Fälle:

- Schwimmen: $F_A = F_G$
- Steigen: $F_A > F_G$
- Sinken: $F_A < F_G$

Aufgabe 5.1 Boje

In Abb. 5.2 ist eine in Wasser schwimmende, zylindrische Boje zu erkennen, an der zur Gewichtsvergrößerung ein am unteren Ende erkennbares kugelförmiges Graugussgewicht befestigt ist. Ermitteln Sie die Eintauchtiefe h der Boje, wenn Bojenmasse m_{Zyl}, Bojendurchmesser D_{Zyl}, Kugeldurchmesser D_{Kug} und die Dichte des Kugelwerkstoffs ρ_{Kug} und des Wassers ρ_W bekannt sind.

Lösung zu Aufgabe 5.1

Aufgabenerläuterung
Die gesuchte Eintauchtiefe h der Boje ist Bestandteil des von dem zylindrischen Bojenkörper verdrängten Wasservolumens. Dieses und das der Kugel bewirken Auftriebskräfte, die bei schwimmendem Zustand im Gleichgewicht mit den Gewichtskräften der Boje und der Kugel stehen.

Gegeben:

- m_{Zyl}; D_{Zyl}; D_{Kug}; ρ_{Kug}; ρ_W

Gesucht:

1. wirksame Kräfte in Abb. 5.1 eintragen
2. h

Abb. 5.2 Boje

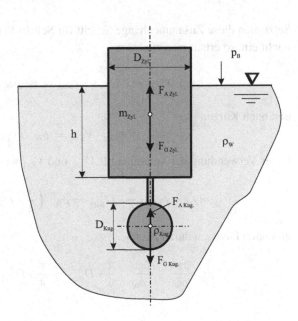

3. h, wenn $m_{Zyl} = 1\,000\,\text{kg}$; $D_{Zyl} = 1{,}2\,\text{m}$; $D_{Kug} = 0{,}5\,\text{m}$; $\rho_{Kug} = 7\,250\,\text{kg/m}^3$; $\rho_W = 1\,000\,\text{kg/m}^3$

Anmerkungen

- Die Stangenmasse ist in der Zylindermasse enthalten.
- Die Stangenauftriebskraft kann vernachlässigt werden.
- Kugelvolumen: $V = \frac{\pi}{6} \cdot D^3$

Lösungsschritte – Fall 1
siehe Abb. 5.1

Lösungsschritte – Fall 2
Für die **Eintauchtiefe h** betrachten wir den Gleichgewichtszustand des Bojen-Kugelsystems, die Bedingung lautet

$$F_{G,\text{ges}} = F_{A,\text{ges}}$$

$F_{G,\text{ges}} = F_{G,Zyl} + F_{G,Kug}$ Gesamtgewichtskraft
$F_{A,\text{ges}} = F_{A,Zyl} + F_{A,Kug}$ Gesamtauftriebskraft
$F_{G,Zyl} = g \cdot m_{Zyl}$ Zylindergewichtskraft
$F_{G,Kug} = g \cdot m_{Kug}$ Kugelgewichtskraft
$m_{Kug} = \rho_{Kug} \cdot V_{Kug}$ Kugelmasse
$F_{A,Zyl} = g \cdot \rho_W \cdot V_{Zyl}$ vom Zylinder verursachte Auftriebskraft
$F_{A,Kug} = g \cdot \rho_W \cdot V_{Kug}$ von der Kugel verursachte Auftriebskraft
$V_{Kug} = \frac{\pi}{6} \cdot D_{Kug}^3$ Kugelvolumen
$V_{Zyl} = \frac{\pi}{4} \cdot D_{Zyl}^2 \cdot h$ vom Zylinder verdrängtes Wasservolumen

Setzt man diese Zusammenhänge Schritt für Schritt in das oben stehende Kräftegleichgewicht ein, so erhält man zunächst

$$g \cdot m_{Zyl} + g \cdot \rho_{Kug} \cdot V_{Kug} = g \cdot \rho_W \cdot \left(V_{Zyl} + V_{Kug}\right)$$

und nach Kürzen

$$m_{Zyl} + \rho_{Kug} \cdot V_{Kug} = \rho_W \cdot \left(V_{Zyl} + V_{Kug}\right).$$

Unter Verwendung der Volumina für V_{Kug} und V_{Zyl} wird daraus

$$m_{Zyl} + \rho_{Kug} \cdot \frac{\pi}{6} \cdot D_{Kug}^3 = \rho_W \cdot \left(\frac{\pi}{4} \cdot D_{Zyl}^2 \cdot h + \frac{\pi}{6} \cdot D_{Kug}^3\right)$$

und nach Division durch ρ_W

$$\frac{m_{Zyl}}{\rho_W} + \frac{\rho_{Kug}}{\rho_W} \cdot \frac{\pi}{6} \cdot D_{Kug}^3 = \frac{\pi}{4} \cdot D_{Zyl}^2 \cdot h + \frac{\pi}{6} \cdot D_{Kug}^3.$$

Um h aus der Gleichung heraus zu isolieren, muss jetzt $\frac{\pi}{6} \cdot D_{\text{Kug}}^3$ auf die andere Gleichungsseite gebracht werden. Zusammengefasst und umgestellt folgt dann

$$\frac{\pi}{4} \cdot D_{\text{Zyl}}^2 \cdot h = \frac{m_{\text{Zyl}}}{\rho_{\text{W}}} + \left(\frac{\rho_{\text{Kug}}}{\rho_{\text{W}}} - 1 \right) \cdot \frac{\pi}{6} \cdot D_{\text{Kug}}^3.$$

Wird nun noch durch $\frac{\pi}{4} \cdot D_{\text{Zyl}}^2$ dividiert,

$$h = \frac{m_{\text{Zyl}}}{\frac{\pi}{4} \cdot D_{\text{Zyl}}^2 \cdot \rho_{\text{W}}} + \left(\frac{\rho_{\text{Kug}}}{\rho_{\text{W}}} - 1 \right) \cdot \frac{\frac{\pi}{6} \cdot D_{\text{Kug}}^3}{\frac{\pi}{4} \cdot D_{\text{Zyl}}^2},$$

und dann gekürzt, so lautet das Ergebnis

$$h = \frac{4 \cdot m_{\text{Zyl}}}{\pi \cdot D_{\text{Zyl}}^2 \cdot \rho_{\text{W}}} + \frac{2}{3} \cdot \frac{D_{\text{Kug}}^3}{D_{\text{Zyl}}^2} \cdot \left(\frac{\rho_{\text{Kug}}}{\rho_{\text{W}}} - 1 \right)$$

Lösungsschritte – Fall 3

Wenn $m_{\text{Zyl}} = 1\,000\,\text{kg}$, $D_{\text{Zyl}} = 1{,}2\,\text{m}$, $D_{\text{Kug}} = 0{,}5\,\text{m}$, $\rho_{\text{Kug}} = 7\,250\,\text{kg/m}^3$ und $\rho_{\text{W}} = 1\,000\,\text{kg/m}^3$ sind, dann bekommen wir für die Eintauchtiefe

$$h = \frac{4 \cdot 1\,000}{\pi \cdot 1{,}2^2 \cdot 1\,000} + \frac{2}{3} \cdot \frac{0{,}5^3}{1{,}2^2} \cdot \left(\frac{7\,250}{1\,000} - 1 \right)$$

$$h = 1{,}246\,\text{m}$$

Aufgabe 5.2 Dichtebestimmung eines Holzbalkens

Ein Holzbalken mit der Grund- und Deckfläche A sowie der Höhe H wird in einen Wasserbehälter gegeben (Abb. 5.3). Seine aus der Wasseroberfläche herausragende Höhe beträgt h_1. Danach wird das Wasser gegen Glyzerin ausgetauscht. Jetzt ragt der Holzbalken um die Höhe h_2 aus der Glyzerinoberfläche. Bei bekannten Dichten ρ_{W} und ρ_{G} und den genannten Abmessungen soll die Holzdichte ρ_{H} ermittelt werden.

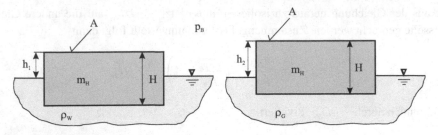

Abb. 5.3 Dichtebestimmung eines Holzbalkens

Lösung zu Aufgabe 5.2

Aufgabenerläuterung
Der Gleichgewichtszustand zwischen Gewichtskraft und hydrostatischer Auftriebskraft
schwimmender oder schwebender Körper in Fluiden ist Grundlage der Aufgabenlösung.
Bei Flüssigkeiten verschiedener Dichte taucht ein und derselbe Körper verschieden tief
ein bzw. ragt unterschiedlich hoch aus den Flüssigkeiten heraus.

Gegeben:

- h_1; h_2; ρ_W; ρ_G

Gesucht:

1. ρ_H
2. ρ_H, wenn $h_1 = 50\,\text{mm}$; $h_2 = 76\,\text{mm}$; $\rho_W = 1\,000\,\text{kg/m}^3$; $\rho_G = 1\,350\,\text{kg/m}^3$

Lösungsschritte – Fall 1
Gemäß der Dichtedefinition $\rho = m/V$ lautet die **Dichte ρ_H des Holzbalkens**

$$\rho_H = \frac{m_H}{V_H}.$$

Dabei sind

$m_H = \frac{F_G}{g}$ Holzmasse
$V_H = A \cdot H$ Holzvolumen

Man erhält somit $\rho_H = \frac{F_G}{g \cdot A \cdot H}$. Die jetzt noch erforderliche Gewichtskraft F_G sowie die
Balkenhöhe H lassen sich mit den bekannten Größen bestimmen (Abb. 5.4).

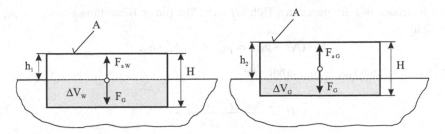

Abb. 5.4 Dichtebestimmung eines Holzbalkens; Volumina

$F_G = F_{A,W}$ Gleichgewichtszustand im Wasser

$F_{A,W} = g \cdot \rho_W \cdot \Delta V_W$ Auftriebskraft im Wasser

$m_W = \rho_W \cdot \Delta V_W$ verdrängte Wassermasse

$\Delta V_W = (H - h_1) \cdot A$ verdrängtes Wasservolumen

Dies liefert mit den genannten Zusammenhängen für die Auftriebskraft die Gleichung

$$F_G = F_{AW} = g \cdot A \cdot \rho_W \cdot (H - h_1).$$

Um nun die **Balkenhöhe H** auf die Vorgabegrößen zurückzuführen, ist es sinnvoll, bei derselben Gewichtskraft F_G die beiden gleich großen aber mit verschiedenen Verdrängungsvolumina verknüpften Auftriebskräfte $F_{A,W}$ und $F_{A,G}$ gegenüber zu stellen, wobei

$F_G = F_{A,W} = F_{A,G}$ Gleichgewichtszustand in Wasser und Glyzerin

$F_{A,W} = g \cdot \rho_W \cdot \Delta V_W$ Auftriebskraft in Wasser

$F_{A,G} = g \cdot \rho_G \cdot \Delta V_G$ Auftriebskraft in Glyzerin

$m_W = \rho_W \cdot \Delta V_W$ verdrängte Wassermasse

$\Delta V_W = (H - h_1) \cdot A$ verdrängtes Wasservolumen

$m_G = \rho_G \cdot \Delta V_G$ verdrängte Glyzerinmasse

$\Delta V_G = (H - h_2) \cdot A$ verdrängtes Glyzerinvolumen

Diese Zusammenhänge werden in $F_{A,W} = F_{A,G}$ eingesetzt, das liefert zunächst

$$g \cdot \rho_W \cdot A \cdot (H - h_1) = g \cdot \rho_G \cdot A \cdot (H - h_2)$$

und nach Kürzen gleicher Größen

$$\rho_W \cdot (H - h_1) = \rho_G \cdot (H - h_2).$$

Ausmultipliziert ist dies

$$\rho_W \cdot H - \rho_W \cdot h_1 = \rho_G \cdot H - \rho_G \cdot h_2,$$

und nach Größen mit der gesuchten Höhe H aufgelöst (unter Beachtung von $\rho_G > \rho_W$) ergibt sich:

$$H \cdot (\rho_G - \rho_W) = \rho_G \cdot h_2 - \rho_W \cdot h_1.$$

Nach Division durch $(\rho_G - \rho_W)$ erhält man

$$H = \frac{\rho_G \cdot h_2 - \rho_W \cdot h_1}{\rho_G - \rho_W}.$$

Die Holzdichte können wir mit der festgestellten Gleichung für F_G wie folgt formulieren:

$$\rho_H = \frac{g \cdot A \cdot \rho_W \cdot (H - h_1)}{g \cdot A \cdot H}.$$

Nach Kürzen gleicher Größen entsteht

$$\rho_H = \rho_W \cdot \left(\frac{H - h_1}{H} \right) = \rho_W \cdot \left(1 - \frac{h_1}{H} \right).$$

Jetzt wird die oben ermittelte Balkenhöhe H eingesetzt:

$$\rho_H = \rho_W \cdot \left[1 - \frac{h_1 \cdot (\rho_G - \rho_W)}{(\rho_G \cdot h_2 - \rho_W \cdot h_1)} \right] = \rho_W \cdot \left[1 - \frac{h_1}{h_1} \cdot \frac{(\rho_G - \rho_W)}{\left(\rho_G \cdot \frac{h_2}{h_1} - \rho_W \right)} \right].$$

Das liefert das Ergebnis:

$$\rho_H = \rho_W \cdot \left[1 - \frac{(\rho_G - \rho_W)}{\left(\rho_G \cdot \frac{h_2}{h_1} - \rho_W \right)} \right].$$

Lösungsschritte – Fall 2

Sind $h_1 = 50\,\text{mm}$, $h_2 = 76\,\text{mm}$, $\rho_W = 1\,000\,\text{kg/m}^3$ und $\rho_G = 1\,350\,\text{kg/m}^3$, dann wird die Holzdichte – bei dimensionsgerechtem Gebrauch der gegebenen Größen – ermittelt zu

$$\rho_H = 1\,000 \cdot \left[1 - \frac{(1\,350 - 1\,000)}{\left(1\,350 \cdot \frac{76}{50} - 1\,000 \right)} \right] = 667 \frac{\text{kg}}{\text{m}^3}.$$

Aufgabe 5.3 Eingetauchter Holzstab

Gemäß Abb. 5.5 taucht ein im Punkt B drehbar gelagerter Holzstab der Länge L und der Querschnittsfläche A in darunter befindliches, ruhendes Wasser ein. Das Gelenk befindet sich im Abstand h oberhalb des Wasserspiegels. Aufgrund der Kräfte, die an dem Stab wirken, sinkt er hierbei um die Teillänge l unter die Wasseroberfläche. Ermitteln Sie diese Teillänge l und den Winkel α zwischen dem Stab und der Flüssigkeitsspiegel, wenn die geometrischen Abmessungen L, A und h sowie die Stabdichte ρ_K und die Wasserdichte ρ_{Fl} bekannt sind.

Lösung zu Aufgabe 5.3

Aufgabenerläuterung
Beim teilweise im Wasser eingetauchten Holzstab wirkt einerseits die Gewichtskraft F_G des Stabs in Richtung der Fallbeschleunigung und andererseits die Auftriebskraft F_A aufgrund der vom eingetauchten Stabanteil verdrängten Wassermasse. Die Gewichtskraft greift im Stabschwerpunkt S an und die Auftriebskraft im Punkt C als Mittelpunkt der eingetauchten Länge l. Die jeweiligen Normalkomponenten ergeben sich aus den zugrunde liegenden trigonometrischen Zusammenhängen.

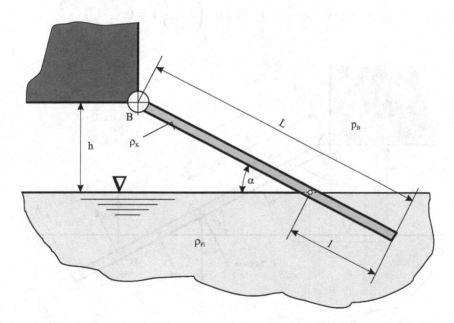

Abb. 5.5 Eingetauchter Holzstab

Gegeben:

- ρ_K; ρ_{Fl}; L; h

Gesucht:

1. Kräfte in den Punkten S und C mit den Normalkomponenten (Abb. 5.5)
2. l
3. α
4. l und α, wenn $\rho_K = 550\,\mathrm{kg/m^3}$; $\rho_{Fl} = 1\,000\,\mathrm{kg/m^3}$; $L = 2\,\mathrm{m}$; $h = 0{,}5\,\mathrm{m}$

Anmerkungen

- Der Stab ist im Gelenk B reibungsfrei gelagert.
- $\rho_K < \rho_{Fl}$

Lösungsschritte – Fall 1

Die Kräfte in den Punkten S und C mit den Normalkomponenten zeigt Abb. 5.6.

Lösungsschritte – Fall 2

Als Ansatz zur Ermittlung der **Eintauchlänge** l wird sinnvoller Weise der Momentensatz um das Gelenk B verwendet ($\sum T_B = 0$) und somit

$$F_G \cdot \cos\alpha \cdot \frac{L}{2} - F_A \cdot \cos\alpha \cdot \left(L - \frac{l}{2}\right) = 0.$$

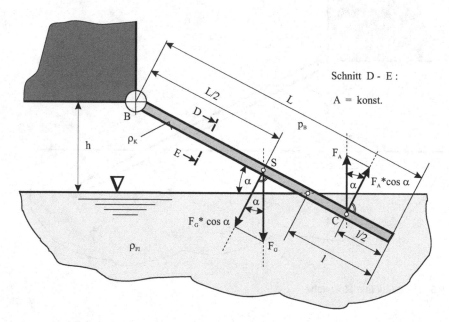

Abb. 5.6 Eingetauchter Holzstab; Abmessungen und Kräfte

Gekürzt und umgeformt entsteht

$$F_G \cdot \frac{L}{2} = F_A \cdot \left(L - \frac{l}{2}\right),$$

und nach Multiplikation mit 2

$$F_G \cdot L = F_A \cdot (2 \cdot L - l).$$

Weiterhin sind

$F_G = m_K \cdot g$ Gewichtskraft der Stange
$m_K = \rho_K \cdot V_K$ Stangenmasse
$V_K = A \cdot L$ Stangenvolumen
$F_A = m_{Fl} \cdot g$ Auftriebskraft des eingetauchten Stangenanteils
$m_{Fl} = \rho_{Fl} \cdot V_{Fl}$ verdrängte Flüssigkeitsmasse des eingetauchten Stangenanteils
$V_{Fl} = A \cdot l$ verdrängtes Flüssigkeitsvolumen

Mit diesen Zusammenhängen lautet die Gewichtskraft

$$F_G = g \cdot \rho_K \cdot A \cdot L$$

und die Auftriebskraft

$$F_A = g \cdot \rho_{Fl} \cdot A \cdot L.$$

Eingesetzt in die o. g. Ausgangsgleichung führt dies zunächst zu

$$g \cdot \rho_K \cdot A \cdot L \cdot L = g \cdot \rho_{Fl} \cdot A \cdot l \cdot (2 \cdot L - l),$$

und nach Ausmultiplikation des rechten Klammerausdrucks und Division durch ρ_{Fl} entsteht

$$\frac{\rho_K}{\rho_{Fl}} \cdot L^2 = 2 \cdot L \cdot l - l^2.$$

Das Vertauschen der Vorzeichen führt im nächsten Schritt zu

$$l^2 - 2 \cdot L \cdot l = -\frac{\rho_K}{\rho_{Fl}} \cdot L^2.$$

Nun wird links und rechts L^2 hinzuaddiert:

$$L^2 - 2 \cdot L \cdot l + l^2 = L^2 - \frac{\rho_K}{\rho_{Fl}} \cdot L^2 = L^2 \cdot \left(1 - \frac{\rho_K}{\rho_{Fl}}\right).$$

Dann schreiben wir die linke Seite als binomische Formel, das ergibt den Ausdruck

$$(L - l)^2 = L^2 \cdot \left(1 - \frac{\rho_K}{\rho_{Fl}}\right).$$

Nach Wurzelziehen erhält man

$$L - l = \pm L \cdot \sqrt{1 - \frac{\rho_K}{\rho_{Fl}}} \quad \text{oder} \quad l = L \mp L \cdot \sqrt{1 - \frac{\rho_K}{\rho_{Fl}}}.$$

Da aber die Eintauchlänge kleiner als die Gesamtlänge sein muss, also $l < L$, ist nur das negative Vorzeichen vor der Wurzel sinnvoll. Somit folgt

$$l = L - L \cdot \sqrt{1 - \frac{\rho_K}{\rho_{Fl}}},$$

oder nach Ausklammern

$$l = L \cdot \left(1 - \sqrt{1 - \frac{\rho_K}{\rho_{Fl}}} \right).$$

Lösungsschritte – Fall 3

Über den **Winkel** α wissen wir gemäß Abb. 5.6, dass $\sin\alpha = \frac{h}{(L-l)}$. Wird hierin das oben ermittelte Ergebnis der Eintauchlänge l eingesetzt, so folgt

$$\sin\alpha = \frac{h}{L - \left(L - L \cdot \sqrt{1 - \frac{\rho_K}{\rho_{Fl}}} \right)}$$

oder

$$\sin\alpha = \frac{h}{L \cdot \sqrt{1 - \frac{\rho_K}{\rho_{Fl}}}}.$$

Das Ergebnis des gesuchten Winkels α erhält man zu:

$$\alpha = \arcsin\left(\frac{h}{L \cdot \sqrt{1 - \frac{\rho_K}{\rho_{Fl}}}} \right)$$

Lösungsschritte – Fall 4

Für l und α bekommen wir mit $\rho_K = 550\,\text{kg/m}^3$, $\rho_{Fl} = 1\,000\,\text{kg/m}^3$, $L = 2\,\text{m}$ und $h = 0,5\,\text{m}$ und dimensionsgerechtem Einsetzen die Werte

$$l = 2 \cdot \left(1 - \sqrt{1 - \frac{550}{1\,000}}\right) = 0{,}658\,\text{m},$$

$$\alpha = \arcsin\left(\frac{0{,}5}{2 \cdot \sqrt{1 - \frac{550}{1\,000}}}\right)$$

$$\alpha = 21{,}9° \approx 22°.$$

Aufgabe 5.4 Schwimmender Hohlzylinder

Ein Hohlzylinder mit dem Außenradius r_a, der Länge L und einer Dichte ρ_{Zyl} soll mit seiner Wandstärke s derart bemessen werden, dass er gerade bis zur Hälfte im Wasser eintaucht und in dieser Position schwimmt. Das Eindringen von Wasser an den seitlichen Stirnflächen wird durch geeignete Maßnahmen verhindert (in der Abb. 5.7 nicht erkennbar).

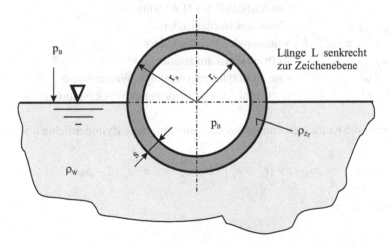

Abb. 5.7 Schwimmender Hohlzylinder

Lösung zu Aufgabe 5.4

Aufgabenerläuterung

Befinden sich beliebige Körper im schwimmenden oder schwebenden Zustand in einem Fluid, so wirken zwei Kräfte mit entgegen gesetzten Richtungen an ihnen: die Gewichtskraft F_G und die „hydraulische" Auftriebskraft F_A. Diese müssen mit den hier gegebenen Verhältnissen verknüpft werden, um zur gesuchten, auf den Außenradius bezogenen Wandstärke s/r_a zu gelangen.

Gegeben:

- ρ_{Zyl}; ρ_W; r_a; L

Gesucht:

1. s/r_a
2. Wie groß muss für den halb eingetauchten Zylinder die Dichte ρ_{Zyl} gewählt werden, wenn es sich nicht um einen Hohlzylinder, sondern um einen Vollzylinder handelt?
3. Die Fälle 1 und 2, wenn $\rho_{Zyl} = 700\,\text{kg/m}^3$ (Holz); $\rho_W = 1\,000\,\text{kg/m}^3$

Lösungsschritte – Fall 1

Für die **auf den Außenradius bezogenen Wandstärke** s/r_a betrachten wir das Kräftegleichgewicht:

$$F_G = F_A,$$

dabei sind

$F_G = g \cdot m_{Zyl}$	Gewichtskraft des Hohlzylinders
$m_{Zyl} = \rho_{Zyl} \cdot V_{Zyl}$	Masse des Hohlzylinders
$V_{Zyl} = \left(\pi \cdot r_a^2 - \pi \cdot r_i^2\right) \cdot L$	Volumen des Hohlzylinders
$F_A = g \cdot m_W$	Auftriebskraft am Hohlzylinder
$m_W = \rho_W \cdot V_W$	vom Hohlzylinder verdrängte Wassermasse
$V_W = \frac{1}{2} \cdot \pi \cdot r_a^2 \cdot L$	vom Hohlzylinder verdrängtes Wasservolumen

Alle Größen in die Kräftegleichung eingesetzt und durch die Zylinderdichte dividiert

$$g \cdot \rho_{Zyl} \cdot \pi \cdot \left(r_a^2 - r_i^2\right) \cdot L = \frac{1}{2} \cdot g \cdot \pi \cdot r_a^2 \cdot L \cdot \rho_W$$

führt zunächst zu

$$r_a^2 - r_i^2 = \frac{\rho_W}{\rho_{Zyl}} \cdot \frac{1}{2} \cdot r_a^2.$$

Bei einer weiteren Division durch r_a^2 erhält man

$$1 - \frac{r_i^2}{r_a^2} = \frac{1}{2} \cdot \frac{\rho_W}{\rho_{Zyl}}.$$

Jetzt nach $(r_i/r_a)^2$ umgestellt liefert

$$\left(\frac{r_i}{r_a}\right)^2 = 1 - \frac{1}{2} \cdot \frac{\rho_W}{\rho_{Zyl}}.$$

Gemäß Abb. 5.7 kann $r_i = r_a - s$ gesetzt werden, sodass man nun o. g. Gleichung auch wie folgt anschreiben kann

$$\left(\frac{r_a - s}{r_a}\right)^2 = \left(1 - \frac{s}{r_a}\right)^2 = 1 - \frac{1}{2} \cdot \frac{\rho_W}{\rho_{Zyl}}.$$

Mit dem Wurzelausdruck aus diesem Zusammenhang folgt zunächst

$$1 - \frac{s}{r_a} = \pm\sqrt{1 - \frac{1}{2} \cdot \frac{\rho_W}{\rho_{Zyl}}}$$

und daraus bekommen wir die gesuchte Wandstärke:

$$\frac{s}{r_a} = 1 \mp \sqrt{1 - \frac{1}{2} \cdot \frac{\rho_W}{\rho_{Zyl}}}.$$

Da die Wandstärke logischer Weise kleiner als der Außenradius ist, also $s < r_a$ und somit das Verhältnis $s/r_a < 1$, ist nur das negative Vorzeichen vor dem Wurzelausdruck sinnvoll. Das Ergebnis lautet folglich

$$\frac{s}{r_a} = 1 - \sqrt{1 - \frac{1}{2} \cdot \frac{\rho_W}{\rho_{Zyl}}}$$

Lösungsschritte – Fall 2

Beim **Vollzylinder** ist $s = r_a$ oder $s/r_a = 1$. Setzt man dies in die unter 1. gefundene Lösung ein, so resultiert

$$1 = 1 - \sqrt{1 - \frac{1}{2} \cdot \frac{\rho_W}{\rho_{Zyl}}} \quad \text{bzw.} \quad 0 = -\sqrt{1 - \frac{1}{2} \cdot \frac{\rho_W}{\rho_{Zyl}}}.$$

Nach dem Quadrieren und Umformen auf das Dichteverhältnis ρ_W/ρ_{Zyl} erhält man die gesuchte Zylinderdichte ρ_{Zyl} als

$$1 - \frac{1}{2} \cdot \frac{\rho_W}{\rho_{Zyl}} = 0 \quad \text{bzw.} \quad \frac{1}{2} \cdot \frac{\rho_W}{\rho_{Zyl}} = 1 \quad \text{bzw.} \quad \rho_{Zyl} = \frac{1}{2} \cdot \rho_W.$$

Wegen des notwendigen positiven Radikanden muss weiterhin gelten

$$\rho_{Zyl} \geq \frac{1}{2} \cdot \rho_W$$

Lösungsschritte – Fall 3

Wenn $\rho_{Zyl} = 700\,\text{kg/m}^3$ (Holz) und $\rho_W = 1\,000\,\text{kg/m}^3$ (Wasser) sind, führt die (dimensionsgerechte) Auswertung der genannten Daten zu nachstehendem Ergebnis:

$$\frac{s}{r_a} = 1 - \sqrt{1 - \frac{1}{2} \cdot \frac{1\,000}{700}} = 0{,}465$$

$$\rho_{Zyl} \geq \frac{1}{2} \cdot 1\,000$$

$$\rho_{Zyl} \geq 500\,\frac{\text{kg}}{\text{m}^3}$$

Aufgabe 5.5 Schwimmender Quader

In Abb. 5.8 ist ein quaderförmiger Körper im Längsschnitt und in der Draufsicht zu erkennen. In den Quader mit der Masse m_K wurde eine Längsnut eingearbeitet, die zunächst leer ist. In diesem Zustand schwimmt der Quader in Wasser und ragt dabei um die Resthöhe h heraus. Bestimmen Sie die Höhe h. Dann wird Wasser in die Nut eingefüllt und zwar so lange, bis sich die Quaderoberkante gerade noch in Höhe der Wasseroberfläche befindet. Wie groß muss die Einfülltiefe t_1 des Wassers in der Längsnut sein, und wie groß ist das einzufüllende Wasservolumen V_1?

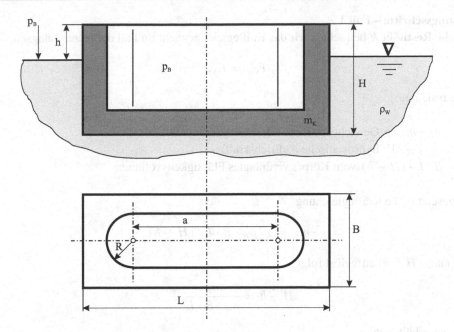

Abb. 5.8 Schwimmender Quader

Lösung zu Aufgabe 5.5

Aufgabenerläuterung

Als Ansatz muss bei beiden Fragestellungen das Kräftegleichgewicht an einem „schwimmenden Körpers" verwendet werden. Bei den hier in Frage kommenden Kräften handelt es sich um die Gesamtgewichtskraft des Quaders und die entgegen gerichtete hydrostatische Auftriebskraft. Da im Fall des Schwimmens keine Sink- oder Aufwärtsbewegungen vorliegen, entfallen somit alle geschwindigkeitsabhängigen Kräfte. Der Ansatz ist folglich relativ einfach zu erstellen.

Gegeben:

- B; H; L; a; R; ρ_W; m_K

Gesucht:

1. h
2. t_1
3. V_1

Lösungsschritte – Fall 1

Für die **Resthöhe** h betrachten wir das Kräftegleichgewicht im Fall der leeren Längsnut:

$$F_{G_K} = F_A.$$

Hier bedeuten:

$F_{G_K} = g \cdot m_K$ Gewichtskraft bei leerer Längsnut
$F_A = g \cdot \rho_W \cdot V$ hydrostatische Auftriebskraft
$V = B \cdot L \cdot (H - h)$ vom Körper verdrängtes Flüssigkeitsvolumen

Eingesetzt in die Kräftegleichung

$$g \cdot m_K = g \cdot \rho_W \cdot B \cdot L \cdot (H - h)$$

und nach $(H - h)$ aufgelöst folgt

$$H - h = \frac{m_K}{\rho_W \cdot B \cdot L}.$$

Hieraus erhält man

$$h = H - \frac{m_K}{\rho_W \cdot B \cdot L}.$$

Lösungsschritte – Fall 2

Für die Einfülltiefe t_1 beachten wir, dass im Fall des Einfüllens von Wasser in die Längs-nut sich sowohl die Gesamtgewichtskraft vergrößert als auch die Auftriebskraft durch die tiefere Lage des Quaders im Wasser, wodurch sich das Verdrängungsvolumen erhöht (Abb. 5.9).

Bezeichnet man die neue Gesamtgewichtskraft mit $F_{G_{ges}}$ und die veränderte Auftriebs-kraft mit F_{A_1}, so folgt für das Kräftegleichgewicht im Fall der gefüllten Längsnut $F_{G_{ges}} = F_{A,1}$.

Die Gesamtgewichtskraft setzt sich aus dem Anteil des Quaders selbst F_{G_K} und dem des eingefüllten Wassers F_{G_W} zusammen zu: $F_{G_{ges}} = F_{G_K} + F_{G_W}$. Das Kräftegleichge-wicht lautet somit

$$F_{G_K} + F_{G_W} = F_{A_1}.$$

$F_{G_K} = g \cdot m_K$ Gewichtskraft bei leerer Längsnut
$F_{G_W} = g \cdot m_W$ Gewichtskraft des eingefüllten Wassers
$m_W = \rho_W \cdot V_1$ Masse des eingefüllten Wassers
V_1 Volumen des eingefüllten Wassers

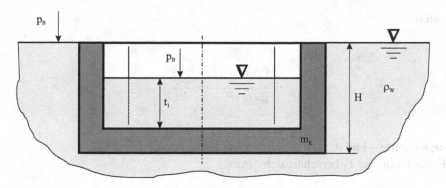

Abb. 5.9 Schwimmender Quader mit Wasserfüllung

Das Volumen V_1 setzt sich bei vorliegender Längsnut aus einem quaderförmigen Anteil $a \cdot (2 \cdot R) \cdot t_1$ und zwei Halbzylindern $2 \cdot \frac{\pi \cdot R^2}{2} \cdot t_1$ zusammen, also

$$V_1 = a \cdot 2 \cdot R \cdot t_1 + 2 \cdot \frac{\pi \cdot R^2}{2} \cdot t_1,$$

oder, nach Kürzen und Ausklammern von t_1,

$$V_1 = t_1 \cdot \left(2 \cdot a \cdot R + \pi \cdot R^2 \right).$$

Für die Wassergewichtskraft erhält man somit

$$F_{Gw} = g \cdot \rho_W \cdot t_1 \cdot \left(2 \cdot a \cdot R + \pi \cdot R^2 \right)$$

und als Gesamtgewichtskraft

$$F_{G_{ges}} = g \cdot m_K + g \cdot \rho_W \cdot t_1 \cdot \left(2 \cdot a \cdot R + \pi \cdot R^2 \right).$$

In der Auftriebskraft kommt jetzt das komplette, vom Quader verdrängte Wasservolumen zur Wirkung, also

$$F_{A_1} = g \cdot \rho_W \cdot B \cdot L \cdot H.$$

Die Kräftegleichung ersetzt mit den so gefundenen Gleichungen führt zu

$$g \cdot m_K + g \cdot \rho_W \cdot t_1 \cdot \left(2 \cdot a \cdot R + \pi \cdot R^2 \right) = g \cdot \rho_W \cdot B \cdot L \cdot H.$$

Formt man noch nach der gesuchten Einfülltiefe um,

$$t_1 \cdot \rho_W \cdot \left(2 \cdot a \cdot R + \pi \cdot R^2 \right) = \rho_W \cdot B \cdot L \cdot H - m_K,$$

so lautet t_1

$$t_1 = \frac{\left(B \cdot L \cdot H - \frac{m_K}{\rho_W} \right)}{2 \cdot a \cdot R + \pi \cdot R^2}$$

Lösungsschritte – Fall 3
Das **Einfüllvolumen** V_1 berechnet sich gemäß

$$V_1 = t_1 \cdot \left(2 \cdot a \cdot R + \pi \cdot R^2 \right)$$

unter Verwendung von t_1 nach obiger Gleichung zu

$$V_1 = \frac{\left(B \cdot L \cdot H - \frac{m_K}{\rho_W} \right)}{2 \cdot a \cdot R + \pi \cdot R^2} \cdot \left(2 \cdot a \cdot R + \pi \cdot R^2 \right),$$

dies führt zu

$$V_1 = B \cdot L \cdot H - \frac{m_K}{\rho_W}$$

Aufgabe 5.6 Stahlklotz in Quecksilber

Ein Stahlquader mit dem Volumen V und der Dichte ρ_{St} schwimmt in Quecksilber mit der Dichte ρ_{Hg}. Wie hoch ist der prozentuale Volumenanteil des Quaders V_{Rest}/V, der nicht im Quecksilber eingetaucht ist?

Lösung zu Aufgabe 5.6

Aufgabenerläuterung
Im Fall des Schwimmens eines Körpers in einem Fluid herrscht Gleichgewicht zwischen der Gewichtskraft des Körpers und der hydrostatischen Auftriebskraft. Hieraus lässt sich bei den gegebenen Größen die Frage nach dem nicht eingetauchten Volumenanteil lösen.

Gegeben:

- ρ_{St}; ρ_{Hg}

Gesucht:

1. V_{Rest}/V
2. V_{Rest}/V, wenn $\rho_{St} = 7\,850\,\text{kg/m}^3$; $\rho_{Hg} = 13\,560\,\text{kg/m}^3$

Lösungsschritte – Fall 1

Zum **nicht eingetauchten Volumenanteil** V_{Rest}/V gelangen wir über das Kräftegleich-gewicht am Quader:

$$F_G = F_A,$$

wobei

$F_G = g \cdot m_{St}$	Gewichtskraft des Stahlquaders
$m_{St} = \rho_{St} \cdot V$	Masse des Stahlquaders
$F_A = g \cdot m_{Hg}$	Auftriebskraft am Stahlquader
$m_{Hg} = \rho_{Hg} \cdot \Delta V$	vom Quader verdrängte Quecksilbermasse
ΔV	vom Quader verdrängtes Quecksilbervolumen

Mit diesen Angaben haben wir

$$g \cdot \rho_{Hg} \cdot \Delta V = g \cdot \rho_{St} \cdot V.$$

Das nicht im Quecksilber eingetauchte Restvolumen des Quaders ist $V_{Rest} = V - \Delta V$. Nach ΔV aufgelöst folgt $\Delta V = V - V_{Rest}$. Einsetzen in die oben stehende Gleichung ergibt dann

$$\rho_{Hg} \cdot (V - V_{Rest}) = \rho_{St} \cdot V.$$

Dividiert man noch durch die Dichte ρ_{Hg}, so erhält man zunächst

$$V - V_{Rest} = \frac{\rho_{St}}{\rho_{Hg}} \cdot V$$

oder, nach V_{Rest} umgeformt,

$$V_{Rest} = V - \frac{\rho_{St}}{\rho_{Hg}} \cdot V.$$

Nachdem auf der rechten Seite V ausgeklammert,

$$V_{Rest} = V \cdot \left(1 - \frac{\rho_{St}}{\rho_{Hg}}\right),$$

und dann noch die Gleichung durch V dividiert wurde, erhält man das Ergebnis

$$\frac{V_{\text{Rest}}}{V} = \left(1 - \frac{\rho_{\text{St}}}{\rho_{\text{Hg}}}\right).$$

Lösungsschritte – Fall 2

Wenn $\rho_{\text{St}} = 7\,850\,\text{kg/m}^3$ und $\rho_{\text{Hg}} = 13\,560\,\text{kg/m}^3$ gegeben sind, bekommen wir bei dimensionsgerechter Rechnung

$$\frac{V_{\text{Rest}}}{V} = \left(1 - \frac{7\,850}{13\,560}\right) = 0{,}421 \equiv 42{,}1\,\%.$$

Aufgabe 5.7 TV-Quiz

In einer TV-Sendung wurde den Zuschauern eine Quizfrage gestellt mit der Aufforderung, sie spontan zu beantworten. Die Frage hatte folgenden Hintergrund:

Auf der Oberfläche eines mit Wasser gefüllten Beckens gemäß Abb. 5.10 schwimmt eine Luftmatratze, die mit einem schweren Metallklotz beladen ist. Die Flüssigkeitshöhe h_1 im Becken lässt sich an einem transparenten Röhrchen (kommunizierende Rohre) ablesen. Entfernt man jetzt die gegenüber dem Metallklotz sehr leichte Luftmatratze, so sinkt der Klotz auf den Beckenboden, und es stellt sich gemäß Abb. 5.10 eine neue Wasserhöhe h_2 ein. Die Frage lautet dem zu Folge: Ist die neue Höhe h_2 größer oder kleiner als die ursprüngliche Höhe h_1?

Der Autor gibt zu, sich spontan für die größere Variante entschieden zu haben, was aber falsch war. Bei der TV-Sendung konnte deutlich erkannt werden, dass sich die Flüssigkeitshöhe h_2 verkleinerte. Seine Fehleinschätzung hat den Autor zu nachstehendem Beweis veranlasst.

Lösung zu Aufgabe 5.7

Aufgabenerläuterung

Zur Lösungsfindung muss man das im Becken befindliche, unveränderliche Wasservolumen V_{W} in den beiden Fällen miteinander vergleichen. Der Volumenanteil in den Steigrohren bleibt unberücksichtigt. V_{W} setzt sich aus jeweils verschiedenen Anteilen zusammen, die durch die gegebenen bzw. gesuchten Größen bestimmt werden. Hierbei spielt die bei der TV-Sendung leicht übersehbare Eintauchtiefe der Luftmatratze t_{Lu} eine entscheidende Rolle.

Abb. 5.10 Wasserbecken mit
und ohne Luftmatratze

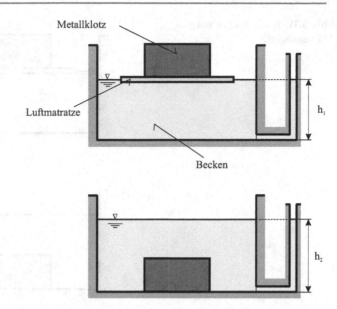

Gegeben:

- m_K; V_W; A_{Be}; A_{Lu}; t_{Lu}; g; ρ_W; ρ_K

Gesucht:

- $h_2 > h_1$ oder $h_2 < h_1$?

Lösungsschritte

Gemäß Abb. 5.11 setzt sich das Wasservolumen V_W im Becken für die auf der Oberfläche schwimmende mit m_K belastete Luftmatratze wie folgt zusammen:

$V_W = A_{Be} \cdot h_1 - A_{Lu} \cdot t_{Lu}$ Wasservolumen
$A_{Be} = L_{Be} \cdot B_{Be}$ Beckenfläche
$A_{Lu} = L_{Lu} \cdot B_{Lu}$ Luftmatratzenfläche

Die Behälterbreite B_{Be} und Luftmatratzenbreite B_{Lu} muss man sich senkrecht zur Zeichenebene vorstellen. Um die Eintauchtiefe t_{Lu} zu ermitteln, wird das Kräftegleichgewicht im Fall des „Schwimmens" angesetzt: $F_G = F_A$, wobei $F_G = g \cdot m_K + g \cdot m_{Lu}$. Unter der Annahme, dass $m_{Lu} \ll m_K$, folgt $F_G = g \cdot m_K$. Die Auftriebskraft $F_A = g \cdot \rho_W \cdot V_{Lu}$ wird durch das von der Matratze verdrängte Wasservolumen $V_{Lu} = A_{Lu} \cdot t_{Lu}$ bestimmt. Somit wird

$$F_A = g \cdot \rho_W \cdot A_{Lu} \cdot t_{Lu}.$$

Abb. 5.11 Wasserbecken mit
Abmessungen

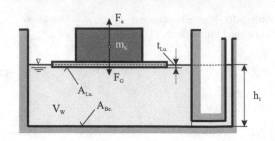

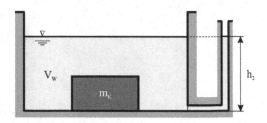

Mit diesen Zusammenhängen folgt

$$F_G = g \cdot m_K = g \cdot \rho_W \cdot A_{Lu} \cdot t_{Lu} = F_A$$

und man erhält nach einer Umformung

$$t_{Lu} = \frac{m_K}{\rho_W \cdot A_{Lu}}.$$

Eingesetzt in die Gleichung

$$V_W = A_{Be} \cdot h_1 - A_{Lu} \cdot \frac{m_K}{\rho_W \cdot A_{Lu}}$$

führt dies zu

$$V_W = A_{Be} \cdot h_1 - \frac{m_K}{\rho_W}.$$

Das unveränderte Wasservolumen V_W im Fall des vollkommen eingetauchten, auf dem Beckenboden ruhenden Metallklotzes lautet gemäß Abb. 5.11

$$V_W = A_{Be} \cdot h_2 - V_K,$$

wobei $V_K = m_K/\rho_K$. Man erhält eine zweite Gleichung für V_W mit

$$V_W = A_{Be} \cdot h_2 - \frac{m_K}{\rho_K}.$$

Durch Gleichsetzen der zwei Gleichungen für V_W folgt

$$A_{Be} \cdot h_1 - \frac{m_K}{\rho_W} = A_{Be} \cdot h_2 - \frac{m_K}{\rho_K}.$$

Durch Umformen nach h_2,

$$A_{Be} \cdot h_2 = A_{Be} \cdot h_1 - \left(\frac{m_K}{\rho_W} - \frac{m_K}{\rho_K}\right),$$

und Division durch A_{Be} führt dies zum Ergebnis

$$h_2 = h_1 - \frac{m_K}{A_{Be}} \cdot \left(\frac{1}{\rho_W} - \frac{1}{\rho_K}\right)$$

Da $\rho_W < \rho_K$ und damit $\left(\frac{1}{\rho_W} - \frac{1}{\rho_K}\right) > 0$, folgt, wie zu beweisen war,

$$h_2 < h_1!$$

Aufgabe 5.8 Tauchbehälter

Ein vereinfacht dargestellter zylindrischer Tauchbehälter ist in Abb. 5.12 in drei verschiedenen Zuständen zu erkennen. Im Zustand 1 befindet er sich mit seinem unten offenen Querschnitt gerade in Höhe der Wasseroberfläche. In seinem Inneren herrscht dabei Atmosphärendruck. Infolge des Eigengewichts sinkt er in die als Zustand 2 bezeichnete Lage und beharrt in ihr. Hierbei wird das eingeschlossene Luftvolumen vom Zustand 1 auf den Druck p_{LV} verdichtet. Das ursprüngliche Volumen V_1 verringert sich dabei auf V_{LV}. Danach wird der Behälter durch Aufbringen einer zusätzlichen Kraft soweit nach unten verschoben, bis sich seine obere Deckfläche im Abstand H unter der Wasseroberfläche befindet. Eine weitere Kompression der eingeschlossenen Luft ist die Folge und es wird im Zustand 3 der Druck p_x bei einem Volumen V_x erreicht. Ermitteln Sie bei bekannten Behälterabmessungen D und L, Atmosphärendruck p_B und Wasserdichte ρ die im Zustand 2 vorliegenden Teilhöhen h_2, h_3 und h_1. Des Weiteren soll im Zustand 3 die auf der Innenseite der oberen Deckfläche wirksame Kraft F_x sowie die Höhe h_x bestimmt werden.

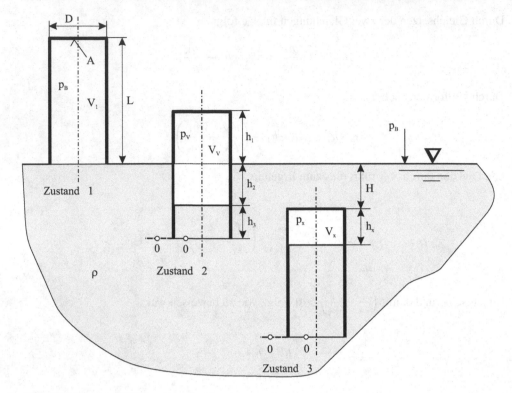

Abb. 5.12 Tauchbehälter

Lösung zu Aufgabe 5.8

Aufgabenerläuterung

Die Lösung der gesuchten Teilaufgaben wird mittels der thermischen Zustandsgleichung („Gasgesetz") und über die Drücke in verschiedenen Flüssigkeitstiefen (hydrostatische Drücke) möglich. Weiterhin ist im Zustand 2 vom Gleichgewicht der Gewichts- und Auftriebskraft am Behälter Gebrauch zu machen (Schwimmen, Schweben).

Gegeben:

- p_B; ρ; L; D; F_G; H

Gesucht:

1. h_2; h_3; h_1
2. F_x
3. h_x

4. Die Fälle 1 bis 3, wenn $p_B = 10^5 \, \text{Pa}$; $\rho = 1\,000 \, \text{kg/m}^3$; $L = 2{,}0 \, \text{m}$; $D = 1{,}0 \, \text{m}$; $H = 4 \, \text{m}$; $F_G = 3\,000 \, \text{N}$

Anmerkungen

- Das Volumen infolge der Behälterwandstärke wird vernachlässigt.
- Bei der Luftverdichtung wird von gleich bleibender Temperatur ausgegangen (isotherm).

Lösungsschritte – Fall 1

Von den **Teilhöhen h_2, h_3 und h_1** wenden wir uns zunächst der **Teilstrecke h_2** zu. Im Zustand 2 lässt sich h_2 als Höhe des vom Behälter verdrängten Wasservolumens ΔV erkennen. Dieses kann aufgrund des Kräftegleichgewichts am schwimmenden Körper $F_A - F_G = 0$ oder $F_A = F_G$ ermittelt werden.

$F_A = g \cdot \Delta m$ hydrostatische Auftriebskraft
$\Delta m = \rho \cdot \Delta V$ verdrängte Wassermasse
$\Delta V = A \cdot h_2$ verdrängtes Wasservolumen

Hieraus entsteht

$$g \cdot \rho \cdot A \cdot h_2 = F_G,$$

oder mit $A = \frac{\pi}{4} \cdot D^2$:

$$h_2 = \frac{4}{\pi} \cdot \frac{F_G}{g \cdot \rho \cdot D^2}.$$

Die **Teilstrecke h_3** ist zunächst in der Gesamthöhe L der Luftsäule des Zustands 1 enthalten. Weiterhin tritt sie im Zustand 2 auf Grund des hydrostatischen Drucks in der 0–0-Ebene in Erscheinung. Mit der Verknüpfung beider Zusammenhänge lässt sich h_3 wie folgt feststellen.

Bei der angenommenen isothermen Verdichtung der Luft vom Zustand 1 zum Zustand 2 gemäß Abb. 5.12 erhält man mit der thermischen Zustandsgleichung $p \cdot V = m \cdot R_i \cdot T$:

$$p_B \cdot V_1 \, (= m \cdot R_i \cdot T) = p_{LV} \cdot V_{LV}.$$

Nach Umformung liefert dies den Druck p_{LV} zu

$$p_{LV} = p_B \cdot \frac{V_1}{V_{LV}}.$$

Hierin lauten die Volumina $V_1 = A \cdot L$ sowie $V_{LV} = A \cdot (h_1 + h_2)$.

Somit entsteht

$$p_{LV} = p_B \cdot \frac{A \cdot L}{A \cdot (h_1 + h_2)}$$

bzw. nach Kürzen von A:

$$p_{LV} = p_B \cdot \frac{L}{h_1 + h_2}.$$

Eine zweite Gleichung für p_{LV} lässt sich aus den statischen Drücken in der 0–0-Ebene bestimmen.

$$p_B + g \cdot \rho \cdot (h_2 + h_3) = p_{LV} + g \cdot \rho \cdot h_3$$

und somit

$$p_{LV} = p_B + g \cdot \rho \cdot h_2.$$

In die oben stehende Gleichung für p_{LV} eingesetzt und gleichzeitig $L = h_1 + h_2 + h_3$ verwendet führt zunächst zu

$$\begin{aligned}
p_B + g \cdot \rho \cdot h_2 &= p_B \cdot \frac{(h_1 + h_2 + h_3)}{(h_1 + h_2)} \\
&= p_B \cdot \left[\frac{(h_1 + h_2)}{(h_1 + h_2)} + \frac{h_3}{(h_1 + h_2)} \right] \\
&= p_B \cdot \left[1 + \frac{h_3}{(h_1 + h_2)} \right]
\end{aligned}$$

Ersetzt man jetzt noch $h_1 + h_2 = L - h_3$, so wird daraus nach Ausmultiplikation der rechten Seite

$$p_B + g \cdot \rho \cdot h_2 = p_B + p_B \cdot \frac{h_3}{(L - h_3)}$$

oder

$$g \cdot \rho \cdot h_2 = p_B \cdot \frac{h_3}{(L - h_3)}$$

Da wir h_3 suchen, muss durch $(\rho \cdot g)$ dividiert werden:

$$h_2 = \frac{p_B}{g \cdot \rho} \cdot \frac{h_3}{(L - h_3)}.$$

Dann wird mit $(L - h_3)$ multipliziert:

$$h_2 \cdot (L - h_3) = \frac{p_B}{g \cdot \rho} \cdot h_3$$

Das Ausmultiplizieren der linken Seite,

$$h_2 \cdot L - h_2 \cdot h_3 = \frac{p_B}{g \cdot \rho} \cdot h_3$$

und danach das Zusammenfassen von h_3 liefert

$$h_3 \cdot h_2 + h_3 \cdot \frac{p_B}{g \cdot \rho} = h_2 \cdot L$$

Das Ausklammern von h_3 auf der linken Seite,

$$h_3 \cdot \left(h_2 + \frac{p_B}{g \cdot \rho} \right) = h_2 \cdot L$$

und die anschließende Division durch $\left(h_2 + \frac{p_B}{g \cdot \rho} \right)$ ergibt schließlich

$$h_3 = L \cdot \frac{h_2}{h_2 + \frac{p_B}{g \cdot \rho}}$$

Zur **Teilstrecke h_1** gelangt man nun ganz schnell nach Umstellung von $L = h_1 + h_2 + h_3$ bei jetzt bekanntem h_2 und h_3:

$$h_1 = L - h_2 - h_3.$$

Lösungsschritte – Fall 2

Die gesuchte **Kraft F_x** ist das Produkt aus Innendruck p_x der komprimierten Luft und der Grundfläche des Körpers: $F_x = p_x \cdot A$. Notwendigerweise muss nun der unbekannte Druck p_x in Verbindung gebracht werden mit dem Zustand x des eingeschlossenen Gases sowie dem Zustand 1 vor der Verdichtung, den man ja kennt.

Bei der angenommenen isothermen Verdichtung vom Zustand 1 zum Zustand 3 folgt für den unbekannte **Druck p_x**:

$$p_B \cdot V_1 (= m \cdot R_i \cdot T) = p_x \cdot V_x.$$

Man erhält dann für $p_x = p_B \cdot V_1 / V_x$ sowie nach Einführung der Volumina gemäß Abb. 5.12 $V_1 = A \cdot L$ und $V_x = A \cdot h_x$ den ersten Ausdruck

$$p_x = p_B \cdot \frac{A \cdot L}{A \cdot h_x}$$

und nach Kürzen

$$p_x = p_B \cdot \frac{L}{h_x}.$$

Aus den statischen Drücken in der 0–0-Ebene des Zustands 3 folgt:

$$p_x + \rho \cdot g \cdot (L - h_x) \ (= p_{0\text{-}0}) = p_B + \rho \cdot g \cdot (H + L)$$

und daraus

$$p_x - \rho \cdot g \cdot h_x = p_B + \rho \cdot g \cdot H$$

oder

$$\rho \cdot g \cdot h_x = (p_x - p_B) - \rho \cdot g \cdot H.$$

Nach Division durch $(\rho \cdot g)$ erhält man

$$\begin{aligned}
h_x &= \frac{(p_x - p_B)}{\rho \cdot g} - H \\
&= \frac{(p_x - p_B) - \rho \cdot g \cdot H}{\rho \cdot g}.
\end{aligned}$$

Einsetzen dieses Ergebnisses in die oben stehende Gleichung für p_x führt zu

$$p_x = p_B \cdot \frac{L \cdot \rho \cdot g}{(p_x - p_B) - \rho \cdot g \cdot H}.$$

Multipliziert man den im Nenner stehenden Klammerausdruck mit der Gleichung, so liefert das zunächst

$$p_x \cdot [p_x - (p_B + \rho \cdot g \cdot H)] = p_B \cdot \rho \cdot g \cdot L,$$

oder, die linke Seite ausmultipliziert,

$$p_x^2 - p_x \cdot (p_B + \rho \cdot g \cdot H) = p_B \cdot \rho \cdot g \cdot L.$$

Um dies auf die Form einer binomischen Formel

$$a^2 - 2 \cdot a \cdot b - b^2 = (a - b)^2$$

zu bringen, wird es erforderlich, den Ausdruck $b \equiv (p_B + \rho \cdot g \cdot H)/2$ wie folgt zu ergänzen:

$$p_x^2 - p_x \cdot (p_B + \rho \cdot g \cdot H) + \left(\frac{1}{2} \cdot (p_B + \rho \cdot g \cdot H)\right)^2$$

$$= p_B \cdot \rho \cdot g \cdot L + \left(\frac{1}{2} \cdot (p_B + \rho \cdot g \cdot H)\right)^2.$$

Dies gibt

$$\left(p_x - \frac{1}{2} \cdot (p_B + \rho \cdot g \cdot H)\right)^2 = p_B \cdot \rho \cdot g \cdot L + \frac{1}{4} \cdot (p_B + \rho \cdot g \cdot H)^2$$

oder nach dem Wurzelziehen

$$p_x - \frac{1}{2} \cdot (p_B + \rho \cdot g \cdot H) = \pm\sqrt{p_B \cdot \rho \cdot g \cdot L + \frac{1}{4} \cdot (p_B + \rho \cdot g \cdot H)^2}$$

und schließlich

$$p_x = \frac{1}{2} \cdot (p_B + \rho \cdot g \cdot H) + \sqrt{p_B \cdot \rho \cdot g \cdot L + \frac{1}{4} \cdot (p_B + \rho \cdot g \cdot H)^2}.$$

Das negative Vorzeichen vor der Wurzel kommt nicht in Betracht, da der Wurzelausdruck immer größere Werte als der davor stehende Term liefert und negative Drücke ausscheiden.

Mit der Kreisfläche $A = \frac{\pi}{4} \cdot D^2$ lautet dann die gesuchte Kraft

$$F_x = \frac{\pi}{4} \cdot D^2 \cdot \left[\frac{1}{2} \cdot (p_B + \rho \cdot g \cdot H) + \sqrt{p_B \cdot \rho \cdot g \cdot L + \frac{1}{4} \cdot (p_B + \rho \cdot g \cdot H)^2}\right].$$

Lösungsschritte – Fall 3

Jetzt können wir die Höhe h_x bestimmen. Wie oben ausgeführt ist

$$\rho \cdot g \cdot h_x = (p_x - p_B) - \rho \cdot g \cdot H.$$

Einsetzen des Drucks p_x führt zu

$$\rho \cdot g \cdot h_x = \frac{1}{2} \cdot p_B + \frac{1}{2} \cdot \rho \cdot g \cdot H + \sqrt{p_B \cdot \rho \cdot g \cdot L + \frac{1}{4} \cdot (p_B + \rho \cdot g \cdot H)^2} - p_B - \rho \cdot g \cdot H$$

oder umgestellt

$$\rho \cdot g \cdot h_x = \sqrt{p_B \cdot \rho \cdot g \cdot L + \frac{1}{4} \cdot (p_B + \rho \cdot g \cdot H)^2} + \frac{1}{2} \cdot p_B + \frac{1}{2} \cdot \rho \cdot g \cdot H - p_B - \rho \cdot g \cdot H.$$

Dann lässt sich weiter vereinfachen

$$\rho \cdot g \cdot h_x = \sqrt{p_B \cdot \rho \cdot g \cdot L + \frac{1}{4} \cdot (p_B + \rho \cdot g \cdot H)^2} - \frac{1}{2} \cdot p_B - \frac{1}{2} \cdot \rho \cdot g \cdot H.$$

Nach der Division durch $\rho \cdot g$ gelangt man zum gesuchten Ergebnis

$$h_x = \frac{1}{\rho \cdot g} \cdot \sqrt{p_B \cdot \rho \cdot g \cdot L + \frac{1}{4} \cdot (p_B + \rho \cdot g \cdot H)^2} - \frac{1}{2} \cdot \left(\frac{p_B}{\rho \cdot g} + H \right).$$

Lösungsschritte – Fall 4

Die Größen aus den Fällen 1 bis 3 nehmen, wenn $p_B = 10^5$ Pa, $\rho = 1\,000\,\text{kg/m}^3$, $L = 2{,}0\,\text{m}$, $D = 1{,}0\,\text{m}$, $H = 4\,\text{m}$ und $F_G = 3\,000\,\text{N}$ gegeben sind, bei dimensionsgerechter Verwendung der Daten die nachstehende Zahlenwerte an.

$$h_2 = \frac{3\,000 \cdot 4}{9{,}81 \cdot 1\,000 \cdot \pi \cdot 1^2} = 0{,}3894$$

$$h_3 = 2 \cdot \frac{0{,}3\,894}{0{,}3\,894 + \frac{100\,000}{1\,000 \cdot 9{,}81}} = 0{,}0736\,\text{m}$$

$$h_1 = 2 - 0{,}3894 - 0{,}0736 = 1{,}537\,\text{m}$$

$$F_x = \frac{\pi}{4} \cdot 1^2 \cdot \frac{1}{2} \cdot (100\,000 + 1\,000 \cdot 9{,}81 \cdot 4)$$
$$+ \sqrt{100\,000 \cdot 1\,000 \cdot 9{,}81 \cdot 2 + \frac{1}{4} \cdot (100\,000 + 1\,000 \cdot 9{,}81 \cdot 4)^2}$$

$$F_x = 119\,488\,\text{N}$$

$$h_x = \frac{1}{1\,000 \cdot 9{,}81} \cdot \sqrt{100\,000 \cdot 1\,000 \cdot 9{,}81 \cdot 2 + \frac{1}{4} \cdot (100\,000 + 1\,000 \cdot 9{,}81 \cdot 4)^2}$$
$$- \frac{1}{2} \cdot \left(\frac{100\,000}{1\,000 \cdot 9{,}81} + 4 \right)$$

$$h_x = 1{,}314\,\text{m}$$

Aufgabe 5.9 Schwimmender Vollzylinder

Ein Vollzylinder der Dichte ρ_K schwimmt in einer Flüssigkeit, die eine Dichte ρ_F aufweist. Für die in Abb. 5.13 dargestellte Lage des Zylinders bezüglich der Flüssigkeitsoberfläche ist ein Dichteverhältnis $\rho_K/\rho_F < 0{,}5$ erforderlich, wie sich aus dem Ergebnis der Aufgabenstellung feststellen lässt. Hierbei wird zunächst nach dem Winkel α gefragt, wenn die Zylinderabmessungen R und L sowie die o. g. Dichten bekannt sind. Des Weiteren soll noch die Eintauchtiefe T des Zylinders in der Flüssigkeit ermittelt werden.

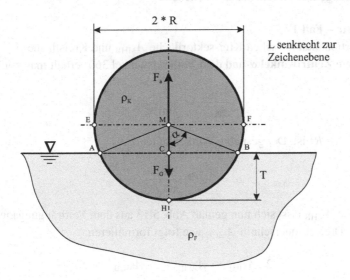

Abb. 5.13 Schwimmender Vollzylinder

Lösung zu Aufgabe 5.9

Aufgabenerläuterung

Die Grundlage bei der Lösung der Aufgabenstellung ist das Kräftegleichgewicht zwischen Zylindergewichtskraft und der am Körper wirkenden hydrostatischen Auftriebskraft. Hierbei ist das verdrängte Flüssigkeitsvolumen respektive der (berechenbare) Verdrängungsquerschnitt in Verbindung zu bringen mit dem gesuchten Winkel α.

Gegeben:

- ρ_F; ρ_K; R; L;

Gesucht:

1. α
2. T
3. α und T, wenn $\rho_F = 1\,000\,\text{kg/m}^3$; $\rho_K = 400\,\text{kg/m}^3$; $R = 0{,}25\,\text{m}$

Anmerkung

- Zylinderlänge L senkrecht zur Zeichenebene

Lösungsschritte – Fall 1

Aus der Proportionalität zwischen Kreissektorfläche A_{MHB} und Kreisfläche A_{Kreis} in Verbindung mit dem **Zentriwinkel α** und dem Vollkreiswinkel $360°$ erhält man zunächst

$$\frac{A_{MHB}}{A_{Kreis}} = \frac{\alpha}{360°},$$

wobei $A_{Kreis} = \pi \cdot R^2$ ist. Der gesuchte Winkel lautet dann

$$\alpha = 360° \cdot \frac{A_{MHB}}{\pi \cdot R^2}.$$

Die Sektorfläche A_{MHB} lässt sich nun gemäß Abb. 5.13 aus dem Verdrängungsquerschnitt A_{AHB} und dem Dreiecksquerschnitt A_{MCB} wie folgt formulieren:

$$2 \cdot A_{MHB} = A_{AHB} + 2 \cdot A_{MCB}.$$

Umgeformt entsteht

$$A_{MHB} = \frac{1}{2} \cdot A_{AHB} + A_{MCB}.$$

Den **Verdrängungsquerschnitt** A_{AHB} liefert das Kräftegleichgewicht $F_G = F_A$ aus den gegebenen Größen:

$F_G = m_K \cdot \rho_K$	Zylindergewichtskraft
$m_K = \rho_K \cdot V_K$	Zylindermasse
$V_K = \pi \cdot R^2 \cdot L$	Zylindervolumen
$F_G = g \cdot \rho_K \cdot \pi \cdot R^2 \cdot L$	Gewichtskraft
$F_A = g \cdot m_F$	hydrostatische Auftriebskraft
$m_F = \rho_F \cdot V_F$	verdrängte Flüssigkeitsmasse
$V_F = A_F \cdot L$	verdrängtes Flüssigkeitsvolumen
$A_F \equiv A_{AHB}$	Querschnittsfläche von $V_F V_F$ ($\equiv$ Kreissegmentfläche) $\equiv$ Verdrängungsquerschnitt

Unter Verwendung dieser Zusammenhänge und Kürzen entsprechender Größen in $F_G = F_A$,

$$g \cdot \rho_F \cdot A_{AHB} \cdot L = g \cdot \rho_K \cdot \pi \cdot R^2 \cdot L,$$

gelangt man zu

$$A_{AHB} = \pi \cdot R^2 \cdot \frac{\rho_K}{\rho_F}.$$

Die noch erforderliche **Dreiecksfläche** A_{MCB} lautet

$$A_{MCB} = \frac{1}{2} \cdot \overline{MC} \cdot \overline{BC}.$$

Hierin sind $\overline{MC} = R - T$ und $\overline{BC} = R \cdot \sin \alpha$ und folglich wird

$$A_{MCB} = \frac{1}{2} \cdot (R - T) \cdot (R \cdot \sin \alpha).$$

Den Klammerausdruck $(R - T)$ kann man jetzt noch mittels $\cos \alpha = (R - T)/R$ oder umgeformt $(R - T) = R \cdot \cos \alpha$ ersetzen. Dies führt zunächst zu

$$A_{MCB} = \frac{1}{2} \cdot (R \cdot \cos \alpha) \cdot (R \cdot \sin \alpha)$$

und mit

$$2 \cdot \sin \alpha \cdot \cos \alpha = \sin (2 \cdot \alpha) \quad \text{oder} \quad \sin \alpha \cdot \cos \alpha = \frac{1}{2} \cdot \sin (2 \cdot \alpha)$$

erhalten wir als Ergebnis

$$A_{\text{MCB}} = \frac{1}{4} \cdot R^2 \cdot \sin{(2 \cdot \alpha)} \, .$$

Die gewonnenen Resultate für A_{AHB} und A_{MCB} setzten wir in A_{MHB} ein,

$$A_{\text{MHB}} = \frac{1}{2} \cdot \pi \cdot R^2 \cdot \frac{\rho_{\text{K}}}{\rho_{\text{F}}} + \frac{1}{4} \cdot R^2 \cdot \sin{(2 \cdot \alpha)} \, ,$$

und dann A_{MHB} in unserer Ausgangsgleichung des gesuchten Winkels α, was dann zu

$$\alpha = 360° \cdot \frac{\left[\frac{1}{2} \cdot \pi \cdot R^2 \cdot \frac{\rho_{\text{K}}}{\rho_{\text{F}}} + \frac{1}{4} \cdot R^2 \cdot \sin{(2 \cdot \alpha)} \right]}{\pi \cdot R^2}$$

führt. Kürzt man noch $(\pi \cdot R^2)$ in Zähler und Nenner, so liefert dies uns zunächst

$$\alpha = 360° \cdot \left[\frac{1}{2} \cdot \frac{\rho_{\text{K}}}{\rho_{\text{F}}} + \frac{1}{4 \cdot \pi} \cdot \sin{(2 \cdot \alpha)} \right] \, .$$

Mit nachfolgenden Umstellungen dieser Gleichung

$$\frac{\alpha°}{360°} = \frac{1}{2} \cdot \frac{\rho_{\text{K}}}{\rho_{\text{F}}} + \frac{\sin{(2 \cdot \alpha)}}{4 \cdot \pi}$$

oder

$$\frac{\sin{(2 \cdot \alpha)}}{4 \cdot \pi} = \frac{\alpha°}{360°} - \frac{1}{2} \cdot \frac{\rho_{\text{K}}}{\rho_{\text{F}}}$$

oder

$$\sin{(2 \cdot \alpha)} = \frac{\alpha°}{90°} \cdot \pi - 2 \cdot \pi \cdot \frac{\rho_{\text{K}}}{\rho_{\text{F}}}$$

gelangt man schließlich zum gesuchten Ergebnis:

$$\sin{(2 \cdot \alpha)} = 2 \cdot \pi \cdot \left(\frac{\alpha}{180°} - \frac{\rho_{\text{K}}}{\rho_{\text{F}}} \right)$$

Lösungsschritte – Fall 2

Die Bestimmung des **Winkels** α macht (bei gegebenem ρ_K und ρ_F) eine Iteration erforderlich.

Wenn α bekannt ist, lässt sich die **Eintauchtiefe** T wie folgt ermitteln. Wir lösen zunächst $(R - T) = R \cdot \cos\alpha$ (s. o.) nach T auf und erhalten $T = R - R \cdot \cos\alpha$ oder

$$T = R \cdot (1 - \cos\alpha).$$

Lösungsschritte – Fall 3

Den **Winkel** α wollen wir jetzt für die gegebenen Werte (im Zweifelsfalle immer dimensionsgerecht) bestimmen ($\rho_F = 1\,000\,\text{kg/m}^3$, $\rho_K = 400\,\text{kg/m}^3$ und $R = 0{,}25\,\text{m}$).

Durch Umstellen der obigen Gleichung lässt sich die Iteration nun wie folgt durchführen:

$$\frac{\rho_K}{\rho_F} = \frac{\alpha}{180°} - \frac{\sin(2 \cdot \alpha)}{2 \cdot \pi}$$

1. Iterationsschritt

$$\alpha = 75° \Rightarrow 0{,}40 = 0{,}41677 - 0{,}07958 \Rightarrow 0{,}4 \neq 0{,}3372$$

2. Iterationsschritt

$$\alpha = 80° \Rightarrow 0{,}40 = 0{,}4444 - 0{,}05443 \Rightarrow 0{,}40 \neq 0{,}3900$$

3. Iterationsschritt

$$\alpha = 81° \Rightarrow 0{,}40 = 0{,}450 - 0{,}0492 \Rightarrow 0{,}40 \approx 0{,}4008$$

$$\alpha = 81°$$

$$T = 0{,}25 \cdot (1 - \cos 81°) = 0{,}2109\,\text{m}$$

Aufgabe 5.10 Verschlusskegel

Ein kegelförmiger Körper dient als Verschlussorgan in einem mit Flüssigkeit gefüllten, gegen Atmosphäre offenen Becken. Er weist die in Abb. 5.14 erkennbaren Abmessungen auf und besitzt eine Dichte ρ_K. Die Flüssigkeitshöhe H über dem Beckenboden sowie die Flüssigkeitsdichte ρ_F sollen ebenfalls bekannt sein. Welche Kraft F muss aufgebracht werden, um den Kegel bei Beginn des Öffnungsvorgangs gerade vom Dichtungssitz zu lösen?

Lösung zu Aufgabe 5.10

Aufgabenerläuterung

Das Anheben des Kegels aus dem gerade noch wirksamen Schließzustand bedeutet, dass an dem Dichtungssitz 2 keine Auflagekraft mehr vorhanden ist (Abb. 5.14). Neben der Gewichtskraft und der gesuchten Kraft zum Anheben des Kegels wirken aufgrund unterschiedlicher Druckverteilungen an der Kegeloberfläche verschiedene Druckkräfte. Als Berechnungsansatz ist gemäß Abb. 5.15 sinnvoller Weise das Kräftegleichgewicht in z-Richtung zu verwenden.

Gegeben:

- R; h; H; ρ_F; ρ_K; g

Abb. 5.14 Verschlusskegel

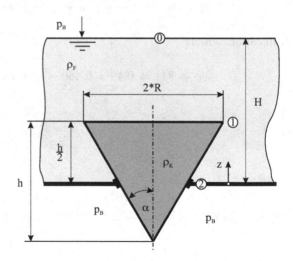

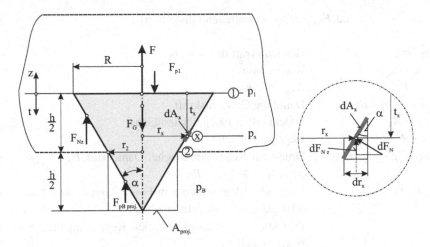

Abb. 5.15 Verschlusskegel; Abmessungen und Kräfte

Gesucht:

1. F
2. F, wenn $R = 10\,\text{cm}$; $h = 20\,\text{cm}$; $H = 0{,}80\,\text{m}$; $\rho_F = 1\,000\,\text{kg/m}^3$; $\rho_K = 7\,800\,\text{kg/m}^3$.

Anmerkungen

- Am Dichtungssitz ist gerade noch keine Strömung vorhanden.
- Kegelvolumen: $V_K = \frac{\pi}{3} \cdot R^2 \cdot h$.

Lösungsschritte – Fall 1

1. F:

Gemäß Abb. 5.15 lautet das Kräftegleichgewicht in z-Richtung:

$$\sum F_i = 0 = F_{p_B,\text{proj}} + F_{N_z} + F - F_{p_1} - F_G$$

oder nach der gesuchten Kraft F umgeformt

$$F = F_G + F_{p_1} - F_{p_B,\text{proj}} - F_{N_z}.$$

Dabei sind ($F_{p_\mathrm{B},\mathrm{proj}}$ und F_{N_z} werden anschließend diskutiert):

$F_\mathrm{G} = g \cdot m_\mathrm{K}$	Gewichtskraft des Kegels
$m_\mathrm{K} = \rho_\mathrm{K} \cdot V_\mathrm{K}$	Kegelmasse
$V_\mathrm{K} = \frac{\pi}{3} \cdot R^2 \cdot h$	Kegelvolumen
$F_\mathrm{G} = \frac{\pi}{3} \cdot g \cdot \rho_\mathrm{K} \cdot R^2 \cdot h$	Damit die Gewichtskraft
$F_{p_1} = p_1 \cdot A_1$	Druckkraft auf Kegelgrundfläche
$A_1 = \pi \cdot R^2$	Kegelgrundfläche

$p_1 = p_\mathrm{B} + g \cdot \rho_\mathrm{F} \cdot \left(H - \frac{h}{2}\right)$ Druck auf Kegelgrundfläche. Dann wird $F_{p_1} = [p_\mathrm{B} + g \cdot \rho_\mathrm{F} \cdot \left(H - \frac{h}{2}\right)] \cdot \pi \cdot R^2$

$F_{p_\mathrm{B},\mathrm{proj}} = p_\mathrm{B} \cdot A_\mathrm{proj}$ Vertikalkraftkomponente in Folge Atmosphärendrucks auf flüssigkeitsfreie Kegelmantelfläche

$A_\mathrm{proj} = \pi \cdot r_2^2$ Projektion der flüssigkeitsfreien Kegelmantelfläche in die Horizontalebene

$r_2 = \frac{1}{2} \cdot R$ Radius des Dichtkreises.

An die Kraft $F_{p_\mathrm{B},\mathrm{proj}}$ kommen wir mit folgender Überlegung: Wegen

$$\tan \alpha = \frac{R}{h} = \frac{r_2}{\frac{h}{2}}$$

erhält man dann $r_2 = R/2$ und folglich

$$F_{p_\mathrm{B},\mathrm{proj}} = p_\mathrm{B} \cdot \frac{1}{4} \cdot \pi \cdot R^2.$$

F_{N_z} ist die Vertikalkomponente der Normalkraft in Folge des Drucks auf die flüssigkeitsbenetzte Kegelmantelfläche. Sie lässt sich aus der an $\mathrm{d}A_x$ angreifenden infinitesimalen Kraft $\mathrm{d}F_\mathrm{N}$ mit den folgenden Größen und Beziehungen ermitteln:

$\mathrm{d}F_{\mathrm{N}_z} = \mathrm{d}F_N \cdot \sin \alpha$	Vertikalkomponente der Normalkraft $\mathrm{d}F_N$
$\mathrm{d}F_\mathrm{N} = p_x \cdot \mathrm{d}A_x$	Normalkraft
$\mathrm{d}A_{x,\mathrm{proj}} = \mathrm{d}A_x \cdot \sin \alpha$	Projektion des Flächenelements $\mathrm{d}A_x$ in die Horizontalebene
$\mathrm{d}F_{\mathrm{N}_z} = p_x \cdot \mathrm{d}A_x \cdot \sin \alpha = p_x \cdot \mathrm{d}A_{x,\mathrm{proj}}$	Vertikalkomponente der Normalkraft
$\mathrm{d}A_{x,\mathrm{proj}} = 2 \cdot \pi \cdot r_x \cdot \mathrm{d}r_x$	Fläche als elementarer Kreisring
$p_x = p_1 + \rho_\mathrm{F} \cdot g \cdot t_x$	Druck an der Stelle x

Damit wird

$$\mathrm{d}F_{\mathrm{N}_z} = (p_1 + \rho_\mathrm{F} \cdot g \cdot t_x) \cdot 2 \cdot \pi \cdot r_x \cdot \mathrm{d}r_x.$$

Um eine Integration von dF_{N_z} vornehmen zu können, muss t_x in Verbindung mit r_x gebracht werden. Dies ist wie folgt möglich: Wir lösen $\tan\alpha = (R - rx)/t_x$ nach t_x auf und erhalten zunächst

$$t_x = \frac{R - r_x}{\tan\alpha}.$$

Führt man dann noch $\tan\alpha = R/h$ ein, so liefert dies die gesuchte Verknüpfung:

$$t_x = \frac{h}{R} \cdot (R - r_x).$$

In dF_{N_z} eingesetzt entsteht

$$dF_{N_z} = \left[p_1 + \rho_F \cdot g \cdot \frac{h}{R} \cdot (R - r_x) \right] \cdot 2 \cdot \pi \cdot r_x \cdot dr_x.$$

Hierin tauschen wir noch p_1 über die oben gefundene Druckgleichung aus, das liefert uns

$$dF_{N_z} = \left[\left(p_B + \rho_F \cdot g \cdot \left(H - \frac{h}{2} \right) + \rho_F \cdot g \cdot \frac{h}{R} \cdot (R - r_x) \right) \right] \cdot 2 \cdot \pi \cdot r_x \cdot dr_x.$$

Multipliziert man nun die inneren Klammern aus,

$$dF_{N_z} = \left(p_B + \rho_F \cdot g \cdot H \underbrace{- \rho_F \cdot g \cdot \frac{h}{2} + \rho_F \cdot g \cdot h}_{= +\rho_F \cdot g \cdot \frac{h}{2}} - \rho_F \cdot g \cdot h \cdot \frac{r_x}{R} \right) \cdot 2 \cdot \pi \cdot r_x \cdot dr_x,$$

und fasst vereinfachend zusammen, so entsteht die integrierbare Gleichung

$$dF_{N_z} = \left[p_B + \rho_F \cdot g \cdot \left(H + \frac{h}{2} \right) - \rho_F \cdot g \cdot \frac{h}{R} \cdot r_x \right] \cdot 2 \cdot \pi \cdot r_x \cdot dr_x.$$

Wenn man $(r_x \cdot dr_x)$ in die Klammer hineinmultipliziert und die drei Teilintegrale in dem flüssigkeitsbenetzten Bereich zwischen den Grenzen r_2 und R bildet, führt dies zu

$$F_{N_z} = \int_{r_2}^{R} dF_{N_z}$$

$$= 2\pi \cdot \left[\int_{r_2}^{R} p_B \cdot r_x \cdot dr_x + \int_{r_2}^{R} \rho_F \cdot g \cdot \left(H + \frac{h}{2} \right) \cdot r_x \cdot dr_x - \int_{r_2}^{R} \rho_F \cdot g \cdot \frac{h}{R} \cdot r_x^2 \cdot dr_x \right].$$

Die drei Teilintegrale in der Klammer lassen sich folgendermaßen bestimmen:

$$\int_{r_2}^{R} p_B \cdot r_x \cdot dr_x = p_B \cdot \frac{r_x^2}{2}\bigg|_{r_2}^{R} = \frac{1}{2} \cdot p_B \cdot \left(R^2 - r_2^2\right)$$

$$\int_{r_2}^{R} \rho_F \cdot g \cdot \left(H + \frac{h}{2}\right) \cdot r_x \cdot dr_x = \rho_F \cdot g \cdot \left(H + \frac{h}{2}\right) \cdot \frac{r_x^2}{2}\bigg|_{r_2}^{R}$$

$$= \frac{1}{2} \cdot \rho_F \cdot g \cdot \left(H + \frac{h}{2}\right) \cdot \left(R^2 - r_2^2\right)$$

$$\int_{r_2}^{R} \rho_F \cdot g \cdot \frac{h}{R} \cdot r_x^2 \cdot dr_x = \rho_F \cdot g \cdot \frac{h}{R} \cdot \frac{r_x^3}{3}\bigg|_{r_2}^{R} = \frac{1}{3} \cdot \rho_F \cdot g \cdot \frac{h}{R} \cdot \left(R^3 - r_2^3\right).$$

Mit $r_2 = R/2$ (s. o.) folgt dann schrittweise

$$\int_{r_2}^{R} p_B \cdot r_x \cdot dr_x = \frac{1}{2} \cdot p_B \cdot \left(R^2 - \frac{1}{4} \cdot R^2\right) = \frac{3}{8} \cdot p_B \cdot R^2$$

$$\int_{r_2}^{R} \rho_F \cdot g \cdot \left(H + \frac{h}{2}\right) \cdot r_x \cdot dr_x = \frac{1}{2} \cdot \rho_F \cdot g \cdot \left(H + \frac{h}{2}\right) \cdot \left(R^2 - \frac{1}{4} \cdot R^2\right)$$

$$= \frac{3}{8} \cdot \rho_F \cdot g \cdot \left(H + \frac{h}{2}\right) \cdot R^2$$

$$\int_{r_2}^{R} \rho_F \cdot g \cdot \frac{h}{R} \cdot r_x^2 \cdot dr_x = \frac{1}{3} \cdot \rho_F \cdot g \cdot \frac{h}{R} \cdot \left(R^3 - \frac{R^3}{8}\right) = \frac{7}{24} \cdot \rho_F \cdot g \cdot h \cdot R^2$$

Die so gefundenen Integrationsergebnisse werden in die Gleichung für F_{N_z} eingesetzt,

$$F_{N_z} = 2\pi \cdot \left[\frac{3}{8} \cdot p_B \cdot R^2 + \frac{3}{8} \cdot \rho_F \cdot g \cdot \left(H + \frac{h}{2}\right) \cdot R^2 + \frac{7}{24} \cdot \rho_F \cdot g \cdot h \cdot R^2\right],$$

danach wird $3R^2/8$ ausgeklammert:

$$F_{N_z} = 2\pi \cdot \frac{3}{8} \cdot R^2 \cdot \left[p_B + \rho_F \cdot g \cdot \left(H + \frac{h}{2} \right) + \frac{7}{24} \cdot \frac{8}{3} \cdot \rho_F \cdot g \cdot h \right].$$

Die innere Klammer ausmultipliziert,

$$F_{N_z} = \pi \cdot \frac{3}{4} \cdot R^2 \cdot \left(p_B + \rho_F \cdot g \cdot H + \frac{1}{2} \cdot \rho_F \cdot g \cdot h - \frac{7}{9} \cdot \rho_F \cdot g \cdot h \right),$$

und gleiche Produkte zusammengefasst,

$$F_{N_z} = \pi \cdot \frac{3}{4} \cdot R^2 \cdot \left[p_B + \rho_F \cdot g \cdot H + \frac{9}{18} \cdot \rho_F \cdot g \cdot h - \frac{14}{18} \cdot \rho_F \cdot g \cdot h \right],$$

haben wir das Resultat des letzten gesuchten Kraftanteils am Kegel:

$$F_{N_z} = \pi \cdot \frac{3}{4} \cdot R^2 \cdot \left[p_B + \rho_F \cdot g \cdot H - \frac{5}{18} \cdot \rho_F \cdot g \cdot h \right].$$

Alle Kräfte werden jetzt mit den ermittelten Zusammenhängen in der o. g. Bilanzgleichung für F eingesetzt, was zunächst einen umfangreichen Ausdruck gemäß nachstehender Gleichung liefert.

$$F = \frac{\pi}{3} \cdot R^2 \cdot g \cdot \rho_K \cdot h + \pi \cdot R^2 \cdot \left[p_B + g \cdot \rho_F \cdot \left(H - \frac{h}{2} \right) \right]$$
$$- \frac{\pi}{4} \cdot R^2 \cdot p_B - \pi \cdot \frac{3}{4} \cdot R^2 \cdot \left[p_B + \rho_F \cdot g \cdot H - \frac{5}{18} \cdot \rho_F \cdot g \cdot h \right]$$

Vereinfachend wird nun $\pi \cdot R^2 \cdot g$ ausgeklammert:

$$F = \pi \cdot R^2 \cdot g \cdot \left\{ \frac{1}{3} \cdot \rho_K \cdot h + \left[\frac{p_B}{g} + \rho_F \cdot \left(H - \frac{h}{2} \right) \right] \right.$$
$$\left. - \frac{1}{4} \cdot \frac{p_B}{g} - \frac{3}{4} \cdot \left(\frac{p_B}{g} + \rho_F \cdot H - \frac{5}{18} \cdot \rho_F \cdot h \right) \right\},$$

danach werden die inneren Klammerausdrücke ausmultipliziert,

$$F = \pi \cdot R^2 \cdot g \cdot \left(\frac{1}{3} \cdot \rho_K \cdot h + \frac{p_B}{g} + \rho_F \cdot H - \rho_F \cdot \frac{h}{2} \right.$$
$$\left. - \frac{1}{4} \cdot \frac{p_B}{g} - \frac{3}{4} \cdot \frac{p_B}{g} - \frac{3}{4} \cdot \rho_F \cdot H + \frac{3}{4} \cdot \frac{5}{18} \cdot \rho_F \cdot h \right),$$

sowie gleichartige Produkte zusammengefasst:

$$F = \pi \cdot R^2 \cdot g \cdot \left[\frac{1}{3} \cdot \rho_K \cdot h + \rho_F \cdot H - \frac{1}{2} \cdot \rho_F \cdot h - \frac{3}{4} \cdot \rho_F \cdot H + \frac{3}{4} \cdot \frac{5}{18} \cdot \rho_F \cdot h \right].$$

Als Resultat erhält man dann zunächst

$$F = \pi \cdot R^2 \cdot g \cdot \left(\frac{1}{3} \cdot \rho_K \cdot h + \frac{1}{4}\rho_F \cdot H - \frac{12}{24} \cdot \rho_F \cdot h + \frac{5}{24} \cdot \rho_F \cdot h \right)$$

oder

$$F = \pi \cdot R^2 \cdot g \cdot \left(\frac{1}{3} \cdot \rho_K \cdot h + \frac{1}{4}\rho_F \cdot H - \frac{7}{24} \cdot \rho_F \cdot h \right).$$

Wird nun noch $(\rho_F \cdot h)$ vor die Klammer gesetzt, so liefert dies das gesuchte Endergebnis wie folgt:

$$F = \pi \cdot R^2 \cdot g \cdot \rho_F \cdot h \cdot \left(\frac{1}{3} \cdot \frac{\rho_K}{\rho_F} + \frac{1}{4} \cdot \frac{H}{h} - \frac{7}{24} \right)$$

Lösungsschritte – Fall 2

Als Zahlenwert von F erhalten wir mit den gegebenen Größen $R = 10\,\text{cm}$, $h = 20\,\text{cm}$, $H = 0,80\,\text{m}$, $\rho_F = 1\,000\,\text{kg/m}^3$ und $\rho_K = 7\,800\,\text{kg/m}^3$ bei dimensionsgerechter Rechnung

$$F = \pi \cdot 9,81 \cdot 1\,000 \cdot 0,10^2 \cdot 0,20 \cdot \left(\frac{1}{3} \cdot \frac{7\,800}{1\,000} + \frac{1}{4} \cdot \frac{0,8}{0,2} - \frac{7}{24} \right)$$

oder

$$F = 203,9\,\text{N}$$

Kinematik von Fluidströmungen

Grundlegende Bewegungsvorgänge von Fluiden lassen sich kinematisch mit Geschwindigkeitsfeldern beschreiben. Ebenso sind die hieraus ableitbaren Beschleunigungsfelder von großer Bedeutung. Sie werden z. B. bei der Herleitung der Bewegungsgleichung benötigt. Beide Felder können entweder nur räumlich oder auch räumlich und zeitlich oder nur zeitlich veränderlich sein. Im ersten Fall handelt es sich um eine stationäre, im zweiten Fall um eine instationäre Strömung. Die räumliche Darstellung erfolgt entweder mit einem kartesischen Koordinatensystem, mit Kugelkoordinaten oder auch mit Zylinderkoordinaten. Bei den anschließenden Beispielen wird ausschließlich vom kartesischen Koordinatensystem und bei ebenen Systemen von Polarkoordinaten Gebrauch gemacht.

Geschwindigkeitsfeld bei räumlicher Strömung
Der Geschwindigkeitsvektor $\vec{c}$ der **instationären** Strömung lautet im kartesischen Koordinatensystem

$$\vec{c} = c_x \cdot \vec{i} + c_y \cdot \vec{j} + c_z \cdot \vec{k}$$

mit $c_x(x, y, z, t)$, $c_y(x, y, z, t)$ und $c_z(x, y, z, t)$.

Der Geschwindigkeitsvektor $\vec{c}$ der **stationären** Strömung lautet im kartesischen Koordinatensystem

$$\vec{c} = c_x \cdot \vec{i} + c_y \cdot \vec{j} + c_z \cdot \vec{k}$$

mit $c_x(x, y, z)$, $c_y(x, y, z)$ und $c_z(x, y, z,)$.

© Springer-Verlag GmbH Deutschland, ein Teil von Springer Nature 2018
V. Schröder, *Übungsaufgaben zur Strömungsmechanik 1*,
https://doi.org/10.1007/978-3-662-56054-9_6

Geschwindigkeitsfeld bei ebener Strömung

Der Geschwindigkeitsvektor $\vec{c}$ der **instationären** Strömung lautet im kartesischen Koordinatensystem

$$\vec{c} = c_x \cdot \vec{i} + c_y \cdot \vec{j}$$

mit $c_x(x, y, t)$ und $c_y(x, y, t)$.

Der Geschwindigkeitsvektor $\vec{c}$ der **stationären** Strömung lautet im kartesischen Koordinatensystem

$$\vec{c} = c_x \cdot \vec{i} + c_y \cdot \vec{j}$$

mit $c_x(x, y)$ und $c_y(x, y)$.

Die Beschleunigungsfelder ermitteln sich aus den zeitlichen Ableitungen der Geschwindigkeitsvektoren. Allgemein gilt

$$\vec{a} = a_x \cdot \vec{i} + a_y \cdot \vec{j} + a_z \cdot \vec{k}.$$

Beschleunigungsfeld bei räumlicher, instationärer Strömung

In x-Richtung

$$a_x(x, y, z, t) = \frac{\mathrm{D}c_x(t, x, y, z)}{\mathrm{d}t}$$

mit

$$\mathrm{D}c_x(t, x, y, z) = \frac{\partial c_x}{\partial t} \cdot \mathrm{d}t + \frac{\partial c_x}{\partial x} \cdot \mathrm{d}x + \frac{\partial c_x}{\partial y} \cdot \mathrm{d}y + \frac{\partial c_x}{\partial z} \cdot \mathrm{d}z$$

$$a_x(x, y, z, t) = \frac{\mathrm{D}c_x(t, x, y, z)}{\mathrm{d}t} = \frac{\partial c_x}{\partial t} + \frac{\partial c_x}{\partial x} \cdot c_x + \frac{\partial c_x}{\partial y} \cdot c_y + \frac{\partial c_x}{\partial z} \cdot c_z$$

In y-Richtung

$$a_y\,(x,y,z,t) = \frac{Dc_y(t,x,y,z)}{dt}$$

mit

$$Dc_y(t,x,y,z) = \frac{\partial c_y}{\partial t} \cdot dt + \frac{\partial c_y}{\partial x} \cdot dx + \frac{\partial c_y}{\partial y} \cdot dy + \frac{\partial c_y}{\partial z} \cdot dz$$

$$a_y\,(x,y,z,t) = \frac{Dc_y(t,x,y,z)}{dt} = \frac{\partial c_y}{\partial t} + \frac{\partial c_y}{\partial x} \cdot c_x + \frac{\partial c_y}{\partial y} \cdot c_y + \frac{\partial c_y}{\partial z} \cdot c_z$$

In z-Richtung

$$a_z\,(x,y,z,t) = \frac{Dc_z(t,x,y,z)}{dt}$$

mit

$$Dc_z(t,x,y,z) = \frac{\partial c_z}{\partial t} \cdot dt + \frac{\partial c_z}{\partial x} \cdot dx + \frac{\partial c_z}{\partial y} \cdot dy + \frac{\partial c_z}{\partial z} \cdot dz$$

$$a_z\,(x,y,z,t) = \frac{Dc_z(t,x,y,z)}{dt} = \frac{\partial c_z}{\partial t} + \frac{\partial c_z}{\partial x} \cdot c_x + \frac{\partial c_z}{\partial y} \cdot c_y + \frac{\partial c_z}{\partial z} \cdot c_z$$

Beschleunigungsfeld bei räumlicher, stationärer Strömung

Hier gilt für die lokalen Beschleunigungsglieder

$$\frac{\partial c_x}{\partial t} = 0; \quad \frac{\partial c_y}{\partial t} = 0; \quad \frac{\partial c_z}{\partial t} = 0.$$

Folglich ist

In x-Richtung

$$a_x\,(x,y,z) = \frac{Dc_x(x,y,z)}{dt} = \frac{\partial c_x}{\partial x} \cdot c_x + \frac{\partial c_x}{\partial y} \cdot c_y + \frac{\partial c_x}{\partial z} \cdot c_z$$

In y-Richtung

$$a_y\,(x, y, z) = \frac{\mathrm{D}c_y(x, y, z)}{\mathrm{d}t} = \frac{\partial c_y}{\partial x} \cdot c_x + \frac{\partial c_y}{\partial y} \cdot c_y + \frac{\partial c_y}{\partial z} \cdot c_z$$

In z-Richtung

$$a_z\,(x, y, z) = \frac{\mathrm{D}c_z(x, y, z)}{\mathrm{d}t} = \frac{\partial c_z}{\partial x} \cdot c_x + \frac{\partial c_z}{\partial y} \cdot c_y + \frac{\partial c_z}{\partial z} \cdot c_z$$

Beschleunigungsfeld bei ebener, instationärer Strömung
In x-Richtung

$$a_x\,(x, y, t) = \frac{\mathrm{D}c_x(t, x, y)}{\mathrm{d}t}$$

mit

$$\mathrm{D}c_x(t, x, y) = \frac{\partial c_x}{\partial t} \cdot \mathrm{d}t + \frac{\partial c_x}{\partial x} \cdot \mathrm{d}x + \frac{\partial c_x}{\partial y} \cdot \mathrm{d}y$$

$$a_x\,(x, y, t) = \frac{\mathrm{D}c_x(t, x, y)}{\mathrm{d}t} = \frac{\partial c_x}{\partial t} + \frac{\partial c_x}{\partial x} \cdot c_x + \frac{\partial c_x}{\partial y} \cdot c_y$$

In y-Richtung

$$a_y\,(x, y, t) = \frac{\mathrm{D}c_y(t, x, y)}{\mathrm{d}t}$$

mit

$$\mathrm{D}c_y(t, x, y) = \frac{\partial c_y}{\partial t} \cdot \mathrm{d}t + \frac{\partial c_y}{\partial x} \cdot \mathrm{d}x + \frac{\partial c_y}{\partial y} \cdot \mathrm{d}y$$

$$a_y\,(x, y, t) = \frac{\mathrm{D}c_y(t, x, y)}{\mathrm{d}t} = \frac{\partial c_y}{\partial t} + \frac{\partial c_y}{\partial x} \cdot c_x + \frac{\partial c_y}{\partial y} \cdot c_y$$

Beschleunigungsfeld bei ebener, stationärer Strömung
In diesem Fall sind die lokalen Beschleunigungsglieder

$$\frac{\partial c_x}{\partial t} = 0; \quad \frac{\partial c_y}{\partial t} = 0.$$

Folglich haben wir

In x-Richtung

$$a_x\,(x, y) = \frac{\mathrm{D}c_x(x, y)}{\mathrm{d}t} = \frac{\partial c_x}{\partial x} \cdot c_x + \frac{\partial c_x}{\partial y} \cdot c_y$$

In y-Richtung

$$a_y\,(x, y) = \frac{\mathrm{D}c_y(x, y)}{\mathrm{d}t} = \frac{\partial c_y}{\partial x} \cdot c_x + \frac{\partial c_y}{\partial y} \cdot c_y.$$

Potenzialströmungsnachweis ebener, inkompressibler Strömungen
Neben den o. g. kinematischen Grundlagen von Fluidströmungen stellt sich häufig die Frage, ob eine Potenzialströmung vorliegt oder nicht. Diese Entscheidung muss mit zwei Nachweisen belegt werden und zwar dem **Kontinuitätsnachweis** und dem **Wirbelfreiheitsnachweis**.
Im Fall kartesischer Koordinaten liegt Kontinuität vor, wenn

$$\frac{\partial c_x}{\partial x} + \frac{\partial c_y}{\partial y} = 0.$$

Im Fall der Polarkoordinaten liegt Kontinuität vor, wenn

$$\frac{\partial c_r}{\partial r} + \frac{1}{r} \cdot c_r + \frac{1}{r} \cdot \frac{\partial c_\varphi}{\partial \varphi} = 0.$$

Im Fall kartesischer Koordinaten liegt Wirbelfreiheit vor, wenn

$$\frac{\partial c_y}{\partial x} - \frac{\partial c_x}{\partial y} = 0$$

Im Fall von Polarkoordinaten liegt Wirbelfreiheit vor, wenn

$$\frac{\partial c_\varphi}{\partial r} - \frac{1}{r} \cdot \frac{\partial c_r}{\partial \varphi} + \frac{1}{r} \cdot c_\varphi = 0.$$

Aufgabe 6.1 Ebenes, stationäres Geschwindigkeitsfeld 1

Für ein in Polarkoordinaten gegebenes ebenes, stationäres Geschwindigkeitsfeld eines inkompressiblen Fluids soll der Nachweis erbracht werden, ob es einer Potenzialströmung zugeordnet werden kann oder nicht.

Lösung zu Aufgabe 6.1

Aufgabenerläuterung

Der Nachweis einer Potenzialströmung lässt sich nur durch gleichzeitig vorliegende Kontinuität und Wirbelfreiheit belegen. Hierbei anzuwenden sind die betreffenden Gesetze auf der Basis der Polarkoordinaten.

Gegeben:

- $c_\varphi = 6 \cdot r$; $c_\mathrm{r} = 0$

Gesucht:

1. Kontinuitätsnachweis
2. Wirbelfreiheitsnachweis

Anmerkungen
- Kontinuität bei Polarkoordinaten:

$$\frac{\partial c_r}{\partial r} + \frac{1}{r} \cdot c_r + \frac{1}{r} \cdot \frac{\partial c_\varphi}{\partial \varphi} = 0$$

- Wirbelfreiheit bei Polarkoordinaten:

$$\frac{\partial c_\varphi}{\partial r} - \frac{1}{r} \cdot \frac{\partial c_r}{\partial \varphi} + \frac{1}{r} \cdot c_\varphi = 0$$

Lösungsschritte – Fall 1
Kontinuitätsnachweis: Mit $c_\varphi = 6 \cdot r$ und $c_r = 0$ wird

$$\frac{\partial c_r}{\partial r} = 0; \quad \frac{c_r}{r} = 0; \quad \frac{\partial c_\varphi}{\partial \varphi} = 0.$$

Daraus folgt

$$0 + 0 + 0 = 0$$

und der **Kontinuitätsnachweis ist erfüllt**.

Lösungsschritte – Fall 2
Wirbelfreiheitsnachweis: Mit $c_\varphi = 6 \cdot r$ und $c_r = 0$ wird

$$\frac{\partial c_\varphi}{\partial r} = 6; \quad \frac{c_\varphi}{r} = 6; \quad \frac{\partial c_r}{\partial \varphi} = 0.$$

In diesem Fall erhalten wir

$$6 - 0 + 6 \neq 0$$

und damit gibt es **keine Wirbelfreiheit** und auch **keine Potenzialströmung**.

Aufgabe 6.2 Räumliches, instationäres Geschwindigkeitsfeld 1

Ein Geschwindigkeitsfeld ist in der Form

$$\vec{c}(x, y, z, t) = c_x \cdot \vec{i} + c_y \cdot \vec{j} + c_z \cdot \vec{k}$$

mit $c_x(t)$, $c_y(x, z)$ und $c_z(y, t)$ gegeben. Wie lautet der Beschleunigungsvektor $\vec{a}$?

Lösung zu Aufgabe 6.2

Aufgabenerläuterung

Im vorliegenden Fall eines räumlichen, instationären Geschwindigkeitsfelds ist der Beschleunigungsvektor $\vec{a}$ unter Verwendung der gegebenen Geschwindigkeitskomponenten c_x, c_y und c_z herzuleiten.

Gegeben:

- $\vec{c}(x, y, z, t) = (3 \cdot t) \cdot \vec{i} + (x \cdot z) \cdot \vec{j} + \left(t \cdot y^2\right) \cdot \vec{k}$

Gesucht:

- $\vec{a}$

Anmerkungen

- $a_x = \frac{Dc_x}{dt} = \frac{\partial c_x}{\partial t} + c_x \cdot \frac{\partial c_x}{\partial x} + c_y \cdot \frac{\partial c_x}{\partial y} + c_z \cdot \frac{\partial c_x}{\partial z}$
- $a_y = \frac{Dc_y}{dt} = \frac{\partial c_y}{\partial t} + c_x \cdot \frac{\partial c_y}{\partial x} + c_y \cdot \frac{\partial c_y}{\partial y} + c_z \cdot \frac{\partial c_y}{\partial z}$
- $a_z = \frac{Dc_z}{dt} = \frac{\partial c_z}{\partial t} + c_x \cdot \frac{\partial c_z}{\partial x} + c_y \cdot \frac{\partial c_z}{\partial y} + c_z \cdot \frac{\partial c_z}{\partial z}$

Lösungsschritte

Der **allgemeine Beschleunigungsvektor** lautet

$$\vec{a} = a_x \cdot \vec{i} + a_y \cdot \vec{j} + a_z \cdot \vec{k}.$$

Die Beschleunigungskomponenten a_x, a_y und a_z lassen sich aus dem Geschwindigkeitsfeld bestimmen. Dies ist gegeben durch

$$c_x = (3 \cdot t); \quad c_y = (x \cdot z); \quad c_z = \left(t \cdot y^2\right).$$

Mit den Geschwindigkeitskomponenten c_x, c_y und c_z folgt für die **Beschleunigungskomponente a_x**:

$$\frac{\partial c_x}{\partial t} = 3; \quad \frac{\partial c_x}{\partial x} = 0; \quad \frac{\partial c_x}{\partial y} = 0; \quad \frac{\partial c_x}{\partial z} = 0.$$

Eingesetzt in die Gleichung für a_x erhält man

$$a_x = 3 + c_x \cdot 0 + c_y \cdot 0 + c_z \cdot 0$$

und mit c_x, c_y und c_z dann

$$a_x = 3 + (3 \cdot t) \cdot 0 + (x \cdot z) \cdot 0 + \left(t \cdot y^2\right) \cdot 0$$

oder

$$a_x = 3.$$

Mit den Geschwindigkeitskomponenten c_x, c_y und c_z folgt für die **Beschleunigungskomponente** a_y:

$$\frac{\partial c_y}{\partial t} = 0; \quad \frac{\partial c_y}{\partial x} = z; \quad \frac{\partial c_y}{\partial y} = 0; \quad \frac{\partial c_y}{\partial z} = x.$$

Eingesetzt in die Gleichung für a_y ergibt dies

$$a_y = 0 + c_x \cdot z + c_y \cdot 0 + c_z \cdot x$$

und mit c_x, c_y und c_z

$$a_y = 3 \cdot t \cdot z + t \cdot y^2 \cdot x$$

oder

$$a_y = t \cdot \left(3 \cdot z + x \cdot y^2 \right)$$

Mit den Geschwindigkeitskomponenten c_x, c_y und c_z folgt für die **Beschleunigungskomponente** a_z:

$$\frac{\partial c_z}{\partial t} = y^2; \quad \frac{\partial c_z}{\partial x} = 0; \quad \frac{\partial c_z}{\partial y} = 2 \cdot y \cdot t; \quad \frac{\partial c_z}{\partial z} = 0.$$

Eingesetzt in die Gleichung für a_z erhält man

$$a_z = y^2 + c_x \cdot 0 + c_y \cdot 2 \cdot y \cdot t + c_z \cdot 0$$

und mit c_x, c_y und c_z dann

$$a_z = y^2 + x \cdot z \cdot 2 \cdot y \cdot t$$

oder

$$a_z = y \cdot (2 \cdot x \cdot z \cdot t + y).$$

Als Ergebnis lässt sich dann der Beschleunigungsvektor wie folgt angeben:

$$\vec{a} = 3 \cdot \vec{i} + t \cdot \left(3 \cdot z + x \cdot y^2 \right) \cdot \vec{j} + y \cdot (2 \cdot x \cdot z \cdot t + y) \cdot \vec{k}.$$

Aufgabe 6.3 Räumliches, instationäres Geschwindigkeitsfeld 2

Ein Geschwindigkeitsfeld ist in der Form

$$\vec{c}\,(x, y, z, t) = c_x \cdot \vec{i} + c_y \cdot \vec{j} + c_z \cdot \vec{k}$$

mit $c_x(x, t)$, $c_y(y, t)$ und $c_z(x, z)$ gegeben. Wie lautet der Beschleunigungsvektor $\vec{a}$?

Lösung zu Aufgabe 6.3

Aufgabenerläuterung

Im vorliegenden Fall eines räumlichen, instationären Geschwindigkeitsfelds ist der Beschleunigungsvektor $\vec{a}$ unter Verwendung der gegebenen Geschwindigkeitskomponenten c_x, c_y und c_z herzuleiten.

Gegeben:

- $\vec{c}\,(x, y, z, t) = (2 \cdot t \cdot x) \cdot \vec{i} - \left(t^2 \cdot y\right) \cdot \vec{j} + (3 \cdot x \cdot z) \cdot \vec{k}$

Gesucht:

1. $\vec{a}$
2. $\vec{a}$ im Punkt P(2; −2; 0)

Anmerkungen

- $a_x = \dfrac{\mathrm{D}c_x}{\mathrm{d}t} = \dfrac{\partial c_x}{\partial t} + c_x \cdot \dfrac{\partial c_x}{\partial x} + c_y \cdot \dfrac{\partial c_x}{\partial y} + c_z \cdot \dfrac{\partial c_x}{\partial z}$
- $a_y = \dfrac{\mathrm{D}c_y}{\mathrm{d}t} = \dfrac{\partial c_y}{\partial t} + c_x \cdot \dfrac{\partial c_y}{\partial x} + c_y \cdot \dfrac{\partial c_y}{\partial y} + c_z \cdot \dfrac{\partial c_y}{\partial z}$
- $a_z = \dfrac{\mathrm{D}c_z}{\mathrm{d}t} = \dfrac{\partial c_z}{\partial t} + c_x \cdot \dfrac{\partial c_z}{\partial x} + c_y \cdot \dfrac{\partial c_z}{\partial y} + c_z \cdot \dfrac{\partial c_z}{\partial z}$

Lösungsschritte – Fall 1

Der **allgemeine Beschleunigungsvektor** lautet

$$\vec{a} = a_x \cdot \vec{i} + a_y \cdot \vec{j} + a_z \cdot \vec{k}.$$

Die Beschleunigungskomponenten a_x, a_y und a_z lassen sich aus dem Geschwindigkeitsfeld bestimmen. Dies ist gegeben durch

$$c_x = (2 \cdot t \cdot x); \quad c_y = -\left(t^2 \cdot y\right); \quad c_z = (3 \cdot x \cdot z).$$

Mit den Geschwindigkeitskomponenten c_x, c_y und c_z folgt für die **Beschleunigungskomponente** a_x:

$$\frac{\partial c_x}{\partial t} = 2 \cdot x; \quad \frac{\partial c_x}{\partial x} = 2 \cdot t; \quad \frac{\partial c_x}{\partial y} = 0; \quad \frac{\partial c_x}{\partial z} = 0.$$

Eingesetzt in die Gleichung für a_x erhält man

$$a_x = 2 \cdot x + c_x \cdot 2 \cdot t + c_y \cdot 0 + c_z \cdot 0$$

und mit c_x, c_y und c_z dann

$$a_x = 2 \cdot x + 2 \cdot t \cdot (2 \cdot t \cdot x) - (t^2 \cdot y) \cdot 0 + (3 \cdot x \cdot z) \cdot 0$$

oder

$$a_x = 2 \cdot x + 4 \cdot x \cdot t^2.$$

Mit den Geschwindigkeitskomponenten c_x, c_y und c_z folgt für die **Beschleunigungskomponente** a_y:

$$\frac{\partial c_y}{\partial t} = -2 \cdot y \cdot t; \quad \frac{\partial c_y}{\partial x} = 0; \quad \frac{\partial c_y}{\partial y} = -t^2; \quad \frac{\partial c_y}{\partial z} = 0.$$

Eingesetzt in die Gleichung für a_y erhält man

$$a_y = -2 \cdot y \cdot t + c_x \cdot 0 + c_y \cdot (-t^2) + c_z \cdot 0$$

und mit c_x, c_y und c_z dann

$$a_y = -2 \cdot y \cdot t + (2 \cdot t \cdot x) \cdot 0 - (t^2 \cdot y) \cdot (-t^2) + (3 \cdot x \cdot z) \cdot 0$$

oder

$$a_y = y \cdot t^4 - 2 \cdot y \cdot t.$$

Mit den Geschwindigkeitskomponenten c_x, c_y und c_z folgt für die **Beschleunigungskomponente** a_z:

$$\frac{\partial c_z}{\partial t} = 0; \quad \frac{\partial c_z}{\partial x} = 3 \cdot z; \quad \frac{\partial c_z}{\partial y} = 0; \quad \frac{\partial c_z}{\partial z} = 3 \cdot x.$$

Eingesetzt in die Gleichung für a_z erhält man

$$a_z = 0 + c_x \cdot 3 \cdot z + c_y \cdot 0 + c_z \cdot 3 \cdot x$$

und mit c_x, c_y und c_z dann

$$a_z = 0 + (2 \cdot t \cdot x) \cdot 3 \cdot z - (t^2 \cdot y) \cdot 0 + (3 \cdot x \cdot z) \cdot 3 \cdot x$$

oder

$$a_z = 6 \cdot x \cdot z \cdot t + 9 \cdot x^2 \cdot z.$$

Der Beschleunigungsvektor $\vec{a}$ lautet folglich

$$\vec{a} = \left(2 \cdot x + 4 \cdot x \cdot t^2\right) \cdot \vec{i} + \left(y \cdot t^4 - 2 \cdot y \cdot t\right) \cdot \vec{j} + \left(6 \cdot x \cdot z \cdot t + 9 \cdot x^2 \cdot z\right) \cdot \vec{k}.$$

Lösungsschritte – Fall 2
Der **Beschleunigungsvektor** $\vec{a}$ im Punkt P$(2; -2; 0)$ ergibt sich unter Verwendung der vorgegeben Koordinaten P$(2; -2; 0)$, also $x = 2$; $y = -2$ und $z = 0$:

$$\vec{a} = \left(2 \cdot 2 + 4 \cdot 2 \cdot t^2\right) \cdot \vec{i} + \left[-2 \cdot t^4 - 2 \cdot (-2) \cdot t\right] \cdot \vec{j} + \left(6 \cdot 2 \cdot 0 \cdot t + 9 \cdot 2^2 \cdot z\right) \cdot \vec{k}$$

oder als Beschleunigungsvektor an der Stelle P$(2; -2; 0)$

$$\vec{a} = \left(4 + 8 \cdot t^2\right) \cdot \vec{i} + \left(4 \cdot t - 2 \cdot t^4\right) \cdot \vec{j}.$$

Aufgabe 6.4 Eindimensionale, stationäre Düsenströmung

In Abb. 6.1 ist eine an einen Druckkessel angeschlossene Düse zu erkennen, durch die ein Fluid strömt. Die Stelle 0 stellt den Eintritt in die Düse dar und die Stelle x einen um die Strecke x vom Eintritt entfernten Punkt auf dem mittleren Stromfaden. Die Düse weist eine Gesamtlänge L auf. Die Eintrittsgeschwindigkeit in die Düse lautet c_0. Die Geschwindigkeit des Fluids c_x ändert sich vom Eintritt aus beginnend entlang des Weges x nach einer bekannten Geschwindigkeitsverteilung. Wie lautet das Beschleunigungsgesetz entlang des mittleren Stromfadens in der Düse?

Abb. 6.1 Eindimensionale
Düsenströmung

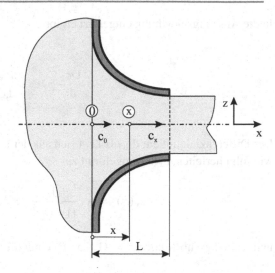

Lösung zu Aufgabe 6.4

Aufgabenerläuterung

Ausgangspunkt des Lösungswegs ist die Gleichung der substantiellen Beschleunigung, die sich bekanntermaßen aus dem lokalen und dem konvektiven Anteil zusammensetzt. Auf die Gegebenheiten des vorliegenden Beispiels reduziert entsteht ein Zusammenhang, mit dem das gesuchte Beschleunigungsgesetz ermittelt werden kann.

Gegeben:

- $c_x(x) = c_0 \cdot \dfrac{1}{\left(1-\frac{x}{L}\right)^2}$

Gesucht:

1. $\frac{\mathrm{D}c_x}{\mathrm{d}t}$
2. $\frac{\mathrm{D}c_x}{\mathrm{d}t}$, wenn $x = 0$; $L = 3\,\mathrm{m}$; $c_0 = 4\,\mathrm{m/s}$
3. $\frac{\mathrm{D}c_x}{\mathrm{d}t}$, wenn $x = 2\,\mathrm{m}$; $L = 3\,\mathrm{m}$; $c_0 = 4\,\mathrm{m/s}$

Anmerkungen

- $\frac{\mathrm{D}c_x}{\mathrm{d}t} = \frac{\partial c_x}{\partial t} + c_x \cdot \frac{\partial c_x}{\partial x} + c_y \cdot \frac{\partial c_x}{\partial y} + c_z \cdot \frac{\partial c_x}{\partial z}$

Lösungsschritte – Fall 1

Für die Geschwindigkeitsableitung $\frac{\mathrm{D}c_x}{\mathrm{d}t}$ gilt wegen der eindimensionalen, stationären Strömung

$$\frac{\partial c_x}{\partial t} = 0; \quad c_y \cdot \frac{\partial c_x}{\partial y} = 0; \quad c_z \cdot \frac{\partial c_x}{\partial z} = 0.$$

In die Ausgangsgleichung eingesetzt ergibt

$$\frac{Dc_x}{dt} = c_x \cdot \frac{dc_x}{dx}.$$

Der Differenzialquotient dc_x/dx lässt sich aus der gegebenen Geschwindigkeitsverteilung wie folgt herleiten. $c_x(x)$ umgeformt zu

$$c_x(x) = c_0 \cdot \frac{1}{\left(1 - \frac{x}{L}\right)^2} = c_0 \cdot \left(1 - \frac{x}{L}\right)^{-2}$$

und dann die Substitution $z = (1 - x/L)$ eingeführt liefert

$$c_x(x) = c_0 \cdot z^{-2}.$$

Mit

$$\frac{dc_x}{dx} = \frac{dc_x}{dz} \cdot \frac{dz}{dx}, \quad \frac{dc_x}{dz} = -2 \cdot c_0 \cdot z^{-3} \quad \text{und} \quad \frac{dz}{dx} = -\frac{1}{L}$$

bekommen wir

$$\frac{dc_x}{dx} = (-2 \cdot c_0 \cdot z^{-3}) \cdot \left(-\frac{1}{L}\right) = \frac{2 \cdot c_0}{L} \cdot \frac{1}{\left(1 - \frac{x}{L}\right)^3}.$$

Dies setzen wir in

$$\frac{Dc_x}{dt} = c_x \cdot \frac{dc_x}{dx}$$

unter Verwendung von

$$c_x(x) = c_0 \cdot \frac{1}{\left(1 - \frac{x}{L}\right)^2}$$

ein und erhalten

$$\frac{Dc_x}{dt} = c_0 \cdot \frac{1}{\left(1 - \frac{x}{L}\right)^2} \cdot \frac{2 \cdot c_0}{L} \cdot \frac{1}{\left(1 - \frac{x}{L}\right)^3}.$$

Als Resultat entsteht schließlich

$$\frac{Dc_x}{dt} = 2 \cdot \frac{c_0^2}{L} \cdot \frac{1}{\left(1 - \frac{x}{L}\right)^5}$$

Lösungsschritte – Fall 2

Für die **Geschwindigkeitsableitung** $\frac{Dc_x}{dt}$ erhalten wir mit den Werten $x = 0$, $L = 3\,\text{m}$ und $c_0 = 4\,\text{m/s}$

$$\frac{Dc_x}{dt} = 2 \cdot \frac{4^2}{3} \cdot \frac{1}{\left(1 - \frac{0}{3}\right)^5} = 10{,}67\,\frac{\text{m}}{\text{s}^2}.$$

Lösungsschritte – Fall 3

Wenn $x = 2\,\text{m}$, $L = 3\,\text{m}$ und $c_0 = 4\,\text{m/s}$ gegeben sind, dann ergibt sich

$$\frac{Dc_x}{dt} = 2 \cdot \frac{4^2}{3} \cdot \frac{1}{\left(1 - \frac{2}{3}\right)^5} = 2\,592\,\frac{\text{m}}{\text{s}^2}.$$

Aufgabe 6.5 Ebenes, stationäres Geschwindigkeitsfeld 2

Es soll ein ebenes, stationäres Geschwindigkeitsfeld

$$\vec{c} = c_x \cdot \vec{i} + c_y \cdot \vec{j}$$

mit bekannten Geschwindigkeitskomponenten $c_x(x, y)$ und $c_y(x, y)$ gegeben sein. Im ersten Schritt wird der Geschwindigkeitsvektor $\vec{c}$ in einem festen Punkt P$(x; y)$ gesucht. Weiterhin ist der Beschleunigungsvektor

$$\vec{a} = a_x \cdot \vec{i} + a_y \cdot \vec{j}$$

zunächst allgemein und dann ebenfalls im Punkt P$(x; y)$ zu bestimmen.

Lösung zu Aufgabe 6.5

Aufgabenerläuterung

Die Frage nach dem Geschwindigkeitsvektor im Punkt P$(x; y)$ ist durch Benutzung der gegebenen Koordinatenwerte in den Komponenten $c_x(x, y)$ und $c_y(x, y)$ einfach lösbar. Bei der Ermittlung des Beschleunigungsvektors $\vec{a}$ muss man von den zeitlichen Änderungen der Geschwindigkeitskomponenten Gebrauch machen.

Gegeben:

- $\vec{c} = \left(x^2 - 2 \cdot y^2 + 2 \cdot x\right) \cdot \vec{i} - (3 \cdot x \cdot y + y) \cdot \vec{j}$.

Gesucht:

1. $\vec{c}$ bei P(2; 2)
2. $a_x; a_y; \vec{a}$
3. $a_x; a_y; \vec{a}$ bei P(2; 2)

Anmerkungen

- $a_x = \frac{Dc_x}{dt} = \frac{\partial c_x}{\partial t} + c_x \cdot \frac{\partial c_x}{\partial x} + c_y \cdot \frac{\partial c_x}{\partial y}$
- $a_y = \frac{Dc_y}{dt} = \frac{\partial c_y}{\partial t} + c_x \cdot \frac{\partial c_y}{\partial x} + c_y \cdot \frac{\partial c_y}{\partial y}$

Lösungsschritte – Fall 1

Aufgrund des gegebenen **Geschwindigkeitsfelds** $\vec{c}$ (s. o.) lauten die Komponenten

$$c_x = \left(x^2 - 2 \cdot y^2 + 2 \cdot x\right) \quad \text{und} \quad c_y = -(3 \cdot x \cdot y + y).$$

Setzt man jetzt die Koordinaten $x = 2$ und $y = 2$ ein, so erhält man

$$c_x = \left(2^2 - 2 \cdot 2^2 + 2 \cdot 2\right) = 0 \quad \text{und} \quad c_y = -(3 \cdot 2 \cdot 2 + 2) = -14.$$

Für den Geschwindigkeitsvektor $\vec{c} = c_x \cdot \vec{i} + c_y \cdot \vec{j}$ **im Punkt P(2; 2)** findet man somit

$$\vec{c} = 0 \cdot \vec{i} - 14 \cdot \vec{j}$$

Lösungsschritte – Fall 2

Die x-**Komponente des Beschleunigungsvektors** ist

$$a_x = \frac{Dc_x}{dt} = \frac{\partial c_x}{\partial t} + c_x \cdot \frac{\partial c_x}{\partial x} + c_y \cdot \frac{\partial c_x}{\partial y}.$$

Im Fall stationärer Strömung ist $\frac{\partial c_x}{\partial t} = 0$ und es ergibt sich der Ausdruck

$$a_x = c_x \cdot \frac{\partial c_x}{\partial x} + c_y \cdot \frac{\partial c_x}{\partial y}.$$

Die partiellen Differenzialquotienten $\frac{\partial c_x}{\partial x}$ und $\frac{\partial c_x}{\partial y}$ müssen aus

$$c_x = \left(x^2 - 2 \cdot y^2 + 2 \cdot x\right)$$

wie folgt ermittelt werden:

$$\frac{\partial c_x}{\partial x} = (2 \cdot x + 2) \quad \text{und} \quad \frac{\partial c_x}{\partial y} = -4 \cdot y.$$

Oben eingesetzt führt das auf

$$a_x = \left(x^2 - 2 \cdot y^2 + 2 \cdot x\right) \cdot (2 \cdot x + 2) + [-(3 \cdot x \cdot y + y)] \cdot (-4 \cdot y)$$

oder

$$a_x = \left(x^2 - 2 \cdot y^2 + 2 \cdot x\right) \cdot (2 \cdot x + 2) + (3 \cdot x \cdot y + y) \cdot (4 \cdot y)$$

und ausmultipliziert dann

$$a_x = 2 \cdot \left(x^3 + 3 \cdot x^2 + 4 \cdot x \cdot y^2 + 2 \cdot x\right).$$

Die x-**Komponente des Beschleunigungsvektors** ist

$$a_y = \frac{\mathrm{D}c_y}{\mathrm{d}t} = \frac{\partial c_y}{\partial t} + c_x \cdot \frac{\partial c_y}{\partial x} + c_y \cdot \frac{\partial c_y}{\partial y}.$$

Im Fall stationärer Strömung ist $\frac{\partial c_y}{\partial t} = 0$ und es ergibt sich der Ausdruck

$$a_y = c_x \cdot \frac{\partial c_y}{\partial x} + c_y \cdot \frac{\partial c_y}{\partial y}.$$

Die partiellen Differenzialquotienten $\frac{\partial c_y}{\partial x}$ und $\frac{\partial c_y}{\partial y}$ müssen aus

$$c_y = -(3 \cdot x \cdot y + y)$$

wie folgt ermittelt werden:

$$\frac{\partial c_y}{\partial x} = -3 \cdot y \quad \text{und} \quad \frac{\partial c_y}{\partial y} = -3 \cdot x - 1 = -(3 \cdot x + 1).$$

Oben eingesetzt liefert das

$$a_y = \left(x^2 - 2 \cdot y^2 + 2 \cdot x\right) \cdot (-3 \cdot y) + [-(3 \cdot x \cdot y + y)] \cdot [-(3 \cdot x + 1)]$$

oder

$$a_y = \left(x^2 - 2 \cdot y^2 + 2 \cdot x\right) \cdot (-3 \cdot y) + (3 \cdot x \cdot y + y) \cdot (3 \cdot x + 1)$$

und ausmultipliziert dann

$$a_y = \left(6 \cdot y^3 + y + 6 \cdot x^2 \cdot y\right).$$

Der **gesuchte Beschleunigungsvektor** $\vec{a} = a_x \cdot \vec{i} + a_y \cdot \vec{j}$ lässt sich dann wie folgt angeben:

$$\vec{a} = 2 \cdot \left(x^3 + 3 \cdot x^2 + 4 \cdot x \cdot y^2 + 2 \cdot x\right) \cdot \vec{i} + \left(6 \cdot y^3 + y + 6 \cdot x^2 \cdot y\right) \cdot \vec{j}.$$

Lösungsschritte – Fall 3

$a_x; a_y; \vec{a}$ bei P(2; 2) berechnen sich zu

$$a_x = 2 \cdot \left(2^3 + 3 \cdot 2^2 + 4 \cdot 2 \cdot 2^2 + 2 \cdot 2\right) = 112$$

$$a_y = \left(6 \cdot 2^3 + 2 + 6 \cdot 2^2 \cdot 2\right) = 98$$

Damit lautet der gesuchte Beschleunigungsvektor im Punkt P(2; 2)

$$\vec{a} = 112 \cdot \vec{i} + 98 \cdot \vec{j}.$$

Aufgabe 6.6 Kreisströmung

Ein Punkt bewegt sich mit konstanter Umfangsgeschwindigkeit $c_\varphi \equiv u$ entlang einer Kreisbahn, die einen Radius r aufweist (Abb. 6.2). Eine Radialkomponente c_r ist nicht vorhanden. Zu ermitteln sind die Komponenten $c_x(t)$ und $c_y(t)$ von c_φ als zeitlich abhängige Größen. Hierbei werden c_φ und r als bekannt vorausgesetzt.

Abb. 6.2 Kreisströmung

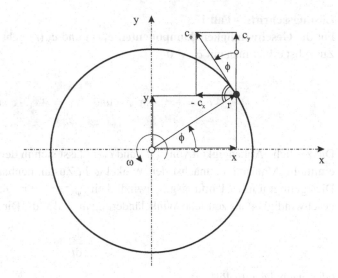

Lösung zu Aufgabe 6.6

Aufgabenerläuterung

Bei der Lösung der Aufgabe muss von den Verknüpfungen der Geschwindigkeitskomponenten im kartesischen System mit den Komponenten im Polarkoordinatensystem Gebrauch gemacht werden. Die Besonderheiten im vorliegenden Fall sind dabei zu berücksichtigen. Um die Zeitabhängigkeit zu erfassen, wird des Weiteren die zeitliche Winkeländerung benötigt.

Gegeben:

- c_φ; $c_r = 0$; r

Gesucht:

1. $c_x(t)$; $c_y(t)$
2. $c_x(t)$; $c_y(t)$, wenn $c_\varphi = 4\,\text{m/s}$; $r = 3\,\text{m}$

Anmerkungen

- $c_x = c_r \cdot \cos\varphi - c_\varphi \cdot \sin\varphi$
- $c_y = c_r \cdot \sin\varphi + c_\varphi \cdot \cos\varphi$.

Lösungsschritte – Fall 1

Für die **Geschwindigkeitskomponenten** $c_x(t)$ und $c_y(t)$ geht man folgendermaßen vor. Zunächst erhält man mit $c_r = 0$

$$c_x = -c_\varphi \cdot \sin\varphi \quad \text{und} \quad c_y = +c_\varphi \cdot \cos\varphi.$$

Die zeitliche Abhängigkeit von $c_x(t)$ und $c_y(t)$ lässt sich in den anschließenden Schritten ermitteln. Man muss zunächst den Winkel φ in Zusammenhang mit der Zeit t bringen. Dies gelingt mit der Umfangsgeschwindigkeit $c_\varphi \equiv u = r \cdot \omega$. Hierin lautet die Winkelgeschwindigkeit als zeitliche Winkeländerung $\omega = \mathrm{d}\varphi/\mathrm{d}t$. Dies liefert oben eingesetzt

$$c_\varphi = r \cdot \frac{\mathrm{d}\varphi}{\mathrm{d}t}$$

oder, nach $\mathrm{d}\varphi$ aufgelöst,

$$\mathrm{d}\varphi = \frac{c_\varphi}{r} \cdot \mathrm{d}t.$$

Da c_φ und r konstant Größen sind, stellt eine einfache Integration den gesuchten Zusammenhang zwischen φ und t her:

$$\int_0^\varphi \mathrm{d}\varphi = \frac{c_\varphi}{r} \cdot \int_0^t \mathrm{d}t, \quad \text{also} \quad \varphi = \frac{c_\varphi}{r} \cdot t.$$

Setzt man dieses Ergebnis in die zuvor gefundenen Geschwindigkeitskomponenten

$$c_x = -c_\varphi \cdot \sin\varphi \quad \text{und} \quad c_y = +c_\varphi \cdot \cos\varphi$$

ein, so lauten die Komponenten

$$c_x = -c_\varphi \cdot \sin\left(\frac{c_\varphi}{r} \cdot t\right) \quad \text{sowie} \quad c_y = +c_\varphi \cdot \cos\left(\frac{c_\varphi}{r} \cdot t\right).$$

Lösungsschritte – Fall 2

$c_x(t); \, c_y(t)$ ergeben sich, wenn $c_\varphi = 4\,\mathrm{m/s}$; $r = 3\,\mathrm{m}$ sind, zu

$$c_x = -4 \cdot \sin\left(\frac{4}{3} \cdot t\right) \quad \text{und} \quad c_y = +4 \cdot \cos\left(\frac{4}{3} \cdot t\right).$$

Aufgabe 6.7 Räumliches, instationäres Geschwindigkeitsfeld 3

Ein Geschwindigkeitsfeld ist in der Form

$$\vec{c}\,(x, y, z, t) = c_x \cdot \vec{i} + c_y \cdot \vec{j} + c_z \cdot \vec{k}$$

mit $c_x(x)$, $c_y(x, y)$ und $c_z(t)$ gegeben. Wie lautet der Geschwindigkeitsvektor $\vec{c}$ zur Zeit t in einem festen Punkt P$(x; y; z)$? Weiterhin ist der Beschleunigungsvektor $\vec{a}$ zu ermitteln und ebenfalls zur Zeit t in einem festen Punkt P$(x; y; z)$ zu bestimmen.

Lösung zu Aufgabe 6.7

Aufgabenerläuterung
Im vorliegenden Fall eines räumlichen, instationären Geschwindigkeitsfelds ist neben der Berechnung des Geschwindigkeitsvektors $\vec{c}$ der Beschleunigungsvektor $\vec{a}$ unter Verwendung der gegebenen Geschwindigkeitskomponenten c_x, c_y und c_z herzuleiten und ebenfalls zur Zeit t in einem festen Punkt P$(x; y; z)$ zu berechnen.

Gegeben:

- $\vec{c}\,(x, y, z, t) = \left(10 \cdot x^2\right) \cdot \vec{i} - (20 \cdot x \cdot y) \cdot \vec{j} + (100 \cdot t) \cdot \vec{k}$

Gesucht:

1. $\vec{c}$ im Punkt P$(1; 2; 5)$ zur Zeit $t = 0{,}1$ s
2. $a_x; a_y; a_z; \vec{a}$
3. $\vec{a}$ im Punkt P$(1; 2; 5)$ zur Zeit $t = 0{,}1$ s:

Anmerkungen

- $a_x = \frac{Dc_x}{dt} = \frac{\partial c_x}{\partial t} + c_x \cdot \frac{\partial c_x}{\partial x} + c_y \cdot \frac{\partial c_x}{\partial y} + c_z \cdot \frac{\partial c_x}{\partial z}$
- $a_y = \frac{Dc_y}{dt} = \frac{\partial c_y}{\partial t} + c_x \cdot \frac{\partial c_y}{\partial x} + c_y \cdot \frac{\partial c_y}{\partial y} + c_z \cdot \frac{\partial c_y}{\partial z}$
- $a_z = \frac{Dc_z}{dt} = \frac{\partial c_z}{\partial t} + c_x \cdot \frac{\partial c_z}{\partial x} + c_y \cdot \frac{\partial c_z}{\partial y} + c_z \cdot \frac{\partial c_z}{\partial z}$

Lösungsschritte – Fall 1
Der Geschwindigkeitsvektor $\vec{c}$ im Punkt P$(1; 2; 5)$ zur Zeit $t = 0{,}1$ s beträgt

$$\vec{c} = 10 \cdot 1^2 \cdot \vec{i} - 20 \cdot 1 \cdot 2 \cdot \vec{j} + 100 \cdot 0{,}1 \cdot \vec{k},$$

also

$$\vec{c} = 10 \cdot \vec{i} - 40 \cdot \vec{j} + 10 \cdot \vec{k}.$$

Lösungsschritte – Fall 2
Der **allgemeine Beschleunigungsvektor** lautet

$$\vec{a} = a_x \cdot \vec{i} + a_y \cdot \vec{j} + a_z \cdot \vec{k}.$$

Die Beschleunigungskomponenten a_x, a_y und a_z (s. o.) lassen sich aus dem Geschwindigkeitsfeld bestimmen. Hierbei lauten

$$c_x = \left(10 \cdot x^2\right); \quad c_y = -\left(20 \cdot x \cdot y\right); \quad c_z = \left(100 \cdot t\right).$$

Zuerst berechnen wir die **x-Komponente der Beschleunigung**:

$$a_x = \frac{\mathrm{D}c_x}{\mathrm{d}t} = \frac{\partial c_x}{\partial t} + c_x \cdot \frac{\partial c_x}{\partial x} + c_y \cdot \frac{\partial c_x}{\partial y} + c_z \cdot \frac{\partial c_x}{\partial z}$$

(s. o.). Mit der Geschwindigkeitskomponente c_x folgt

$$\frac{\partial c_x}{\partial t} = 0; \quad \frac{\partial c_x}{\partial x} = 20 \cdot x; \quad \frac{\partial c_x}{\partial y} = 0; \quad \frac{\partial c_x}{\partial z} = 0.$$

Einsetzen in die Gleichung für a_x liefert

$$a_x = 0 + c_x \cdot 20 \cdot x + c_y \cdot 0 + c_z \cdot 0$$

Oder, mit $c_x = (10 \cdot x^2)$,

$$a_x = 200 \cdot x^3.$$

Für die **y-Komponente der Beschleunigung** setzen wir an:

$$a_y = \frac{\mathrm{D}c_y}{\mathrm{d}t} = \frac{\partial c_y}{\partial t} + c_x \cdot \frac{\partial c_y}{\partial x} + c_y \cdot \frac{\partial c_y}{\partial y} + c_z \cdot \frac{\partial c_y}{\partial z}.$$

Mit der Geschwindigkeitskomponente c_y folgt

$$\frac{\partial c_y}{\partial t} = 0; \quad \frac{\partial c_y}{\partial x} = -20 \cdot y; \quad \frac{\partial c_y}{\partial y} = -20 \cdot x; \quad \frac{\partial c_y}{\partial z} = 0.$$

Eingesetzt in die Gleichung für a_y liefert

$$a_y = 0 + c_x \cdot (-20 \cdot y) + c_y \cdot (-20 \cdot x) + c_z \cdot 0.$$

Mit

$$c_x = \left(10 \cdot x^2\right); \quad c_y = -\left(20 \cdot x \cdot y\right); \quad c_z = (100 \cdot t)$$

ergibt sich daraus

$$a_y = 0 - \left(10 \cdot x^2\right) \cdot 20 \cdot y + (20 \cdot x \cdot y) \cdot 20 \cdot x + (100 \cdot t) \cdot 0$$

und folglich

$$a_y = 200 \cdot x^2 \cdot y.$$

Für die **z-Komponente der Beschleunigung** haben wir entsprechend

$$a_z = \frac{\mathrm{D}c_z}{\mathrm{d}t} = \frac{\partial c_z}{\partial t} + c_x \cdot \frac{\partial c_z}{\partial x} + c_y \cdot \frac{\partial c_z}{\partial y} + c_z \cdot \frac{\partial c_z}{\partial z}.$$

Mit der Geschwindigkeitskomponente c_z folgt dann

$$\frac{\partial c_z}{\partial t} = 100; \quad \frac{\partial c_z}{\partial x} = 0; \quad \frac{\partial c_z}{\partial y} = 0; \quad \frac{\partial c_z}{\partial z} = 0.$$

Einsetzen in die Gleichung für a_z liefert

$$a_z = 100 + c_x \cdot 0 + c_y \cdot 0 + c_z \cdot 0$$

und folglich das Resultat

$$a_z = 100.$$

Der Beschleunigungsvektor $\vec{a}$ lautet folglich

$$\vec{a} = 200 \cdot x^3 \cdot \vec{i} + 200 \cdot x^2 \cdot y \cdot \vec{j} + 100 \cdot \vec{k}.$$

Lösungsschritte – Fall 3
Der **Beschleunigungsvektor** $\vec{a}$ im Punkt P(1; 2; 5) zur Zeit $t = 0,1$ s ist

$$\vec{a} = 200 \cdot 1^3 \cdot \vec{i} + 200 \cdot 1^2 \cdot 2 \cdot \vec{j} + 100 \cdot \vec{k}.$$

Das Ergebnis lautet somit

$$\vec{a} = 200 \cdot \vec{i} + 400 \cdot \vec{j} + 100 \cdot \vec{k}.$$

Aufgabe 6.8 Ebenes, stationäres Geschwindigkeitsfeld 3

Es soll ein ebenes, stationäres Geschwindigkeitsfeld

$$\vec{c} = c_x \cdot \vec{i} + c_y \cdot \vec{j}$$

mit bekannten Geschwindigkeitskomponenten $c_x(x, y)$ und $c_y(x, y)$ gegeben sein. Im ersten Schritt wird der Geschwindigkeitsvektor $\vec{c}$ in einem festen Punkt P(x; y) gesucht. Weiterhin ist der Beschleunigungsvektor

$$\vec{a} = a_x \cdot \vec{i} + a_y \cdot \vec{j}$$

zunächst allgemein und dann im Punkt P(x; y) zu bestimmen. Ebenfalls Gegenstand der Aufgabe ist es, die Beträge von $\vec{c}$ und $\vec{a}$ zu ermitteln.

Lösung zu Aufgabe 6.8

Aufgabenerläuterung
Die Frage nach dem Geschwindigkeitsvektor im Punkt P(x; y) ist durch Benutzung der gegebenen Koordinatenwerte in den Komponenten $c_x(x, y)$ und $c_y(x, y)$ einfach lösbar. Bei der Ermittlung des Beschleunigungsvektors $\vec{a}$ muss man von den zeitlichen Änderungen der Geschwindigkeitskomponenten Gebrauch machen.

Gegeben:

- $\vec{c} = 2 \cdot y \cdot \vec{i} + x \cdot \vec{j}$.

Gesucht:

1. $\vec{c}$ bei P(3,5; 1,2)
2. $a_x; a_y; \vec{a}$
3. $a_x; a_y; \vec{a}$ bei P(3,5; 1,2)
4. $|\vec{c}|, |\vec{a}|$ bei P(3,5; 1,2)

Anmerkungen

- $a_x = \frac{Dc_x}{dt} = \frac{\partial c_x}{\partial t} + c_x \cdot \frac{\partial c_x}{\partial x} + c_y \cdot \frac{\partial c_x}{\partial y}$
- $a_y = \frac{Dc_y}{dt} = \frac{\partial c_y}{\partial t} + c_x \cdot \frac{\partial c_y}{\partial x} + c_y \cdot \frac{\partial c_y}{\partial y}$
- $|\vec{c}| = \sqrt{c_x^2 + c_y^2}$
- $|\vec{a}| = \sqrt{a_x^2 + a_y^2}$

Lösungsschritte – Fall 1

Den **Geschwindigkeitsvektor** $\vec{c}$ bei P(3,5; 1,2) erhalten wir über die gegebenen (s. o.) Komponenten $c_x = 2 \cdot y$ und $c_y = x$. Setzt man jetzt die Koordinaten $x = 3,5$ und $x = 1,2$ ein, so erhält man

$$c_x = 2 \cdot 1,2 = 2,4 \quad \text{und} \quad c_y = 3,5.$$

Für den Geschwindigkeitsvektor $\vec{c} = c_x \cdot \vec{i} + c_y \cdot \vec{j}$ im Punkt P(3,5; 1,2) findet man somit

$$\vec{c} = 2,4 \cdot \vec{i} + 3,5 \cdot \vec{j}.$$

Lösungsschritte – Fall 2

Für die x-**Komponente der Beschleunigung**,

$$a_x = \frac{Dc_x}{dt} = \frac{\partial c_x}{\partial t} + c_x \cdot \frac{\partial c_x}{\partial x} + c_y \cdot \frac{\partial c_x}{\partial y},$$

ergibt sich im Fall stationärer Strömung bei $\frac{\partial c_x}{\partial t} = 0$ der Ausdruck

$$a_x = c_x \cdot \frac{\partial c_x}{\partial x} + c_y \cdot \frac{\partial c_x}{\partial y}.$$

Die partiellen Differenzialquotienten $\frac{\partial c_x}{\partial x}$ und $\frac{\partial c_x}{\partial y}$ werden aus $c_x = 2 \cdot y$ wie folgt ermittelt:

$$\frac{\partial c_x}{\partial x} = 0 \quad \text{und} \quad \frac{\partial c_x}{\partial y} = 2.$$

Oben eingesetzt führt das zu

$$a_x = 2 \cdot c_y$$

und mit $c_y = x$ haben wir dann

$$a_x = 2 \cdot x$$

Für die **y-Komponente der Beschleunigung**,

$$a_y = \frac{\mathrm{D}c_y}{\mathrm{d}t} = \frac{\partial c_y}{\partial t} + c_x \cdot \frac{\partial c_y}{\partial x} + c_y \cdot \frac{\partial c_y}{\partial y}$$

Bekommen wir bei stationärer Strömung, $\frac{\partial c_y}{\partial t} = 0$, den Ausdruck

$$a_y = \frac{\partial c_y}{\partial t} + c_x \cdot \frac{\partial c_y}{\partial x}$$

Die partiellen Differenzialquotienten $\frac{\partial c_y}{\partial x}$ und $\frac{\partial c_y}{\partial y}$ sind wegen $c_y = x$

$$\frac{\partial c_y}{\partial x} = 1 \quad \text{und} \quad \frac{\partial c_y}{\partial y} = 0.$$

Oben eingesetzt ergibt sich

$$a_y = 1 \cdot c_x.$$

Mit $c_x = 2 \cdot y$ liefert das dann

$$a_y = 2 \cdot y.$$

Der **gesuchte Beschleunigungsvektor** $\vec{a} = a_x \cdot \vec{i} + a_y \cdot \vec{j}$ lässt sich nun wie folgt angeben:

$$\vec{a} = 2 \cdot x \cdot \vec{i} + 2 \cdot y \cdot \vec{j}.$$

Lösungsschritte – Fall 3

Für a_x, a_y und $\vec{a}$ finden wir im Punkt P(3,5; 1,2)

$$a_x = 2 \cdot x = 7 \quad \text{und} \quad a_y = 2 \cdot y = 2{,}4 = 7$$

sowie

$$\vec{a} = 7 \cdot \vec{i} + 2{,}4 \cdot \vec{j}.$$

Lösungsschritte – Fall 4

Der **Betrag des Geschwindigkeitsvektors** $|\vec{c}| = \sqrt{c_x^2 + c_y^2}$ lässt sich mit $c_x = 2 \cdot y$ und $c_y = x$ so angeben:

$$|\vec{c}| = \sqrt{4 \cdot y^2 + x^2}$$

und mit den gegebenen Größen erhalten wir

$$|\vec{c}| = \sqrt{4 \cdot 1{,}2^2 + 3{,}5^2} = 4{,}24 \frac{\text{m}}{\text{s}}.$$

Als **Betrag des Beschleunigungsvektors** $|\vec{a}| = \sqrt{a_x^2 + a_y^2}$ erhalten wir mit $a_x = 2 \cdot x$ und $a_y = 2 \cdot y$

$$|\vec{a}| = 2 \cdot \sqrt{x^2 + y^2}$$

und mit den gegebenen Größen errechnen wir

$$|\vec{a}| = 2 \cdot \sqrt{3{,}5^2 + 1{,}2^2} = 7{,}4 \frac{\text{m}}{\text{s}^2}.$$

Aufgabe 6.9 Ebenes, stationäres Geschwindigkeitsfeld 4

Es soll ein ebenes, stationäres Geschwindigkeitsfeld

$$\vec{c} = c_x \cdot \vec{i} + c_y \cdot \vec{j}$$

mit bekannten Geschwindigkeitskomponenten $c_x(x, y)$ und $c_y(x, y)$ gegeben sein. Im ersten Schritt wird der Nachweis zu führen sein, ob die Kontinuitätsgleichung erfüllt ist oder nicht. Weiterhin soll das zugrunde liegende Strömungsfeld ermittelt werden.

Lösung zu Aufgabe 6.9

Aufgabenerläuterung

Die Kontinuitätsgleichung ist erfüllt, wenn die Summe der betreffenden partiellen Differenzialquotienten gleich null ist. Somit müssen im ersten Schritt diese Differenzialquotienten aus den bekannten Geschwindigkeitskomponenten $c_x(x, y)$ und $c_y(x, y)$ ermittelt werden. Die Frage nach dem Strömungsfeld lässt sich beantworten, wenn man die in kartesischen Koordinaten gegebenen Geschwindigkeitskomponenten in Polarkoordinaten darstellt.

Gegeben:

- $c_x = -\frac{K \cdot y}{(x^2 + y^2)}; c_y = +\frac{K \cdot x}{(x^2 + y^2)}; K$

Gesucht:

1. Kontinuitätsbedingung erfüllt?
2. Strömungsfeld?

Anmerkungen

- $\frac{\partial c_x}{\partial x} + \frac{\partial c_y}{\partial y} = 0$ (ebene, stationäre Strömung eines inkompressiblen Fluids)
- $r^2 = x^2 + y^2; x = r \cdot \cos \varphi; y = r \cdot \sin \varphi$

Lösungsschritte – Fall 1

Im Fall der ebenen, stationären Strömung eines inkompressiblen Fluids wird die **Kontinuitätsbedingung erfüllt,** wenn

$$\frac{\partial c_x}{\partial x} + \frac{\partial c_y}{\partial y} = 0$$

nachgewiesen werden kann. Diese beiden partiellen Differenzialquotienten müssen somit aus den gegebenen Geschwindigkeitskomponenten hergeleitet werden.

Den **ersten Differenzialquotienten** $\frac{\partial c_x}{\partial x}$ schreiben wir für

$$c_x = -\frac{K \cdot y}{(x^2 + y^2)}$$

wie folgt:

$$c_x = -K \cdot y \cdot \left(x^2 + y^2\right)^{-1}.$$

Substituiert man $u = (x^2 + y^2)$, so wird daraus zunächst

$$c_x = -K \cdot y \cdot u^{-1}.$$

Der Differenzialquotient $\frac{\partial c_x}{\partial x}$ kann auch andererseits auch so geschrieben werden:

$$\frac{\partial c_x}{\partial x} = \frac{\partial c_x}{\partial u} \cdot \frac{\partial u}{\partial x}.$$

Beim partiellen Differenzieren nach x muss y als Konstante betrachtet werden. Im Einzelnen ist

$$\frac{\partial c_x}{\partial u} = -K \cdot y \cdot (-1) \cdot u^{-2}$$

oder

$$\frac{\partial c_x}{\partial u} = K \cdot y \cdot \frac{1}{u^2} \quad \text{und} \quad \frac{\partial u}{\partial x} = 2 \cdot x.$$

Somit erhält man

$$\frac{\partial c_x}{\partial x} = 2 \cdot K \cdot \frac{x \cdot y}{\left(x^2 + y^2\right)^2}.$$

Der **zweite Differenzialquotient** $\frac{\partial c_y}{\partial y}$ lässt sich für

$$c_y = \frac{K \cdot x}{(x^2 + y^2)}$$

auch folgendermaßen schreiben:

$$c_y = K \cdot x \cdot \left(x^2 + y^2\right)^{-1}.$$

Substituiert man auch hier $u = (x^2 + y^2)$, so folgt

$$c_y = K \cdot x \cdot u^{-1}.$$

Für den Differenzialquotienten $\frac{\partial c_y}{\partial y}$ gilt auch

$$\frac{\partial c_y}{\partial y} = \frac{\partial c_y}{\partial u} \cdot \frac{\partial u}{\partial y}.$$

Beim partiellen Differenzieren nach y muss x als Konstante betrachtet werden. Im Einzelnen ist

$$\frac{\partial c_y}{\partial u} = K \cdot x \cdot (-1) \cdot u^{-2}$$

oder

$$\frac{\partial c_y}{\partial u} = -K \cdot x \cdot \frac{1}{u^2} \quad \text{und} \quad \frac{\partial u}{\partial y} = 2 \cdot y.$$

Somit erhält man

$$\frac{\partial c_y}{\partial y} = -2 \cdot K \cdot \frac{x \cdot y}{(x^2 + y^2)^2}.$$

In

$$\frac{\partial c_x}{\partial x} + \frac{\partial c_y}{\partial y} = 0$$

eingesetzt ergibt sich dann

$$2 \cdot K \cdot \frac{x \cdot y}{(x^2 + y^2)^2} - 2 \cdot K \cdot \frac{x \cdot y}{(x^2 + y^2)^2} = 0,$$

also

$$0 = 0 \quad \Rightarrow \quad \text{Kontinuität gewährleistet.}$$

Lösungsschritte – Fall 2

Zum **Strömungsfeld** führt uns die folgende Überlegung.

Den Klammerausdruck $(x^2 + y^2)$ im Nenner von c_x und c_y kann man gemäß Abb. 6.2 ersetzen mit $r^2 = (x^2 + y^2)$. In Verbindung mit dem Winkel φ lauten dann x und y wie folgt $x = r \cdot \cos \varphi$ und $y = r \cdot \sin \varphi$. Diese Zusammenhänge führen, in c_x und c_y eingesetzt, zu

$$c_x = -\frac{K \cdot r \cdot \sin \varphi}{r^2} - \frac{K \cdot \sin \varphi}{r},$$

$$c_y = \frac{K \cdot r \cdot \cos \varphi}{r^2} = \frac{K \cdot \cos \varphi}{r}.$$

Es gilt außerdem

$$c^2 = \left(c_x^2 + c_y^2\right) = \left[\left(-\frac{K \cdot \sin\varphi}{r}\right)^2 + \left(\frac{K \cdot \cos\varphi}{r}\right)^2\right]$$

$$= \frac{K^2}{r^2}\left[(\sin\varphi)^2 + (\cos\varphi)^2\right].$$

Mit $(\sin\varphi)^2 + (\cos\varphi)^2 = 1$ erhält man $c^2 = \frac{K^2}{r^2}$ oder, nach dem Wurzelziehen, das Gesetz eines Potenzialwirbels:

$$c = \frac{K}{r}.$$

Aufgabe 6.10 Ebenes, stationäres Geschwindigkeitsfeld 5

Für ein in Polarkoordinaten gegebenes ebenes, stationäres Geschwindigkeitsfeld eines inkompressiblen Fluids soll der Nachweis erbracht werden, ob es einer Potenzialströmung zugeordnet werden kann oder nicht.

Lösung zu Aufgabe 6.10

Aufgabenerläuterung
Der Nachweis einer Potenzialströmung lässt sich nur durch gleichzeitig vorliegende Kontinuität und Wirbelfreiheit belegen. Hierbei anzuwenden sind die betreffenden Gesetze auf der Basis der Polarkoordinaten.

Gegeben:

- $c_r = K \cdot \left(1 - \frac{b}{r^2}\right) \cdot \cos\varphi; \quad c_\varphi = -K \cdot \left(1 + \frac{b}{r^2}\right) \cdot \sin\varphi$

Gesucht:

1. Kontinuitätsnachweis
2. Wirbelfreiheitsnachweis

Anmerkungen
- Kontinuität mit Polarkoordinaten: $\frac{\partial c_r}{\partial r} + \frac{1}{r} \cdot c_r + \frac{1}{r} \cdot \frac{\partial c_\varphi}{\partial \varphi} = 0$
- Wirbelfreiheit mit Polarkoordinaten: $\frac{\partial c_\varphi}{\partial r} - \frac{1}{r} \cdot \frac{\partial c_r}{\partial \varphi} + \frac{1}{r} \cdot c_\varphi = 0$

Lösungsschritte – Fall 1

Die **Kontinuität** ist gegeben, wenn

$$\frac{\partial c_r}{\partial r} + \frac{1}{r} \cdot c_r + \frac{1}{r} \cdot \frac{\partial c_\varphi}{\partial \varphi} = 0$$

erfüllt ist. Mit der Komponente

$$c_r = K \cdot \cos\varphi - K \cdot \frac{b}{r^2} \cdot \cos\varphi$$

wird durch partielles Differenzieren

$$\frac{\partial c_r}{\partial r} = 2 \cdot K \cdot \frac{b}{r^3} \cdot \cos\varphi.$$

Des Weiteren lässt sich $\frac{1}{r} \cdot c_r$ wie folgt formulieren:

$$\frac{1}{r} \cdot \left(K \cdot \cos\varphi - K \cdot \frac{b}{r^2} \cdot \cos\varphi \right),$$

oder ausmultipliziert

$$\frac{1}{r} \cdot c_r = \frac{1}{r} \cdot K \cdot \cos\varphi - K \cdot \frac{b}{r^3} \cdot \cos\varphi.$$

Nun fehlt noch $\frac{1}{r} \cdot \frac{\partial c_\varphi}{\partial \varphi}$. Die Lösung erhält man wie folgt: Mit

$$c_\varphi = -K \cdot \sin\varphi - K \cdot \frac{b}{r^2} \cdot \sin\varphi$$

lässt sich durch partielles Differenzieren

$$\frac{\partial c_\varphi}{\partial \varphi} = -K \cdot \cos\varphi - K \cdot \frac{b}{r^2} \cdot \cos\varphi$$

herleiten. Damit wird dann

$$\frac{1}{r} \cdot \frac{\partial c_\varphi}{\partial \varphi} = -\frac{K}{r} \cdot \cos\varphi - K \cdot \frac{b}{r^3} \cdot \cos\varphi.$$

In die Kontinuitätsgleichung eingesetzt führt zu

$$2 \cdot K \cdot \frac{b}{r^3} \cdot \cos\varphi + \frac{K}{r} \cdot \cos\varphi - K \cdot \frac{b}{r^3} \cdot \cos\varphi - \frac{K}{r} \cdot \cos\varphi - K \cdot \frac{b}{r^3} \cdot \cos\varphi = 0$$

oder

$$0 = 0 \quad \Rightarrow \quad \text{Kontinuität gewährleistet.}$$

Lösungsschritte – Fall 2

Wirbelfreiheit ist gegeben, wenn

$$\frac{\partial c_\varphi}{\partial r} - \frac{1}{r} \cdot \frac{\partial c_r}{\partial \varphi} + \frac{1}{r} \cdot c_\varphi = 0$$

erfüllt ist. Mit der Komponente

$$c_\varphi = -K \cdot \sin\varphi - K \cdot \frac{b}{r^2} \cdot \sin\varphi$$

wird durch partielles Differenzieren

$$\frac{\partial c_\varphi}{\partial r} = 2 \cdot K \cdot \frac{b}{r^3} \cdot \sin\varphi.$$

Des Weiteren lässt sich $\frac{1}{r} \cdot c_\varphi$ wie folgt formulieren

$$\frac{1}{r} \cdot \left[-K \cdot \left(1 + \frac{b}{r^2}\right) \cdot \sin\varphi \right]$$

oder ausmultipliziert

$$\frac{1}{r} \cdot c_\varphi = -\frac{K}{r} \cdot \sin\varphi - K \cdot \frac{b}{r^3} \cdot \sin\varphi.$$

Auch hier fehlt noch $\frac{1}{r} \cdot \frac{\partial c_r}{\partial \varphi}$. Die Lösung erhält man folgendermaßen: Mit

$$c_r = K \cdot \cos\varphi - K \cdot \frac{b}{r^2} \cdot \cos\varphi$$

lässt sich durch partielles Differenzieren

$$\frac{\partial c_r}{\partial \varphi} = -K \cdot \sin\varphi + K \cdot \frac{b}{r^2} \cdot \sin\varphi$$

herleiten. Damit wird dann

$$\frac{1}{r} \cdot \frac{\partial c_r}{\partial \varphi} = -\frac{K}{r} \cdot \sin\varphi + K \cdot \frac{b}{r^3} \cdot \sin\varphi.$$

In die Gleichung für Wirbelfreiheit eingesetzt führt zu

$$2 \cdot K \cdot \frac{b}{r^3} \cdot \sin\varphi - \frac{K}{r} \cdot \sin\varphi - K \cdot \frac{b}{r^3} \cdot \sin\varphi + \frac{K}{r} \cdot \sin\varphi - K \cdot \frac{b}{r^3} \cdot \sin\varphi = 0$$

oder

$$0 = 0 \quad \Rightarrow \quad \text{Wirbelfreiheit auch gewährleistet.}$$

Somit ist im vorliegenden Fall eine Potenzialströmung vorhanden.

Aufgabe 6.11 Räumliches, stationäres Geschwindigkeitsfeld

Gegeben sind die x- und y-Komponenten eines räumlichen Geschwindigkeitsvektors

$$\vec{c}\,(x, y, z) = c_x \cdot \vec{i} + c_y \cdot \vec{j} + c_z \cdot \vec{k}.$$

Gesucht wird die z-Komponente unter der Voraussetzung, dass das Kontinuitätsgesetz erfüllt wird.

Lösung zu Aufgabe 6.11

Aufgabenerläuterung
Im vorliegenden Fall wird es erforderlich, die im Kontinuitätsgesetz vorliegenden partiellen Differenzialquotienten aus den gegebenen Geschwindigkeitskomponenten abzuleiten und hieraus die gesuchte z-Komponente zu bestimmen.

Gegeben:

- $c_x = x^3 + z^4 + 6; \quad c_y = y^3 + z^4;$

Gesucht:

- c_z bei Erfüllung der Kontinuität

Anmerkungen
- Kontinuitätsgleichung der räumlichen, stationären Strömung eines inkompressiblen Fluids:
$$\frac{\partial c_x}{\partial x} + \frac{\partial c_y}{\partial y} + \frac{\partial c_z}{\partial z} = 0$$

Lösungsschritte

In der Kontinuitätsgleichung

$$\frac{\partial c_x}{\partial x} + \frac{\partial c_y}{\partial y} + \frac{\partial c_z}{\partial z} = 0$$

werden die partiellen Differenzialquotienten wie folgt gebildet:

$$\frac{\partial c_x}{\partial x} = 3 \cdot x^2 \quad \text{und} \quad \frac{\partial c_y}{\partial y} = 3 \cdot y^2.$$

In die Kontinuitätsgleichung eingesetzt führt das zu

$$3 \cdot x^2 + 3 \cdot y^2 + \frac{\partial c_z}{\partial z} = 0.$$

Hieraus folgt nach Umstellung

$$\frac{\partial c_z}{\partial z} = -3 \cdot x^2 - 3 \cdot y^2 = -3 \cdot \left(x^2 + y^2\right)$$

oder auch

$$\partial c_z = -3 \cdot \left(x^2 + y^2\right) \cdot \partial z.$$

Die Integration

$$\int \partial c_z = -3 \cdot \left(x^2 + y^2\right) \cdot \int \partial z$$

führt dann zum Ergebnis

$$c_z = -3 \cdot \left(x^2 + y^2\right) \cdot z + C.$$

Kontinuitätsgleichung, Durchflussgleichung

Die **Kontinuitätsgleichung** der Strömungsmechanik beruht auf der Massenerhaltung in einem abgegrenzten Fluidraum. Sie stellt eine der fundamentalen Grundlagen der Strömungsmechanik dar und ist bei der Lösung sehr vieler Fragestellungen unerlässlich.

Stromröhre

Bei einem abgegrenzten, ortsfesten Kontrollvolumen strömen über dessen Grenzen in definierten Stromröhrenquerschnitten **stationär** n Massenströme (nummeriert mit dem Index i) in das Kontrollvolumen hinein bzw. heraus. Die Massenerhaltung im Kontrollraum erfordert dann

$$\sum_{i=1}^{n} \dot{m}_i = 0.$$

Dies ist die Kontinuitätsgleichung in integraler Form im Fall von Stromröhren, wobei die positiven Vorzeichen für einströmende und die negativen Vorzeichen für ausströmende Fluidmassen belegt sind. Mit $\dot{m} = \rho \cdot \dot{V}$ und $\dot{V} = c \cdot A$ lässt sich dann auch

$$\sum_{i=1}^{n} \rho_i \cdot c_i \cdot A_i = 0.$$

formulieren. Im Fall der Stromröhren werden konstante (mittlere) Geschwindigkeiten c_i und Dichten ρ_i über den Querschnitten A_i vorausgesetzt. Die Richtungszuordnung von c_i und A_i ist orthogonal. Damit gestaltet sich die Anwendung dieser Kontinuitätsgleichung relativ einfach. Sie ist in der beschriebenen Form auch für kompressible Fluide zu ver-

© Springer-Verlag GmbH Deutschland, ein Teil von Springer Nature 2018
V. Schröder, *Übungsaufgaben zur Strömungsmechanik 1*,
https://doi.org/10.1007/978-3-662-56054-9_7

wenden. Bei inkompressiblen Fluiden vereinfacht sich diese Kontinuitätsgleichung auf

$$\sum_{i=1}^{n} \dot{V}_i = 0$$

oder

$$\sum_{i=1}^{n} c_i \cdot A_i = 0.$$

Betrachtet man einen Kontrollraum mit nur zwei durchströmten Stromröhrenquerschnitten A_1 und A_2 (Rohrleitung unterschiedlicher Durchmesser), so folgt

$$\dot{m}_1 = \dot{m}_2$$

oder

$$\rho_1 \cdot A_1 \cdot c_1 = \rho_2 \cdot A_2 \cdot c_2$$

Im Fall inkompressibler Fluide führt dies mit $\rho_1 = \rho_2 = \rho$ = konstant zu

$$\dot{V}_1 = \dot{V}_2$$

oder

$$c_1 \cdot A_1 = c_2 \cdot A_2.$$

Volumenelement

Für ein infinitesimales Volumenelement dV (oder auch Kontrollelement) lässt sich aufgrund der Massenerhaltung die Kontinuitätsgleichung bei **instationärer** Strömung wie folgt herleiten:

$$\frac{\partial \rho}{\partial t} + \frac{\partial (\rho \cdot c_x)}{\partial x} + \frac{\partial (\rho \cdot c_y)}{\partial y} + \frac{\partial (\rho \cdot c_z)}{\partial z} = 0.$$

Bei **stationärer** Strömung mit $\frac{\partial \rho}{\partial t} = 0$ erhält man den Zusammenhang

$$\frac{\partial (\rho \cdot c_x)}{\partial x} + \frac{\partial (\rho \cdot c_y)}{\partial y} + \frac{\partial (\rho \cdot c_z)}{\partial z} = 0.$$

Im Fall **inkompressibler** Strömung (ρ = konstant) vereinfacht sich diese Gleichung zu dem Ausdruck

$$\frac{\partial c_x}{\partial x} + \frac{\partial c_y}{\partial y} + \frac{\partial c_z}{\partial z} = 0.$$

Durchflussgleichung

Unter der allgemeinen Durchflussgleichung versteht man folgende Zusammenhänge

Massenstrom

$$\dot{m} = \rho \cdot A \cdot c \quad \text{(Gase und Flüssigkeiten)}$$

Volumenstrom

$$\dot{V} = c \cdot A \quad \text{(nur bei Flüssigkeiten gebräuchlich)}$$

Aufgabe 7.1 Kontinuitätsnachweis

Eine wichtige Grundgleichung der Strömungsmechanik ist das Kontinuitätsgesetz, das in der vollständigen Form wie folgt hergeleitet wird:

$$\frac{\partial \rho}{\partial t} + \frac{\partial (\rho \cdot c_x)}{\partial x} + \frac{\partial (\rho \cdot c_y)}{\partial y} + \frac{\partial (\rho \cdot c_z)}{\partial z} = 0.$$

Bei einer stationären Strömung mit $\frac{\partial \rho}{\partial t} = 0$ bzw. einer inkompressiblen Strömung mit $\rho =$ konstant vereinfacht sich diese Gleichung zu dem Ausdruck

$$\frac{\partial c_x}{\partial x} + \frac{\partial c_y}{\partial y} + \frac{\partial c_z}{\partial z} = 0.$$

Es soll nachgewiesen werden, ob nachstehende Geschwindigkeitskomponenten c_x, c_y und c_z bei der angenommenen stationären, inkompressiblen Strömung dieses Gesetz erfüllen.

Lösung zu Aufgabe 7.1

Aufgabenerläuterung

Die vorgegebenen drei Geschwindigkeitskomponenten c_x, c_y und c_z erfüllen dann das Kontinuitätsgesetz, wenn, wie oben erkennbar, die Summe der drei partiellen Ableitungen $\frac{\partial c_x}{\partial x}$, $\frac{\partial c_y}{\partial y}$ und $\frac{\partial c_z}{\partial z}$ den Wert null ergibt. Die partiellen Ableitungen erhält man, indem wie z. B. im vorliegenden Fall c_x nach x differenziert wird und dabei die beiden anderen Variablen y und z als konstante Größen zu verwenden sind. In analoger Weise verfährt man mit c_y und c_z.

Gegeben:

- $c_x = 2 \cdot x^2 - x \cdot y + z^2$
- $c_y = x^2 - 4 \cdot x \cdot y + y^2$
- $c_z = -2 \cdot x \cdot y + y^2 - y \cdot z$

Gesucht:

- $\frac{\partial c_x}{\partial x} + \frac{\partial c_y}{\partial y} + \frac{\partial c_z}{\partial z} = 0$

Lösungsschritte

Für die partielle Ableitung $\frac{\partial c_x}{\partial x}$ ergibt sich

$$\frac{\partial c_x}{\partial x} = 2 \cdot 2 \cdot x - y = 4 \cdot x - y.$$

Für die partielle Ableitung $\frac{\partial c_y}{\partial y}$ ergibt sich

$$\frac{\partial c_y}{\partial y} = -4 \cdot x + 2 \cdot y.$$

Für die partielle Ableitung $\frac{\partial c_z}{\partial z}$ ergibt sich

$$\frac{\partial c_z}{\partial z} = -y.$$

Somit erhält man

$$(4 \cdot x - y) + (-4 \cdot x + 2 \cdot y) + (-y) = 0$$

oder

$$0 = 0.$$

Folglich ist der Nachweis erbracht, dass die gegebenen Geschwindigkeitskomponenten die Kontinuitätsbedingungen erfüllen.

Aufgabe 7.2 Durchflussgesetz

Mit dem allgemeinen Kontinuitätsgesetz der Strömungsmechanik soll für den Fall der eindimensionalen, stationären Rohrströmung die Durchflussgleichung $\dot{m} = $ konst. ermittelt werden.

Lösung zu Aufgabe 7.2

Aufgabenerläuterung

Als Ansatz bei der Lösung dieser Aufgabe sind zunächst die Besonderheiten des eindimensionalen, stationären Strömungsvorgangs in der Kontinuitätsgleichung zu berücksichtigen. Mit dem verbleibenden Term lässt sich dann mittels weiterer mathematischer Schritte die Lösung erarbeiten.

Gegeben:

- Kontinuitätsgesetz $\frac{\partial \rho}{\partial t} + \frac{\partial(\rho \cdot c_x)}{\partial x} + \frac{\partial(\rho \cdot c_y)}{\partial y} + \frac{\partial(\rho \cdot c_z)}{\partial z} = 0$

Gesucht:

- $\dot{m} = $ konst.

Anmerkungen

- Die Geschwindigkeitskomponenten und auch die Dichte hängen im o. g. allgemeinen Fall von den unabhängigen Variablen x, y, z und t ab, also

$$c_x = c_x(x, y, z, t) \, ; \quad c_y = c_y(x, y, z, t) \, ;$$
$$c_z = c_z(x, y, z, t) \, ; \quad \rho = \rho(x, y, z, t) \, .$$

Lösungsschritte

Die Vorgabe **stationärer** Strömung beinhaltet, dass o. g. Größen nicht mehr von der Zeit t abhängen und dem zu Folge $\frac{\partial \rho}{\partial t} = 0$ wird. Man erhält also zunächst

$$\frac{\partial(\rho \cdot c_x)}{\partial x} + \frac{\partial(\rho \cdot c_y)}{\partial y} + \frac{\partial(\rho \cdot c_z)}{\partial z} = 0.$$

Berücksichtigt man die zweite Vorgabe der **eindimensionalen** Strömung, so existieren neben $c_x = c_x(x)$ keine weiteren Geschwindigkeitskomponenten, d. h. $c_y = 0$ und $c_z = 0$. Es folgt

$$\frac{\partial(\rho \cdot c)}{\partial x} = 0$$

oder präziser formuliert

$$\frac{\partial[\rho(x) \cdot c(x)]}{\partial x} = \frac{d[\rho(x) \cdot c(x)]}{dx} = 0.$$

Da in der Klammer ein Produkt $k(x) = \rho(x) \cdot c(x)$ steht, muss bei der Differenziation die Produktenregel verwendet werden. Diese führt zu:

$$\frac{dk(x)}{dx} = \frac{d[\rho(x) \cdot c(x)]}{dx} = \frac{d\rho(x)}{dx} \cdot c(x) + \frac{dc(x)}{dx} \cdot \rho(x) = 0$$

oder vereinfacht geschrieben

$$\frac{d\rho}{dx} \cdot c + \frac{dc}{dx} \cdot \rho = 0.$$

Mit dx multipliziert folgt

$$d\rho \cdot c + dc \cdot \rho = 0,$$

anschließende Division durch $(c \cdot \rho)$ ergibt

$$\frac{\mathrm{d}\rho}{\rho} + \frac{\mathrm{d}c}{c} = 0.$$

Integrieren wir nun diese Gleichung gliedweise,

$$\int \frac{\mathrm{d}\rho}{\rho} + \int \frac{\mathrm{d}c}{c} = \int 0,$$

und verwenden das Grundintegral $\int \frac{1}{x} \cdot \mathrm{d}x = \ln x + C$, so gelangen wir zu

$$\ln \rho + \ln c = C_1 \quad \text{oder} \quad \ln(\rho \cdot c) = C_1.$$

Mit $e^{\ln(a)} = a$ folgt im vorliegenden Fall

$$e^{\ln(\rho \cdot c)} = \rho \cdot c = e^{C_1} \equiv C_2 = \text{konstant}.$$

Man stellt also fest, dass $c \cdot \rho = $ konstant ist und dies auch nach Multiplikation mit dem Querschnitt A so bleibt, wenn auch mit einer anderen Konstanten. Folglich kann man formulieren

$$\rho \cdot c \cdot A = \text{konstant}.$$

Das Produkt $(c \cdot A)$ entspricht dem Volumenstrom $\dot{V}$, sodass letztlich das Ergebnis lautet

$$\rho \cdot \dot{V} = \dot{m} = \text{konstant}.$$

Aufgabe 7.3 Laminare Rohreinlaufströmung

Beim Einströmen aus einem sehr großen Behälter in eine Rohrleitung liegt unmittelbar im Eintrittsquerschnitt, hier an der Stelle 0, eine homogene Geschwindigkeitsverteilung c_0 vor (Abb. 7.1). Hierzu ist eine geeignete Abrundung der Eintrittskantengeometrie erforderlich. Aufgrund von Schubspannungen bei laminarer Rohrströmung verändert sich dann das ursprüngliche Rechteckprofil entlang der Anlaufstrecke L_A und erlangt an deren Ende an der Stelle 1 die bekannte parabelförmige Kontur mit c_{max} in Rohrmitte. Weiter stromabwärts verändert sich das Geschwindigkeitsprofil nicht mehr. Ermitteln Sie das Verhältnis $\frac{c_{max}}{c_0}$.

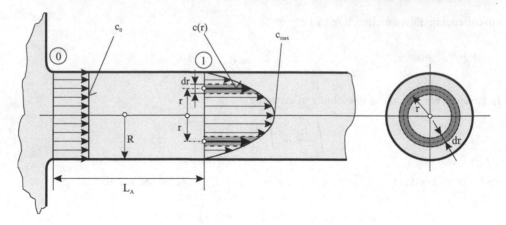

Abb. 7.1 Laminare Rohreinlaufströmung

Lösung zu Aufgabe 7.3

Aufgabenerläuterung

Aus Kontinuitätsgründen muss durch die Querschnitte an den beiden Stellen 0 und 1 derselbe Massenstrom und bei Dichtegleichheit auch derselbe Volumenstrom hindurchfließen. Mittels Durchflussgleichung bei homogener c-Verteilung an der Stelle 0 und einer Integration der an der Stelle 1 vorliegenden parabelförmigen c-Verteilung ist die Aufgabe lösbar.

Gegeben:

- c_0

Gesucht:

- $\dfrac{c_{\max}}{c_0}$

Anmerkungen

- Rechteckprofil im Rohreintrittsquerschnitt 0 vorhanden.
- Die Geschwindigkeitsverteilung ausgebildeter laminarer Rohrströmung lautet:

$$c(r) = c_{\max} \cdot \left[1 - \frac{r^2}{R^2} \right].$$

- Es wird eine inkompressible Flüssigkeitsströmung angenommen.

Lösungsschritte

Die Durchflussgleichung bei homogener c_0-Verteilung liefert an der Stelle 0

$$\dot{V} = c_0 \cdot A_0 \quad \text{mit} \quad A_0 = \pi \cdot R^2.$$

Folglich erhält man hier den Volumenstrom $\dot{V}$ mit

$$\dot{V} = c_0 \cdot \pi \cdot R^2.$$

An der Stelle 1 wird $\dot{V}$ durch eine Integration des infinitesimalen Volumenstroms $d\dot{V}$ beschrieben:

$$\dot{V} = \int_A d\dot{V}.$$

$d\dot{V}$ wiederum ist das Produkt aus der örtlichen Geschwindigkeit $c(r)$ und der ihr zugeordneten orthogonalen Fläche dA. Diese infinitesimale Fläche dA lässt sich gemäß Abb. 7.1 als Kreisringfläche $dA = 2 \cdot \pi \cdot r \cdot dr$ angeben. Somit lautet

$$d\dot{V} = 2 \cdot \pi \cdot r \cdot dr \cdot c(r).$$

Mit der parabelförmigen c-Verteilung der laminaren Rohrströmung,

$$c(r) = c_{\max} \cdot \left(1 - \frac{r^2}{R^2}\right),$$

gelangt man zu

$$d\dot{V} = 2 \cdot \pi \cdot r \cdot dr \cdot c_{\max} \cdot \left(1 - \frac{r^2}{R^2}\right).$$

Nach Multiplikation von r in den Klammerausdruck entsteht

$$d\dot{V} = 2 \cdot \pi \cdot c_{\max} \cdot \left(r - \frac{r^3}{R^2}\right) \cdot dr.$$

Diese Darstellung von

$$\dot{V} = \int_A d\dot{V} = 2 \cdot \pi \cdot c_{\max} \cdot \left(\int_0^R r \cdot dr - \frac{1}{R^2} \cdot \int_0^R r^3 \cdot dr\right)$$

liefert zunächst nach der Integration

$$\dot{V} = 2 \cdot \pi \cdot c_{\max} \cdot \left[\frac{r^2}{2}\Big|_0^R - \left(\frac{1}{R^2} \cdot \frac{r^4}{4}\right)\Big|_0^R\right].$$

Werden dann die Integrationsgrenzen eingesetzt, so führt dies zu

$$\dot{V} = 2 \cdot \pi \cdot c_{max} \cdot \left(\frac{R^2}{2} - \frac{R^4}{R^2 \cdot 4} \right)$$

oder

$$\dot{V} = 2 \cdot \pi \cdot c_{max} \cdot \left(\frac{R^2}{2} - \frac{R^2}{4} \right) = 2 \cdot \pi \cdot c_{max} \cdot \frac{R^2}{4}.$$

Der Volumenstrom an der Stelle 1 kann folglich bestimmt werden mit

$$\dot{V} = \pi \cdot c_{max} \cdot \frac{R^2}{2}.$$

Die Ergebnisse der beiden Durchflussgleichungen an den Stellen 0 und 1,

$$\dot{V} = c_0 \cdot \pi \cdot R^2 \quad \text{und} \quad \dot{V} = \pi \cdot c_{max} \cdot \frac{R^2}{2},$$

werden nun noch gleichgesetzt:

$$c_0 \cdot \pi \cdot R^2 = c_{max} \cdot \pi \cdot \frac{R^2}{2}.$$

Nach dem Kürzen erhalten wir den Ausdruck

$$c_0 = c_{max} \cdot \frac{1}{2}.$$

Damit lautet das gesuchte Geschwindigkeitsverhältnis

$$\frac{c_{max}}{c_0} = 2.$$

Anstelle von c_0 kann auch, unabhängig vom hier betrachteten Rohreinlauf, die mittlere Geschwindigkeit $\bar{c}$ übernommen werden.

Aufgabe 7.4 Ebener Konfusor

Einen in Abb. 7.2 im Längsschnitt dargestellten Kanal durchströmt eine reale, also reibungsbehaftete Flüssigkeit bei konstantem Volumenstrom $\dot{V}$. Aufgrund eines installierten Konfusors findet zwischen den Stellen 1 und 2 eine Geschwindigkeitserhöhung statt. Die Kanalbreite b stelle man sich senkrecht zur Bildebene vor, wobei b im Verhältnis zu den

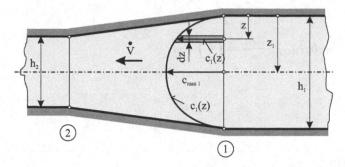

Die Kanalbreite "b" senkrecht zur Zeichenebene ist konstant

Abb. 7.2 Ebener Konfusor

bekannten Kanalhöhen h_1 und h_2 sehr groß ist. In der Eintrittsebene 1 wird eine Geschwindigkeitsverteilungsmessung vorgenommen. Das Ergebnis $c_1(z)$ ist in Abb. 7.2 erkennbar. Die Geschwindigkeit weist über der Kanalhöhe eine symmetrische Verteilung auf. Mit zunehmendem Wandabstand z wächst sie vom Wert an der Wand $c_1(z = 0) = 0$ auf die Maximalgeschwindigkeit in Kanalmitte $c_{max,1}$ $(z = z_1)$ an. Das dargestellte Profil verändert sich über der Kanalbreite b nicht nennenswert. Es lässt sich mit dem Potenzgesetz

$$\frac{c_1(z)}{c_{max,1}} = \left(\frac{z}{z_1}\right)^m$$

darstellen. Der Wandabstand z wird von der Wand bis Kanalmitte definiert. Ermitteln Sie den Volumenstrom $\dot{V}$.

Lösung zu Aufgabe 7.4

Aufgabenerläuterung

Der Volumenstrom wird als Produkt einer Geschwindigkeit mit der ihr orthogonal zugeordneten Fläche bestimmt. Hiermit ist es dann z. B. auch möglich, bei gegebenem $\dot{V}$ und bekannter Fläche A die mittlere Geschwindigkeit in einem Kanal zu ermitteln. Im vorliegenden Fall wird jedoch von einer gemessenen, ungleichmäßigen Geschwindigkeitsverteilung $c_1(z)$ ausgegangen, die zur Bestimmung des Volumenstroms herangezogen wird. Um dies zu ermöglichen, betrachtet man im Abstand z von der Kanalwand ein Flächenelement $dA = dz \cdot b$ mit der auf dA senkrecht stehenden örtlichen Geschwindigkeit $c_1(z)$. Den Volumenstrom $d\dot{V}$ erhält man dann als Produkt von dA und $c_1(z)$. Eine Integration von $d\dot{V}$ zwischen Wand und Kanalmitte liefert die Hälfte des gesuchten Volumenstroms $\dot{V}$.

Gegeben:

- h_1; $h_2 = \frac{3}{4} \cdot h_1$; b; $c_{\max,1}$; $\frac{c_1(z)}{c_{\max,1}} = \left(\frac{z}{z_1}\right)^m$; m

Gesucht:

1. $\dot{V}$
2. $\overline{c}_1$; $\overline{c}_2$

Anmerkungen

- Aufgrund der großen Kanalbreite b bleiben Einflüsse aus Geschwindigkeitsveränderungen an den seitlichen Begrenzungswänden von untergeordneter Bedeutung.

Lösungsschritte – Fall 1

Für den Volumenstrom $\dot{V}$ beachten wir, dass mit $c_1(z)$ und dem elementaren Querschnitt $\mathrm{d}A = \mathrm{d}z \cdot b$

$$\mathrm{d}\dot{V} = c_1(z) \cdot b \cdot \mathrm{d}z$$

gilt. Um eine Integration vornehmen zu können, muss die örtliche Geschwindigkeit $c_1(z)$ aus dem gemessenen Verteilungsgesetz in der Weise ersetzt werden, dass neben der integrierbaren Ortskoordinate z nur noch gegebene, konstante Größen erscheinen. Dies lässt sich wie folgt lösen. Zunächst formt man das Verteilungsgesetz so um, dass $c_1(z)$ heraus isoliert wird, also

$$c_1(z) = c_{\max,1} \cdot \frac{z^m}{z_1^m} = c_{\max,1} \cdot \frac{1}{z_1^m} \cdot z^m.$$

In $\mathrm{d}\dot{V}$ eingesetzt erhält man als integrierbare Funktion den Ausdruck

$$\mathrm{d}\dot{V} = b \cdot c_{\max,1} \cdot \frac{1}{z_1^m} \cdot z^m \cdot \mathrm{d}z.$$

Da der Wandabstand bis Kanalmitte definiert ist, liefert die Integration zwischen $z = 0$ und $z = z_1$ natürlich nur den halben gesuchten Volumenstrom, also

$$\frac{\dot{V}}{2} = b \cdot c_{\max,1} \cdot \frac{1}{z_1^m} \cdot \int_0^{z_1} z^m \cdot \mathrm{d}z = b \cdot c_{\max,1} \cdot \frac{1}{z_1^m} \cdot \left. \frac{z^{(m+1)}}{m+1} \right|_0^{z_1}.$$

Setzt man noch die Grenzen ein und multipliziert die Gleichung mit 2, so lautet der zu bestimmende Volumenstrom $\dot{V}$

$$\dot{V} = 2 \cdot b \cdot c_{\max,1} \cdot \frac{1}{(m+1)} \cdot \frac{z_1^{(m+1)}}{z_1^m}$$

oder

$$\dot{V} = 2 \cdot b \cdot c_{\text{max},1} \cdot \frac{1}{(m+1)} \cdot z_1.$$

Da gemäß Abb. 7.2 $z_1 = h_1/2$ ist, liefert dies, in o. g. Gleichung eingesetzt,

$$\dot{V} = 2 \cdot b \cdot c_{\text{max},1} \cdot \frac{1}{(m+1)} \cdot \frac{h_1}{2}$$

und als Endresultat

$$\dot{V} = \frac{h_1 \cdot b}{m+1} \cdot c_{\text{max},1}.$$

Lösungsschritte – Fall 2

Die **mittlere Geschwindigkeit** $\overline{c}_1$ folgt nun aus dem jetzt bekannten Volumenstrom und den jeweiligen Querschnitten A_1 bzw. A_2. Wir formen zunächst $\dot{V} = \overline{c}_1 \cdot A_1$ um nach

$$\overline{c}_1 = \frac{\dot{V}}{A_1}.$$

$\dot{V}$ wird nun in die oben stehende Gleichung eingesetzt, dies führt unter Verwendung von $A_1 = b \cdot h_1$ zu

$$\overline{c}_1 = \frac{h_1 \cdot b}{m+1} \cdot c_{\text{max},1} \cdot \frac{1}{h_1 \cdot b}$$

oder als Ergebnis:

$$\overline{c}_1 = \frac{1}{m+1} \cdot c_{\text{max},1}.$$

$$\overline{c}_2 :$$

Die mittlere **Geschwindigkeit $\overline{c}_2$ im Konfusoraustritt** erhält man auf einfache Weise aus dem Kontinuitätsgesetz

$$\dot{V} = \overline{c}_2 \cdot A_2 = \overline{c}_1 \cdot A_1.$$

Nach $\overline{c}_2$ aufgelöst folgt zunächst unter Verwendung von $\overline{c}_1$ nach oben stehendem Zusammenhang

$$\overline{c}_2 = \overline{c}_1 \cdot \frac{A_1}{A_2} = \frac{1}{(m+1)} \cdot c_{\max,1} \cdot \frac{h_1 \cdot b}{h_2 \cdot b} = \frac{1}{(m+1)} \cdot \frac{h_1}{h_2} \cdot c_{\max,1} \,.$$

Wird jetzt noch $h_2 = \frac{3}{4} \cdot h_1$ als bekannte Größe eingeführt, so liefert dies

$$\overline{c}_2 = \frac{1}{(m+1)} \cdot \frac{h_1}{\frac{3}{4} \cdot h_1} \cdot c_{\max,1}$$

oder

$$\overline{c}_2 = \frac{4}{3} \cdot \frac{1}{(m+1)} \cdot c_{\max,1} \,.$$

Aufgabe 7.5 Verteilersystem

An einem Verteilersystem sind gemäß Abb. 7.3 vier Rohrleitungen unterschiedlicher Querschnitte angeschlossen. Bei verschiedenen in diesen Rohrleitungen vorgegebenen Größen soll die Geschwindigkeit c_2 zunächst allgemein und dann aufgrund konkreter Zahlenwerte auch in ihrer Richtung ermittelt werden.

Abb. 7.3 Verteilersystem

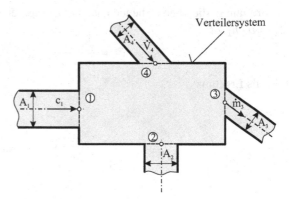

Lösung zu Aufgabe 7.5

Aufgabenerläuterung
Die vorliegende Aufgabe beschäftigt sich mit der Anwendung der Massenstrombilanz in einem System mit mehreren Zu- und Abflüssen. Ebenfalls muss von der Durchflussgleichung Gebrauch gemacht werden.

Gegeben:

- A_1; A_2; c_1; $\dot{m}_3$; $\dot{V}_4$; ρ = konstant

Gesucht:

1. c_2
2. c_2 in Größe und Richtung, wenn $A_1 = 200\,\text{cm}^2$; $A_2 = 500\,\text{cm}^2$; $c_1 = 3\,\text{m/s}$; $\dot{m}_3 = 40\,\text{kg/s}$; $\dot{V}_4 = 0{,}030\,\text{m}^3/\text{s}$; $\rho = 1\,000\,\text{kg/m}^3$

Anmerkungen
- Es liegt ein inkompressibles Fluid vor.
- Die Richtung der Leitungen hat keinen Einfluss auf die Massenstrombilanz.

Lösungsschritte – Fall 1
Die **Geschwindigkeit c_2** lässt nach Umstellen der Durchflussgleichung an der Stelle 2, $\dot{V}_2 = c_2 \cdot A_2$, darstellen durch

$$c_2 = \frac{\dot{V}_2}{A_2}.$$

Aufgrund der gegebenen Fläche A_2 stellt sich jetzt nur noch die Frage nach dem Volumenstrom $\dot{V}_2$. Da weder über c_2 noch $\dot{V}_2$ eine Angabe gemacht ist, nehmen wir an, dass $\dot{V}_2$ in das System hineinströmt und somit auch c_2 diese Richtung besitzt. Im Falle eines negativen Resultats für c_2 liegt die entgegengesetzte Richtung vor.

Die Massenstrombilanz am System lautet $\sum \dot{m}_i = 0$, wobei einströmende Fluide mit positivem Vorzeichen verknüpft sind, ausströmende dagegen negativ. Im vorliegenden Fall und der getroffenen Vereinbarung für $\dot{V}_2$ erhält man

$$+\dot{m}_1 + \dot{m}_2 - \dot{m}_3 + \dot{m}_4 = 0.$$

Aufgelöst nach $\dot{m}_2$ führt dies auf

$$\dot{m}_2 = \dot{m}_3 - \dot{m}_1 - \dot{m}_4.$$

Mit $\dot{m} = \rho \cdot \dot{V} = \rho \cdot c \cdot A$ und unter Berücksichtigung der gegebenen Größen liefert dies zunächst

$$\rho \cdot c_2 \cdot A_2 = \dot{m}_3 - \rho \cdot c_1 \cdot A_1 - \rho \cdot \dot{V}_4.$$

Dividiert man durch $(\rho \cdot A_2)$, so liegt das Ergebnis für c_2 wie folgt vor:

$$c_2 = \frac{\dot{m}_3}{\rho \cdot A_2} - c_1 \cdot \frac{A_1}{A_2} - \frac{\dot{V}_4}{A_2}.$$

Lösungsschritte – Fall 2

Gesucht ist jetzt die **Geschwindigkeit** c_2 in Größe und Richtung, wenn $A_1 = 200 \,\mathrm{cm}^2$, $A_2 = 500 \,\mathrm{cm}^2$, $c_1 = 3 \,\mathrm{m/s}$, $\dot{m}_3 = 40 \,\mathrm{kg/s}$, $\dot{V}_4 = 0{,}030 \,\mathrm{m}^3/\mathrm{s}$ und $\rho = 1\,000 \,\mathrm{kg/m}^3$ gegeben sind.

Unter Beachtung der Dimensionen o. g. Größen erhält man

$$c_2 = \frac{40}{1\,000 \cdot 0{,}050} - 3 \cdot \frac{200}{500} - \frac{0{,}030}{0{,}050}$$

$$c_2 = -1\frac{\mathrm{m}}{\mathrm{s}}$$

Das negative Vorzeichen weist darauf hin, dass die angenommene Richtung von c bzw. c_2 falsch ist; tatsächlich fließt $\dot{V}_2$ aus dem Verteiler heraus mit der ebenfalls in dieser Richtung weisenden Geschwindigkeit c_2.

Aufgabe 7.6 Messstelle der mittleren Geschwindigkeit

Die Geschwindigkeitsverteilung einer ausgebildeten turbulenten Rohrströmung lässt sich aufgrund von Messungen in Form eines Potenzgesetzes darstellen (Abb. 7.4). Demzufolge ändert sich die örtliche Geschwindigkeit $c(z)$ mit zunehmendem Wandabstand z exponentiell. Die Geschwindigkeit an der Wand ist gleich null und sie erreicht in Rohrmitte ihren Größtwert $c_{\max}$. Es wird nun derjenige Wandabstand Z_M gesucht, an dem gerade die mittlere Geschwindigkeit $\bar{c}$ vorliegt, und man folglich mit einer einzigen Messung den Volumenstrom berechnen kann.

Lösung zu Aufgabe 7.6

Aufgabenerläuterung

Zur Aufgabenlösung muss der Volumenstrom $\dot{V}$ durch eine Integration der gegebenen Geschwindigkeitsverteilung über dem Rohrquerschnitt ermittelt werden. Das Ergebnis

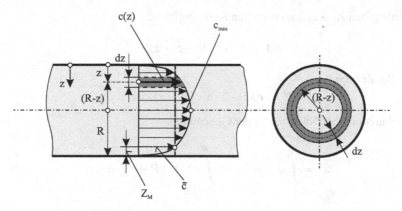

Abb. 7.4 Messstelle der mittleren Geschwindigkeit

dieser Integration wird dann demjenigen Volumenstrom gegenübergestellt, den man aus der Durchflussgleichung mit der hierin enthaltenen mittleren Geschwindigkeit bestimmt. Aus diesem Vergleich erhält man als Ergebnis einen Zusammenhang zwischen $\bar{c}$, $c_{\max}$ und m. Die gesuchte Koordinate Z_M bringt man hiermit in Verbindung, indem die bekannte Geschwindigkeitsverteilung an der Stelle $z = Z_M$ und $c(z) = \bar{c}$ gebildet und nach Z_M aufgelöst wird.

Gegeben:

- R; m

Gesucht:

1. Z_M
2. Z_M, wenn $Re = 1{,}1 \cdot 10^5$; $m = 1/7$ (sog. (1/7)-Gesetz)

Anmerkungen

- Das Potenzgesetz lautet $\frac{c(z)}{c_{\max}} = \left(\frac{z}{R}\right)^m$.

Lösungsschritte – Fall 1

Die gesuchte Koordinate Z_M bekommen wir, indem wir als Erstes

$$\dot{V} = \int_A d\dot{V}$$

mit der Durchflussgleichung des infinitesimalen Volumenstroms,

$$d\dot{V} = c(z) \cdot dA,$$

und der orthogonal zu $c(z)$ angeordneten Kreisringfläche,

$$dA = 2 \cdot \pi \cdot (R - z) \cdot dz,$$

ermitteln. Somit folgt

$$d\dot{V} = c\,(z) \cdot 2 \cdot \pi \cdot (R - z) \cdot dz.$$

Hiermit gelangt man als Nächstes zu der Gleichung

$$\dot{V} = \int\limits_{A} d\dot{V} = 2 \cdot \pi \cdot \int\limits_{0}^{R} c\,(z) \cdot (R - z) \cdot dz,$$

in der $c(z)$ noch mit einer integrierbaren Funktion belegt werden muss. Dies gelingt mit dem Potenzgesetz der Geschwindigkeitsverteilung in Kreisrohren bei voll ausgebildeter, turbulenter Strömung,

$$\frac{c(z)}{c_{\max}} = \left(\frac{z}{R}\right)^{m},$$

wobei $m = f(Re)$. Nach $c(z)$ umgeformt erhält man

$$c(z) = c_{\max} \cdot \left(\frac{z}{R}\right)^{m}.$$

Den Ausdruck setzen wir in die oben stehende Gleichung für $\dot{V}$ ein und benutzen die Durchflussgleichung $\dot{V} = \overline{c} \cdot A$ mit $A = \pi \cdot R^2$, das liefert uns

$$\overline{c} \cdot \pi \cdot R^2 = 2 \cdot \pi \cdot \int\limits_{0}^{R} c_{\max} \cdot \left(\frac{z}{R}\right)^{m} \cdot (R - z) \cdot dz.$$

Kürzt man π heraus, dividiert durch $(c_{\max} \cdot R^2)$ und schreibt $\left(\frac{z}{R}\right)^{m}$ als $\frac{z^m}{R^m}$, so führt dies zu der nachstehenden integrierbaren Funktion:

$$\frac{\overline{c}}{c_{\max}} = \frac{2}{R^2} \cdot \int\limits_{0}^{R} (R - z) \cdot \frac{z^m}{R^m} \cdot dz.$$

Der Klammerausdruck wird in die zwei Teilintegrale zerlegt, wobei die beiden Glieder noch mit z^m multipliziert werden müssen und $\frac{1}{R^m}$ vor das Integral zu setzen ist, liefert

$$\frac{\overline{c}}{c_{\max}} = \frac{2}{R^2 \cdot R^m} \cdot \left(\int\limits_{0}^{R} R \cdot z^m \cdot dz - \int\limits_{0}^{R} z \cdot z^m \cdot dz \right)$$

$$= \frac{2}{R^{(m+2)}} \cdot \left(R \cdot \int\limits_{0}^{R} z^m \cdot dz - \int\limits_{0}^{R} z^{(m+1)} \cdot dz \right).$$

Die Integrationsregel

$$\int_a^b y^m \cdot \mathrm{d}y = \frac{1}{(m+1)} \cdot y^{(m+1)} \bigg|_a^b$$

auf oben stehende Gleichung angewendet führt zunächst zu

$$\frac{\overline{c}}{c_{\max}} = \frac{2}{R^{(m+2)}} \cdot \left\{ R \cdot \frac{z^{(m+1)}}{(m+1)} \bigg|_0^R - \frac{z^{[(m+1)+1]}}{[(m+1)+1]} \bigg|_0^R \right\}$$

$$= \frac{2}{R^{(m+2)}} \cdot \left[R \cdot \frac{z^{(m+1)}}{m+1} \bigg|_0^R - \frac{z^{(m+2)}}{m+2} \bigg|_0^R \right].$$

Mit den Integrationsgrenzen folgt

$$\frac{\overline{c}}{c_{\max}} = \frac{2}{R^{(m+2)}} \cdot \left[\frac{R \cdot R^{(m+1)}}{(m+1)} - \frac{R^{(m+2)}}{(m+2)} \right].$$

Den ersten Term in der Klammer zusammengefasst ergibt

$$\frac{\overline{c}}{c_{\max}} = \frac{2}{R^{(m+2)}} \cdot \left[\frac{R^{(m+1+1)}}{(m+1)} - \frac{R^{(m+2)}}{(m+2)} \right] = \frac{2}{R^{(m+2)}} \cdot \left[\frac{R^{(m+2)}}{(m+1)} - \frac{R^{(m+2)}}{(m+2)} \right].$$

Wird $R^{(m+2)}$ im jeweiligen Zähler ausgeklammert, erhalten wir

$$\frac{\overline{c}}{c_{\max}} = \frac{2}{R^{(m+2)}} \cdot R^{(m+2)} \cdot \left[\frac{1}{(m+1)} - \frac{1}{(m+2)} \right] = 2 \cdot \left[\frac{1}{(m+1)} - \frac{1}{(m+2)} \right].$$

Eine weitere Vereinfachung entsteht durch Herstellen eines gemeinsamen Nenners wie folgt:

$$\frac{\overline{c}}{c_{\max}} = 2 \cdot \left[\frac{(m+2)}{(m+1) \cdot (m+2)} - \frac{(m+1)}{(m+2) \cdot (m+1)} \right] = 2 \cdot \left[\frac{m+2-m-1}{(m+1) \cdot (m+2)} \right].$$

Die endgültige Formel für $\frac{\overline{c}}{c_{\max}}$ lautet dann

$$\frac{\overline{c}}{c_{\max}} = \frac{2}{(m+1) \cdot (m+2)}.$$

Da die Koordinate Z_M an der Stelle der mittleren Geschwindigkeit $\overline{c}$ gesucht wird, setzt man diese Größen in die bekannte Geschwindigkeitsverteilung

$$\frac{c(z)}{c_{\max}} = \left(\frac{z}{R} \right)^m$$

ein und erhält

$$\frac{\overline{c}}{c_{max}} = \left(\frac{Z_M}{R}\right)^m .$$

Die Gleichheit von $\frac{\overline{c}}{c_{max}}$ in beiden Zusammenhängen führt zunächst zu

$$\left(\frac{Z_M}{R}\right)^m = \frac{2}{(m+1) \cdot (m+2)} .$$

Nach Potenzieren mit $(1/m)$ ist die gesuchte Stelle Z_M, an der die mittlere Geschwindigkeit $\overline{c}$ vorliegt, bestimmbar mit

$$Z_M = R \cdot \left[\frac{2}{(m+1) \cdot (m+2)}\right]^{\frac{1}{m}} .$$

Hierin hängt m nur von der aktuellen Re-Zahl ab und ist aufgrund von umfangreichen Messungen für ein breites Anwendungsspektrum bekannt.

Lösungsschritte – Fall 2
Für die Werte $Re = 1{,}1 \cdot 10^5$ und $m = 1/7$ erhalten wir

$$Z_M = R \cdot \left[\frac{2}{\left(\frac{1}{7}+1\right) \cdot \left(\frac{1}{7}+2\right)}\right]^7$$

$$Z_M = 0{,}2423 \cdot R$$

Aufgabe 7.7 Beregnetes Stadion

Das Spielfeld eines Stadions mit einer Spielfeldfläche A wird gleichmäßig beregnet (Abb. 7.5). Die Regentropfen mit angenommener kugelförmiger Gestalt weisen den Durchmesser d_{Tr} auf und fallen mit der Geschwindigkeit c_{Tr} vertikal abwärts. Die Tropfen sollen homogen im Raum verteilt sein. Pro Volumeneinheit $V_{Wü} = 1\,m^3$ sind zu jeder Zeit n Tropfen vorhanden. Welcher Wasservolumenstrom bzw. Massenstrom $\dot{V}_{ges}$, $\dot{m}_{ges}$ fällt auf die Gesamtfläche und muss dort durch einen Kanal abgeführt werden? Wie groß ist die Höhe H_K des Rechteckkanals zu bemessen, wenn die Kanalbreite B_K und die Fließgeschwindigkeit des Wassers c_K bekannt sind?

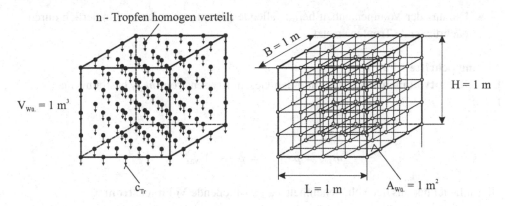

Abb. 7.5 Beregnetes Stadion

Lösung zu Aufgabe 7.7

Aufgabenerläuterung

Bei der Ermittlung des anfallenden Volumen- bzw. Massenstroms, sind die in einem würfelförmigen Volumen $V_{Wü} = 1\,m^3$ enthaltenen n Tropfen (Abb. 7.5) und das hiermit verbundenen Wasservolumen V_{Wa} maßgebend. Dieses Wasservolumen, also die Summe der n Tropfen, fällt mit deren Geschwindigkeit c_{Tr} durch die Fläche $A_{Wü} = 1\,m^2$ zu Boden. Der zu bestimmende Volumenstrom $\dot{V}_{Wa}$ ist dann wiederum bekannt, wenn die Zeit Δt des Herausfallens der Tropfen (und somit von V_{Wa}) aus dem Volumen $V_{Wü}$ feststeht. Δt ist folglich diejenige Zeit, welche die Tropfen bei der gegebenen Fallgeschwindigkeit c_{Tr} zum Zurücklegen der (Würfel-)Höhe $H = 1\,m$ benötigen. Die Umrechnung des Volumenstroms $\dot{V}_{Wa}$, der auf die Fläche $A_{Wü} = 1\,m^2$ bezogen ist, zum Gesamtvolumenstrom $\dot{V}_{ges}$ erfolgt mit der Stadionfläche A.

Gegeben:

- A; n; c_{Tr}; d_{Tr}; ρ; B_K; c_K

Gesucht:

1. $\dot{V}_{ges}$; $\dot{m}_{ges}$
2. H_K
3. $\dot{V}_{ges}$, $\dot{m}_{ges}$ und H_K, wenn $A = 20\,000\,m^2$; $n = 10\,000$ Tropfen/m^3; $c_{Tr} = 4\,m/s$; $d_{Tr} = 1\,mm$; $\rho = 1\,000\,kg/m^3$; $B_K = 1\,m$; $c_K = 1\,m/s$

Anmerkungen

- Annahme einer homogenen Tropfenverteilung und Tropfengröße.
- Annahme einer vertikalen Fallrichtung (Windstille).

- Die aus der Volumeneinheit herausfallenden Tropfen werden kontinuierlich durch nachrückende Tropfen ersetzt.

Lösungsschritte – Fall 1

Den **Gesamtvolumenstrom** $\dot{V}_{ges}$ und den Gesamtmassenstrom $\dot{m}_{ges}$ bestimmt man wie folgt:

$$\dot{V}_{ges} = A \cdot \dot{V}_{Wa},$$

$$\dot{m}_{ges} = \rho \cdot \dot{V}_{ges} = \rho \cdot A \cdot \dot{V}_{Wa}.$$

Hierin lautet der aus der Volumeneinheit $V_{Wü}$ ausfließende **Volumenstrom**

$$\dot{V}_{Wa.} = \frac{V_{Wa.}}{\Delta t}.$$

Das pro Volumeneinheit $V_{Wü}$ vorliegende Wasservolumen V_{Wa} erhält man mit $V_{Wa} = n \cdot V_{Tr}$, wobei aufgrund der angenommenen Kugelform $V_{Tr} = \frac{\pi}{6} \cdot d_{Tr}^3$ zu verwenden ist. Dies führt zum Wasservolumen

$$V_{Wa} = n \cdot \frac{\pi}{6} \cdot d_{Tr}^3.$$

Die Zeit Δt, welche alle n Tropfen und folglich auch V_{Wa} zum Zurücklegen des Weges $H = 1\,\mathrm{m}$ benötigen, ermittelt man auf Grund der gegebenen Geschwindigkeit c_{Tr} mit $c_{Tr} = \frac{\Delta s}{\Delta t}$ und $\Delta s = H = 1\,\mathrm{m}$ zu

$$\Delta t = \frac{1}{c_{Tr}}.$$

Der durch $A_{Wü}$ abfließende Wasserstrom $\dot{V}_{Wa}$ folgt somit der Gleichung

$$\dot{V}_{Wa} = n \cdot \frac{\pi}{6} \cdot d_{Tr}^3 \cdot c_{Tr}.$$

Dies liefert als gesuchten Gesamtvolumenstrom bzw. -massenstrom

$$\dot{V}_{ges} = A \cdot n \cdot \frac{\pi}{6} \cdot d_{Tr}^3 \cdot c_{Tr}$$

$$\dot{m}_{ges} = \rho \cdot A \cdot n \cdot \frac{\pi}{6} \cdot d_{Tr}^3 \cdot c_{Tr}.$$

Lösungsschritte – Fall 2

Die **Höhe** H_K des Abflusskanals wird mittels Durchflussgleichung $\dot{V} = c \cdot A$ oder im vorliegenden Fall $\dot{V}_{ges} = c_K \cdot A_K$ mit $A_K = H_K \cdot B_K$ hergeleitet zu:

$$H_K = \frac{\dot{V}_{ges}}{c_K \cdot B_K}$$

Lösungsschritte – Fall 3

$\dot{V}_{ges}$, $\dot{m}_{ges}$ und H_K berechnen sich, wenn $A = 20\,000\,\text{m}^2$; $n = 10\,000$ Tropfen/m^3; $c_{Tr} = 4\,\text{m/s}$; $d_{Tr} = 1\,\text{mm}$; $\rho = 1\,000\,\text{kg/m}^3$; $B_K = 1\,\text{m}$; $c_K = 1\,\text{m/s}$ gegeben sind, unter Beachtung dimensionsgerechter Zahlenwerte als

$$\dot{V}_{ges} = 20\,000 \cdot \frac{\pi}{6} \cdot 10\,000 \cdot 0{,}001^3 \cdot 40{,}419 \frac{\text{m}^3}{\text{s}}$$

$$\dot{m}_{ges} = 419 \frac{\text{kg}}{\text{s}}$$

$$H_K = H_K = \frac{0{,}419}{1 \cdot 1} = 0{,}419\,\text{m}$$

Aufgabe 7.8 Volumenstrombestimmung mittels Geschwindigkeitsverteilung

Lösung zu Aufgabe 7.8

Aufgabenerläuterung

Bei bekannter Geschwindigkeitsverteilung der turbulenten Rohrströmung lässt sich der vorliegende Volumenstrom rechnerisch ermitteln. Hierzu werden neben dem Rohrradius R und der Maximalgeschwindigkeit c_{max} in Rohrmitte noch der Exponent n des Potenzgesetzes benötigt (vgl. Abb. 7.6).

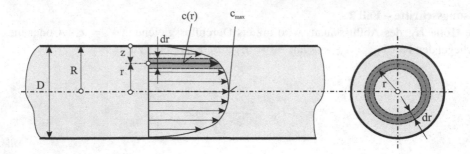

Abb. 7.6 Turbulente Geschwindigkeitsverteilung

Gegeben:

- c_{max}; R; n

Gesucht:

- $\dot{V}$

Lösungsschritte

Gemäß Abb. 7.6 lautet der elementare Volumenstrom durch das Ringelement $d\dot{V} = c(r) \cdot dA$ und mit $dA = 2 \cdot \pi \cdot r \cdot dr$ dann

$$d\dot{V} = 2 \cdot \pi \cdot c(r) \cdot r \cdot dr.$$

Hierin muss $c(r)$ noch aus dem Potenzgesetz der turbulenten Geschwindigkeitsverteilung der Rohrströmung,

$$\frac{c(r)}{c_{max}} = \left(\frac{R-r}{R}\right)^n,$$

wie folgt ersetzt werden:

$$c(r) = \frac{c_{max}}{R^n} \cdot (R-r)^n.$$

Oben eingesetzt führt das zu

$$d\dot{V} = 2 \cdot \pi \cdot \frac{c_{max}}{R^n} \cdot (R-r)^n \cdot r \cdot dr$$

oder mit der Substitution

$$K = 2 \cdot \pi \cdot \frac{c_{max}}{R^n}$$

auf

$$d\dot{V} = K \cdot (R - r)^n \cdot r \cdot dr.$$

Mit dem Wandabstand $z = (R - r)$ oder $r = (R - z)$ erhält man

$$d\dot{V} = K \cdot z^n \cdot (R - z) \cdot dr.$$

Für eine Integration muss noch dr durch dz ersetzt werden. Mit $r = (R - z)$ und folglich $\frac{dr}{dz} = -1$ führt das zu

$$dr = -dz.$$

Somit wird

$$d\dot{V} = -K \cdot z^n \cdot (R - z) \cdot dz = -K \cdot \left(z^n \cdot R \cdot dz - z^{(n+1)} \cdot dz \right).$$

Das Integral lautet dann

$$\dot{V} = \int d\dot{V} = -K \cdot \left(\int_{z=0}^{Z_0} z^n \cdot R \cdot dz - \int_{z=0}^{Z_0} z^{(n+1)} \cdot dz \right)$$

oder ausintegriert

$$\dot{V} = -K \cdot \left[\left| R \cdot \frac{1}{(n+1)} \cdot z^{n+1} \right|_{z=0}^{Z_0} - \left| \frac{1}{(n+2)} \cdot z^{n+2} \right|_{z=0}^{Z_0} \right].$$

Mit den Grenzen wird

$$\dot{V} = -K \cdot \left[\left(R \cdot \frac{1}{n+1} \cdot Z_0^{n+1} - R \cdot \frac{1}{n+1} \cdot z(0)^{n+1} \right) \right.$$
$$\left. - \left(\frac{1}{n+2} \cdot Z_0^{n+2} - \frac{1}{n+2} \cdot z(0)^{n+2} \right) \right]$$

Hierin sind

$$Z_0 = 0 \quad \text{und} \quad z(0) = R.$$

Diese Grenzen oben eingesetzt führt zu

$$\dot{V} = -K \cdot \left[\left(R \cdot \frac{1}{n+1} \cdot 0^{n+1} - R \cdot \frac{1}{n+1} \cdot R^{n+1} \right) - \left(\frac{1}{n+2} \cdot 0^{n+2} - \frac{1}{n+2} \cdot R^{n+2} \right) \right]$$

$$= -K \cdot \left[\left(-R \cdot \frac{1}{n+1} \cdot R^{n+1} \right) - \left(-\frac{1}{n+2} \cdot R^{n+2} \right) \right]$$

oder

$$\dot{V} = -K \cdot \left[\left(-\frac{1}{(n+1)} \cdot R^{n+2} \right) - \left(-\frac{1}{(n+2)} \cdot R^{n+2} \right) \right].$$

Mit (-1) multipliziert liefert

$$\dot{V} = K \cdot \left[\left(\frac{1}{(n+1)} \cdot R^{n+2} \right) - \left(\frac{1}{(n+2)} \cdot R^{n+2} \right) \right].$$

(R^{n+2}) ausgeklammert ergibt

$$\dot{V} = K \cdot R^{(n+2)} \cdot \left[\left(\frac{1}{(n+1)} \right) - \left(\frac{1}{(n+2)} \right) \right]$$

$$= K \cdot R^{(n+2)} \cdot \left[\frac{(n+2) - (n+1)}{(n+1) \cdot (n+2)} \right]$$

$$= K \cdot R^{(n+2)} \cdot \left[\frac{1}{(n+1) \cdot (n+2)} \right].$$

Jetzt wird noch K wieder zurücksubstituiert,

$$\dot{V} = 2 \cdot \pi \cdot \frac{c_{max}}{R^n} \cdot R^{(n+2)} \cdot \left[\frac{1}{(n+1) \cdot (n+2)} \right],$$

und das Ergebnis ist

$$\dot{V} = \frac{2}{(n+1) \cdot (n+2)} \cdot \pi \cdot R^2 \cdot c_{max}.$$

Abb. 7.7 Behälter mit einem
Zulauf und zwei Abläufen

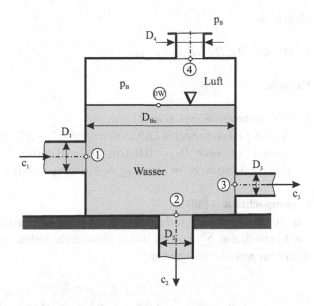

Aufgabe 7.9 Behälter mit einem Zulauf und zwei Abläufen

In Abb. 7.7 ist ein Flüssigkeitsbehälter zu erkennen, in den durch eine Zuleitung Flüssigkeit eingespeist wird und durch zwei andere Rohrleitungen Flüssigkeit abfließt. Eine weitere Öffnung in der Behälteroberseite soll im Fall eines Ungleichgewichts zwischen Zustrom und Abstrom den atmosphärischen Druck im Behälter sicherstellen. Die geometrischen Abmessungen des Behälters und der Rohrleitungen sind bekannt ebenso wie die Geschwindigkeiten in den Rohrleitungen. Im Fall eines größeren Flüssigkeitszustroms als die abfließende Flüssigkeit werden die Geschwindigkeit des Spiegelanstiegs und die Geschwindigkeit der austretenden Luft gesucht.

Lösung zu Aufgabe 7.9

Aufgabenerläuterung
Bei der Lösung der Aufgabe steht das Kontinuitätsgesetz an einem Kontrollraum im Vordergrund. Hierbei überqueren die Massenströme $\dot{m}_1$, $\dot{m}_2$ und $\dot{m}_3$ die Querschnitte A_1, A_2 und A_3 sowie $\Delta\dot{m}$ den Querschnitt A_{Beh}. Unter Verwendung der gegebenen Größen lässt sich hieraus die Geschwindigkeit des Spiegelanstiegs c_{OW} und die Geschwindigkeit c_4 der austretenden Luft ermitteln.

Anmerkungen
- Wenn $\dot{m}_1 > (\dot{m}_2 + \dot{m}_3)$, führt dies zu einem Anstieg des Wasserspiegels im Behälter, d. h. es liegt eine Geschwindigkeit c_{OW} vor.

Gegeben:

- D_1; D_2; D_3; D_4; D_{Beh}; c_1; c_2; c_3

Gesucht:

1. c_{OW}, wenn $\dot{m}_1 > (\dot{m}_2 + \dot{m}_3)$
2. c_4, wenn inkompressible Luftströmung bei „4" vorliegen soll.
3. c_{OW} und c_4, wenn $D_1 = 0{,}080\,\text{m}$; $D_2 = 0{,}050\,\text{m}$; $D_3 = 0{,}065\,\text{m}$; $D_4 = 0{,}050\,\text{m}$; $D_{\text{Beh}} = 0{,}060\,\text{m}$; $c_1 = 8\,\text{m/s}$; $c_2 = 3\,\text{m/s}$; $c_3 = 4\,\text{m/s}$

Lösungsschritte – Fall 1

Für die **Geschwindigkeit des Spiegelanstiegs** c_{OW} betrachten wir das Kontinuitätsgesetz am Kontrollraum $\sum \dot{m} = 0$, wobei eintretende Ströme positiv und austretende Ströme negativ angeschrieben werden:

$$\dot{m}_1 - \dot{m}_2 - \dot{m}_3 - \Delta\dot{m} = 0 \quad \text{oder} \quad \Delta\dot{m} = \dot{m}_1 - (\dot{m}_2 + \dot{m}_3)\,.$$

Mit $\dot{m} = \rho \cdot \dot{V}$ wird dann

$$\rho_{\text{W}} \cdot \Delta\dot{V} = \rho_{\text{W}} \cdot \dot{V}_1 - (\rho_{\text{W}} \cdot \dot{V}_2 + \rho_{\text{W}} \cdot \dot{V}_3)$$

und somit durch Kürzen mit ρ_{W} folgt

$$\Delta\dot{V} = \dot{V}_1 - (\dot{V}_2 + \dot{V}_3)\,.$$

Dabei sind

$$\Delta\dot{V} = c_{\text{OW}} \cdot A_{\text{Beh}} \qquad\qquad \text{mit} \quad A_{\text{Beh}} = \frac{\pi}{4} \cdot D_{\text{Beh}}^2$$

$$\dot{V}_1 = c_1 \cdot A_1 \qquad\qquad\qquad \text{mit} \quad A_1 = \frac{\pi}{4} \cdot D_1^2$$

$$\dot{V}_2 = c_2 \cdot A_2 \qquad\qquad\qquad \text{mit} \quad A_2 = \frac{\pi}{4} \cdot D_2^2$$

$$\dot{V}_3 = c_3 \cdot A_3 \qquad\qquad\qquad \text{mit} \quad A_3 = \frac{\pi}{4} \cdot D_3^2$$

Wird

$$c_{\text{OW}} \cdot \frac{\pi}{4} \cdot D_{\text{Beh}}^2 = c_1 \cdot \frac{\pi}{4} \cdot D_1^2 - \left(c_2 \cdot \frac{\pi}{4} \cdot D_2^2 + c_3 \cdot \frac{\pi}{4} \cdot D_3^2\right)$$

oder

$$c_{\text{OW}} \cdot D_{\text{Beh}}^2 = c_1 \cdot D_1^2 - (c_2 \cdot D_2^2 + c_3 \cdot D_3^2)\,.$$

Division durch D_{Beh}^2 führt zum Ergebnis

$$c_{\text{OW}} = c_1 \cdot \frac{D_1^2}{D_{\text{Beh}}^2} - c_2 \cdot \frac{D_2^2}{D_{\text{Beh}}^2} - c_3 \cdot \frac{D_3^2}{D_{\text{Beh}}^2}.$$

Lösungsschritte – Fall 2

Für die **Geschwindigkeit** c_4 betrachten wir das Kontinuitätsgesetz an einem über dem Flüssigkeitsspiegel liegenden Kontrollraum:

$$\dot{m}_{L\text{OW}} - \dot{m}_{L4} = 0 \quad \text{oder} \quad \dot{m}_{L\text{OW}} = \dot{m}_{L4}.$$

Mit $\dot{m}_{L\text{OW}} = \rho_L \cdot \dot{V}_{L\text{OW}}$ und $\dot{V}_{L\text{OW}} = c_{\text{OW}} \cdot \frac{\pi}{4} \cdot D_{\text{Beh}}^2$ sowie $\dot{m}_{L4} = \rho_L \cdot \dot{V}_{L4}$ und $\dot{V}_{L4} = c_4 \cdot \frac{\pi}{4} \cdot D_4^2$ erhält man

$$\rho_L \cdot \dot{V}_{L\text{OW}} = \rho_L \cdot \dot{V}_{L4}.$$

und damit

$$\dot{V}_{L\text{OW}} = \dot{V}_{L4}.$$

Es folgt

$$c_4 \cdot \frac{\pi}{4} \cdot D_4^2 = c_{\text{OW}} \cdot \frac{\pi}{4} \cdot D_{\text{Beh}}^2$$

bzw.

$$c_4 \cdot D_4^2 = c_{\text{OW}} \cdot D_{\text{Beh}}^2.$$

Somit wird

$$c_4 = \frac{c_{\text{OW}} \cdot D_{\text{Beh}}^2}{D_4^2}$$

und mit dem Ergebnis für

$$c_{\text{OW}} = \frac{c_1 \cdot D_1^2 - \left(c_2 \cdot D_2^2 + c_3 \cdot D_3^2 \right)}{D_{\text{Beh}}^2}$$

liefert dies zunächst

$$c_4 = \frac{c_1 \cdot D_1^2 - \left(c_2 \cdot D_2^2 + c_3 \cdot D_3^2 \right)}{D_{\text{Beh}}^2 \cdot D_4^2} \cdot D_{\text{Beh}}^2$$

und nach Kürzen und Umstellen das Ergebnis

$$c_4 = c_1 \cdot \frac{D_1^2}{D_4^2} - c_2 \cdot \frac{D_2^2}{D_4^2} - c_3 \cdot \frac{D_3^2}{D_4^2}$$

Lösungsschritte – Fall 3

Mit den gegebenen Werten $D_1 = 0,080\,\text{m}$, $D_2 = 0,050\,\text{m}$, $D_3 = 0,065\,\text{m}$, $D_4 = 0,050\,\text{m}$, $D_{\text{Beh}} = 0,060\,\text{m}$, $c_1 = 8\,\text{m/s}$, $c_2 = 3\,\text{m/s}$ und $c_3 = 4\,\text{m/s}$ bekommen wir für c_{OW} und c_4

$$c_{\text{OW}} = 8 \cdot \frac{0,08^2}{0,60^2} - 3 \cdot \frac{0,05^2}{0,60^2} - 4 \cdot \frac{0,065^2}{0,60^2} = 0,0744\frac{\text{m}}{\text{s}}.$$

$$c_4 = 8 \cdot \frac{0,08^2}{0,05^2} - 3 \cdot \frac{0,05^2}{0,05^2} - 4 \cdot \frac{0,065^2}{0,05^2} = 10,72\frac{\text{m}}{\text{s}}.$$

Aufgabe 7.10 Kolben mit Leckage

In einem Zylinder-Kolbensystem wird der Kolben bei gleichbleibender Geschwindigkeit zum Zylinderboden hin verschoben (Abb. 7.8). Hierbei wird das eingeschlossene Fluid (Wasser) durch ein Röhrchen ins Freie gepresst. Aufgrund des Ringspalts zwischen Kolben und Zylinder und des Drucks im Zylinderinnenraum entsteht ein Leckagestrom, der entgegen der Kolbenbewegung nach außen fließt. Bei bekannter Kolbengeschwindigkeit sowie gegebenen Kolben-, Zylinder- und Röhrchendurchmessern sind die Austrittsgeschwindigkeit am Ende des Röhrchens ebenso wie die Geschwindigkeit des Leckagestroms zu ermitteln. Hierbei ist der Leckagestrom als Anteil vom Volumenstrom im Röhrchen auch bekannt.

Lösung zu Aufgabe 7.10

Aufgabenerläuterung

Im vorliegenden Fall ist sinnvoller Weise das Kontinuitätsgesetz am Kontrollraum gemäß Abb. 7.8 zu verwenden. Aufgrund der gegebenen Geschwindigkeit c_1, den Abmessungen D_1, D_2, D_K und des Leckagestroms $\dot{V}_L$ lassen sich die gesuchten Größen herleiten.

Abb. 7.8 Kolben mit Leckage

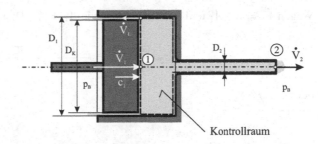

Kontrollraum

Gegeben:

- c_1; D_1; D_2; D_K; $\dot{V}_L = K \cdot \dot{V}_2$

Gesucht:

1. c_2
2. c_{Sp}
3. c_2 und c_{Sp}, wenn $c_1 = 0{,}025\,\text{m/s}$; $K = 1/4$; $D_1 = 0{,}020\,\text{m}$; $D_2 = 0{,}0010\,\text{m}$; $D_3 = 0{,}0199\,\text{m}$

Lösungsschritte – Fall 1

Im Fall der **Geschwindigkeit** c_2 lautet das Kontinuitätsgesetz am Kontrollraum in Abb. 7.8 allgemein $\sum \dot{m}_i = 0$, wobei einströmende Massen mit einem positiven und ausströmende Massen mit einem negativen Vorzeichen angeschrieben werden, also

$$\dot{m}_1 - \dot{m}_2 - \dot{m}_L = 0.$$

Mit $\dot{m} = \rho \cdot \dot{V}$ wird zunächst

$$\rho \cdot \dot{V}_1 - \rho \cdot \dot{V}_2 - \rho \cdot \dot{V}_L = 0.$$

Nach Ausklammern von ρ folgt

$$\dot{V}_1 - \dot{V}_2 - \dot{V}_L = 0.$$

Mit $\dot{V}_L = K \cdot \dot{V}_2$ wird dann

$$\dot{V}_1 - \dot{V}_2 - K \cdot \dot{V}_2 = \dot{V}_1 - \dot{V}_2 \cdot (1 + K) = 0.$$

Umgeformt erhält man des Weiteren

$$\dot{V}_2 = \frac{1}{1 + K} \cdot \dot{V}_1.$$

Wegen $\dot{V}_1 = c_1 \cdot A_1$ und $\dot{V}_2 = c_2 \cdot A_2$ sowie $A_1 = \frac{\pi}{4} \cdot D_1^2$ und $A_2 = \frac{\pi}{4} \cdot D_2^2$ folgt

$$c_2 \cdot \frac{\pi}{4} \cdot D_2^2 = \frac{1}{1+K} \cdot c_1 \cdot \frac{\pi}{4} \cdot D_1^2$$

oder

$$c_2 = \frac{1}{1+K} \cdot c_1 \cdot \frac{D_1^2}{D_2^2}$$

Lösungsschritte – Fall 2

Der Leckagevolumenstrom lautet gemäß Durchflussgleichung

$$\dot{V}_L = c_{Sp} \cdot A_{Sp}.$$

Umgestellt nach der gesuchten **Spaltgeschwindigkeit** $c_{Sp} = \frac{\dot{V}_L}{A_{Sp}}$, wobei $\dot{V}_L = K \cdot \dot{V}_2$ einzusetzen ist – mit $\dot{V}_2 = c_2 \cdot \frac{\pi}{4} \cdot D_2^2$ und dem freien Spaltquerschnitt $A_{Sp} = \frac{\pi}{4} \cdot \left(D_1^2 - D_K^2 \right)$ –, führt zu

$$c_{Sp} = \frac{K \cdot c_2 \cdot \frac{\pi}{4} \cdot D_2^2}{\frac{\pi}{4} \cdot \left(D_1^2 - D_K^2 \right)}$$

oder nach Kürzen

$$c_{Sp} = \frac{K \cdot c_2 \cdot D_2^2}{D_1^2 - D_K^2}.$$

Einsetzen von

$$c_2 = \frac{1}{1+K} \cdot c_1 \cdot \frac{D_1^2}{D_2^2}$$

(s. o.) liefert zunächst

$$c_{Sp} = \frac{K \cdot c_1 \cdot \frac{D_1^2}{D_2^2} \cdot D_2^2}{(1+K) \cdot \left(D_1^2 - D_K^2 \right)}$$

oder wiederum nach Kürzen

$$c_{Sp} = \frac{K \cdot c_1 \cdot D_1^2}{(1+K) \cdot \left(D_1^2 - D_K^2 \right)}.$$

Nach Umstellen von D_1^2 lautet das Ergebnis schließlich

$$c_{Sp} = \frac{K}{1 + K} \cdot \frac{1}{\left(1 - \frac{D_K^2}{D_1^2}\right)} \cdot c_1.$$

Lösungsschritte – Fall 3
Wir finden für c_2 und c_{Sp}, wenn $c_1 = 0{,}025 \, \text{m/s}$, $K = 1/4$, $D_1 = 0{,}020 \, \text{m}$, $D_2 = 0{,}0010 \, \text{m}$ und $D_3 = 0{,}0199 \, \text{m}$ gegeben sind:

$$c_2 = \frac{1}{1 + \frac{1}{4}} \cdot 0{,}025 \cdot \frac{0{,}2^2}{0{,}0010^2} = 8 \frac{\text{m}}{\text{s}}$$

$$c_{Sp} = \frac{\frac{1}{4}}{1 + \frac{1}{4}} \cdot \frac{1}{1 - \frac{0{,}0199^2}{0{,}020^2}} \cdot 0{,}025 = 0{,}501 \frac{\text{m}}{\text{s}}$$

Aufgabe 7.11 Windkanal mit Grenzschichtabsaugung

Um störende Einflüsse von Wandgrenzschichten bei Versuchen in Windkanälen zu ver-meiden, bedient man sich bisweilen der „Grenzschichtabsaugung" (Abb. 7.9). Über Boh-rungen in der Wand der Teststrecke wird das Grenzschichtmaterial $\dot{m}_L$ nach außen ab-gesaugt. Dabei fördert das Propellerrad eines Ventilators im geschlossenen Windkanal Luft durch den Zulauf $\dot{m}_0$ und die anschließende Teststrecke $\dot{m}_1$ bzw. $\dot{m}_2$. Bei bekannten geometrischen Abmessungen des Kanals, Lochzahldichte n sowie Geschwindigkeiten zu Beginn der Teststrecke c_1 und in den Bohrungen c_L werden die Geschwindigkeiten im Zu-lauf c_0, am Ende der Teststrecke c_2 und im Propellerraum c_P gesucht. Ebenfalls bestimmt werden soll der abgesaugte Volumenstrom $\dot{V}_L$.

Lösung zu Aufgabe 7.11

Aufgabenerläuterung
Im vorliegenden Fall steht die Anwendung des Kontinuitätsgesetzes im Vordergrund. In Verbindung mit den gegebenen Geschwindigkeiten und Querschnitten lassen sich die ge-suchten Größen ermitteln.

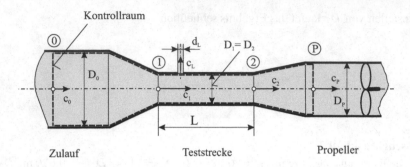

Abb. 7.9 Windkanal mit Grenzschichtabsaugung

Gegeben:

- D_0; $D_1 = D_2$; D_P; d_L; L; n (Lochzahl/m^2); c_1; c_L

Gesucht:

1. c_0
2. $\dot{V}_L$
3. c_2
4. c_P
5. c_0, $\dot{V}_L$, c_2 und c_P, wenn $D_0 = 2{,}60$ m; $D_1 = D_2 = 0{,}90$ m; $D_P = 2{,}40$ m; $d_L = 7$ mm; $L = 4{,}0$ m; $n = 800$ Löcher/m^2; $c_1 = 46$ m/s; $c_L = 10$ m/s

---

Anmerkungen

- Annahme einer inkompressiblen Luftströmung

Lösungsschritte – Fall 1

Für die **Geschwindigkeit im Zulauf c_0** liefert die Kontinuität $\sum \dot{m} = 0$ zwischen den Stellen 0 und 1, wenn einfließende Massenströme mit einem positiven, ausströmende Massenströme dagegen mit einem negativen Vorzeichen angeschrieben werden,

$$\dot{m}_0 - \dot{m}_1 = 0 \quad \text{oder} \quad \dot{m}_0 = \dot{m}_1.$$

Mit $\dot{m} = \rho \cdot \dot{V} = \rho \cdot c \cdot A$ folgt

$$\rho_0 \cdot c_0 \cdot A_0 = \rho_1 \cdot c_1 \cdot A_1.$$

Wegen $\rho_0 = \rho_1$ wird daraus

$$c_0 \cdot A_0 = c_1 \cdot A_1$$

und durch Umstellen

$$c_0 = \frac{c_1 \cdot A_1}{A_0}.$$

Mit dem Kreisquerschnitt $A = \frac{\pi}{4} \cdot D^2$ erhält man

$$c_0 = c_1 \cdot \frac{\frac{\pi}{4} \cdot D_1^2}{\frac{\pi}{4} \cdot D_0^2}$$

und folglich

$$c_0 = c_1 \cdot \frac{D_1^2}{D_0^2}.$$

Lösungsschritte – Fall 2

Der **gesamte abgesaugte Luftstrom** lautet $\dot{V}_L = n_{ges} \cdot \dot{V}_n$. Hierin sind $\dot{V}_n$ der Luftstrom pro Loch und n_{ges} die Gesamtlochzahl der Messstreckenoberfläche. Weiterhin ist $n_{ges} = n \cdot O$ mit $O = \pi \cdot D_1 \cdot L$. Der Volumenstrom eines Einzellochs lautet

$$\dot{V}_n = c_L \cdot A_L,$$

wobei als Lochquerschnitt $A_L = \frac{\pi}{4} \cdot d_L^2$ gilt. Man erhält dann

$$\dot{V}_L = n \cdot \pi \cdot D_1 \cdot L \cdot c_L \cdot \frac{\pi}{4} \cdot d_L^2$$

oder als Ergebnis

$$\dot{V}_L = \frac{\pi^2}{4} \cdot n \cdot D_1 \cdot d_L^2 \cdot L \cdot c_L.$$

Lösungsschritte – Fall 3

Für die **Geschwindigkeit** c_2 nutzen wir die Durchflussgleichung $\dot{V}_2 = c_2 \cdot A_2$ an der Stelle 2. Nach Umstellung folgt

$$c_2 = \frac{\dot{V}_2}{A_2}$$

und mit $A_2 = \frac{\pi}{4} \cdot D_2^2 = \frac{\pi}{4} \cdot D_1^2$ (wegen $D_1 = D_2$) ergibt sich

$$c_2 = \frac{\dot{V}_2}{\frac{\pi}{4} \cdot D_1^2}.$$

$\dot{V}_2$ wird aus Kontinuität an der Teststrecke,

$$\dot{V}_1 - \dot{V}_L - \dot{V}_2 = 0,$$

zu

$$\dot{V}_2 = \dot{V}_1 - \dot{V}_L$$

ermittelt. Man erhält dann zunächst

$$c_2 = \frac{\dot{V}_1 - \dot{V}_L}{\frac{\pi}{4} \cdot D_1^2}.$$

Wegen $\dot{V}_1 = c_1 \cdot A_1$ mit $A_1 = \frac{\pi}{4} \cdot D_1^2$ führt dies zu

$$\dot{V}_1 = c_1 \cdot \frac{\pi}{4} \cdot D_1^2.$$

Somit liefert dies für c_2 nach Einsetzen der Zusammenhänge

$$c_2 = \frac{c_1 \cdot \frac{\pi}{4} \cdot D_1^2 - \frac{\pi^2}{4} \cdot n \cdot D_1 \cdot d_L^2 \cdot L \cdot c_L}{\frac{\pi}{4} \cdot D_1^2}$$

und nach Kürzen gleicher Größen

$$c_2 = c_1 - \pi \cdot \frac{L}{D_1} \cdot d_L^2 \cdot c_L \cdot n.$$

Lösungsschritte – Fall 4
1. c_P:

Für die **Geschwindigkeit c_P im Propellerraum** liefert die Kontinuität zwischen den Stellen 2 und P

$$\dot{m}_2 - \dot{m}_P = 0 \quad \text{oder} \quad \dot{m}_P = \dot{m}_2.$$

Mit $\dot{m} = \rho \cdot c \cdot A$ folgt

$$\rho_P \cdot c_P \cdot A_P = \rho_2 \cdot c_2 \cdot A_2.$$

Wegen $\rho_P = \rho_2$ ist dann

$$c_P \cdot A_P = c_2 \cdot A_2.$$

Somit erhält man durch Umstellen

$$c_P = \frac{c_2 \cdot A_2}{A_P}$$

und mit $A = \frac{\pi}{4} \cdot D^2$ dann

$$c_P = c_2 \cdot \frac{\frac{\pi}{4} \cdot D_2^2}{\frac{\pi}{4} \cdot D_P^2}$$

und folglich, da $D_1 = D_2$,

$$c_P = c_2 \cdot \frac{D_1^2}{D_P^2}.$$

Mit c_2 (s. o.) lautet dann das Ergebnis

$$c_P = \left(c_1 - \pi \cdot \frac{L}{D_1} \cdot d_L^2 \cdot c_L \cdot n \right) \cdot \frac{D_1^2}{D_P^2}.$$

Lösungsschritte – Fall 5

c_0, $\dot{V}_L$, c_2 und c_P nehmen, wenn $D_0 = 2{,}60\,\text{m}$, $D_1 = D_2 = 0{,}90\,\text{m}$, $D_P = 2{,}40\,\text{m}$, $d_L = 7\,\text{mm}$, $L = 4{,}0\,\text{m}$, $n = 800$ Löcher/m^2, $c_1 = 46\,\text{m/s}$ und $c_L = 10\,\text{m/s}$ gegeben sind, die folgenden Wert an:

$$c_0 = 46 \cdot \frac{0{,}90^2}{2{,}6^2} = 5{,}51\,\frac{\text{m}}{\text{s}}$$

$$\dot{V}_L = \frac{\pi^2}{4} \cdot 800 \cdot 0{,}90 \cdot 0{,}007^2 \cdot 4 \cdot 10 = 3{,}482\,\frac{\text{m}^3}{\text{s}}$$

$$c_2 = 46 - \pi \cdot \frac{4}{0{,}90} \cdot 0{,}007^2 \cdot 10 \cdot 800 = 40{,}53\,\frac{\text{m}}{\text{s}}$$

$$c_P = \left(46 - \pi \cdot \frac{4}{0{,}90} \cdot 0{,}007^2 \cdot 10 \cdot 800 \right) \cdot \frac{0{,}90^2}{2{,}4^2} = 5{,}70\,\frac{\text{m}}{\text{s}}$$

Bernoulli'sche Energiegleichung für ruhende Systeme

8

Der Energieerhaltungssatz in einem Kontrollraum besagt, dass die Gesamtenergie eines jeden Stromfadens' gleich bleibt, sofern keine mechanische Energie (Strömungsmaschinen) und/oder Wärmeenergie (Wärmetauscher) über die Kontrollraumgrenzen transportiert werden. Die Energiegleichung (Bernoulli-Gleichung) lässt sich sowohl mittels Energiesatz als auch dem ersten Newton'schen Gesetz herleiten. Aus dem letzteren entsteht die Euler'sche Bewegungsgleichung, deren Integration zur Bernoulli'schen Energiegleichung führt. Dieses fundamentale Gesetz kommt bei der Berechnung zahlreicher Aufgaben der Strömungsmechanik zum Einsatz, wo die Frage nach Geschwindigkeits- und Druckgrößen gestellt ist. Neben den meist bekannten Ortsgrößen z werden jedoch noch Randbedingungen an den Referenzstellen sowie die Kontinuitätsgleichung benötigt.

Reibungsfreie Strömung
Im Folgenden wird von einer stationären, eindimensionalen Strömung inkompressibler Fluide ausgegangen. Unter zu Grunde Legung des Kräftegleichgewichts an einem Fluidelement dm, welches sich entlang einer Stromlinie (= Bahnlinie bei stationärer Strömung) bewegt, lässt sich das erste Newton'sche Gesetz aufstellen mit

$$\sum_{i=1}^{n} d\vec{F}_i = dm \cdot \vec{a}.$$

Unter der Einwirkung der Druckkräfte und der Schwerkraftkomponente in bzw. entgegen der Stromlinienrichtung gelangt man zur Bernoulli'schen Energiegleichung in **differenzieller** Form

$$\frac{dp}{\rho} + g \cdot dz + c \cdot dc = 0$$

© Springer-Verlag GmbH Deutschland, ein Teil von Springer Nature 2018
V. Schröder, *Übungsaufgaben zur Strömungsmechanik 1*,
https://doi.org/10.1007/978-3-662-56054-9_8

oder in **integraler** Form

$$\frac{p}{\rho} + g \cdot z + \frac{c^2}{2} = C.$$

Dies ist die Bernoulli'sche Gleichung als Energiegleichung formuliert mit

$\frac{p}{\rho}$	spezifische Druckenergie	$\left[\frac{\text{Nm}}{\text{kg}}\right]$
$g \cdot z$	spezifische potenzielle Energie	$\left[\frac{\text{Nm}}{\text{kg}}\right]$
$\frac{c^2}{2}$	spezifische Geschwindigkeitsenergie	$\left[\frac{\text{Nm}}{\text{kg}}\right]$
C	Integrationskonstante oder Bernoulli'sche Konstante	–

Die Anwendung der Bernoulli'schen Gleichung ist streng genommen nur für einzelne Stromlinien zulässig. Unter Voraussetzung gleichbleibender Geschwindigkeiten über den Strömungsquerschnitten kann sie aber auch uneingeschränkt bei Stromröhren eingesetzt werden. Wenn nicht anders angegeben oder die Aufgabenstellung von ungleichförmigen Geschwindigkeitsverteilungen ausgeht, werden in den folgenden Beispielen mittlere Geschwindigkeiten ($c \equiv \overline{c}$) zu Grunde gelegt und somit die o. g. Forderung nach Homogenität von c erfüllt. Die betreffenden Einflüsse bei tatsächlich vorliegenden inhomogenen c-Verteilungen können durch geeignete Korrekturbeiwerte berücksichtigt werden.

Eine andere Form der Bernoulli'schen Gleichung entsteht nach Multiplikation o. g. Energiegleichung mit der Dichte ρ. Sie ist als **Druckgleichung** bekannt und lautet:

$$p + \rho \cdot g \cdot z + \frac{\rho}{2} \cdot c^2 = C^*,$$

wobei

p	statischer Druck $\equiv p_{\text{stat}}$	[Pa]
$\rho \cdot g \cdot z$	potenzieller Druck	[Pa]
$\frac{\rho}{2} \cdot c^2$	dynamischer Druck oder auch Staudruck $\equiv p_{\text{dyn.}}$	[Pa]
C^*	Integrationskonstante	–

Häufig formuliert man diese Druckgleichung bei horizontalen Anwendungen bzw. dort, wo $\rho \cdot g \cdot z$ vernachlässigbar ist (Gase), auch wie folgt

$$p_{ges} (\equiv p_{tot}) = p_{stat} + p_{dyn}$$

oder

$$p_{ges} = p_{stat} + \frac{\rho}{2} \cdot c^2$$

$p_{ges} \equiv p_{tot}$ ist der Gesamtdruck (Totaldruck) in [Pa].

An zwei Stellen 1 und 2 auf einem Stromfaden lauten die Bernoulli-Gleichungen:

Energiegleichung

$$\frac{p_1}{\rho} + \frac{c_1^2}{2} + g \cdot Z_1 = \frac{p_2}{\rho} + \frac{c_2^2}{2} + g \cdot Z_2$$

Druckgleichung

$$p_1 + \frac{\rho}{2} \cdot c_1^2 + \rho \cdot g \cdot Z_1 = p_2 + \frac{\rho}{2} \cdot c_2^2 + \rho \cdot g \cdot Z_2$$

Diese Zusammenhänge besagen, dass die Summe aus den jeweiligen drei Energie- oder Druckgrößen an den Stellen 1 und 2 und jeder anderen Stelle des Stromfadens (-röhre) gleich bleibt, die einzelnen Terme sich aber ändern können. In welchem Maß dies geschieht hängt von den Gegebenheiten der jeweiligen zu Grunde liegenden Kontrollräume ab.

Reibungsbehaftete Strömung

Auch jetzt wird wieder von stationärer, eindimensionaler Strömung inkompressibler Fluide ausgegangen. Unter Berücksichtigung der Fluidreibungskräfte wird die spezifische

Druckenergie oder die spezifische Geschwindigkeitsenergie an der Stelle 2 gegenüber der Stelle 1 um einen irreversiblen Verlustanteil $Y_{V,1-2}$ bzw. $p_{V,1-2}$ reduziert, was dann

$$\frac{p_1}{\rho} + \frac{c_1^2}{2} + g \cdot Z_1 \neq \frac{p_2}{\rho} + \frac{c_2^2}{2} + g \cdot Z_2$$

zur Folge hat. Wenn auch jetzt an der Stelle 2 zur Kennzeichnung der veränderten Gegebenheiten gegenüber dem reibungsfreien Fall eine neue Indizierung der Größen p und c erforderlich wäre, soll es der Einfachheit halber bei der bisherigen Kennzeichnung bleiben. Die auch häufig mit „Dissipation" benannten Verluste finden in den Bernoulli'schen Gleichungen wie folgt ihren Niederschlag.

Energiegleichung

$$\frac{p_1}{\rho} + \frac{c_1^2}{2} + g \cdot Z_1 = \frac{p_2}{\rho} + \frac{c_2^2}{2} + g \cdot Z_2 + Y_{V,1-2}$$

$Y_{V,1-2}$ ist die Verlustenergie zwischen 1 und 2.

Druckgleichung

$$p_1 + \frac{\rho}{2} \cdot c_1^2 + \rho \cdot g \cdot Z_1 = p_2 + \frac{\rho}{2} \cdot c_2^2 + \rho \cdot g \cdot Z_2 + p_{V,1-2}.$$

$p_{V,1-2}$ ist der Druckverlust zwischen 1 und 2.

Aufgabe 8.1 Wasserbecken mit zwei parallelen Ausflussrohren

Ein großes Wasserbecken, dessen Flüssigkeitsspiegel Z_0 als konstant anzusehen ist, speist ein Rohrleitungssystem mit verschiedenen Rohrquerschnitten A_1, A_2 und A_3 (Abb. 8.1). Die Rohre können durch Ventile geöffnet werden, wodurch ein Ausströmen ins Freie erfolgt. Die Strömung sei verlustfrei.

Lösung zu Aufgabe 8.1

Aufgabenerläuterung

Beim Ausströmen aus einem gegen Atmosphäre offenen, sehr großen Behälter wiederum in atmosphärische Umgebung kann man bei der Bestimmung der Austrittsgeschwindig-

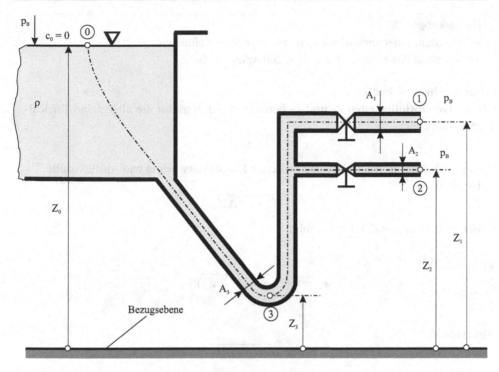

Abb. 8.1 Wasserbecken mit zwei parallelen Ausflussrohren

keit von der Torricelli'schen Gleichung (Sonderform der Bernoulli'schen Gleichung) Gebrauch machen.

Das gesuchte Flächenverhältnis lässt sich bei der vorausgesetzten Volumenstromgleichheit an den Stellen 1 und 2 und den jetzt hier bekannten Geschwindigkeiten mit der Durchflussgleichung herleiten. Bei der Bestimmung des statischen Drucks an der tiefsten Stelle der Zuleitung zu den Ausflüssen 1 und 2 wird wiederum der Bernoulli'sche Ansatz verwendet. Hierbei ist zu berücksichtigen, dass an dieser Stelle der Gesamtvolumenstrom die Rohrleitung durchfließt.

Gegeben:

- ρ; g; A_1; A_3; Z_0; Z_1; Z_2; Z_3

Gesucht:

1. c_1; c_2
2. $\frac{A_1}{A_2}$, wenn $\dot{V}_1 = \dot{V}_2$
3. p_3

Anmerkungen

- Annahme einer verlustfreien Strömung in allen Leitungen
- Annahme einer konstanten Flüssigkeitsspiegelhöhe Z_0

Lösungsschritte – Fall 1

Für die **Geschwindigkeiten c_1 und c_2** betrachten wir zunächst die allgemeine Torricelli'sche Gleichung:

$$c = \sqrt{2 \cdot g \cdot \Delta Z}.$$

Hierin ist ΔZ der Höhenunterschied zwischen Flüssigkeitsspiegel und Ausflussstelle.

Es gilt dann

$$c_1 = \sqrt{2 \cdot g \cdot \Delta Z_1},$$

wobei $\Delta Z_1 = (Z_0 - Z_1)$. Daraus folgt

$$c_1 = \sqrt{2 \cdot g \cdot (Z_0 - Z_1)}.$$

Weiterhin ist

$$c_2 = \sqrt{2 \cdot g \cdot \Delta Z_2}$$

mit $\Delta Z_2 = (Z_0 - Z_2)$.

Es folgt:

$$c_2 = \sqrt{2 \cdot g \cdot (Z_0 - Z_2)}$$

Lösungsschritte – Fall 2

Für das **Flächenverhältnis A_1/A_2** bei $\dot{V}_1 = \dot{V}_2$ setzen wir die Durchflussgleichungen für $\dot{V}_1$ und $\dot{V}_2$ an:

$$\dot{V}_1 = c_1 \cdot A_1 \quad \text{und} \quad \dot{V}_2 = c_2 \cdot A_2.$$

Bei Gleichheit von $\dot{V}_1$ und $\dot{V}_2$ erhält man

$$c_1 \cdot A_1 = c_2 \cdot A_2.$$

Umgestellt nach dem gesuchten Flächenverhältnis $\frac{A_1}{A_2} = \frac{c_2}{c_1}$ und unter Verwendung der unter Fall 1 ermittelten Geschwindigkeiten liefert dies zunächst

$$\frac{A_1}{A_2} = \frac{\sqrt{2 \cdot g \cdot (Z_0 - Z_2)}}{\sqrt{2 \cdot g \cdot (Z_0 - Z_1)}} = \frac{\sqrt{2 \cdot g}}{\sqrt{2 \cdot g}} \cdot \frac{\sqrt{(Z_0 - Z_2)}}{\sqrt{(Z_0 - Z_1)}}.$$

Nach dem Kürzen gleicher Größen folgt

$$\frac{A_1}{A_2} = \sqrt{\frac{(Z_0 - Z_2)}{(Z_0 - Z_1)}}$$

Lösungsschritte – Fall 3

Für den **Druck** p_3 setzen wir die Bernoulli'sche Gleichung an den Stellen 0 und 3 an:

$$\frac{p_0}{\rho} + \frac{c_0^2}{2} + g \cdot Z_0 = \frac{p_3}{\rho} + \frac{c_3^2}{2} + g \cdot Z_3.$$

Mit den hier vorliegenden Gegebenheiten $p_0 = p_B$ und $c_0 = 0$ erhält man

$$\frac{p_B}{\rho} = \frac{p_3}{\rho} + g \cdot (Z_3 - Z_0) + \frac{c_3^2}{2}.$$

Mit der Dichte ρ multipliziert und nach dem gesuchten Druck p_3 umgestellt liefert dies

$$p_3 = p_B + \rho \cdot g \cdot (Z_0 - Z_3) - \frac{\rho}{2} \cdot c_3^2.$$

Der noch unbekannte Term $\frac{c_3^2}{2}$ lässt sich mittels Durchflussgleichung $\dot{V}_3 = c_3 \cdot A_3$ oder $c_3 = \frac{\dot{V}_3}{A_3}$ angeben. Benutzt man das Kontinuitätsgesetz $\dot{V}_3 = \dot{V}_1 + \dot{V}_2$ oder im vorliegenden Fall, da $\dot{V}_1 = \dot{V}_2$ vorausgesetzt wird, $\dot{V}_3 = 2 \cdot \dot{V}_1$, so folgt mit $\dot{V}_1 = c_1 \cdot A_1$

$$c_3 = 2 \cdot c_1 \cdot \frac{A_1}{A_3}.$$

Mit dem Quadrat

$$c_3^2 = 4 \cdot c_1^2 \cdot \left(\frac{A_1}{A_3}\right)^2$$

wird dann daraus

$$\frac{c_3^2}{2} = 2 \cdot c_1^2 \cdot \left(\frac{A_1}{A_3}\right)^2.$$

Setzen wir nun noch $c_1^2 = 2 \cdot g \cdot (Z_0 - Z_1)$ ein, so erhalten wir

$$\frac{c_3^2}{2} = 2 \cdot [2 \cdot g \cdot (Z_0 - Z_1)] \cdot \left(\frac{A_1}{A_3}\right)^2 = 4 \cdot g \cdot (Z_0 - Z_1) \cdot \left(\frac{A_1}{A_3}\right)^2.$$

In die Gleichung des Drucks p_3 eingefügt führt dies zu

$$p_3 = p_B + \rho \cdot g \cdot (Z_0 - Z_3) - 4 \cdot \rho \cdot g \cdot (Z_0 - Z_1) \cdot \left(\frac{A_1}{A_3}\right)^2$$

oder

$$p_3 = p_B + \rho \cdot g \cdot \left[(Z_0 - Z_3) - 4 \cdot (Z_0 - Z_1) \cdot \left(\frac{A_1}{A_3}\right)^2\right]$$

Aufgabe 8.2 Vertikale Rohrerweiterung mit U-Rohr

In Abb. 8.2 ist der Ausschnitt einer vertikalen Rohrleitung zu erkennen, in der eine Wasser-
strömung durch eine Rohrerweiterung verzögert wird. Von den Messstellen 1 und 2 führen
zwei wassergefüllte Druckmessleitungen zu einem U-Rohr-Manometer (Sperrflüssigkeit:
Quecksilber = „Hg"). Bestimmen Sie bei bekannten geometrischen Größen, Fluiddichten
und Volumenstrom den zu erwartenden Druckunterschied zwischen den Stellen 1 und 2
sowie den Ausschlag der Quecksilbersäule im U-Rohr-Manometer.

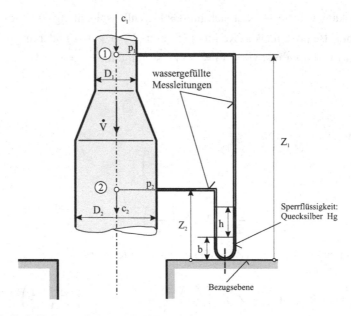

Abb. 8.2 Vertikale Rohrerweiterung mit U-Rohr

Lösung zu Aufgabe 8.2

Aufgabenerläuterung

Der Volumenstrom $\dot{V}$ fließt im vorliegenden Fall vertikal abwärts gerichtet zunächst durch ein Rohr kleineren Durchmessers D_1 und wird dann mit einer Erweiterung übergeleitet in ein Rohr größeren Durchmessers D_2. Hierdurch kommt es aufgrund des Kontinuitätsgesetzes zu einer Geschwindigkeitsverkleinerung von c_1 auf c_2. Unter Beachtung des Bernoulli'schen Gesetzes wird bei gleichzeitiger Berücksichtigung des Höhenunterschieds zwischen den Messstellen 1 und 2 eine entsprechende Veränderung des statischen Drucks Δp hervorgerufen.

Die beiden Drücke werden auf die Schenkel eines U-Rohr-Manometers geschaltet, wo sie neben dem Höheneinfluss eine Verschiebung h der Sperrflüssigkeit (hier Quecksilber „Hg") bewirken. Bei der Ermittlung von h empfiehlt es sich, am tiefsten Punkt des U-Rohrs gedanklich den Druckvergleich der „linken" Seite mit der „rechten" Seite vorzunehmen.

Gegeben:

- D_1; D_2; Z_1; Z_2; ρ_W; ρ_{Hg}; $\dot{V}$

Gesucht:

1. $p_2 - p_1 = \Delta p$
2. h
3. Δp und h, wenn $D_1 = 0{,}20$ m; $D_2 = 0{,}40$ m; $Z_1 = 4$ m; $Z_2 = 2$ m; $\rho_W = 1\,000$ kg/m^3; $\rho_{Hg} = 13\,560$ kg/m^3; $\dot{V} = 0{,}3142$ m^3/s

---

Anmerkungen

- Die Strömung wird verlustfrei angenommen.
- Aufgrund dieser Annahme sind $\dot{V}$, Δp und h idealisierte Größen. Sie werden wegen einer besseren Übersicht nicht zusätzlich indiziert.

Lösungsschritte – Fall 1

Den gesuchten **Druckunterschied Δp** leitet man sich aus der Bernoulli'schen Gleichung her:

$$\frac{p_1}{\rho_W} + \frac{c_1^2}{2} + g \cdot Z_1 = \frac{p_2}{\rho_W} + \frac{c_2^2}{2} + g \cdot Z_2.$$

Umgeformt nach $\frac{p_2 - p_1}{\rho_W}$ folgt zunächst

$$\frac{p_2 - p_1}{\rho_W} = g \cdot (Z_1 - Z_2) + \frac{c_1^2 - c_2^2}{2}$$

und nach Multiplikation mit der Wasserdichte ρ_W

$$\Delta p = (p_2 - p_1) = \rho_W \cdot g \cdot (Z_1 - Z_2) + \frac{\rho_W}{2} \cdot \left(c_1^2 - c_2^2 \right).$$

Da der Volumenstrom bekannt ist, können die beiden Geschwindigkeiten c_1 und c_2 mit dem Kontinuitätsgesetz

$$\dot{V}_1 = c_1 \cdot A_1 = \dot{V}_2 = c_2 \cdot A_2 = \dot{V}$$

und somit $c_1 = \frac{\dot{V}}{A_1}$ bzw. $c_2 = \frac{\dot{V}}{A_2}$ ersetzt werden.

Führt man noch die beiden Kreisrohrquerschnitte $A_1 = \frac{\pi}{4} \cdot D_1^2$ und $A_2 = \frac{\pi}{4} \cdot D_2^2$ ein, so liefert dies

$$c_1 = \frac{4 \cdot \dot{V}}{\pi \cdot D_1^2} \quad \text{bzw.} \quad c_2 = \frac{4 \cdot \dot{V}}{\pi \cdot D_2^2}.$$

Diese beiden neuen Ausdrücke für c_1 und c_2 quadriert und in die Gleichung für $p_2 - p_1 = \Delta p$ eingesetzt, bekommen wir

$$p_2 - p_1 = \Delta p = \rho_W \cdot g \cdot (Z_1 - Z_2) + \frac{\rho_W}{2} \cdot \frac{16 \cdot \dot{V}^2}{\pi^2} \cdot \left(\frac{1}{D_1^4} - \frac{1}{D_2^4} \right)$$

und nach Kürzen

$$\Delta p = \rho_W \cdot g \cdot (Z_1 - Z_2) + \rho_W \cdot \frac{8}{\pi^2} \cdot \dot{V}^2 \cdot \left(\frac{1}{D_1^4} - \frac{1}{D_2^4} \right).$$

Lösungsschritte – Fall 2

Um die **Verschiebung h** der Sperrflüssigkeit zu bestimmen, vergleichen wir den Druck auf der „linken" Seite und „rechten" Seite am tiefsten Punkt des U-Rohr-Manometers:

$$p_2 + \rho_W \cdot g \cdot (Z_2 - b) + \rho_{Hg} \cdot g \cdot b = p_1 + \rho_W \cdot g \cdot [Z_1 - (b + h)] + \rho_{Hg} \cdot g \cdot (h + b)$$

oder

$$p_2 + \rho_W \cdot g \cdot Z_2 = p_1 + \rho_W \cdot g \cdot Z_1 - \rho_W \cdot g \cdot h + \rho_{Hg} \cdot g \cdot h.$$

Umgeformt nach Größen mit h folgt zunächst

$$\rho_{Hg} \cdot g \cdot h - \rho_W \cdot g \cdot h = (p_2 - p_1) + \rho_W \cdot g \cdot Z_2 - \rho_W \cdot g \cdot Z_1$$

oder

$$g \cdot h \cdot \left(\rho_{Hg} - \rho_W \right) = (p_2 - p_1) - \rho_W \cdot g \cdot (Z_1 - Z_2).$$

Wird jetzt noch mit $\frac{1}{g \cdot (\rho_{Hg} - \rho_W)}$ multipliziert, so führt dies zum gesuchten Ergebnis

$$h = \frac{(p_2 - p_1) - \rho_W \cdot g \cdot (Z_1 - Z_2)}{g \cdot (\rho_{Hg} - \rho_W)}.$$

Lösungsschritte – Fall 3

Δp und h bekommen wir im Fall, dass $D_1 = 0{,}20\,\text{m}$, $D_2 = 0{,}40\,\text{m}$, $Z_1 = 4\,\text{m}$, $Z_2 = 2\,\text{m}$, $\rho_W = 1\,000\,\text{kg/m}^3$, $\rho_{Hg} = 13\,560\,\text{kg/m}^3$ und $\dot{V} = 0{,}3142\,\text{m}^3/\text{s}$ gegeben sind, bei dimensionsgerechter Verwendung der Zahlenwerte als

$$\Delta p = 1\,000 \cdot 9{,}81 \cdot (4 - 2) + 1\,000 \cdot \frac{8}{\pi^2} \cdot 0{,}3142^2 \cdot \left(\frac{1}{0{,}2^4} - \frac{1}{0{,}4^4} \right)$$

$$\Delta p = 66\,507\,\text{Pa} \equiv 0{,}665\,\text{bar}$$

$$h = \frac{66\,507 - 1\,000 \cdot 9{,}81 \cdot (4 - 2)}{9{,}81 \cdot (13\,560 - 1\,000)}$$

$$h = 0{,}3805\,\text{m}.$$

Aufgabe 8.3 Trichter

Ein in Abb. 8.3 dargestellter trichterförmiger Behälter mit veränderlichen Kreisquerschnitten ist mit Wasser befüllt. Das Wasser strömt an der Stelle 3 in atmosphärische Umgebung. Bei bekannten geometrischen Abmessungen des Trichters an den Stellen 1, 2 und 3 und ihren Abständen zur Bezugsebene sollen die betreffenden Geschwindigkeiten und Drücke ermittelt werden. Weiterhin ist der Flüssigkeitsanstieg im offenen Steigrohr an der Stelle 1 zu bestimmen.

Lösung zu Aufgabe 8.3

Aufgabenerläuterung

Zur Lösung der Fragen nach den Geschwindigkeiten und Drücken kommen die Bernoulli'sche Gleichung, das Kontinuitätsgesetz und die Durchflussgleichung zur Anwendung. Die Frage nach der Höhe im Steigrohr löst man mit dem statischen Druck an der Stelle 1 und den Druckanteilen im Steigrohr.

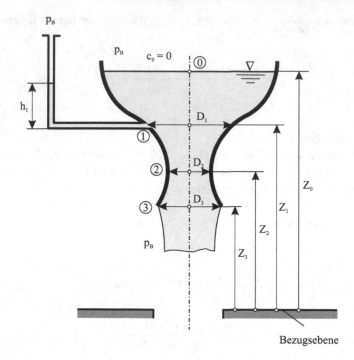

Abb. 8.3 Trichter

Gegeben:

- Z_0; Z_1; Z_2; Z_3; D_1; D_2; D_3; p_B; ρ

Gesucht:

1. c_3; c_1; c_2
2. p_1
3. p_2
4. h_1
5. c_3; c_1; c_2; p_1; p_2; h_1, wenn $Z_0 = 5\,\text{m}$; $Z_1 = 4,2\,\text{m}$; $Z_2 = 3,8\,\text{m}$; $Z_3 = 3,3\,\text{m}$; $D_1 = 11\,\text{cm}$; $D_2 = 4,8\,\text{cm}$; $D_3 = 7\,\text{cm}$; $p_B = 10^5\,\text{Pa}$; $\rho = 1\,000\,\text{kg/m}^3$

Anmerkungen

- Die Strömung wird verlustfrei angenommen.
- Das Trichtervolumen kann als sehr groß angenommen werden, sodass $c_0 \approx 0$ wird.

Lösungsschritte – Fall 1

Es wird zunächst die **Geschwindigkeit** c_3 an der Stelle 3 ermittelt, da sie mit den vorgegebenen Größen sofort lösbar ist. Die Bernoulli'sche Gleichung an den Stellen 0 und 3 ergibt nämlich

$$\frac{p_0}{\rho} + \frac{c_0^2}{2} + g \cdot Z_0 = \frac{p_3}{\rho} + \frac{c_3^2}{2} + g \cdot Z_3.$$

Mit den hier vorliegenden besonderen Gegebenheiten $p_0 = p_3 = p_B$ und $c_0 = 0$ folgt sofort

$$\frac{c_3^2}{2} = g \cdot (Z_0 - Z_3)$$

oder

$$c_3 = \sqrt{2 \cdot g \cdot (Z_0 - Z_3)}$$

Die **Geschwindigkeiten c_1 und c_2** lassen sich bei nun bekannter Geschwindigkeit c_3 mit dem Kontinuitätsgesetz und der Durchflussgleichung folgendermaßen bestimmen:
   Das Kontinuitätsgesetz

$$\dot{V}_1 = c_1 \cdot A_1 = \dot{V}_3 = c_3 \cdot A_3 = \dot{V}$$

wird umgeformt zu

$$c_1 = c_3 \cdot \frac{A_3}{A_1}.$$

Die Kreisquerschnitte $A_3 = \frac{\pi}{4} \cdot D_3^2$ und $A_1 = \frac{\pi}{4} \cdot D_1^2$ eingesetzt liefern

$$c_1 = c_3 \cdot \frac{D_3^2}{D_1^2}$$

Analog zu c_1 folgt mit

$$\dot{V}_2 = c_2 \cdot A_2 = \dot{V}_3 = c_3 \cdot A_3 = \dot{V} \quad \text{oder} \quad c_2 = c_3 \cdot \frac{A_3}{A_1}$$

und den Kreisquerschnitten $A_3 = \frac{\pi}{4} \cdot D_3^2$ und $A_2 = \frac{\pi}{4} \cdot D_2^2$ die Gleichung

$$c_2 = c_3 \cdot \frac{D_3^2}{D_2^2}$$

Lösungsschritte – Fall 2

Für den **Druck** p_1 betrachten wir die Bernoulli'sche Gleichung an den Stellen 0 und 1:

$$\frac{p_0}{\rho} + \frac{c_0^2}{2} + g \cdot Z_0 = \frac{p_1}{\rho} + \frac{c_1^2}{2} + g \cdot Z_1.$$

Die besonderen Gegebenheiten $p_0 = p_B$ und $c_0 = 0$ in die Gleichung eingesetzt und nach $\frac{p_1}{\rho}$ aufgelöst führt zunächst zu

$$\frac{p_1}{\rho} = \frac{p_B}{\rho} + g \cdot (Z_0 - Z_1) - \frac{c_1^2}{2}$$

und nach Multiplikation mit der Dichte ρ zum Ergebnis

$$p_1 = p_B + \rho \cdot g \cdot (Z_0 - Z_1) - \frac{\rho}{2} \cdot c_1^2.$$

Lösungsschritte – Fall 3

Für den **Druck** p_2 betrachten wir entsprechend die Bernoulli'sche Gleichung an den Stellen 0 und 2:

$$\frac{p_0}{\rho} + \frac{c_0^2}{2} + g \cdot Z_0 = \frac{p_2}{\rho} + \frac{c_2^2}{2} + g \cdot Z_2.$$

Die besonderen Gegebenheiten $p_0 = p_B$ und $c_0 = 0$ in die Gleichung eingesetzt und nach $\frac{p_2}{\rho}$ aufgelöst führt zunächst zu

$$\frac{p_2}{\rho} = \frac{p_B}{\rho} + g \cdot (Z_0 - Z_2) - \frac{c_2^2}{2}$$

und nach Multiplikation mit der Dichte ρ zum Ergebnis

$$p_2 = p_B + \rho \cdot g \cdot (Z_0 - Z_2) - \frac{\rho}{2} \cdot c_2^2.$$

Lösungsschritte – Fall 4

Die **Höhe h_1 im Steigrohr** ermitteln wir so: Dem statischen Druck an der Stelle 1 stehen im Steigrohr der barometrische Druck und der hydrostatische Druck der Wassersäule gegenüber, also

$$p_1 = p_B + \rho \cdot g \cdot h_1$$

oder umgeformt

$$\rho \cdot g \cdot h_1 = p_1 - p_B.$$

Multipliziert man noch mit $\frac{1}{\rho \cdot g}$, so lautet h_1 vorläufig

$$h_1 = \frac{(p_1 - p_B)}{\rho \cdot g}.$$

Wir setzen den Druck p_1 mit dem oben ermittelten Zusammenhang ein,

$$h_1 = \frac{1}{\rho \cdot g} \cdot \left[p_B + \rho \cdot g \cdot (Z_0 - Z_1) - \frac{\rho}{2} \cdot c_1^2 - p_B \right],$$

das liefert

$$h_1 = (Z_0 - Z_1) - \frac{c_1^2}{2 \cdot g}$$

Lösungsschritte – Fall 5

Nun sind die Größen c_3, c_1, c_2, p_1, p_2 und h_1 gefragt, wenn $Z_0 = 5\,\text{m}$, $Z_1 = 4{,}2\,\text{m}$, $Z_2 = 3{,}8\,\text{m}$, $Z_3 = 3{,}3\,\text{m}$, $D_1 = 11\,\text{cm}$, $D_2 = 4{,}8\,\text{cm}$, $D_3 = 7\,\text{cm}$, $p_B = 10^5\,\text{Pa}$ und $\rho = 1\,000\,\text{kg/m}^3$ gegeben sind.

Bei dimensionsgerechter Verwendung der gegebenen Größen erhält man

$$c_3 = \sqrt{2 \cdot 9{,}81 \cdot (5 - 3{,}3)} = 5{,}78 \frac{\text{m}}{\text{s}}$$

$$c_1 = 5{,}78 \cdot \left(\frac{7}{11} \right)^2 = 2{,}34 \frac{\text{m}}{\text{s}}$$

$$c_2 = 5{,}78 \cdot \left(\frac{7}{4{,}8} \right)^2 = 12{,}29 \frac{\text{m}}{\text{s}}$$

$$p_1 = 100\,000 + 1\,000 \cdot 9{,}81 \cdot (5 - 4{,}2) - \frac{1\,000}{2} \cdot 2{,}34^2$$

$$p_1 = 105\,110\,\text{Pa}$$

$$p_2 = 100\,000 + 1\,000 \cdot 9{,}81 \cdot (5 - 3{,}8) - \frac{1\,000}{2} \cdot 12{,}29^2$$

$$p_2 = 36\,250\,\text{Pa}$$

$$h_1 = (5 - 4{,}2) - \frac{2{,}34^2}{2 \cdot 9{,}81}$$

$$h_1 = 0{,}521\,\text{m}$$

Aufgabe 8.4 Vertikaler Rohrausfluss

Am Ende einer senkrechten Rohrleitung strömt Flüssigkeit in die Atmosphäre (Abb. 8.4). Die Lage des Austritts Z_1, der Rohraustrittsdurchmesser d_1 und die Austrittsgeschwindigkeit c_1 sind bekannt. Auf welchen Durchmesser d_2 verkleinert sich der Strahldurchmesser an der Stelle Z_2 und welche Re-Zahl liegt dort vor?

Lösung zu Aufgabe 8.4

Aufgabenerläuterung
Der Flüssigkeitsstrahl strömt ab der Stelle 1 ins Freie, ist also dann gleichbleibendem Atmosphärendruck ausgesetzt. Somit wird nach der Bernoulli'schen Gleichung aufgrund der Ortshöhenverkleinerung eine Geschwindigkeitsvergrößerung erzeugt, was wiederum gemäß Kontinuitäts- und Durchflussgleichung eine Querschnittsverkleinerung bewirkt.

Gegeben:

- d_1; c_1; Z_1; Z_2; g; ν

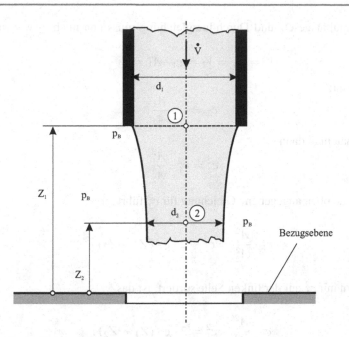

Abb. 8.4 Vertikaler Rohrausfluss

Gesucht:

1. d_2
2. Re_2
3. d_2 und Re_2, wenn $d_1 = 50\,\text{mm}$; $c_1 = 1\,\text{m/s}$; $Z_1 = 2{,}5\,\text{m}$; $Z_2 = 2{,}0\,\text{m}$; $\nu = 1 \cdot 10^{-6}\,\text{m}^2/\text{s}$

Anmerkungen

• Verluste des Flüssigkeitsstrahls mit der umgebenden Luft werden vernachlässigt.

Lösungsschritte – Fall 1

Für den **Durchmesser d_2** betrachten wir die Bernoulli'sche Gleichung an den Stellen 1 und 2:

$$\frac{p_1}{\rho} + \frac{c_1^2}{2} + g \cdot Z_1 = \frac{p_2}{\rho} + \frac{c_2^2}{2} + g \cdot Z_2.$$

Mit dem gleichbleibenden Druck $p_1 = p_2 = p_\text{B}$ folgt

$$\frac{c_2^2}{2} = \frac{c_1^2}{2} + g \cdot (Z_1 - Z_2),$$

mit 2 multipliziert ergibt sich daraus

$$c_2^2 = c_1^2 + 2 \cdot g \cdot (Z_1 - Z_2).$$

Mittels Kontinuitätsgesetz und Durchflussgleichung muss nun noch c_2 wie folgt ersetzt werden:

$$\dot{V} = \dot{V}_1 = \dot{V}_2 = c_1 \cdot A_1 = c_2 \cdot A_2,$$

oder umgeformt:

$$c_2 = c_1 \cdot \frac{A_1}{A_2}.$$

Quadriert erhält man dann

$$c_2^2 = c_1^2 \cdot \frac{A_1^2}{A_2^2}.$$

Einsetzen in die oben angegebene Gleichung für c_2^2 führt zu

$$c_1^2 \cdot \frac{A_1^2}{A_2^2} = c_1^2 + 2 \cdot g \cdot (Z_1 - Z_2).$$

Nach Gliedern mit c_1^2 auf der linken Seite sortiert, ist das

$$c_1^2 \cdot \frac{A_1^2}{A_2^2} - c_1^2 = 2 \cdot g \cdot (Z_1 - Z_2).$$

Ausklammern von c_1^2 liefert zunächst

$$c_1^2 \cdot \left(\frac{A_1^2}{A_2^2} - 1 \right) = 2 \cdot g \cdot (Z_1 - Z_2).$$

Wird danach die gesamte Gleichung durch c_1^2 dividiert,

$$\frac{A_1^2}{A_2^2} - 1 = \frac{2 \cdot g \cdot (Z_1 - Z_2)}{c_1^2},$$

und jetzt das Flächenverhältnis $\frac{A_1^2}{A_2^2}$ abgetrennt, folgt

$$\frac{A_1^2}{A_2^2} = 1 + \frac{2 \cdot g \cdot (Z_1 - Z_2)}{c_1^2}.$$

Da man über A_2 den Durchmesser d_2 erhält, muss die gesamte Gleichung auf ihre reziproke Form gebracht werden, also:

$$\frac{A_2^2}{A_1^2} = \frac{1}{1 + \frac{2 \cdot g \cdot (Z_1 - Z_2)}{c_1^2}}.$$

Mit den Kreisquerschnitten $A_1 = \frac{\pi}{4} \cdot d_1^2$ und $A_2 = \frac{\pi}{4} \cdot d_2^2$ führt das dann zu

$$\frac{A_2^2}{A_1^2} = \frac{\left(\frac{\pi}{4}\right)^2 \cdot d_2^4}{\left(\frac{\pi}{4}\right)^2 \cdot d_1^4} = \frac{1}{1 + \frac{2 \cdot g \cdot (Z_1 - Z_2)}{c_1^2}}$$

oder

$$\frac{d_2^4}{d_1^4} = \frac{1}{1 + \frac{2 \cdot g \cdot (Z_1 - Z_2)}{c_1^2}}.$$

Multipliziert man dann noch mit d_1^4 und zieht dann die vierte Wurzel, so kommt man zum gesuchten Ergebnis

$$d_2 = d_1 \cdot \sqrt[4]{\frac{1}{1 + \frac{2 \cdot g \cdot (Z_1 - Z_2)}{c_1^2}}}.$$

Lösungsschritte – Fall 2

Mit der Definition der Reynoldszahl bei kreisförmigen Strömungsquerschnitten,

$$Re = \frac{c \cdot d}{\nu},$$

lautet die gesuchte **Reynoldszahl Re_2** an der Stelle 2

$$Re_2 = \frac{c_2 \cdot d_2}{\nu}.$$

Hierin ist d_2 aus Fall 1 bekannt. Die Geschwindigkeit c_2 lautet (s. o.)

$$c_2 = c_1 \cdot \frac{A_1}{A_2} = c_1 \cdot \frac{\frac{\pi}{4} \cdot d_1^2}{\frac{\pi}{4} \cdot d_2^2} = c_1 \cdot \frac{d_1^2}{d_2^2}$$

Das Ergebnis für d_2 (s. o.) führt, quadriert und eingesetzt, auf

$$c_2 = c_1 \cdot \frac{d_1^2}{d_1^2 \cdot \sqrt{\frac{1}{1 + \frac{2 \cdot g \cdot (Z_1 - Z_2)}{c_1^2}}}} = c_1 \cdot \sqrt{1 + \frac{2 \cdot g \cdot (Z_1 - Z_2)}{c_1^2}}.$$

Ersetzt man in $Re_2 = \frac{c_2 \cdot d_2}{\nu}$ nun c_2 und d_2 durch die neuen Ausdrücke, so erhält man

$$Re_2 = \frac{c_1 \cdot \sqrt{1 + \frac{2 \cdot g \cdot (Z_1 - Z_2)}{c_1^2}} \cdot d_1 \cdot \sqrt[4]{\frac{1}{1 + \frac{2 \cdot g \cdot (Z_1 - Z_2)}{c_1^2}}}}{\nu}$$

oder

$$Re_2 = \frac{c_1 \cdot d_1}{\nu} \cdot \sqrt[4]{1 + \frac{2 \cdot g \cdot (Z_1 - Z_2)}{c_1^2}}.$$

Lösungsschritte – Fall 3

Für d_2 und Re_2 ermitteln wir, wenn $d_1 = 50\,\text{mm}$, $c_1 = 1\,\text{m/s}$, $Z_1 = 2{,}5\,\text{m}$, $Z_2 = 2{,}0\,\text{m}$ und $\nu = 1 \cdot 10^{-6}\,\text{m}^2/\text{s}$ gegeben sind, bei dimensionsgerechtem Rechnen

$$d_2 = 0{,}050 \cdot \sqrt[4]{\frac{1^2}{1^2 + 2 \cdot 9{,}81 \cdot (2{,}5 - 2)}} = 0{,}02757\,\text{m}$$

$$d_2 = 27{,}57\,\text{mm}$$

$$Re_2 = \frac{1 \cdot 0{,}05}{1} \cdot \sqrt[4]{1 + \frac{2 \cdot 9{,}81 \cdot (2{,}5 - 2)}{1^2}} \cdot 10^6$$

$$Re_2 = 90\,662$$

Aufgabe 8.5 Hakenrohr

Ein hakenförmig gebogenes Rohr mit dem Querschnitt A ist mit seinem unteren Ende im Abstand h in eine mit c_∞ bewegte Flüssigkeit eingetaucht (Abb. 8.5). Die Achse dieses unteren Rohrabschnitts verläuft parallel zur Anströmrichtung. Am oberen Ende des Rohrs im Abstand H von der Flüssigkeitsoberfläche fließt bei genügend großer Zuströmgeschwindigkeit c_∞ ein Volumenstrom $\dot{V}$ ins Freie. Wie groß muss c_∞ bemessen werden, um bei den bekannten geometrischen Abmessungen einen gewünschten Volumenstrom $\dot{V}$ ausfließen zu lassen? Des Weiteren wird die Mindestgeschwindigkeit $c_{\infty,\text{min}}$ gesucht, ab der die Strömung im Rohr gerade einsetzt.

Abb. 8.5 Angeströmtes
Hakenrohr

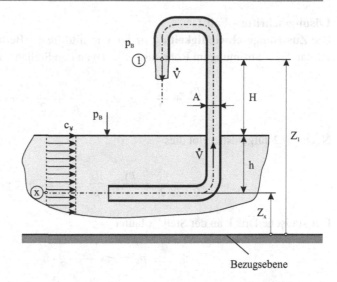

Bezugsebene

Lösung zu Aufgabe 8.5

Aufgabenerläuterung

Bei genügend großer Zuströmgeschwindigkeit c_∞ liegt eine Durchströmung des Haken-
rohrs vor. Die Frage nach dieser Geschwindigkeit lässt sich mittels Bernoulli'scher Gleichung entlang der Stromlinie an den Stellen x und 1 sowie mit der Durchflussgleichung
lösen.

Gegeben:

- ρ; g; A; H

Gesucht:

1. c_∞
2. $c_{\infty,min}$, wenn $\dot{V} > 0$

Anmerkungen

- Die Strömung im Rohr wird verlustfrei angenommen.
- Die Stelle x befindet sich genügend weit vor dem Rohreintritt und die Stelle 1 im
  Rohraustritt.

Lösungsschritte – Fall 1

Die **Zuströmgeschwindigkeit** c_∞ finden wir mithilfe der Bernoulli'schen Gleichung (bei vorhandener Strömung im Rohr, also $\dot{V} > 0$) an den Stellen x und 1:

$$\frac{p_x}{\rho} + \frac{c_x^2}{2} + g \cdot Z_x = \frac{p_1}{\rho} + \frac{c_1^2}{2} + g \cdot Z_1$$

Nach $c_x^2/2$ aufgelöst ergibt dies

$$\frac{c_x^2}{2} = \frac{c_1^2}{2} + \frac{p_1}{\rho} - \frac{p_x}{\rho} - g \cdot Z_x + g \cdot Z_1.$$

Der statische Druck an der Stelle x lautet

$$p_x = p_B + \rho \cdot g \cdot h$$

und der Druck $p_1 = p_B$. Oben eingesetzt und c_x durch c_∞ ersetzt ergibt sich daraus

$$\frac{c_\infty^2}{2} = \frac{c_1^2}{2} + \frac{p_B}{\rho} - \left(\frac{p_B}{\rho} + g \cdot h \right) + g \cdot (Z_1 - Z_x).$$

Des Weiteren ist gemäß Abb. 8.5

$$Z_1 - Z_x = H + h.$$

Dann gilt

$$\frac{c_\infty^2}{2} = \frac{c_1^2}{2} - g \cdot h + g \cdot (H + h) = \frac{c_1^2}{2} + g \cdot H.$$

Nach Multiplikation mit 2 und anschließendem Wurzelziehen haben wir zunächst

$$c_\infty = \sqrt{c_1^2 + 2 \cdot g \cdot H}.$$

Führt man noch die Durchflussgleichung und hieraus $c_1 = \dot{V}/A$ ein, so lautet das Ergebnis

$$c_\infty = \sqrt{\frac{\dot{V}^2}{A^2} + 2 \cdot g \cdot H}$$

Lösungsschritte – Fall 2

Die **Mindestanströmgeschwindigkeit** $c_{\infty,min}$, bei der gerade ein Volumenstrom durch das Hakenrohr fließt, erhält man aus der Bedingung $c_1 > 0$ und folglich auch $c_1^2 > 0$. Mit dem gefundenen Ausdruck

$$c_\infty^2 = c_1^2 + 2 \cdot g \cdot H,$$

den man nach c_1^2 umformt zu

$$c_1^2 = c_\infty^2 - 2 \cdot g \cdot H,$$

lässt sich das auch so formulieren:

$$c_\infty^2 - 2 \cdot g \cdot H > 0$$

bzw.

$$c_{\infty,min}^2 > 2 \cdot g \cdot H.$$

Nach dem Wurzelziehen lautet das gesuchte Ergebnis

$$c_{\infty,min} > \sqrt{2 \cdot g \cdot H}$$

Aufgabe 8.6 Venturimeter

Das in Abb. 8.6 dargestellte Venturimeter wird zur Messung eines Volumenstroms, im vorliegenden Fall von Luft verwendet. Seine Wirkung beruht in der Druck- und Geschwindigkeitsänderung zwischen den Stellen 1 und 2. Hier erfolgt auch die erforderliche Druckentnahme. Als Druckmessgerät dient z. B. ein mit Wasser befülltes U-Rohr-Manometer. Bei gegebenen Abmessungen des Messgeräts, bekannten Fluiddichten und vorliegendem Manometerausschlag soll der Volumenstrom ermittelt werden.

Lösung zu Aufgabe 8.6

Aufgabenerläuterung

Die Wirkung eines Venturimeters beruht, wie bei den Messdüsen und den Messblenden, auf der Drosselung des Drucks bei sich verengenden Querschnitten. Diese Drosselung des Drucks wird mittels Bernoulli'scher Gleichung erfasst, wobei die gleichzeitige Geschwindigkeitsänderung in umgekehrter Richtung zur Druckänderung verläuft. Unter Zuhilfenahme des Kontinuitätsgesetzes und der Durchflussgleichung gelingt es, den zu ermittelnden Volumenstrom in Abhängigkeit von der Druckänderung zu beschreiben. Die Zuordnung des Druckunterschieds zum Manometerausschlag gelingt mit einer Gleichgewichtsbetrachtung des Drucks im U-Rohr.

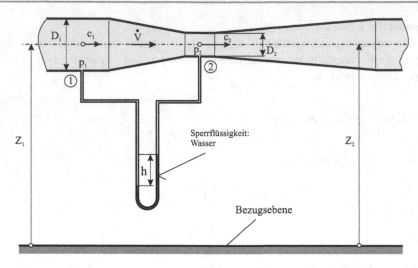

Abb. 8.6 Venturimeter

Gegeben:

• D_1; D_2; ρ_W; ρ_L; h; g

Gesucht:

1. $\dot{V}$
2. $\dot{V}$, wenn $D_1 = 200\,\text{mm}$; $D_2 = 100\,\text{mm}$; $\rho_W = 1\,000\,\text{kg/m}^3$; $\rho_L = 1,2\,\text{kg/m}^3$; $h = 800\,\text{mm}$

Anmerkungen

• Annahme einer verlustfreien, inkompressiblen Strömung bei horizontaler Anordnung
• Aufgrund dieser Annahme sind $\dot{V}$, p_2 und h idealisierte Größen. Sie werden wegen einer besseren Übersicht nicht zusätzlich indiziert.
• Der Index „L" steht für Luft, der Index „W" steht für Wasser.

Lösungsschritte – Fall 1

Den **Volumenstrom** $\dot{V}$ bekommen wir mit der Bernoulli'schen Gleichung an den Stellen 1 und 2:

$$\frac{p_1}{\rho_L} + \frac{c_1^2}{2} + g \cdot Z_1 = \frac{p_2}{\rho_L} + \frac{c_2^2}{2} + g \cdot Z_2.$$

Bei der horizontalen Lage ist folglich $Z_1 = Z_2$.

Geschwindigkeitsenergiegrößen und Druckenergiegrößen jeweils auf eine Seite gestellt, ergibt

$$\frac{c_2^2}{2} - \frac{c_1^2}{2} = \frac{p_1}{\rho_L} - \frac{p_2}{\rho_L},$$

und dann auf der linken Seite $c_2^2/2$ ausgeklammert liefert zunächst

$$\frac{c_2^2}{2} \cdot \left[1 - \frac{c_1^2}{2} \cdot \frac{2}{c_2^2}\right] = \frac{1}{\rho_L} \cdot (p_1 - p_2).$$

Im Klammerausdruck links muss nun noch das Geschwindigkeitsverhältnis c_1^2/c_2^2 ersetzt
werden. Dies gelingt mit dem Kontinuitätsgesetz

$$\dot{V}_1 = \dot{V}_2 = c_1 \cdot A_1 = c_2 \cdot A_2,$$

oder umgeformt

$$\frac{c_1}{c_2} = \frac{A_2}{A_1}.$$

Eingefügt in o. g. Gleichung führt dies zu

$$\frac{c_2^2}{2} \cdot \left[1 - \frac{A_2^2}{A_1}\right] = \frac{1}{\rho_L} \cdot (p_1 - p_2).$$

Die Kreisquerschnitte mit $A_1 = \frac{\pi}{4} \cdot D_1^2$ und $A_2 = \frac{\pi}{4} \cdot D_2^2$ ersetzt, ergibt

$$\frac{c_2^2}{2} \cdot \left[1 - \frac{\left(\frac{\pi}{4} \cdot D_2^2\right)^2}{\left(\frac{\pi}{4} \cdot D_1^2\right)^2}\right] = \frac{1}{\rho_L} \cdot (p_1 - p_2)$$

oder

$$\frac{c_2^2}{2} \cdot \left(1 - \frac{D_2^4}{D_1^4}\right) = \frac{1}{\rho_L} \cdot (p_1 - p_2).$$

Die Gleichung wird mit $\frac{2}{1 - D_2^4/D_1^4}$ multipliziert, das liefert zunächst

$$c_2 = \frac{2 \cdot (p_1 - p_2)}{\rho_L \cdot \left(1 - \frac{D_2^4}{D_1^4}\right)},$$

oder, wenn die Wurzel gezogen wird,

$$c_2 = \sqrt{\frac{2 \cdot (p_1 - p_2)}{\rho_L \cdot \left[1 - \left(\frac{D_2}{D_1}\right)^4\right]}}.$$

Unter Verwendung der Durchflussgleichung an der Stelle 2, $\dot{V}_2 = \dot{V} = c_2 \cdot A_2$, erhält man mit $A_2 = \frac{\pi}{4} \cdot D_2^2$ als vorläufiges Ergebnis

$$\dot{V} = \frac{\pi}{4} \cdot D_2^2 \cdot \sqrt{\frac{2 \cdot (p_1 - p_2)}{\rho_L \cdot \left[1 - \left(\frac{D_2}{D_1}\right)^4\right]}}.$$

Der Druckunterschied $(p_1 - p_2)$ muss nun noch mit den Größen des U-Rohr-Manometers in Verbindung gebracht werden. Hierbei wird davon ausgegangen, dass die Luftsäulen in den Zuleitungen und über den Wassersäulen im Manometer ohne Einfluss sind. Legt man gedanklich einen horizontalen Schnitt in Höhe der linken Wassersäule durch das U-Rohr, so folgt

$$p_1 = p_2 + \rho_W \cdot g \cdot h.$$

Nach $(p_1 - p_2)$ aufgelöst folgt

$$p_1 - p_2 = \rho_W \cdot g \cdot h.$$

Diesen neuen Ausdruck für $(p_1 - p_2)$ in $\dot{V}$ eingefügt, liefert das Resultat

$$\dot{V} = \frac{\pi}{4} \cdot D_2^2 \cdot \sqrt{2 \cdot \frac{\rho_W}{\rho_L} \cdot \frac{g \cdot h}{1 - \left(\frac{D_2}{D_1}\right)^4}}.$$

Lösungsschritte – Fall 2

Wir bestimmen $\dot{V}$ für die gegebenen Werte $D_1 = 200 \, \text{mm}$, $D_2 = 100 \, \text{mm}$, $\rho_W = 1\,000 \, \text{kg/m}^3$, $\rho_L = 1,2 \, \text{kg/m}^3$ und $h = 800 \, \text{mm}$, wobei wir auf dimensionsgerechten Gebrauch der Größen achten:

$$\dot{V} = \frac{\pi}{4} \cdot 0{,}10^2 \cdot \sqrt{2 \cdot \frac{1\,000}{1{,}2} \cdot \frac{9{,}81 \cdot 0{,}80}{1 - \left(\frac{0{,}1}{0{,}2}\right)^4}}$$

$$\dot{V} = 0{,}9277 \frac{\text{m}^3}{\text{s}}$$

Aufgabe 8.7 Rohrleitung ohne und mit Diffusor

Gemäß Abb. 8.7 fließt Wasser aus einem offenen Behälter stationär ins Freie. Der Ausfluss erfolgt durch eine Rohrleitung mit dem Durchmesser d. Der Flüssigkeitsspiegel im Behälter weist einen gleichbleibenden Abstand H von den Stellen 2 und 3 auf. Es wird angenommen, dass die Strömung verlustfrei erfolgt. Wie groß ist der Volumenstrom $\dot{V}_2$ an der Stelle 2 ohne Diffusor und welche Größe erreicht $\dot{V}_3$ an der Stelle 3, wenn der Diffusor mit der Rohrleitung verbunden wird? Des Weiteren soll das Verhältnis $\varepsilon = D/d$ im Fall des angeschlossenen Diffusors ermittelt werden, wenn an der Stelle 1 zur Vermeidung des Strömungsabrisses der dort vorliegende statische Druck den Dampfdruck nicht unterschreiten darf.

Lösung zu Aufgabe 8.7

Aufgabenerläuterung
Zur Ermittlung des Volumenstroms ist die Durchflussgleichung anzuwenden, da bei beiden zu bestimmenden Größen $\dot{V}_2$ und $\dot{V}_3$ die jeweiligen Austrittsgeschwindigkeiten und die durchströmten Querschnitte bekannt sind. Das weiterhin gesuchte Durchmesserverhältnis lässt sich mittels Kontinuitätsgesetz und der Bernoulli'schen Gleichung herleiten.

Abb. 8.7 Rohrleitung ohne und mit Diffusor

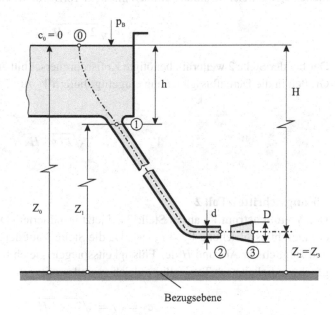

Bezugsebene

Gegeben:

- ρ; g; h; H; d; D; p_B; p_{Da}

Gesucht:

1. $\dot{V}_2$ (**ohne** angeschlossenen **Diffusor**)
2. $\dot{V}_3$ (**mit** angeschlossenem **Diffusor**)
3. $\varepsilon = D/d$ (**mit** angeschlossenem **Diffusor**), wenn $p_1 > p_{Da}$

Anmerkungen

- Annahme verlustfreier Strömung in der Rohrleitung und im Diffusor
- $Z_0 = $ konstant, d. h. $c_0 = 0$.

Lösungsschritte – Fall 1

Den **Volumenstrom** $\dot{V}_2$ an der Stelle 2 erhält man aufgrund der Durchflussgleichung

$$\dot{V}_2 = c_2 \cdot A_2.$$

Hierin lässt sich die Austrittsgeschwindigkeit c_2 bei dem offenen System und angenommener verlustfreier Strömung einfach mit dem Torricelli'schen Gesetz bestimmen:

$$c_2 = \sqrt{2 \cdot g \cdot H}.$$

Der bei der Stelle 2 weiterhin benötigte Kreisrohrquerschnitt A_2 lautet $A_2 = \frac{\pi}{4} \cdot d^2$. Beide Größen in die Durchflussgleichung eingefügt liefern $\dot{V}_2$ zu

$$\dot{V}_2 = \frac{\pi}{4} \cdot d^2 \cdot \sqrt{2 \cdot g \cdot H}.$$

Lösungsschritte – Fall 2

Den **Volumenstrom** $\dot{V}_3$ an der Stelle 3 bei jetzt installiertem Diffusor erhält man aufgrund der Durchflussgleichung $\dot{V}_3 = c_3 \cdot A_3$. Da die Stelle 3 auf derselben Höhe $Z_3 = Z_2$ liegt, und folglich der Abstand H des Flüssigkeitsspiegels gleich bleibt, ist auch die Austrittsgeschwindigkeit nach Torricelli c_3 gleich c_2 und somit

$$c_3 = c_2 = \sqrt{2 \cdot g \cdot H}.$$

Der am Diffusoraustritt größere Querschnitt $A_3 = \frac{\pi}{4} \cdot D^2$ ruft – bei gleichen Geschwindigkeiten –, einen entsprechend größeren Volumenstrom $\dot{V}_3$ hervor:

$$\dot{V}_3 = \frac{\pi}{4} \cdot D^2 \cdot \sqrt{2 \cdot g \cdot H}.$$

Lösungsschritte – Fall 3

Das **Verhältnis $\varepsilon = D/d$** bestimmen wir mit folgender Überlegung: Die Vermeidung des Strömungsabrisses an der gefährdeten Stelle 1 wird gewährleistet, wenn der dortige statische Druck immer größer als der Flüssigkeitsdampfdruck ist, also

$$p_1 > p_{\text{Da}}.$$

Einen entscheidenden Einfluss auf p_1 hat die an gleicher Stelle vorliegende Geschwindigkeit c_1. Diese lässt sich bei installiertem Diffusor wie folgt ermitteln. Der Volumenstrom $\dot{V}_3$ liegt in gleicher Größe auch an der Stelle 1 vor und somit lautet

$$\dot{V}_3 = c_1 \cdot A_1$$

oder, nach c_1 umgeformt,

$$c_1 = \frac{\dot{V}_3}{A_1}.$$

Fügt man jetzt das Ergebnis für $\dot{V}_3$ und den Querschnitt $A_1 = A_2 = \frac{\pi}{4} \cdot d^2$ ein, so führt dies zu

$$c_1 = \frac{\dot{V}_3}{A_1} = \frac{\frac{\pi}{4} \cdot D^2 \cdot \sqrt{2 \cdot g \cdot H}}{\frac{\pi}{4} \cdot d^2}$$

oder

$$c_1 = \frac{D^2}{d^2} \cdot \sqrt{2 \cdot g \cdot H}.$$

Den gesuchten statischen Druck p_1 kann man mit der Bernoulli'schen Gleichung an den Stellen 0 und 1 wie folgt herleiten:

$$\frac{p_0}{\rho} + \frac{c_0^2}{2} + g \cdot Z_0 = \frac{p_1}{\rho} + \frac{c_1^2}{2} + g \cdot Z_1.$$

Nach p_1/ρ umgeformt und unter Berücksichtigung der hier vorliegenden besonderen Gegebenheiten $p_0 = p_B$, $c_0 = 0$ und $Z_0 - Z_1 = h$ führt dies zu

$$\frac{p_1}{\rho} = \frac{p_B}{\rho} - \frac{c_1^2}{2} + g \cdot Z_0 - g \cdot Z_1 = \frac{p_B}{\rho} - \frac{c_1^2}{2} + g \cdot (Z_0 - Z_1) = \frac{p_B}{\rho} - \frac{c_1^2}{2} + g \cdot h.$$

Mit der Dichte ρ multipliziert führt dies zunächst zum gesuchte Druck p_1:

$$p_1 = p_B + \rho \cdot g \cdot h - \frac{\rho}{2} \cdot c_1^2.$$

Wir setzen nun hierin die oben bestimmte Geschwindigkeit c_1 ein und benutzen gleichzeitig die Forderung $p_1 > p_{Da}$:

$$p_1 = p_B + \rho \cdot g \cdot h - \frac{\rho}{2} \cdot \left(\frac{D}{d}\right)^4 \cdot (2 \cdot g \cdot H) > p_{Da}.$$

Dann lösen wir nach dem Term mit D/d auf:

$$\frac{\rho}{2} \cdot \left(\frac{D}{d}\right)^4 \cdot (2 \cdot g \cdot H) < (p_B - p_{Da}) + \rho \cdot g \cdot h.$$

Nach Multiplikation mit $\frac{1}{\rho \cdot g \cdot H}$ erhält man zunächst

$$\left(\frac{D}{d}\right)^4 < \frac{p_B - p_{Da}}{\rho \cdot g \cdot H} + \frac{h}{H}.$$

Wir ziehen noch die vierte Wurzel und bekommen das Ergebnis

$$\varepsilon = \frac{D}{d} < \sqrt[4]{\frac{p_B - p_{Da}}{\rho \cdot g \cdot H} + \frac{h}{H}}$$

Aufgabe 8.8 Druckbehälter mit einem Zulauf und zwei Abflüssen

In Abb. 8.8 ist ein Wasserbehälter zu erkennen, in den kontinuierlich ein Gesamtvolumenstrom $\dot{V}$ einfließt und bei dem an den beiden Austrittsstellen zwei verschieden große Teilvolumenströme $\dot{V}_1$ und $\dot{V}_2$ abfließen. Die Flüssigkeitshöhe Z_0 im Druckbehälter soll

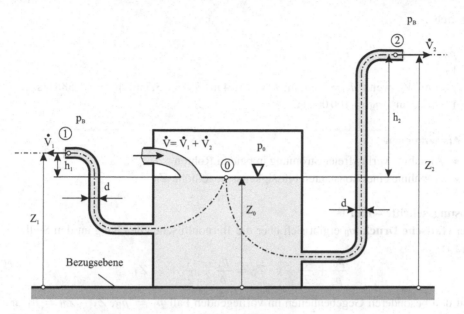

Abb. 8.8 Druckbehälter mit einem Zulauf und zwei Abflüssen

sich dabei nicht ändern. Für die Ausströmvorgänge in atmosphärische Umgebung wird über dem Wasserspiegel ein geeigneter statischer Druck p_0 erforderlich.

Bei bekannten Abmessungen der Abflussrohre d, h_1 und h_2, dem Teilvolumenstrom $\dot{V}_1$, der Flüssigkeitsdichte ρ, dem Atmosphärendruck p_B und der Fallbeschleunigung g soll zunächst der Druck p_0 und danach der zweite Teilvolumenstrom $\dot{V}_2$ ermittelt werden.

Lösung zu Aufgabe 8.8

Aufgabenerläuterung

Die Lösung der o. g. zwei Fragen wird im Ansatz jeweils mittels Bernoulli'scher Gleichung anzugehen sein, wobei sie getrennt an den Stellen 0 und 1 bei der Ermittlung von p_0 bzw. an den Stellen 0 und 2 bei der $\dot{V}_2$-Bestimmung verwendet werden muss. Dies leuchtet schnell ein, wenn man sich klar macht, dass im Fall des gesuchten Drucks p_0 an den Stellen 0 und 1 alle Größen bis auf p_0 bekannt sind (c_1 liegt ja mit $\dot{V}_1$ und A fest). Mit dem auf diese Weise ermittelten Druck p_0 resultiert dann c_2 (und folglich bei gegebenem Querschnitt A der gesuchte Teilvolumenstrom $\dot{V}_2$) aus der Energiegleichheit an den Stellen 0 und 2. Des Weiteren wird von der Durchflussgleichung Gebrauch gemacht.

Gegeben:

- d; h_1; h_2; $\dot{V}_1$; ρ; p_B; g

Gesucht:

1. p_0
2. $\dot{V}_2$
3. p_0 und $\dot{V}_2$, wenn $d = 12\,\text{mm}$; $h_1 = 1{,}4\,\text{m}$; $h_2 = 3{,}7\,\text{m}$; $\dot{V}_2 = 1{,}585\,\text{l/s}$; $\rho = 1\,000\,\text{kg/m}^3$; $p_\text{B} = 100\,000\,\text{Pa}$.

Anmerkungen

- Annahme verlustfreier Strömung in beiden Rohren
- Annahme einer konstanten Flüssigkeitsspiegelhöhe Z_0

Lösungsschritte – Fall 1

Der **statische Druck** p_0 ergibt sich über die Bernoulli'sche Gleichung an den Stellen 0 und 1:

$$\frac{p_0}{\rho} + \frac{c_0^2}{2} + g \cdot Z_0 = \frac{p_1}{\rho} + \frac{c_1^2}{2} + g \cdot Z_1.$$

Mit den besonderen Gegebenheiten im vorliegenden Fall $p_1 = p_\text{B}$, $Z_1 - Z_0 = h_1$ und $c_0 = 0$ erhält man zunächst

$$\frac{p_0}{\rho} = \frac{p_\text{B}}{\rho} + \frac{c_1^2}{2} + g \cdot (Z_1 - Z_0) = \frac{p_\text{B}}{\rho} + \frac{c_1^2}{2} + g \cdot h_1.$$

Die Geschwindigkeit c_1 lässt sich mittels umgestellter Durchflussgleichung $c_1 = \frac{\dot{V}_1}{A}$ und dem gegebenen Rohrquerschnitt $A = \frac{\pi}{4} \cdot d^2$ wie folgt angeben:

$$c_1 = \frac{4 \cdot \dot{V}_1}{\pi \cdot d^2}$$

oder, quadriert,

$$c_1^2 = \frac{16 \cdot \dot{V}_1^2}{\pi^2 \cdot d^4}.$$

Wir setzen c_1^2 oben ein und multiplizieren die Gleichung noch mit der Dichte ρ:

$$p_0 = p_\text{B} + \frac{\rho}{2} \cdot \frac{16 \cdot \dot{V}_1^2}{\pi^2 \cdot d^4} + g \cdot h_1 \cdot \rho$$

oder zum Ergebnis

$$p_0 = p_\text{B} + \frac{8}{\pi^2} \cdot \rho \cdot \frac{1}{d^4} \cdot \dot{V}_1^2 + \rho \cdot g \cdot h_1.$$

Lösungsschritte – Fall 2

Den **Volumenstrom** $\dot{V}_2$ bei der Stelle 2 liefert die Durchflussgleichung $\dot{V}_2 = c_2 \cdot A$ mit dem Rohrquerschnitt $A = \frac{\pi}{4} \cdot d^2$ zu $\dot{V}_2 = \frac{\pi}{4} \cdot d^2 \cdot c_2$. Hierin muss noch die Geschwindigkeit c_2 aus bekannten Größen an den Stellen 0 und 2 mittels der Bernoulli'schen Gleichung,

$$\frac{p_0}{\rho} + \frac{c_0^2}{2} + g \cdot Z_0 = \frac{p_2}{\rho} + \frac{c_2^2}{2} + g \cdot Z_2$$

oder

$$\frac{p_0}{\rho} = \frac{p_2}{\rho} + \frac{c_2^2}{2} + g \cdot (Z_2 - Z_0),$$

bestimmt werden. Setzt man die besonderen Größen an diesen Stellen $p_2 = p_B$, $c_0 = 0$ und $Z_2 - Z_0 = h_2$ ein und stellt die Gleichung nach $c_2^2/2$ um, so folgt

$$\frac{c_2^2}{2} = \frac{p_0 - p_B}{\rho} - g \cdot h_2.$$

Nach Multiplikation mit 2 und Wurzelziehen erhält man

$$c_2 = \sqrt{2 \cdot \left(\frac{p_0 - p_B}{\rho} - g \cdot h_2 \right)}.$$

Diese Geschwindigkeit wird in die Gleichung für $\dot{V}_2$ eingesetzt und wir erhalten das Ergebnis

$$\dot{V}_2 = \frac{\pi}{4} \cdot d^2 \cdot \sqrt{2 \cdot \left(\frac{p_0 - p_B}{\rho} - g \cdot h_2 \right)}.$$

Lösungsschritte – Fall 3

Für p_0 und $\dot{V}_2$ ergeben sich mit $d = 12\,\text{mm}$, $h_1 = 1,4\,\text{m}$, $h_2 = 3,7\,\text{m}$, $\dot{V}_2 = 1,585\,1/\text{s}$, $\rho = 1\,000\,\text{kg/m}^3$ und $p_B = 100\,000\,\text{Pa}$ bei dimensionsgerechter Verwendung des gegebenen Zahlenmaterials die Werte

$$p_0 = 100\,000 + \frac{8}{\pi^2} \cdot 1\,000 \cdot \frac{1}{0,012^4} \cdot 0,001585^2 + 1\,000 \cdot 9,81 \cdot 1,4$$

$$p_0 = 211\,937\,\text{Pa}$$

$$\dot{V}_2 = \frac{\pi}{4} \cdot 0{,}012^2 \cdot \sqrt{2 \cdot \left(\frac{211\,937 - 100\,000}{1\,000} - 9{,}81 \cdot 3{,}7 \right)}$$

$$\dot{V}_2 = 0{,}001391 \, \frac{\mathrm{m}^3}{\mathrm{s}} \equiv 1{,}391 \frac{\mathrm{L}}{\mathrm{s}}$$

Aufgabe 8.9 Behälter mit Kreisscheibendiffusor

Aus einem großen Behälter fließt Wasser zwischen zwei kreisförmigen Scheiben mit dem Außendurchmesser D_2 und dem Abstand h an der Stelle 2 ins Freie (Abb. 8.9). Der von den Scheiben gebildete zylindrische Raum wird dabei radial von innen nach außen durchströmt. Der Abfluss erfolgt über die offene Zylindermantelfläche. Die Flüssigkeitsoberfläche im Behälter soll einen zeitlich unveränderlichen Abstand H zur Bezugsebene aufweisen. Welcher Volumenstrom $\dot{V}$ stellt sich ein, und wie groß wird der Druck p_x am Radius r?

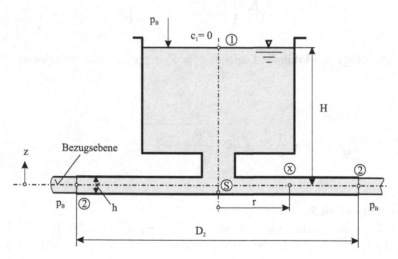

Abb. 8.9 Behälter mit Kreisscheibendiffusor

Lösung zu 7.9

Aufgabenerläuterung

Mittels der Bernoulli'schen Gleichung lässt sich die Austrittsgeschwindigkeit an der Stelle 2 aufgrund der gegebenen Größen bestimmen. Bei ebenfalls bekannter Austrittsfläche gelangt man unter Verwendung der Durchflussgleichung zum gesuchten Volumenstrom.

Die Ermittlung des statischen Drucks an einem beliebigen Radius im Diffusor erfolgt ebenfalls mithilfe der Bernoulli'schen Gleichung, dem Kontinuitätsgesetz sowie der Durchflussgleichung.

Gegeben:

- H; h; R_2; p_B; ρ; g

Gesucht:

1. $\dot{V}$
2. $p_x(r)$

Anmerkungen

- Annahme verlustfreier Strömung
- $H = $ konstant, d. h. $c_1 = 0$
- Die Stelle x ist genügend weit vom Staupunkt S entfernt, sodass dort gilt $c_x(r) \propto 1/r$.

Lösungsschritte – Fall 1

Für den **Volumenstrom** $\dot{V}$ betrachten wir die Bernoulli'sche Gleichung an den Stellen 1 und 2:

$$\frac{p_1}{\rho} + \frac{c_1^2}{2} + g \cdot Z_1 = \frac{p_2}{\rho} + \frac{c_2^2}{2} + g \cdot Z_2.$$

Mit den besonderen Gegebenheiten im vorliegenden Fall $p_1 = p_B$, $c_1 = 0$, $p_2 = p_B$, $Z_1 = H$ und $Z_2 = 0$ erhält man zunächst

$$\frac{c_2^2}{2} = g \cdot H$$

und nach dem Wurzelziehen

$$c_2 = \sqrt{2 \cdot g \cdot H}.$$

Dies entspricht auch der Torricelli'schen Gleichung.

Mit $\dot{V} = c_2 \cdot A_2$ als Volumenstrom bei 2 und $A_2 = \pi \cdot D_2 \cdot h$ als durchströmtem Querschnitt bei 2 (offene Mantelfläche) lautet der gesuchte Volumenstrom

$$\dot{V} = \pi \cdot D_2 \cdot h \cdot \sqrt{2 \cdot g \cdot H}.$$

Lösungsschritte – Fall 2

Für den **Druck in Abhängigkeit vom Radius, $p_x(r)$**, betrachten wir die Bernoulli'sche Gleichung an den Stellen 1 und x:

$$\frac{p_1}{\rho} + \frac{c_1^2}{2} + g \cdot Z_1 = \frac{p_x(r)}{\rho} + \frac{c_x^2(r)}{2} + g \cdot Z_x(r).$$

Mit den besonderen Gegebenheiten im vorliegenden Fall $p_1 = p_B$, $c_1 = 0$, $Z_1 = H$ und $Z_x(r) = 0$ reduziert sich die Gleichung auf

$$\frac{p_B}{\rho} + g \cdot H = \frac{p_x(r)}{\rho} + \frac{c_x^2(r)}{2}$$

oder, umgestellt nach der gesuchten Druckenergie, auf

$$\frac{p_x(r)}{\rho} = \frac{p_B}{\rho} + g \cdot H - \frac{c_x^2(r)}{2}.$$

Hierin muss noch die **Geschwindigkeit $c_x(r)$** mit bekannten Größen ersetzt werden. Man macht dazu sinnvollerweise von der Kontinuitätsgleichung Gebrauch, d. h.

$$\dot{V}_x = c_x(r) \cdot A_x(r) = \dot{V}_2 = c_2 \cdot A_2.$$

Nach $c_x(r)$ umgestellt führt dies bei jetzt bekannter Geschwindigkeit c_2 zunächst zu

$$c_x(r) = c_2 \cdot \frac{A_2}{A_x(r)}.$$

Die durchströmten zylindrischen Mantelflächen werden wie folgt ersetzt:

$$A_2 = 2 \cdot \pi \cdot R_2 \cdot h$$

als durchströmter Querschnitt bei 2 sowie

$$A_x(r) = 2 \cdot \pi \cdot r \cdot h$$

als durchströmter Querschnitt bei x und oben eingefügt liefern als Resultat für $c_x(r)$:

$$c_x(r) = c_2 \cdot \frac{2 \cdot \pi \cdot R_2 \cdot h}{2 \cdot \pi \cdot r \cdot h}$$

oder

$$c_x(r) = c_2 \cdot \frac{R_2}{r}.$$

Diesen Ausdruck für $c_x(r)$ setzten wir jetzt in $p_x(r)/\rho$ ein:

$$\frac{p_x(r)}{\rho} = \frac{p_B}{\rho} + g \cdot H - \frac{1}{2} \cdot c_2^2 \cdot \frac{R_2^2}{r^2}.$$

Hierin müssen nun noch $c_2^2 = 2 \cdot g \cdot H$ ausgetauscht,

$$\frac{p_x(r)}{\rho} = \frac{p_B}{\rho} + g \cdot H - \frac{1}{2} \cdot 2 \cdot g \cdot H \cdot \frac{R_2^2}{r^2},$$

und die Glieder mit der Höhe H zusammengefasst werden:

$$\frac{p_x(r)}{\rho} = \frac{p_B}{\rho} + g \cdot H \cdot \left(1 - \frac{R_2^2}{r^2}\right).$$

Nach Multiplikation mit der Dichte ρ ergibt sich der gesuchte Druck $p_x(r)$ zu

$$p_x(r) = p_B - \rho \cdot g \cdot H \cdot \left(\frac{R_2^2}{r^2} - 1\right).$$

Aufgabe 8.10 Wasseruhr

Im Altertum (z. B. zur Zeit des Pharao Amenophis III. um 1400 v. Chr.) wurden u. a. so genannte Auslaufwasseruhren zur Zeitmessung verwendet. Hierbei war es erforderlich, dass sich beim Auslaufvorgang des Wassers aus dem offenen Gefäß eine möglichst gleichbleibende Sinkgeschwindigkeit des Flüssigkeitsspiegels einstellte. So konnte man an den in gleichen Abständen angebrachten Markierungen die jeweiligen Zeitabschnitte ablesen. In Abb. 8.10 ist der Längsschnitt durch eine solche Auslaufwasseruhr zu erkennen. In den Horizontalebenen liegen jeweils Kreisquerschnitte vor. Ermitteln Sie bei vorgegebenem Austrittsquerschnitt und bekannter Sinkgeschwindigkeit die Innenkontur des Gefäßes in der Form $r = f(z)$.

Abb. 8.10 Wasseruhr

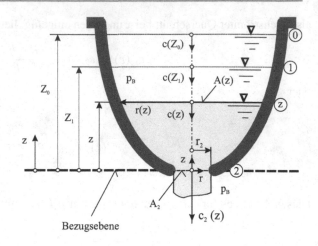

Bezugsebene

Lösung zu Aufgabe 8.10

Aufgabenerläuterung

Im Unterschied zu zahlreichen Aufgaben mit konstant angenommener Flüssigkeitshöhe im Behälter soll im vorliegenden Fall von einer gleichbleibenden Sinkgeschwindigkeit des Flüssigkeitsspiegels ausgegangen werden, d. h. $c(Z_0) = c(Z_1) = c(z) \equiv c$. In der Austrittsöffnung A_2 liegen dagegen zu verschiedenen Zeiten unterschiedliche Flüssigkeitshöhen und folglich (Torricelli'sche Gleichung) auch veränderliche Austrittsgeschwindigkeiten $c_2(z)$ vor. In Verbindung mit dem konstanten Querschnitt A_2 stellen sich entsprechend veränderliche Volumenströme ein, die auch in den jeweiligen Höhen Z_0, Z_1, z, ... vorliegen. Dieser Veränderlichkeit von $\dot{V}(z)$ kann bei der vorausgesetzten gleichbleibenden Sinkgeschwindigkeit des Flüssigkeitsspiegels $c(z) \equiv c$ nur durch eine geeignete Veränderung des Querschnitts $A(z)$ Rechnung getragen werden. Somit wird neben dem Kontinuitätsgesetz und der Durchflussgleichung auch die Bernoulli'sche Gleichung verwendet.

Gegeben:

- c; r_2; g

Gesucht:

- $r(z)$

Anmerkungen

- Annahme verlustfreier Strömung
- Die Sinkgeschwindigkeit des Flüssigkeitsspiegels ist konstant, also

$$c(Z_0) = c(Z_1) = c(z) \equiv c.$$

- Annahme quasi-stationärer Strömung, d. h.

$$\int \left(\frac{\partial c}{\partial t} \right) \cdot \mathrm{d}s = 0.$$

Lösungsschritte

Das Kontinuitätsgesetz zur Zeit t an der Stelle z und der Stelle 2 lautet:

$$\dot{V}(z) = \dot{V}_2(z).$$

Mit den Durchflussgleichungen $\dot{V}(z) = c(z) \cdot A(z)$ und $\dot{V}_2(z) = c_2(z) \cdot A_2$ erhält man dann zunächst

$$c(z) \cdot A = c_2(z) \cdot A_2.$$

Bei den vorausgesetzten kreisförmigen Querschnitten wird mit $A(z) = \pi \cdot r^2(z)$ und $A_2 = \pi \cdot r_2^2$ durch Einfügen in oben stehender Gleichung

$$c(z) \cdot \pi \cdot r^2(z) = c_2(z) \cdot \pi \cdot r_2^2$$

und nach Kürzen entsteht

$$c(z) \cdot r^2(z) = c_2(z) \cdot r_2^2.$$

Die Bernoulli'sche Gleichung zur Zeit t an den Stellen z und 2 betrachtet hat die Form

$$\frac{p(z)}{\rho} + \frac{c^2(z)}{2} + g \cdot z = \frac{p_2}{\rho} + \frac{c_2^2(z)}{2} + g \cdot Z_2.$$

Mit den hier vorliegenden besonderen Gegebenheiten $p(z) = p_B$, $p_2 = p_B$ und $Z_2 = 0$ folgt

$$\frac{c^2(z)}{2} + g \cdot z = \frac{c_2^2(z)}{2}$$

oder umgeformt

$$c_2^2(z) - c^2(z) = 2 \cdot g \cdot z.$$

Ersetzt man nun $c_2(z)$ aus dem oben gefundenen Ergebnis der Kontinuitätsgleichung durch

$$c_2(z) = c(z) \cdot \frac{r^2(z)}{r_2^2}$$

und quadriert,

$$c_2^2\left(z\right) = c^2\left(z\right) \cdot \frac{r^4\left(z\right)}{r_2^4},$$

so führt dies zu

$$c^2\left(z\right) \cdot \frac{r^4\left(z\right)}{r_2^4} - c^2\left(z\right) = 2 \cdot g \cdot z.$$

Nach Ausklammern von $c^2\left(z\right)$ erhält man:

$$c^2\left(z\right) \cdot \left[\frac{r^4\left(z\right)}{r_2^4} - 1\right] = 2 \cdot g \cdot z.$$

$c(z)$ ist die konstant vorausgesetzte Sinkgeschwindigkeit. Vereinfachend setzt man $c(z) \equiv c$. Dividiert man nun noch die Gleichung durch $c^2(z) \equiv c^2$, so erhält man zunächst

$$\frac{r^4\left(z\right)}{r_2^4} - 1 = \frac{2 \cdot g \cdot z}{c^2}.$$

Danach wird so umgeformt, dass das potenzierte Radienverhältnis allein steht,

$$\frac{r^4\left(z\right)}{r_2^4} = 1 + \frac{2 \cdot g \cdot z}{c^2},$$

und schließlich mit r_2^4 multipliziert:

$$r^4\left(z\right) = r_2^4 \cdot \left(1 + \frac{2 \cdot g \cdot z}{c^2}\right).$$

Nach Ziehen der vierten Wurzel erhält man das gesuchte Ergebnis wie folgt:

$$r\left(z\right) = r_2 \cdot \sqrt[4]{1 + \frac{2 \cdot g \cdot z}{c^2}}.$$

Aufgabe 8.11 Ausfluss aus zylindrischem Behälter

Ein flüssigkeitsgefüllter, zylindrischer Behälter weist in seinem Boden eine kreisförmige Öffnung auf, durch die Flüssigkeit ins Freie ausfließt (Abb. 8.11). Der Austrittsquerschnitt ist gut abgerundet, sodass keine Strahleinschnürung vorliegt. Zur Zeit $t = 0$ befindet sich die Oberfläche in einer Höhe Z_0 über der Bezugsebene und sinkt mit der Zeit $t > 0$ in Folge des Ausströmens ab. Zur Zeit $t = t_1$ erreicht der Flüssigkeitsspiegel die Höhe Z_1. Gesucht wird die Zeit t_1, bis die Lage Z_1 erreicht ist.

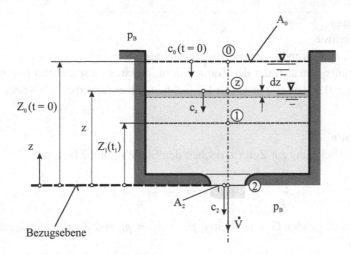

Abb. 8.11 Ausfluss aus zylindrischem Behälter

Lösung zu Aufgabe 8.11

Aufgabenerläuterung

Bei vielen Ausströmvorgängen ist der Flüssigkeitsbehälter und das darin befindliche Volumen sehr groß, sodass die Höhe im Behälter während des Ausfließens näherungsweise konstant angenommen werden darf. Dies trifft exakt aber nur dann zu, wenn das ausströmende Fluid durch ein gleich großes kontinuierlich ersetzt wird. Im vorliegenden Fall handelt es sich jedoch um ein relativ kleines Volumen, bei dem die ausfließende Flüssigkeit zu einer zeitlich veränderlichen Spiegelhöhe $z(t)$ und zeitlich veränderlichen Geschwindigkeiten $c_z(t)$ führt. Zur Zeit $t = 0$ als Startpunkt der Zeitzählung befindet sich der Flüssigkeitsspiegel an der Stelle Z_0 und weist dort die Geschwindigkeit $c_0(t = 0)$ auf. Zur Zeit t an der Stelle z sind dies dann $c_z(t)$ und $z(t)$. An der Stelle 2 mit $Z_2 = 0$ als Bezugsebene ist zur selben Zeit t die Geschwindigkeit $c_2(t)$ festzustellen. Unter Annahme einer quasi-stationären Strömung, d. h. die zeitliche Ableitung der Geschwindigkeit ist klein und folglich der Term $\int \left(\frac{\partial c}{\partial t}\right) \cdot ds$ vernachlässigbar, kann als Ansatz die Bernoulli-Gleichung der stationären Strömung verwendet werden.

Gegeben:

- $Z_0(t = 0)$; A_0; A_2; $Z_1(t_1)$

Gesucht:

- t_1 (bis der Flüssigkeitsspiegel Z_1 erreicht hat)

Anmerkungen

- keine Verluste
- durch Kantenabrundung keine Strahleinschnürung
- Alle Größen, die sich mit der Zeit t ändern, müssten entsprechend gekennzeichnet werden, z. B. $c_2(t)$, $z(t)$ usw. Der Einfachheit halber schreiben wir jedoch kurz c_2, z usw.

Lösungsschritte

Die Bernoulli-Gleichung zur Zeit t zwischen den Stellen z und 2 besagt

$$\frac{p_z}{\rho} + \frac{c_z^2}{2} + g \cdot z = \frac{p_2}{\rho} + \frac{c_2^2}{2} + g \cdot Z_2.$$

Mit den hier vorliegenden Gegebenheiten $p_z = p_2 = p_B$ und $Z_2 = 0$ vereinfacht sich die Gleichung zu

$$\frac{c_z^2}{2} + g \cdot z = \frac{c_2^2}{2}.$$

Hieraus erhält man durch Multiplikation mit 2, Umstellung nach den Geschwindigkeiten $c_2^2 - c_z^2 = 2 \cdot g \cdot z$ und c_z^2 und Ausklammern

$$c_z^2 \cdot \left(\frac{c_2^2}{c_z^2} - 1 \right) = 2 \cdot g \cdot z.$$

An den Stellen z und 2 durchströmt aus Kontinuitätsgründen der gleiche Volumenstrom die Querschnitte $A_z = A_0$ und A_2. Demzufolge wird mit $\dot{V} = c_z \cdot A_0 = c_2 \cdot A_2$

$$\frac{c_2}{c_z} = \frac{A_0}{A_2}.$$

In oben stehende Gleichung eingesetzt entsteht dann

$$c_z^2 \cdot \left[\left(\frac{A_0}{A_2} \right)^2 - 1 \right] = 2 \cdot g \cdot z$$

oder, mit c_z^2 auf einer Gleichungsseite,

$$c_z^2 = \frac{2 \cdot g \cdot z}{\left[\left(\frac{A_0}{A_2} \right)^2 - 1 \right]}.$$

Jetzt wird noch die Wurzel gezogen,

$$c_z = \frac{\sqrt{2 \cdot g \cdot z}}{\sqrt{\left[\left(\frac{A_0}{A_2} \right)^2 - 1 \right]}},$$

und wir bekommen

$$c_z = \frac{\sqrt{2 \cdot g}}{\sqrt{\left[\left(\frac{A_0}{A_2}\right)^2 - 1\right]}} \cdot \sqrt{z}.$$

Die Geschwindigkeit c_z ist aber nichts anderes als

$$c_z = -\frac{\mathrm{d}z}{\mathrm{d}t}.$$

Das negative Vorzeichen resultiert aus der entgegen der z-Koordinate gerichteten Geschwindigkeit. Es wird also

$$-\frac{\mathrm{d}z}{\mathrm{d}t} = \frac{\sqrt{2 \cdot g}}{\sqrt{\left[\left(\frac{A_0}{A_2}\right)^2 - 1\right]}} \cdot \sqrt{z}.$$

Um eine Integration zu ermöglichen, wird mit $\frac{\mathrm{d}t}{\sqrt{z}}$ multipliziert. Damit gelangt man zu

$$-\frac{\mathrm{d}z}{\sqrt{z}} = \frac{\sqrt{2 \cdot g}}{\sqrt{\left[\left(\frac{A_0}{A_2}\right)^2 - 1\right]}} \cdot \mathrm{d}t.$$

Die Integration muss nun, um die Zeit t_1 zu ermitteln, wie folgt durchgeführt werden:

$$-\int_{Z_0}^{Z_1} \frac{\mathrm{d}z}{\sqrt{z}} = -\int_{Z_0}^{Z_1} z^{-1/2} \cdot \mathrm{d}z = \frac{\sqrt{2 \cdot g}}{\sqrt{\left[(A_0/A_2)^2 - 1\right]}} \cdot \int_{t=0}^{t_1} \mathrm{d}t.$$

Die Integration gemäß nachstehender Schritte führt zunächst zu

$$\left|\frac{z^{\frac{1}{2}}}{\frac{1}{2}}\right|_{Z_1}^{Z_0} = \left|2 \cdot \sqrt{z}\right|_{Z_1}^{Z_0} = \frac{\sqrt{2 \cdot g}}{\sqrt{\left[(A_0/A_2)^2 - 1\right]}} \cdot \left|t\right|_{t=0}^{t_1}$$

und dann

$$2 \cdot \left(\sqrt{Z_0} - \sqrt{Z_1} \right) = \frac{\sqrt{2 \cdot g}}{\sqrt{\left[(A_0/A_2)^2 - 1 \right]}} \cdot t_1.$$

Somit lautet die gesuchte Zeit t_1:

$$t_1 = \frac{2}{\sqrt{2 \cdot g}} \cdot \sqrt{\left[\left(\frac{A_0}{A_2} \right)^2 - 1 \right] \cdot \left(\sqrt{Z_0} - \sqrt{Z_1} \right)}$$

oder auch

$$t_1 = \sqrt{\frac{2}{g}} \cdot \sqrt{\left[\left(\frac{A_0}{A_2} \right)^2 - 1 \right] \cdot \left(\sqrt{Z_0} - \sqrt{Z_1} \right)}$$

Aufgabe 8.12 Horizontaler Ausfluss aus offenem Behälter

In Abb. 8.12 ist ein mit Wasser gefüllter, offener Behälter zu erkennen, bei dem an der Stelle 2 das Wasser horizontal ins Freie austritt. Die Füllhöhe H im Behälter soll sich nicht ändern. Die Höhe der Austrittsöffnung über dem Boden lautet h. Zu ermitteln ist die Weite L_W des Auftreffpunktes am Boden.

Lösung zu Aufgabe 8.12

Aufgabenerläuterung

Die Ermittlung von L_W beruht auf folgenden Feststellungen. Die horizontale Komponente c_{x_0} von c_0 (Abb. 8.13) ändert sich ohne Luftwiderstand nicht, daher ist $a_x = 0$. Somit gilt auch $c_{x_0} = c_{x_2} =$ konstant. Ab der Austrittsöffnung wirkt die Schwerkraft, was eine vertikale Beschleunigung und somit die Geschwindigkeitskomponente $c_z(z)$ zur Folge hat. Die Austrittsöffnung (Stelle 2) kann als Scheitelpunkt einer Wurfparabel verstanden werden. Für diese gilt gemäß Abb. 8.13 mit L als gesamter Wurfweite (s. u.)

$$L = \frac{2 \cdot c_{x_0} \cdot c_{z_0}}{g}.$$

Gegeben:

- H; h; g

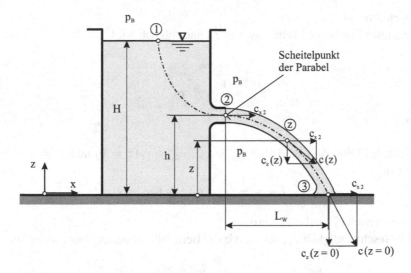

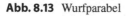

Abb. 8.12 Horizontaler Ausfluss aus offenem Behälter

Abb. 8.13 Wurfparabel

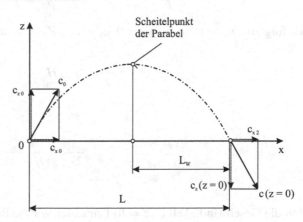

Gesucht:

- L_W

Anmerkungen

- Der Luftwiderstandskraft am Flüssigkeitsstrahl sei vernachlässigbar.
- Die Wurfweite einer Wurfparabel lautet

$$L = \frac{2 \cdot c_{x_0} \cdot c_{z_0}}{g}.$$

- Die Füllhöhe im H Behälter wird konstant angenommen.

Lösungsschritte

Im vorliegenden Fall ist die **Weite $L_W = L/2$** und folglich wird

$$L_W = \frac{1}{g} \cdot c_{x_0} \cdot c_{z_0}.$$

Gemäß Abb. 8.12 und Abb. 8.13 sind $c_{x_0} = c_{x_2}$, $c_{z_0} = c_z(z = 0)$ und $c_0 = c(z = 0)$. Dies führt zu

$$L_W = \frac{1}{g} \cdot c_{x_2} \cdot c_z(z = 0).$$

Es fehlen jetzt noch c_{x_2} und $c_z(z = 0)$.

Für die **Geschwindigkeit c_{x_2}** setzen wir die Bernoulli-Gleichung bei 1 und 2 an:

$$\frac{p_1}{\rho} + \frac{c_1^2}{2} + g \cdot Z_1 = \frac{p_2}{\rho} + \frac{c_2^2}{2} + g \cdot Z_2.$$

Es folgt mit $p_1 = p_2 = p_B$, $c_1 = 0$, $c_2 = c_{x_2}$, $Z_1 = H$ und $Z_2 = h$:

$$\frac{c_{x_2}^2}{2} = g \cdot (H - h)$$

oder

$$c_{x_2} = \sqrt{2 \cdot g \cdot (H - h)}$$

Für die **Geschwindigkeit $c_z(z = 0)$** betrachten wir die Bernoulli-Gleichung bei 1 und 3:

$$\frac{p_1}{\rho} + \frac{c_1^2}{2} + g \cdot Z_1 = \frac{p_3}{\rho} + \frac{c_3^2}{2} + g \cdot Z_3.$$

Nun folgt mit $p_1 = p_3 = p_B$, $c_1 = 0$, $c_3 = c(z = 0)$, $Z_1 = H$ und $Z_3 = 0$:

$$\frac{c^2(z = 0)}{2} = g \cdot H$$

oder

$$c^2(z = 0) = 2 \cdot g \cdot H.$$

Es ist weiterhin nach Pythagoras

$$c^2(z = 0) = c_z^2(z = 0) + c_{x_2}^2,$$

umgestellt heißt das

$$c_z^2(z = 0) = c^2(z = 0) - c_{x_2}^2.$$

Somit ist

$$c_z^2 (z = 0) = 2 \cdot g \cdot H - 2 \cdot g \cdot (H - h) = 2 \cdot g \cdot h$$

oder

$$c_z(z = 0) = \sqrt{2 \cdot g \cdot h}.$$

Jetzt werden c_{x_2} und $c_z (z = 0)$ oben eingesetzt:

$$\begin{aligned} L_W &= \frac{1}{g} \cdot \sqrt{2 \cdot g \cdot (H - h)} \cdot \sqrt{2 \cdot g \cdot h} \\ &= \frac{1}{g} \cdot \sqrt{4 \cdot g^2 \cdot (H - h) \cdot h} \\ &= \frac{2 \cdot g}{g} \cdot \sqrt{(H - h) \cdot h} \end{aligned}$$

Als Ergebnis erhalten wir

$$L_W = 2 \cdot \sqrt{(H - h) \cdot h}.$$

Aufgabe 8.13 Wasserkanal mit Steilabfall

In Abb. 8.14 ist ein offener Wasserkanal zu erkennen, der in einen Steilabfall überführt wird.

An der Stelle 1 betragen die Höhe des Kanalbodens über der Nulllinie $Z_{0,1}$ und die Flüssigkeitsspiegelhöhe über der Nulllinie Z_1. An der Stelle 2 entsprechend $Z_{0,2} = 0$ sowie Z_2. Somit lauten die Flüssigkeitsspiegelhöhen über dem Kanalboden ΔZ_1 bzw. $\Delta Z_2 = Z_2$. Die Wassergeschwindigkeit wird von c_1 auf c_2 beschleunigt. Bei gegeben Größen ΔZ_1, $Z_{0,1}$ und c_1 soll $\Delta Z_2 = Z_2$ ermittelt werden.

Lösung zu Aufgabe 8.14

Aufgabenerläuterung
Bei der Lösung der Aufgabe bietet sich die Bernoulli'sche Energiegleichung an den Stellen 1 und 2 an. Weiterhin wird noch das Kontinuitätsgesetz Verwendung finden.

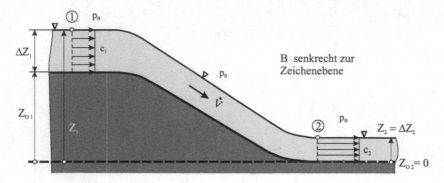

Abb. 8.14 Wasserkanal mit Steilabfall

Gegeben:

- ΔZ_1; $Z_{0,1}$; c_1; g;

Gesucht:

1. $\Delta Z_2 = Z_2$
2. $\Delta Z_2 = Z_2$, wenn $\Delta Z_1 = 1\,\mathrm{m}$; $Z_{0,1} = 3\,\mathrm{m}$; $c_1 = 4\,\mathrm{m/s}$;

Anmerkungen

- verlustfreie Strömung angenommen
- Die Kanalbreite lautet B und liegt senkrecht zur Zeichenebene vor.

Lösungsschritte – Fall 1

Für die **Flüssigkeitsspiegelhöhe** $\Delta Z_2 = Z_2$ gilt die Bernoulli-Gleichung eines Stromfadens an der Flüssigkeitsoberfläche an den Stellen 1 und 2 (ohne Verluste),

$$\frac{p_1}{\rho} + \frac{c_1^2}{2} + g \cdot Z_1 = \frac{p_2}{\rho} + \frac{c_2^2}{2} + g \cdot Z_2.$$

Mit $p_1 = p_2 = p_B$ wird

$$g \cdot Z_2 = g \cdot Z_1 - \left(\frac{c_2^2}{2} - \frac{c_1^2}{2}\right)$$

oder

$$Z_2 = Z_1 - \frac{1}{2 \cdot g} \cdot \left(c_2^2 - c_1^2\right) = Z_1 - \frac{c_1^2}{2 \cdot g} \cdot \left(\frac{c_2^2}{c_1^2} - 1\right).$$

Mit der Kontinuitätsgleichung lässt sich die Geschwindigkeit c_2 mit c_1 wie folgt verknüpfen:

$$\dot{V} = c_1 \cdot A_1 = c_2 \cdot A_2.$$

Hieraus erhält man

$$c_2 = c_1 \cdot \frac{A_1}{A_2},$$

wobei $A_1 = \Delta Z_1 \cdot B$ und $A_2 = \Delta Z_2 \cdot B$ lauten. Demnach wird

$$c_2 = c_1 \cdot \frac{\Delta Z_1 \cdot B}{\Delta Z_2 \cdot B} = c_1 \cdot \frac{\Delta Z_1}{\Delta Z_2}$$

oder, quadriert,

$$\left(\frac{c_2}{c_1}\right)^2 = \left(\frac{\Delta Z_1}{\Delta Z_2}\right)^2 = \left(\frac{\Delta Z_1}{Z_2}\right)^2,$$

da ja $\Delta Z_2 = Z_2$. Oben eingesetzt folgt

$$Z_2 = Z_1 - \frac{c_1^2}{2 \cdot g} \cdot \left(\frac{\Delta Z_1^2}{Z_2^2} - 1\right).$$

Multiplikation mit $2 \cdot g / c_1^2$ liefert

$$Z_2 \cdot \frac{2 \cdot g}{c_1^2} = Z_1 \cdot \frac{2 \cdot g}{c_1^2} - \left(\frac{\Delta Z_1^2}{Z_2^2} - 1\right).$$

Substituiert man $a \equiv 2 \cdot g / c_1^2$ und multipliziert mit Z_2^2, so führt dies auf

$$Z_2^3 \cdot a = Z_1 \cdot Z_2^2 \cdot a - \Delta Z_1^2 + Z_2^2.$$

Dann wird noch durch a dividiert:

$$Z_2^3 = Z_1 \cdot Z_2^2 - \frac{1}{a} \cdot \Delta Z_1^2 + \frac{1}{a} \cdot Z_2^2.$$

Umgeformt schreibt sich dies

$$Z_2^3 - \frac{1}{a} \cdot Z_2^2 - Z_1 \cdot Z_2^2 + \frac{1}{a} \cdot \Delta Z_1^2 = 0.$$

Vereinfacht man die Schreibweise noch durch folgende Substitutionen $b \equiv 1/a$, $c \equiv Z_1$ und $d \equiv \frac{1}{a} \cdot \Delta Z_1^2$, so erhält man zunächst

$$Z_2^3 - b \cdot Z_2^2 - c \cdot Z_2^2 + d = 0$$

oder

$$Z_2^3 - (b + c) \cdot Z_2^2 + d = 0.$$

Mit $e \equiv (b + c)$ entsteht dann die kubische Gleichung

$$Z_2^3 - e \cdot Z_2^2 + d = 0,$$

die mit konkreten Zahlenwerten gelöst werden soll.

Lösungsschritte – Fall 2
Gesucht ist jetzt $\Delta Z_2 = Z_2$, wenn $\Delta Z_1 = 1\,\text{m}$, $Z_{0,1} = 3\,\text{m}$, $c_1 = 4\,\text{m/s}$ gegeben sind.
Zuerst führen wir die Substitutionen a, b, c, d und e durch:

$$a \equiv \frac{2 \cdot g}{c_1^2} = \frac{2 \cdot 9{,}81}{4^2} = 1{,}22625\,\frac{1}{\text{m}}; \quad b \equiv \frac{1}{a} = \frac{1}{1{,}22625} = 0{,}8155\,\text{m};$$

$$c \equiv Z_1 = \left(Z_{0_1} + \Delta Z_1\right) = (3 + 1) = 4\,\text{m}; \quad d \equiv \frac{1}{a} \cdot \Delta Z_1^2 = \frac{1^2}{1{,}22625} = 0{,}8155\,\text{m}^3;$$

$$e \equiv (b + c) = (0{,}8155 + 4) = 4{,}8155\,\text{m}.$$

Die Gleichung lautet dann

$$Z_2^3 - 4{,}8155 \cdot Z_2^2 + 0{,}8155 = 0.$$

Dies ist eine kubische Gleichung vom Typ

$$y(x) = x^3 + K_1 \cdot x^2 + K_2 \cdot x + K_3 = 0$$

mit im Allgemeinen drei Nullstellen. Mit der ersten Nullstelle x_1 gilt allgemein

$$y(x) = x^3 + K_1 \cdot x^2 + K_2 \cdot x + K_3 = (x - x_1) \cdot f_1(x)$$

wobei $(x - x_1)$ der Linearfaktor ist. $f_1(x)$ ist eine quadratische Funktion mit weiteren zwei Nullstellen.

Im vorliegenden Fall erhält man die **erste Nullstelle Z_{2_1}** durch Iteration der Gleichung

$$Z_2^3 - 4{,}8155 \cdot Z_2^2 = -0{,}8155$$

wie folgt:

Z_2	Rechte Seite
1,0	−3,8155
0,5	−1,0788
…	…
…	…
0,4313	−0,8155

Die erste Nullstelle lautet also

$$Z_{2_1} = 0{,}4313\,\text{m}.$$

Für die **beiden anderen Nullstellen** $Z_{2_{2,3}}$ setzen wir an:

$$\left(Z_2^3 - 4{,}8155 \cdot Z_2^2 + 0{,}8155\right) = \left(Z_2 - 0{,}4313\right) \cdot f_1\left(Z_2\right).$$

Auf das erste reduzierte Polynom $f_1(Z_2)$ – dessen Nullstellen die beiden gesuchten Werte $Z_{2_{2,3}}$ sind – kommen wir dann mit einer Polynomdivision:

$$
\begin{aligned}
&\left(+Z_2^3 - 4{,}8155 \cdot Z_2^2 + 0{,}8155\right) : \left(Z_2 - 0{,}4313\right) = Z_2^2 - 4{,}3842 \cdot Z_2 - 1{,}8909 \\
&\underline{-\left(+Z_2^3 - 0{,}4313 \cdot Z_2^2\right)} \\
&\qquad\quad -4{,}3842 \cdot Z_2^2 + 0{,}8155 \\
&\qquad\quad \underline{-\left(-4{,}3842 \cdot Z_2^2 + 1{,}8909 \cdot Z_2\right)} \\
&\qquad\qquad\qquad -1{,}8909 \cdot Z_2 + 0{,}8155 \\
&\qquad\qquad\qquad \underline{-\left(-1{,}8909 \cdot Z_2 + 0{,}8155\right)} \\
&\qquad\qquad\qquad\qquad\qquad\quad = 0
\end{aligned}
$$

Somit hat $f_1(Z_2)$ die Form

$$f_1\left(Z_2\right) = Z_2^2 - 4{,}3842 \cdot Z_2 - 1{,}8909 = 0$$

oder

$$Z_2^2 - 4{,}3842 \cdot Z_2 = 1{,}8909.$$

Jetzt wird links und rechts $\left(\frac{4{,}3842}{2}\right)^2$ addiert (quadratisch ergänzt):

$$Z_2^2 - 4{,}3842 \cdot Z_2 + \left(\frac{4{,}3842}{2}\right)^2 = 1{,}8909 + \left(\frac{4{,}3842}{2}\right)^2$$

oder auch

$$\left(Z_2 - 2{,}1921\right)^2 = 6{,}6962.$$

Wurzelziehen liefert sofort

$$Z_{2_{2,3}} = 2{,}1921 \pm \sqrt{6{,}6962}.$$

Somit erhält man dann

$$Z_{2_2} = 4{,}778\,\text{m} \quad \text{und} \quad Z_{2_3} = -0{,}3956\,\text{m}$$

Diese beiden Nullstellen sind jedoch unrealistisch. Das Ergebnis lautet daher im vorliegenden Fall

$$Z_2 = 0{,}4313\,\text{m}.$$

Aufgabe 8.14 Strömung im offenen Kanal aufwärts

In Abb. 8.15 ist ein offener Wasserkanal zu erkennen, der in einen Steilanstieg überführt wird.

An der Stelle 1 beträgt die Höhe des Wasserspiegels über der Nulllinie Z_1 und an der Stelle 2 entsprechend Z_2. Die Höhe des Wasserspiegels über dem Kanalboden lautet dort Δh. Des Weiteren liegt bei 2 die Höhe des Kanalbodens über der Nulllinie mit ΔZ vor. Die Wassergeschwindigkeit wird von c_1 auf c_2 verzögert. Bei gegeben Größen Z_1, ΔZ und c_1 soll Δh ermittelt werden.

Lösung zu Aufgabe 8.14

Aufgabenerläuterungen
Bei der Lösung der Aufgabe bietet sich die Bernoulli'sche Energiegleichung an den Stellen 1 und 2 an. Weiterhin wird noch das Kontinuitätsgesetz Verwendung finden.

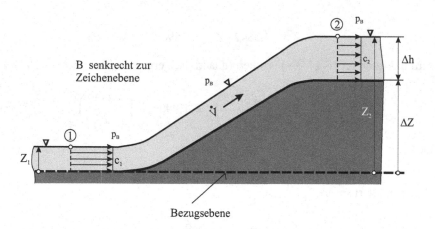

Abb. 8.15 Strömung im offenen Kanal aufwärts

Gegeben:

- Z_1; ΔZ; c_1, g

Gesucht:

1. Δh
2. Δh, wenn $Z_1 = 0{,}5\,\mathrm{m}$; $\Delta Z = 2{,}5\,\mathrm{m}$; $c_1 = 9{,}806\,\mathrm{m/s}$;

Anmerkungen

- verlustfreie Strömung angenommen
- Die Kanalbreite lautet B und liegt senkrecht zur Zeichenebene vor.

Lösungsschritte – Fall 1

Die **Höhe Δh** des Wasserspiegels über dem Kanalboden finden wir folgendermaßen. Die Bernoulli-Gleichung eines Stromfadens an der Flüssigkeitsoberfläche an den Stellen 1 und 2 lautet ohne Verluste

$$\frac{p_1}{\rho} + \frac{c_1^2}{2} + g \cdot Z_1 = \frac{p_2}{\rho} + \frac{c_2^2}{2} + g \cdot Z_2.$$

Mit $p_1 = p_2 = p_B$ wird daraus

$$g \cdot Z_2 = g \cdot Z_1 + \left(\frac{c_1^2}{2} - \frac{c_2^2}{2} \right)$$

oder

$$Z_2 = Z_1 + \frac{1}{2 \cdot g} \cdot (c_1^2 - c_2^2) = Z_1 + \frac{c_1^2}{2 \cdot g} \cdot \left(1 - \frac{c_2^2}{c_1^2} \right).$$

Mit der Kontinuitätsgleichung lässt sich die Geschwindigkeit c_2 mit c_1 wie folgt verknüpfen:

$$\dot{V} = c_1 \cdot A_1 = c_2 \cdot A_2.$$

Hieraus erhält man

$$c_2 = c_1 \cdot \frac{A_1}{A_2},$$

wobei $A_1 = Z_1 \cdot B$ und $A_2 = \Delta h \cdot B$ lauten. Demnach wird

$$c_2 = c_1 \cdot \frac{Z_1 \cdot B}{\Delta h \cdot B} = c_1 \cdot \frac{Z_1}{\Delta h}$$

oder, quadriert,

$$\left(\frac{c_2}{c_1} \right)^2 = \left(\frac{Z_1}{\Delta h} \right)^2.$$

Oben eingesetzt folgt

$$Z_2 = Z_1 + \frac{c_1^2}{2 \cdot g} \cdot \left(1 - \frac{Z_1^2}{\Delta h^2}\right).$$

Da des Weiteren $Z_2 = \Delta Z + \Delta h$ ist, führt dies zu

$$\Delta Z + \Delta h = Z_1 + \frac{c_1^2}{2 \cdot g} \cdot \left(1 - \frac{Z_1^2}{\Delta h^2}\right).$$

Umgestellt wird das zu

$$\Delta h + (\Delta Z - Z_1) = \frac{c_1^2}{2 \cdot g} \cdot \left(1 - \frac{Z_1^2}{\Delta h^2}\right).$$

Multiplikation mit Δh^2 liefert zunächst

$$\Delta h^3 + (\Delta Z - Z_1) \cdot \Delta h^2 = \frac{c_1^2}{2 \cdot g} \cdot \Delta h^2 - \frac{c_1^2}{2 \cdot g} \cdot Z_1^2.$$

Umsortiert ist das Ergebnis dann

$$\Delta h^3 + \left(\Delta Z - Z_1 - \frac{c_1^2}{2 \cdot g}\right) \cdot \Delta h^2 + \frac{c_1^2}{2 \cdot g} \cdot Z_1^2 = 0.$$

Dies ist eine kubische Gleichung und lässt sich bei bekannten Zahlenwerten lösen.

Lösungsschritte – Fall 2
Wir suchen Δh, wenn $Z_1 = 0{,}5$ m, $\Delta Z = 2{,}5$ m, $c_1 = 9{,}806$ m/s und $g = 9{,}806$ m/s^2 gegeben sind.

Mit diesen Zahlenvorgaben entsteht folgender Zusammenhang

$$\Delta h^3 + \left[(2{,}5 - 0{,}5) - \frac{9{,}806^2}{2 \cdot 9{,}806}\right] \cdot \Delta h^2 + \frac{9{,}806^2}{2 \cdot 9{,}806} \cdot 0{,}5^2 = 0$$

oder

$$\Delta h^3 - 2{,}903 \cdot \Delta h^2 + 1{,}226 = 0.$$

Dies ist eine kubische Gleichung vom Typ

$$y(x) = x^3 + K_1 \cdot x^2 + K_2 \cdot x + K_3 = 0$$

mit im Allgemeinen drei Nullstellen. Mit der ersten Nullstelle x_1 gilt allgemein

$$y(x) = x^3 + K_1 \cdot x^2 + K_2 \cdot x + K_3 = (x - x_1) \cdot f_1(x)$$

wobei $(x - x_1)$ der Linearfaktor ist. $f_1(x)$ ist eine quadratische Funktion mit weiteren zwei Nullstellen.

Im vorliegenden Fall erhält man die **erste Nullstelle Δh_1** durch Iteration der Gleichung

$$\Delta h^3 - 2{,}903 \cdot \Delta h^2 = -1{,}226$$

wie folgt:

Δh	Rechte Seite
1,0	$-1{,}903$
$\cdots$	$\cdots$
$\cdots$	$\cdots$
0,756	$-1{,}226$

Die 1. Nullstelle lautet also

$$\Delta h_1 = 0{,}756\,\text{m.}$$

Für die **beiden anderen Nullstellen $\Delta h_{2,3}$** setzen wir an:

$$\left(\Delta h^3 - 2{,}903 \cdot \Delta h^2 + 1{,}266\right) = (\Delta h - 0{,}756) \cdot f_1(\Delta h)$$

Auf das erste reduzierte Polynom $f_1(\Delta h)$ – dessen Nullstellen die beiden gesuchten Werte $Z_{2_{2,3}}$ sind – kommen wir dann mit einer Polynomdivision:

$$
\begin{aligned}
&\left(+\Delta h^3 - 2{,}903 \cdot \Delta h^2 + 1{,}266\right) : (\Delta h - 0{,}756) = \Delta h^2 - 2{,}147 \cdot \Delta h - 1{,}623 \\
&\underline{-\left(+\Delta h^3 - 0{,}756 \cdot \Delta h^2\right)} \\
&\qquad\qquad -2{,}147 \cdot \Delta h^2 + 1{,}226 \\
&\qquad\quad \underline{-\left(-2{,}147 \cdot \Delta h^2 + 1{,}623 \cdot \Delta h\right)} \\
&\qquad\qquad\qquad\qquad -1{,}623 \cdot \Delta h + 1{,}266 \\
&\qquad\qquad\qquad \underline{-\left(-1{,}623 \cdot \Delta h + 1{,}266\right)} \\
&\qquad\qquad\qquad\qquad\qquad\qquad = 0
\end{aligned}
$$

Somit lautet $f_1(\Delta h)$ als quadratische Gleichung zur Bestimmung der zwei anderen Null-stellen wie folgt:

$$f_1(\Delta h) = \Delta h^2 - 2{,}147 \cdot \Delta h - 1{,}623$$

oder

$$\Delta h^2 - 2{,}147 \cdot \Delta h = 1{,}623.$$

Addiert man links und rechts $\left(\frac{2{,}147}{2}\right)^2$ hinzu (quadratische Ergänzung), entsteht

$$\Delta h^2 - 2{,}147 \cdot Z_2 + \left(\frac{2{,}147}{2}\right)^2 = 1{,}623 + \left(\frac{2{,}147}{2}\right)^2$$

bzw.

$$(\Delta h - 1{,}0735)^2 = 2{,}775.$$

Nach dem Wurzelziehen lautet das Resultat

$$\Delta h_{2,3} = 1{,}0735 \pm \sqrt{2{,}775}.$$

Dies liefert die beiden Nullstellen

$$\Delta h_2 = +2{,}74\,\text{m} \quad \text{und} \quad \Delta h_3 = -0{,}594\,\text{m},$$

die aber unrealistisch sind. Damit erhält man als Ergebnis dieser Aufgabe

$$\Delta h_1 = 0{,}756\,\text{m}.$$

Aufgabe 8.15 Ausfluss durch eine Rohrleitung aus einem offenen Behälter

Aus einem großen offenen Behälter, der bis zur Höhe H mit Wasser gefüllt ist, strömt durch eine am Behälterboden angebrachte Ausflussleitung mit der Länge L und dem Durchmesser d das Wasser nach außen (Abb. 8.16). Der Eintritt in die Rohrleitung ist gut abgerundet, sodass keine Strahlkontraktion stattfindet. Der Behälter sei so groß bemessen, dass keine nennenswerte Spiegelabsenkung vorliegt, d. h. H als konstant betrachtet werden kann. Welcher Volumenstrom $\dot{V}$ stellt sich ein, wenn die äquivalente Sandrauigkeit k_S der Rohroberfläche und die kinematische Viskosität des Wassers ν ebenfalls bekannt sind?

Abb. 8.16 Ausfluss durch eine
Rohrleitung aus einem offenen
Behälter

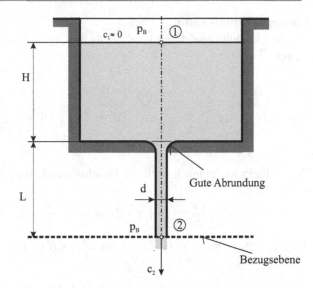

Lösung zu Aufgabe 8.15

Aufgabenerläuterung

Die hier gestellte Frage nach dem Volumenstrom lässt sich mittels Durchflussgleichung und der Bernoulli'schen Energiegleichung an den Stellen 1 und 2 lösen. Hierbei sind die Verluste in der Rohrleitung zu berücksichtigen.

Gegeben:

- H; L; d; k_S; ν

Gesucht:

1. $\dot{V}$
2. $\dot{V}$, wenn $H = 1{,}0\,\text{m}$; $L = 0{,}80\,\text{m}$; $d = 4\,\text{cm}$; $k_S = 0{,}0015\,\text{mm}$; $\nu = 1{,}0 \cdot 10^{-6}\,\text{m}^2/\text{s}$

Anmerkungen

- nur Reibungsverluste wirksam
- Behälter sehr groß, sodass $H \approx$ konstant

Lösungsschritte – Fall 1

Mit der Durchflussgleichung $\dot{V} = c_2 \cdot A_2$ und $A_2 = \frac{\pi}{4} \cdot d^2$ lautet der gesuchte **Volumen-strom**

$$\dot{V} = c_2 \cdot \frac{\pi}{4} \cdot d^2.$$

Zu ermitteln ist demnach noch die **Geschwindigkeit** c_2. Die Bernoulli-Gleichung bei 1 und 2 lautet

$$\frac{p_1}{\rho} + \frac{c_1^2}{2} + g \cdot Z_1 = \frac{p_2}{\rho} + \frac{c_2^2}{2} + g \cdot Z_2 + Y_{V,1-2}.$$

Mit $p_1 = p_2 = p_B$, $c_1 = 0$, $Z_2 = 0$ und $Z_1 = H + L$ wird

$$\frac{c_2^2}{2} = g \cdot (H + L) - Y_{V,1-2}.$$

Daraus bekommen wir mit

$$Y_{V,1-2} = \lambda \cdot \frac{L}{d} \cdot \frac{c_2^2}{2}$$

Den Ausdruck

$$\frac{c_2^2}{2} = g \cdot (H + L) - \lambda \cdot \frac{L}{d} \cdot \frac{c_2^2}{2}.$$

Umgeformt wird

$$\frac{c_2^2}{2} + \lambda \cdot \frac{L}{d} \cdot \frac{c_2^2}{2} = g \cdot (H + L).$$

Wenn man $c_2^2/2$ ausklammert, führt dies zu

$$\frac{c_2^2}{2} \cdot \left(1 + \lambda \cdot \frac{L}{d}\right) = g \cdot (H + L).$$

Die Division durch $\left(1 + \lambda \cdot \frac{L}{d}\right)$ liefert zunächst

$$\frac{c_2^2}{2} = \frac{g \cdot (H + L)}{\left(1 + \lambda \cdot \frac{L}{d}\right)}.$$

Mit 2 multipliziert wird das zu

$$c_2^2 = \frac{2 \cdot g \cdot (H + L)}{\left(1 + \lambda \cdot \frac{L}{d}\right)}$$

und die Wurzel daraus ist

$$c_2 = \sqrt{\frac{2 \cdot g \cdot (H + L)}{\left(1 + \lambda \cdot \frac{L}{d}\right)}}.$$

Der gesuchte Volumenstrom lautet folglich

$$\dot{V} = \frac{\pi}{4} \cdot d^2 \cdot \sqrt{\frac{2 \cdot g \cdot (H + L)}{\left(1 + \lambda \cdot \frac{L}{d}\right)}}$$

Wegen $\lambda = f(Re_2; k_S/d)$ und $Re_2 = (c_2 \cdot d)/\nu$ wird zur Ermittlung von $\dot{V}$ eine Iteration erforderlich.

Lösungsschritte – Fall 2
Wir suchen $\dot{V}$, wenn $H = 1{,}0\,\text{m}$, $L = 0{,}80\,\text{m}$, $d = 4\,\text{cm}$, $k_S = 0{,}0015\,\text{mm}$ und $\nu = 1{,}0 \cdot 10^{-6}\,\text{m}^2/\text{s}$ gegeben sind, und erhalten daraus zunächst

$$\dot{V} = \frac{\pi}{4} \cdot 0{,}04^2 \cdot \sqrt{\frac{2 \cdot 9{,}81 \cdot (1 + 0{,}8)}{\left(1 + \lambda \cdot \frac{0{,}8}{0{,}04}\right)}}$$

oder

$$\dot{V} = 0{,}007468 \cdot \frac{1}{\sqrt{1 + 20 \cdot \lambda}}.$$

1. Iterationsschritt **Annahme:** $\lambda_1 = 0{,}014$

$$\dot{V}_1 = 0{,}007468 \cdot \frac{1}{\sqrt{(1 + 20 \cdot \lambda_1)}}$$

$$= 0{,}007468 \cdot \frac{1}{\sqrt{(1 + 20 \cdot 0{,}014)}} = 0{,}00660 \frac{\text{m}^3}{\text{s}}$$

$$c_{2_1} = \frac{\dot{V}_1}{\frac{\pi}{4} \cdot d_2^2} = \frac{0{,}00660}{\frac{\pi}{4} \cdot 0{,}04^2} = 5{,}253 \frac{\text{m}}{\text{s}}$$

$$Re_{2_1} = \frac{c_{2_1} \cdot d}{\nu} = \frac{5{,}253 \cdot 0{,}04}{1} \cdot 10^6 = 210\,117$$

Annahme: Hydraulisch glatte Oberfläche (muss später überprüft werden). Hierfür gilt:

$$\lambda = 0{,}0032 + 0{,}221 \cdot Re^{-0{,}237}.$$

$$\lambda_2 = 0{,}0032 + 0{,}221 \cdot 210\,117^{-0{,}237} = 0{,}0153$$

2. Iterationsschritt $\lambda_2 = 0{,}0153$

$$\dot{V}_2 = 0{,}007468 \cdot \frac{1}{\sqrt{(1 + 20 \cdot \lambda_2)}}$$

$$= 0{,}007468 \cdot \frac{1}{\sqrt{(1 + 20 \cdot 0{,}0153)}} = 0{,}006535 \frac{m^3}{s}$$

$$c_{2_2} = \frac{\dot{V}_2}{\frac{\pi}{4} \cdot d_2^2} = \frac{0{,}006535}{\frac{\pi}{4} \cdot 0{,}04^2} = 5{,}200 \frac{m}{s}$$

$$Re_{2_2} = \frac{c_{2_2} \cdot d}{\nu} = \frac{5{,}200 \cdot 0{,}04}{1} \cdot 10^6 = 208\,000$$

$$\lambda_3 = 0{,}0032 + 0{,}221 \cdot Re_{2_2}^{-0{,}237} = 0{,}0032 + 0{,}221 \cdot 208\,000^{-0{,}237} = 0{,}01533$$

Da zwischen $\lambda_2 = 0{,}0153$ und $\lambda_3 = 0{,}01533$ kein nennenswerter Unterschied mehr vorliegt, lässt sich die Iteration hier abbrechen. Es ergibt sich

$$\dot{V} \approx \dot{V}_3 = 0{,}007468 \cdot \frac{1}{\sqrt[2]{1 + 20 \cdot 0{,}01533}} \frac{m^3}{s}$$

$$\dot{V} \approx \dot{V}_3 = 0{,}006533 \frac{m^3}{s}$$

Überprüfung, ob die angenommenen „hydraulisch glatten" Verhältnisse vorliegen:

$$\frac{k_S}{d} = \frac{0{,}0015}{40} = 0{,}0000375$$

$$Re_2 = 208\,000$$

Für diese Konstellation sind gemäß dem „Moody-Diagramm" hydraulisch glatte Oberflächen vorhanden.

Aufgabe 8.16 Zwei offene Behälter mit kreisringförmiger Verbindungsleitung

Zwei offene Behälter sind gemäß Abb. 8.17 durch eine Rohrleitung der Länge L verbunden. Der Querschnitt der Rohrleitung ist kreisringförmig ausgebildet. Die Füllhöhe im linken Behälter beträgt Z_1 und im rechten Behälter Z_2. Beide Füllhöhen seien zeitlich unveränderlich.

Welcher Volumenstrom $\dot{V}$ stellt sich aufgrund des Höhenunterschieds ein, wenn neben den genannten Größen die äquivalente Rauigkeit k_S der flüssigkeitsbenetzten Rohrleitungsoberflächen und die kinematische Viskosität ν der Flüssigkeit (Wasser) bekannt sind?

Lösung zu Aufgabe 8.16

Aufgabenerläuterung
Bei der Lösung dieser Aufgabe steht die Durchflussgleichung ebenso wie die Bernoulli'sche Energiegleichung der verlustbehafteten Strömung an den Stellen 1 und 2 dieses Systems im Vordergrund. Hierbei ist der kreisringförmige Querschnitt der Rohrleitung zu beachten.

Gegeben:

- d_a; d_i; k_S; Z_1; Z_2; L; ν

Gesucht:

1. $\dot{V}$
2. $\dot{V}$, wenn $d_a = 100\,\text{mm}$; $d_i = 50\,\text{mm}$; $k_S = (0{,}08\text{–}0{,}09)\,\text{mm}$ (Stahlrohr, rostfrei); $Z_1 = 10\,\text{m}$; $Z_2 = 4\,\text{m}$; $L = 5\,\text{m}$; $\nu = 1 \cdot 10^{-6}\,\text{m}^2/\text{s}$

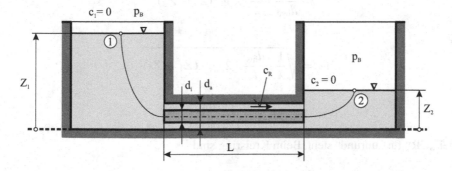

Abb. 8.17 Zwei offene Behälter mit kreisringförmiger Verbindungsleitung

Anmerkungen

- Es sollen nur Reibungsverluste wirksam sein.
- Z_1 und Z_2 sind konstant.

Lösungsschritte – Fall 1

Für den **Volumenstrom** $\dot{V}$ setzen wir die Durchflussgleichung für die Verbindungsleitung an,

$$\dot{V} = A_R \cdot c_R,$$

wobei der Ringquerschnitt mit $A_R = \frac{\pi}{4} \cdot \left(d_a^2 - d_i^2\right)$ gegeben ist. Somit gilt

$$\dot{V} = \frac{\pi}{4} \cdot \left(d_a^2 - d_i^2\right) \cdot c_R.$$

Die Geschwindigkeit c_R finden wir über die Bernoulli'sche Energiegleichung bei 1 und 2 (mit Verlusten):

$$\frac{p_1}{\rho} + \frac{c_1^2}{2} + g \cdot Z_1 = \frac{p_2}{\rho} + \frac{c_2^2}{2} + g \cdot Z_2 + Y_{V,1-2},$$

wobei $p_1 = p_2 = p_B$ und $c_1 = c_2 = 0$. Somit resultiert

$$Y_{V,1-2} = g \cdot (Z_1 - Z_2).$$

Mit

$$Y_{V,1-2} = \lambda \cdot \frac{L}{d_{hyd}} \cdot \frac{c_R^2}{2}$$

als Reibungsverluste in einer Rohrleitung nicht kreisförmigen Querschnitts wird

$$\lambda \cdot \frac{L}{d_{hyd}} \cdot \frac{c_R^2}{2} = g \cdot (Z_1 - Z_2)$$

oder

$$c_R = \sqrt{\frac{1}{\lambda} \cdot \frac{d_{hyd}}{L} \cdot 2 \cdot g \cdot (Z_1 - Z_2)}$$

mit

$$d_{hyd} = \frac{4 \cdot A_{UR}}{U_{UR}},$$

wobei „UR" für „unrund" steht. Beim Kreisring sind

$$A_{UR} = A_R = \frac{\pi}{4} \cdot \left(d_a^2 - d_i^2\right) \quad \text{und} \quad U_{UR} = \pi \cdot (d_a + d_i).$$

In d_{hyd} eingesetzt wird daraus

$$d_{hyd} = \frac{4 \cdot \frac{\pi}{4} \cdot (d_a^2 - d_i^2)}{\pi \cdot (d_a + d_i)} = \frac{(d_a + d_i) \cdot (d_a - d_i)}{(d_a + d_i)} = (d_a - d_i).$$

Es folgt dann

$$c_R = \sqrt{\frac{1}{\lambda} \cdot \frac{d_a - d_i}{L} \cdot 2 \cdot g \cdot (Z_1 - Z_2)}.$$

Wegen $\lambda = f\left(Re_{UR}; k_S/d_{hyd}\right)$ und $Re_{UR} = (c_R \cdot d_{hyd})/v$ wird zur Ermittlung von $\dot{V}$ eine Iteration erforderlich. Es folgt für $\dot{V}$:

$$\dot{V} = \frac{\pi}{4} \cdot (d_a^2 - d_i^2) \cdot \sqrt{\frac{1}{\lambda} \cdot \frac{d_a - d_i}{L} \cdot 2 \cdot g \cdot (Z_1 - Z_2)}$$

Lösungsschritte – Fall 2
Wir suchen $\dot{V}$, wenn $d_a = 100$ mm, $d_i = 50$ mm, $k_S = (0{,}08{-}0{,}09)$ mm (Stahlrohr, rostfrei), $Z_1 = 10$ m, $Z_2 = 4$ m, $L = 5$ m und $v = 1 \cdot 10^{-6}$ m^2/s gegeben sind. Dazu ermitteln wir zunächst c_R durch die folgende Iteration:

$$c_R = \sqrt{\frac{1}{\lambda}} \cdot \sqrt{\frac{(0{,}10 - 0{,}05)}{5} \cdot 2 \cdot 9{,}81 \cdot (10 - 4)}$$

oder

$$c_R = 1{,}085 \cdot \sqrt{\frac{1}{\lambda}}$$

1. Iterationsschritt **Annahme:** $\lambda_1 = 0{,}020$

$$c_{R_1} = 1{,}085 \cdot \sqrt{\frac{1}{\lambda_1}} = 1{,}085 \cdot \sqrt{\frac{1}{0{,}02}} = 7{,}672 \frac{m}{s}$$

Mit

$$d_{hyd} = d_a - d_i = (0{,}10 - 0{,}05) \text{ m} = 0{,}05 \text{ m}$$

wird

$$Re_{UR_1} = \frac{c_{R_1} \cdot d_{hyd}}{\nu} = \frac{7{,}672 \cdot 0{,}05}{1} \cdot 10^6 = 383\,600.$$

Aus

$$Re_{UR_1} = 383\,600 \quad \text{und} \quad \frac{k_S}{d_{hyd}} = \frac{0{,}085\,\text{mm}}{50\,\text{mm}} = 0{,}0017$$

folgt $\lambda_2 = 0{,}024$ (Übergangsgebiet im Diagramm „Rohrreibungszahl nach Moody"
[Abb. A.1])

2. *Iterationsschritt* $\lambda_2 = 0{,}024$

$$c_{R_2} = 1{,}085 \cdot \sqrt{\frac{1}{\lambda_2}} = 1{,}085 \cdot \sqrt{\frac{1}{0{,}024}} = 7{,}004\,\frac{\text{m}}{\text{s}} = 7{,}004\,\frac{\text{m}}{\text{s}}$$

$$Re_{UR_2} = \frac{c_{R_2} \cdot d_{hyd}}{\nu} = \frac{7{,}004 \cdot 0{,}05}{1} \cdot 10^6 = 350\,182$$

Aus

$$Re_{UR_2} = 350\,182 \quad \text{und} \quad \frac{k_S}{d_{hyd}} = \frac{0{,}085\,\text{mm}}{50\,\text{mm}} = 0{,}0017$$

folgt $\lambda_3 = 0{,}023$ (Übergangsgebiet im Diagramm „Rohrreibungszahl nach Moody"
[Abb. A.1])

3. *Iterationsschritt* $\lambda_3 = 0{,}023$

$$c_{R_3} = 1{,}085 \cdot \sqrt{\frac{1}{\lambda_3}} = 1{,}085 \cdot \sqrt{\frac{1}{0{,}023}} = 7{,}154\,\frac{\text{m}}{\text{s}}$$

$$Re_{UR_3} = \frac{c_{R_3} \cdot d_{hyd}}{\nu} = \frac{7{,}154 \cdot 0{,}05}{1} \cdot 10^6 = 357\,714$$

Aus

$$Re_{UR_3} = 357\,714 \quad \text{und} \quad \frac{k_S}{d_{hyd}} = \frac{0{,}085\,\text{mm}}{50\,\text{mm}} = 0{,}0017$$

folgt $\lambda_4 = 0{,}023$ (Übergangsgebiet im Diagramm „Rohrreibungszahl nach Moody"
[Abb. A.1])

Mit $\lambda_3 = \lambda_4 = 0{,}023$ ist kein nennenswerter Unterschied mehr vorhanden.
Somit resultieren

$$\lambda = 0{,}023 \quad \text{und} \quad c_R = 7{,}154\,\text{m/s}.$$

Den gesuchten Volumenstrom erhält man mit

$$\dot{V} = \frac{\pi}{4} \cdot \left(d_a^2 - d_i^2\right) \cdot c_R = \frac{\pi}{4} \cdot \left(0{,}10^2 - 0{,}05^2\right) \cdot 7{,}154$$

oder als Ergebnis

$$\dot{V} = 0{,}0421 \frac{m^3}{s}.$$

Bernoulli'sche Energiegleichung für rotierende Systeme

9

Insbesondere bei Anwendungen auf dem Gebiet der Strömungsmaschinen, aber auch überall dort, wo Fluide durch andere rotierende Systeme strömen, wird eine modifizierte Energiegleichung benötigt, die auf die veränderten Gegebenheiten gegenüber ruhender Systeme abgestimmt ist.

Die Herleitung der Bernoulli'schen Energiegleichung für rotierende Systeme erfolgt analog zum Vorgehen gemäß Kap. 8. Der auch hier benutzte Ansatz des ersten Newton'schen Gesetzes erfordert im vorliegenden Fall jedoch noch die Berücksichtigung der in Richtung der Stromlinie wirkenden Fliehkraftkomponente aufgrund der Systemrotation. Des Weiteren wird die Trägheitskraft mit der im rotierenden System vorhandenen Relativgeschwindigkeit wirksam.

Reibungsfreie Strömung

Es wird zunächst wieder von stationärer, eindimensionaler Strömung inkompressibler Fluide ausgegangen. Unter Zugrundelegung des Kräftegleichgewichts an einem Fluidelement dm, welches sich entlang einer Stromlinie in einem rotierenden System bewegt, gelangt man zur Bernoulli'schen Energiegleichung in

differenzieller Form

$$\frac{dp}{\rho} + w \cdot \mathrm{d}w - r \cdot \omega^2 \cdot \mathrm{d}r + g \cdot \mathrm{d}z = 0$$

oder in

integraler Form

$$\frac{p}{\rho} + \frac{w^2}{2} - \frac{u^2}{2} + g \cdot z = C^{**}.$$

© Springer-Verlag GmbH Deutschland, ein Teil von Springer Nature 2018
V. Schröder, *Übungsaufgaben zur Strömungsmechanik 1*,
https://doi.org/10.1007/978-3-662-56054-9_9

Dies ist die Bernoulli'sche Gleichung als Energiegleichung formuliert mit:

$\frac{p}{\rho}$ spezifische Druckenergie $\left[\frac{\text{Nm}}{\text{kg}}\right]$

$g \cdot z$ spezifische potenzielle Energie $\left[\frac{\text{Nm}}{\text{kg}}\right]$

$\frac{w^2}{2}$ spezifische Geschwindigkeitsenergie der Relativgeschwindigkeit $\left[\frac{\text{Nm}}{\text{kg}}\right]$

$\frac{u^2}{2}$ spezifische Geschwindigkeitsenergie der Umfangsgeschwindigkeit $\left[\frac{\text{Nm}}{\text{kg}}\right]$

C^{**} Integrationskonstante oder Bernoulli'sche Konstante $-$

An zwei Stellen 1 und 2 auf einem Stromfaden lauten die Bernoulli-Gleichungen dann

Energiegleichung

$$\frac{p_1}{\rho} + \frac{w_1^2}{2} - \frac{u_1^2}{2} + g \cdot Z_1 = \frac{p_2}{\rho} + \frac{w_2^2}{2} - \frac{u_2^2}{2} + g \cdot Z_2$$

Druckgleichung

$$p_1 + \frac{\rho}{2} \cdot w_1^2 - \frac{\rho}{2} \cdot u_1^2 + \rho \cdot g \cdot Z_1 = p_2 + \frac{\rho}{2} \cdot w_2^2 - \frac{\rho}{2} \cdot u_2^2 + \rho \cdot g \cdot Z_2$$

Reibungsbehaftete Strömung

Unter der Voraussetzung stationärer, eindimensionaler Strömung inkompressibler Fluide kann man unter Berücksichtigung der Reibungskräfte die Bernoulli'sche Gleichung des rotierenden Systems wie folgt anschreiben.

Energiegleichung

$$\frac{p_1}{\rho} + \frac{w_1^2}{2} - \frac{u_1^2}{2} + g \cdot Z_1 = \frac{p_2}{\rho} + \frac{w_2^2}{2} - \frac{u_2^2}{2} + g \cdot Z_2 + Y_{V,1\text{-}2}$$

$Y_{V,1\text{-}2}$ ist dabei die Verlustenergie zwischen 1 und 2.

Druckgleichung

$$p_1 + \frac{\rho}{2} \cdot w_1^2 - \frac{\rho}{2} \cdot u_1^2 + \rho \cdot g \cdot Z_1 = p_2 + \frac{\rho}{2} \cdot w_2^2 - \frac{\rho}{2} \cdot u_2^2 + \rho \cdot g \cdot Z_2 + p_{V,1-2}$$

$p_{V,1-2}$ ist dabei der Druckverlust zwischen 1 und 2.

Aufgabe 9.1 Rohrpumpe

Der sehr einfache Fall einer Pumpe ist in Abb. 9.1 zu erkennen. Ein Antrieb versetzt das in Flüssigkeit getauchte, vertikale Rohr mit dem Querschnitt A in Rotation. Das obere Ende des Rohrs ist um 90° umgebogen, wobei dieser Abschnitt einen Radius R_2 bezogen auf die Drehachse und einen Abstand H zur Flüssigkeitsoberfläche aufweist. Das Rohr sei vollständig mit Flüssigkeit befüllt. Ab einer Mindestdrehzahl strömt Flüssigkeit an der Stelle 2 ins Freie. Beantworten Sie folgende Fragen:

- Mit welcher Winkelgeschwindigkeit ω_{min} muss sich das Rohr drehen, um gerade einen Volumenstrom zu befördern?
- Wie groß darf ω_{max} höchstens werden, damit an der gefährdeten Stelle x die Flüssigkeit nicht abreist?
- Welches Antriebsmoment T wird erforderlich?

Lösung zu Aufgabe 9.1

Aufgabenerläuterung

Zur Beantwortung der Frage nach der Mindestwinkelgeschwindigkeit ω_{min} wird es erforderlich, von der Bernoulli'schen Gleichung rotierender Systeme Gebrauch zu machen, da in ihr die Umfangsgeschwindigkeiten des Stromfadens und somit auch ω vorzufinden sind. Sie ist natürlich nur im Fall eines Strömungsvorgangs anwendbar, also wenn $\dot{V} > 0$. Die Begrenzung der Drehzahl n_{max} und somit auch ω_{max} wird durch den statischen Druck an der gefährdeten Stelle in dem Flüssigkeitssystem p_x vorgegeben. Bedingung ist, dass p_x immer den Flüssigkeitsdampfdruck p_{Da} überschreiten muss, um das Abreißen des Fluidstroms zu vermeiden. Auch hier liefert die Bernoulli'sche Gleichung rotierender Systeme den Zusammenhang zwischen ω_{max} und den gegebenen Größen. Das Antriebsmoment T der „Rohrpumpe" lässt sich auf zwei Wegen ermitteln. Zum einen kann der 1. Hauptsatz mit geeigneten Systemgrenzen benutzt werden. Die zweite Möglichkeit liefert der Impulsmomentensatz an einem sinnvoll gewählten Kontrollraum. Hiervon soll bei der Lösungsfindung Gebrauch gemacht werden.

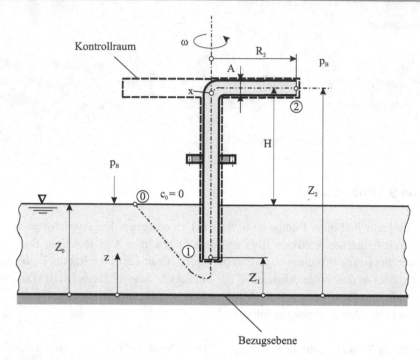

Abb. 9.1 Rohrpumpe

Gegeben:

- H; R_2; ρ; A; p_B; p_{Da}

Gesucht:

1. ω_{min}, wenn $\dot{V} > 0$, also $w > 0$
2. ω_{max}, wenn $p_x > p_{Da}$
3. T

Anmerkungen

- Es wird von verlustfreier Rohrströmung ausgegangen.
- Reibungsmomente in den (nicht dargestellten) Lagern werden vernachlässigt genauso wie Widerstandsmomente mit der umgebenden Luft.
- $Z_x \approx Z_2$
- In dem vertikalen Rohrabschnitt ist für einen Stromfaden in der Drehachse die Umfangsgeschwindigkeit $u_1 = 0$, da $R_1 = 0$. Bei der angenommenen Reibungsfreiheit (keine Schubspannungen) gilt dies auch für die anderen Stromfäden.

Lösungsschritte – Fall 1

Die **Mindestwinkelgeschwindigkeit** ω_{min} im Fall $\dot{V} > 0$ (also $w > 0$) liefert uns die folgende Überlegung. Bei vorhandener Strömung im Rohr lässt sich die Bernoulli'sche Gleichung des rotierenden Systems an den Stellen 1 und 2 wie folgt ansetzen:

$$\frac{p_1}{\rho} + \frac{w_1^2}{2} - \frac{u_1^2}{2} + g \cdot Z_1 = \frac{p_2}{\rho} + \frac{w_2^2}{2} - \frac{u_2^2}{2} + g \cdot Z_2.$$

Mit $u_1 = 0$, $p_2 = p_B$ und mit der Kontinuitätsgleichung

$$\dot{V}_1 = w_1 \cdot A = \dot{V}_2 = w_2 \cdot A = \dot{V}$$

folgt $w_1 = w_2$. Somit resultiert

$$\frac{p_1}{\rho} = \frac{p_B}{\rho} + g \cdot (Z_2 - Z_1) - \frac{u_2^2}{2}$$

oder nach $u_2^2/2$ umgestellt (gesucht wird ja ω):

$$\frac{u_2^2}{2} = \frac{p_B}{\rho} + g \cdot (Z_2 - Z_1) - \frac{p_1}{\rho}.$$

Hierin muss nun noch p_1/ρ mit geeigneten Größen ersetzt werden. Dies wird mit der Energiegleichheit entlang des Stromfadens an den Stellen 0 und 1 ermöglicht:

$$\underbrace{E_{ruh}}_{bei\ 0} = \underbrace{E_{rot}}_{bei\ 1} \quad \text{(ohne Energiezufuhr oder -abfuhr zwischen den Stellen 0 und 1).}$$

Damit bekommen wir

$$\frac{p_0}{\rho} + \frac{c_0^2}{2} + g \cdot Z_0 = \frac{p_1}{\rho} + \frac{w_1^2}{2} - \frac{u_1^2}{2} + g \cdot Z_1.$$

Mit den Besonderheiten $p_0 = p_B$, $c_0 = 0$ und $u_1 = 0$ liefert uns dies

$$\frac{p_1}{\rho} = \frac{p_B}{\rho} + g \cdot (Z_0 - Z_1) - \frac{w_1^2}{2}.$$

Diesen Ausdruck in die oben stehende Gleichung für $u_2^2/2$ eingesetzt führt auf

$$\frac{u_2^2}{2} = \frac{p_B}{\rho} + g \cdot (Z_2 - Z_1) - \frac{p_B}{\rho} - g \cdot (Z_0 - Z_1) + \frac{w_1^2}{2}$$

$$= \frac{w_1^2}{2} + \rho \cdot g \cdot \underbrace{(Z_2 - Z_0)}_{=H}.$$

Wir multiplizieren mit 2 und bringen w_1^2 auf eine Seite:

$$w_1^2 = u_2^2 - 2 \cdot g \cdot H.$$

Bei vorhandenem Volumenstrom $\dot{V} > 0$ muss folglich auch $w_{1,2}^2 > 0$ sein oder eben

$$u_2^2 - 2 \cdot g \cdot H > 0.$$

Dies führt mit $u_{2,\text{min}} = R_2 \cdot \omega_{\text{min}}$ zu

$$u_{2,\text{min}} > \sqrt{2 \cdot g \cdot H}$$

bzw.

$$R_2 \cdot \omega_{\text{min}} > \sqrt{2 \cdot g \cdot H}$$

oder

$$\omega_{\text{min}} > \frac{1}{R_2} \cdot \sqrt{2 \cdot g \cdot H}.$$

Lösungsschritte – Fall 2

Die **maximale Winkelgeschwindigkeit** ω_{max} im Fall $p_x > p_{\text{Da}}$ lässt sich mittels der Bernoulli'schen Gleichung des rotierenden Systems an den Stellen x und 2 wie folgt ermitteln.

$$\frac{p_x}{\rho} + \frac{w_x^2}{2} - \frac{u_x^2}{2} + g \cdot Z_x = \frac{p_2}{\rho} + \frac{w_2^2}{2} - \frac{u_2^2}{2} + g \cdot Z_2.$$

Die besonderen Gegebenheiten an den Stellen 1 und 2 sind $p_2 = p_{\text{B}}$, $u_x = u_1 = 0$ und $Z_x \approx Z_2$. Weiterhin gilt

$$\dot{V}_x = w_x \cdot A = \dot{V}_2 = w_2 \cdot A = \dot{V}$$

und damit $w_x = w_2$, woraus

$$\frac{p_x}{\rho} = \frac{p_{\text{B}}}{\rho} - \frac{u_2^2}{2}$$

folgt oder, nach Multiplikation mit ρ,

$$p_x = p_{\text{B}} - \frac{\rho}{2} \cdot u_2^2.$$

Setzt man jetzt die Forderung $p_x > p_{\text{Da}}$ ein, so führt dies zu

$$p_{\text{B}} - \frac{\rho}{2} \cdot u_2^2 > p_{\text{Da}}$$

oder umgestellt

$$\frac{\rho}{2} \cdot u_2^2 < p_B - p_{Da}.$$

Multipliziert mit $(2/\rho)$ folgt

$$u_2^2 < 2 \cdot \frac{(p_B - p_{Da})}{\rho}.$$

Setzt man noch $u_{2,max} = R_2 \cdot \omega_{max}$ als maximal zulässige Umfangsgeschwindigkeit ein, bei der die Forderung $p_x > p_{Da}$ gerade noch erfüllt wird,

$$R_2^2 \cdot \omega_{max}^2 < 2 \cdot \frac{p_B - p_{Da}}{\rho},$$

dividiert dann durch R_2^2 und zieht die Wurzel,

$$\omega_{max}^2 < \frac{1}{R_2^2} \cdot 2 \cdot \frac{p_B - p_{Da}}{\rho},$$

so erhält man als Ergebnis:

$$\omega_{max} < \frac{1}{R_2} \cdot \sqrt{2 \cdot \frac{p_B - p_{Da}}{\rho}}$$

Lösungsschritte – Fall 3

Das **Antriebsmoment** T bestimmen wir über die Drehmomentbilanz. Bildet man $\sum T = 0$ am ortsfesten Kontrollraum (also nicht mitrotierend), so erhält man

$$T - F_{I,u_2} \cdot R_2 = 0$$

mit $F_{I,u_2} \perp R_2$. Das Antriebsmoment wirkt in ω-Richtung, während die Impulskraft $F_{I,2}$ und somit auch ihre Umfangskomponente F_{I,u_2} an der Kontrollraumoberfläche entgegen der c_2-Richtung bzw. c_{u_2}-Richtung (also **auf** die Oberfläche) gerichtet sind (Abb. 9.2). Die Gleichung umgestellt ergibt:

$$T = F_{I,u_2} \cdot R_2.$$

$F_{I,2} = \dot{m} \cdot c_2$ Impulskraft bei 2

$F_{I,u_2} = \dot{m} \cdot c_{u_2}$ Impulskraftkomponente bei 2

$\dot{m} = \rho \cdot \dot{V}$ Massenstrom im Rohr und bei 2

$\dot{V} = A \cdot w_2$ Volumenstrom im Rohr und bei 2

$c_{u_2} = u_2$ Aufgrund des rechtwinkligen Geschwindigkeitsdreiecks bei 2 $(w_2 \perp u_2)$

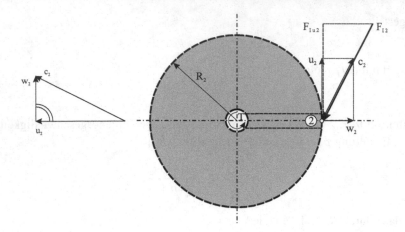

Abb. 9.2 Rohrpumpe; Impulskraft

Mit diesen Zusammenhängen wird

$$F_{I,u_2} = \rho \cdot A \cdot w_2 \cdot u_2.$$

Ersetzen wir noch w_2 aus

$$w_1^2 = u_2^2 - 2 \cdot g \cdot H$$

(s. o.) oder

$$w_2 = w_1 = \sqrt{u_2^2 - 2 \cdot g \cdot H}$$

und fügen die Größen in die Gleichung für T ein, so lautet mit $u_2 = R_2 \cdot \omega$ unser Ergebnis

$$T = \rho \cdot A \cdot R_2 \cdot (\omega \cdot R_2) \cdot \sqrt{(\omega \cdot R_2)^2 - 2 \cdot g \cdot H}$$

oder

$$T = \rho \cdot A \cdot \omega \cdot R_2^2 \cdot \sqrt{(\omega \cdot R_2)^2 - 2 \cdot g \cdot H}$$

Aufgabe 9.2 Rotierendes gerades Rohr

Aus einem großen Behälter strömt Flüssigkeit durch eine im Behälterboden angebrachte Leitung mit dem Querschnitt $2 \cdot A$ in ein mit der Winkelgeschwindigkeit ω rotierendes Rohrsystem (Abb. 9.3). Das Rohrsystem besteht aus einem vertikalen Abschnitt des Querschnitts $2 \cdot A$ und zwei radial angeschlossenen, gegenüberliegenden Rohren mit jeweils dem Querschnitt A. Das Volumen im Behälter ist so groß bemessen, dass die Flüssigkeitshöhe H über der Bezugsebene als konstant betrachtet werden kann. Die stationäre Rotation wird mit einem Antrieb am vertikalen Rohr hergestellt. Gesucht werden die Relativgeschwindigkeit w_3 an der Stelle 3, die statischen Drücke an den Stellen 1 und 2 sowie das erforderliche Antriebsmoment T.

Lösung zu Aufgabe 9.2

Aufgabenerläuterung
Bei dem ruhenden Behälter handelt es sich um ein Absolutsystem, dagegen bei dem rotierenden Rohr um ein Relativsystem. In beiden Fällen ist – ohne Energiezufuhr oder -abfuhr –, die Gesamtenergie entlang eines Stromfadens konstant. Die Fragen nach der Geschwindigkeit und den Drücken lassen sich folglich mit den betreffenden Bernoulli'schen Gleichungen der Relativströmung und Absolutströmung lösen. Hierbei sind die besonderen Gegebenheiten des vorliegenden Systems zu berücksichtigen. Des Weiteren werden noch die Kontinuitätsgleichung und das Durchflussgesetz benötigt.

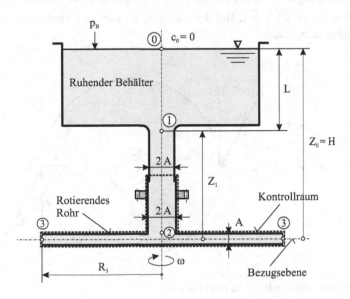

Abb. 9.3 Rotierendes gerades Rohr

Um die Rotation der Rohrleitung zu erzeugen, wird das gesuchte, von einem Antrieb erzeugte Moment T benötigt. Ohne dieses von außen aufgebrachte Moment käme keine Drehbewegung zustande, da in dem Fall die Flüssigkeit aufgrund der radialen Rohrgeometrie senkrecht zur Oberfläche ausströmen würde, und infolgedessen die Impulskräfte an der Stelle 3 keine antreibenden Drehmomente erzeugen könnten.

Gegeben:

- H; L; R_3; A; p_B; ρ; ω

Gesucht:

1. w_3
2. p_2
3. p_1
4. T
5. Die Fälle 1–4, wenn $H = 10\,\mathrm{m}$; $L = 4\,\mathrm{m}$; $R_3 = 1{,}5\,\mathrm{m}$; $\omega = 5\,1/\mathrm{s}$; $A = 10\,\mathrm{cm}^2$; $\rho = 1\,000\,\mathrm{kg/m}^3$; $p_B = 100\,000\,\mathrm{Pa}$

Anmerkungen

- $Z_2 \approx Z_3 = 0$
- kein Reibungsmoment in der Dichtung
- Reibungskräfte der Rohrleitung mit der Umgebungsluft werden vernachlässigt.
- Das Geschwindigkeitsdreieck an der Stelle 3 gemäß Abb. 9.4 entsteht aus der Vektoraddition $\vec{c}_3 = \vec{u}_3 + \vec{w}_3$. Bei der weiteren Verwendung sind die Geschwindigkeitsbeträge zu benutzen.

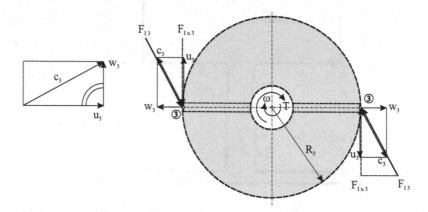

Abb. 9.4 Rotierendes gerades Rohr; Impulskräfte

Lösungsschritte – Fall 1

Für die **Geschwindigkeit** w_3 formulieren wir die Bernoulli'sche Gleichung an den Stellen 0 und 3:

$$\frac{p_0}{\rho} + \frac{c_0^2}{2} + g \cdot Z_0 = \frac{p_3}{\rho} + \frac{w_3^2}{2} - \frac{u_3^2}{2} + g \cdot Z_3.$$

Mit den hier vorliegenden besonderen Gegebenheiten $p_0 = p_3 = p_B$, $Z_0 = H$, $Z_3 = 0$ und $c_0 = 0$ folgt

$$w_3^2 = 2 \cdot g \cdot H + u_3^2$$

und nach dem Wurzelziehen sowie mit $u_3 = R_3 \cdot \omega$ erhält man

$$w_3 = \sqrt{R_3^2 \cdot \omega^2 + 2 \cdot g \cdot H}$$

oder auch

$$w_3 = \sqrt{2 \cdot g \cdot H \cdot \left(1 + \frac{R_3^2 \cdot \omega^2}{2 \cdot g \cdot H}\right)}.$$

Lösungsschritte – Fall 2

Für den **Druck** p_2 betrachten wir die Bernoulli'sche Gleichung an den Stellen 0 und 2:

$$\frac{p_0}{\rho} + \frac{c_0^2}{2} + g \cdot Z_0 = \frac{p_2}{\rho} + \frac{w_2^2}{2} - \frac{u_2^2}{2} + g \cdot Z_2.$$

Die Besonderheiten an diesen beiden Stellen sind $p_0 = p_B$, $c_0 = 0$ und $u_2 = 0$ (wegen $R_2 = 0$, $Z_0 = H$ und $Z_2 = 0$), eingesetzt in die Gleichung liefern sie

$$\frac{p_2}{\rho} = \frac{p_B}{\rho} + g \cdot H - \frac{w_2^2}{2}.$$

Bei der Ermittlung der noch unbekannten Relativgeschwindigkeit w_2 setzt man nun das Kontinuitätsgesetz zwischen der Stelle 2 und den Stellen 3 (w_3 ist bekannt!!) wie folgt an:

$$\dot{V}_2 - 2 \cdot \dot{V}_3 = 0 \quad \text{oder} \quad \dot{V}_2 = 2 \cdot \dot{V}_3.$$

Das Durchflussgesetz bei 2 und 3 angewendet, $\dot{V}_2 = w_2 \cdot A_2$ bzw. $\dot{V}_3 = w_3 \cdot A_3$, liefert zunächst

$$w_2 = \frac{\dot{V}_2}{A_2} = \frac{2 \cdot \dot{V}_3}{A_2} \quad \text{und} \quad w_3 = \frac{\dot{V}_3}{A_3}.$$

Mit den Querschnitten $A_2 = 2 \cdot A$ und $A_3 = 2 \cdot A$ folgt demnach

$$w_2 = \frac{2 \cdot \dot{V}_3}{2 \cdot A} = \frac{\dot{V}_3}{A} \quad \text{und} \quad w_3 = \frac{\dot{V}_3}{A}.$$

Hieraus leitet sich die Gleichheit von $w_2 = w_3$ ab. Somit ist

$$w_3^2 = 2 \cdot g \cdot H + u_3^2$$

oder

$$\frac{w_3^2}{2} = g \cdot H + \frac{u_3^2}{2}.$$

Wird dies in das Ergebnis für p_2/ρ eingefügt, stellt man fest, dass

$$\frac{p_2}{\rho} = \frac{p_B}{\rho} + g \cdot H - \left(g \cdot H + \frac{u_3^2}{2} \right) = \frac{p_B}{\rho} - \frac{u_3^2}{2}.$$

Das Ergebnis für p_2 nach Multiplikation mit ρ und unter Verwendung von $u_3 = R_3 \cdot \omega$ lautet dann

$$p_2 = p_B - \rho \cdot \frac{(R_3 \cdot \omega)^2}{2}$$

Lösungsschritte – Fall 3

Für den **Druck p_1** betrachten wir die Bernoulli'sche Gleichung an den Stellen 0 und 1:

$$\frac{p_0}{\rho} + \frac{c_0^2}{2} + g \cdot Z_0 = \frac{p_1}{\rho} + \frac{c_1^2}{2} + g \cdot Z_1.$$

Auch hier werden wieder zunächst die gegebenen Größen an diesen Punkten benutzt, $p_0 = p_B$ und $c_0 = 0$, dann wird nach p_1/ρ aufgelöst:

$$\frac{p_1}{\rho} = \frac{p_B}{\rho} + g \cdot (Z_0 - Z_1) - \frac{c_1^2}{2}.$$

Des Weiteren ist $Z_0 - Z_1 = L$ und folglich

$$\frac{p_1}{\rho} = \frac{p_B}{\rho} + g \cdot L - \frac{c_1^2}{2}.$$

Nach der Multiplikation mit der Dichte ρ erhält man

$$p_1 = p_B + \rho \cdot g \cdot L - \frac{\rho}{2} \cdot c_1^2.$$

Die Absolutgeschwindigkeit c_1 an der Stelle 1 ist aufgrund des gleichen Querschnitts bei 2 und auch gleichen Volumenstroms identisch mit der Relativgeschwindigkeit w_2, also

$$c_1 = w_2 = w_3.$$

Somit folgt mit $c_1^2 = w_2^2 = w_3^2 = 2 \cdot g \cdot H + u_3^2$ und $u_3^2 = R_3^2 \cdot \omega^2$

$$
\begin{aligned}
p_1 &= p_B + \rho \cdot g \cdot L - \frac{\rho}{2} \cdot w_2^2 \\
&= p_B + \rho \cdot g \cdot L - \frac{\rho}{2} \cdot \left(R_3^2 \cdot \omega^2 + 2 \cdot g \cdot H \right) \\
&= p_B + \rho \cdot g \cdot L - \rho \cdot g \cdot H - \frac{\rho}{2} \cdot \omega^2 \cdot R_3^2
\end{aligned}
$$

oder umgestellt

$$p_1 = p_B - \frac{\rho}{2} \cdot \omega^2 \cdot R_3^2 - \rho \cdot g \cdot (H - L)$$

Lösungsschritte – Fall 4

Das **Antriebsmoment** T lässt sich aus der Momentenbilanz an der Oberfläche des ruhenden Kontrollraums ermitteln. Neben dem gesuchten Antriebsmoment T sind noch zwei weitere Momente wirksam, die aus den Impulskräften an der Außenfläche des Kontrollraums in Umfangsrichtung, also F_{I,u_3}, in Verbindung mit den betreffenden Hebelarmen, hier R_3, entstehen (Abb. 9.4).

$$\sum T = 0 = T - 2 \cdot F_{I,u_3} \cdot R_3$$

oder, umgeformt nach T,

$$T = 2 \cdot F_{I,u_3} \cdot R_3.$$

Die Impulskraft allgemein ist $F_I = \dot{m} \cdot c$. Für die an der Stelle 3 vorhandenen Größen ergibt sich der Ausdruck

$$F_{I,3} = \dot{m}_3 \cdot c_3 = \frac{\dot{m}_2}{2} \cdot c_3.$$

Am ruhenden, also nicht mitrotierenden Kontrollraum erkennt man als ebenfalls ruhender Beobachter nur die Absolutgeschwindigkeit c_3, mit welcher der hier jeweils halbe Massenstrom ausströmt. Die Umfangskomponente von $F_{I,3}$ lautet somit

$$F_{I_{u3}} = \frac{\dot{m}_2}{2} \cdot c_{u3}.$$

Gemäß dem Geschwindigkeitsdreieck bei 3 in Abb. 9.4 ist wegen des dort vorliegenden rechtwinkligen Dreiecks $(w_3 \perp u_3)$ $c_{u3} = u_3$. Folglich bekommen wir dann

$$F_{I_{u3}} = \frac{\dot{m}_2}{2} \cdot u_3.$$

In die Ausgangsgleichung für T eingesetzt führt dies zu

$$T = 2 \cdot \frac{\dot{m}_2}{2} \cdot u_3 \cdot R_3 = \dot{m}_2 \cdot u_3 \cdot R_3.$$

Mit den bekannten Zusammenhängen $\dot{m}_2 = \rho \cdot \dot{V}_2$, $\dot{V}_2 = w_2 \cdot A_2$, $A_2 = 2 \cdot A$ und $w_2 = w_3$ gelangt man nun zu

$$T = \rho \cdot w_3 \cdot 2 \cdot A \cdot u_3 \cdot R_3,$$

wobei

$$w_3 = \sqrt{2 \cdot g \cdot H \cdot \left(1 + \frac{R_3^2 \cdot \omega^2}{2 \cdot g \cdot H}\right)}$$

(s. o.) und $u_3 = R_3 \cdot \omega$ zu verwenden sind. Das Ergebnis lautet schließlich

$$T = 2 \cdot \rho \cdot A \cdot \omega \cdot R_3^2 \cdot \sqrt{2 \cdot g \cdot H \cdot \left(1 + \frac{R_3^2 \cdot \omega^2}{2 \cdot g \cdot H}\right)}.$$

Lösungsschritte – Fall 5

Die Größen aus den Fällen 1–4 nehmen mit $H = 10\,\text{m}$, $L = 4\,\text{m}$, $R_3 = 1{,}5\,\text{m}$, $\omega = 5\,1/\text{s}$, $A = 10\,\text{cm}^2$, $\rho = 1\,000\,\text{kg/m}^3$ und $p_\text{B} = 100\,000\,\text{Pa}$ bei dimensionsgerechter Verwendung der gegebenen Größen die folgenden Werte an:

$$w_3 = \sqrt{2 \cdot 9{,}81 \cdot 10 + 1{,}5^2 \cdot 5^2}$$

$$w_3 = 15{,}89\,\text{m/s}$$

$$p_1 = 100\,000 - \frac{1\,000}{2} \cdot 5^2 \cdot 1{,}5^2 - 1\,000 \cdot 9{,}81 \cdot (10 - 4)$$

$$p_1 = 13\,015\,\text{Pa}$$

$$p_2 = 100\,000 - \frac{1\,000}{2} \cdot 5^2 \cdot 1{,}5^2$$

$$p_2 = 71\,875\,\text{Pa}$$

$$T = 2 \cdot 1\,000 \cdot \frac{10}{10\,000} \cdot 5^2 \cdot 1{,}5^2 \cdot \sqrt{2 \cdot 9{,}81 \cdot 10 \cdot \left(1 + \frac{1{,}5^2 \cdot 5^2}{2 \cdot 9{,}81 \cdot 10}\right)}$$

$$T = 357{,}6\,\text{Nm}$$

Aufgabe 9.3 Rasensprenger

Ein Rasensprenger wird gemäß Abb. 9.5 aus einem Behälter mit Wasser gespeist. Das Wasser fließt durch eine Rohrleitung zum Sprenger, der am Rohrende gelagert und abgedichtet ist. Hier wird aufgrund der Rotation des Sprengers ein Reibungsmoment T_R wirksam. Das Wasser mit der Dichte ρ strömt am Austritt der zwei Arme ins Freie und ruft dabei ein Antriebsmoment hervor. Zwischen den Stellen 1 und 2 des rotierenden Sprengers ist der Druckunterschied $\Delta p = p_2 - p_1 = p_B - p_1$ bekannt ebenso wie die Querschnitte A_1 und A_2 sowie der Radius R_2 des Sprengers. Weiterhin soll der Winkel β_2 zwischen Relativgeschwindigkeit w_2 und Radiusrichtung durch 2 gegeben sein. Welche Winkelgeschwindigkeit ω weist der Sprenger auf und welcher Volumenstrom $\dot{V}$ strömt insgesamt ins Freie?

Lösung zu Aufgabe 9.3

Aufgabenerläuterung

Aufgrund des ins Freie ausströmenden Wassers stellt sich am Rasensprenger eine Rotationsbewegung ein, die ihre Ursache in den Impulskräften am Austritt der Sprengerarme hat. In Verbindung mit dem Austrittsradius und den hierzu senkrechten Umfangskomponenten dieser Impulskräfte werden zwei Drehmomente (Drehimpulse) wirksam, die im

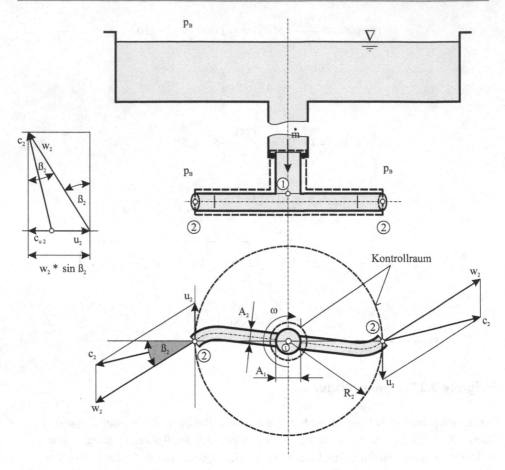

Abb. 9.5 Rasensprenger

stationären Zustand das Reibungsmoment in der Lagerung und Dichtung zu überwinden haben. Die erste Frage nach der sich einstellenden Winkelgeschwindigkeit lässt sich mittels Bernoulli'scher Gleichung eines rotierenden Systems unter Beachtung der vorliegenden besonderen Gegebenheiten lösen. Als Ansatz zur Ermittlung des ausfließenden Gesamtvolumenstroms dient die Momentenbilanz um die Drehachse. Hierbei wird über die Impulskraft der Massenstrom und folglich der gesuchte Volumenstrom eingeführt. Weiterhin wird dieser noch über die Geschwindigkeitsdreiecke an der Stelle 2 in den Berechnungsgang einfließen. Der in Abb. 9.5 gewählte Kontrollraum ist ortsfest und rotiert folglich nicht mit. Die an seiner äußeren Oberfläche erkennbaren Wassergeschwindigkeiten (von einem ebenfalls ruhenden Beobachter aus gesehen) sind somit ausschließlich Absolutgeschwindigkeiten c_i.

Gegeben:

- $A_1 = 2 \cdot A_2$; A_2; R_2; ρ; β_2; Δp; T_R

Gesucht:

1. ω
2. $\dot{V}$
3. ω und $\dot{V}$, wenn $A_2 = 1,5\,\mathrm{cm}^2$; $R_2 = 0,15\,\mathrm{m}$; $\rho = 1\,000\,\mathrm{kg/m}^3$; $\beta_2 = 25°$; $\Delta p = 1\,125\,\mathrm{Pa}$; $T_R = 0,10\,\mathrm{Nm}$

Anmerkungen

- verlustfreie Strömung
- Das Geschwindigkeitsdreieck an der Stelle 2 gemäß Abb. 9.5 entsteht aus der Vektoraddition $\vec{c}_2 = \vec{u}_2 + \vec{w}_2$. Bei der weiteren Verwendung sind die Geschwindigkeitsbeträge zu benutzen.
- Die Relativgeschwindigkeit w_2 folgt der Sprengerarmrichtung.

Lösungsschritte – Fall 1

Für die **Winkelgeschwindigkeit** ω betrachten wir die Bernoulli'sche Gleichung im rotierenden System an den Stellen 1 und 2:

$$\frac{p_1}{\rho} + \frac{w_1^2}{2} - \frac{u_1^2}{2} + g \cdot Z_1 = \frac{p_2}{\rho} + \frac{w_2^2}{2} - \frac{u_2^2}{2} + g \cdot Z_2.$$

Setzt man die hier vorliegenden Gegebenheiten $p_0 = p_B$, $Z_1 \approx Z_2$ und $u_1 = 0$ (da der Stromfaden bei 1 durch die Drehachse gelegt ist und folglich $R_1 = 0$ ist) ein und beachtet noch, dass

$$w_1 = \frac{\dot{V}}{A_1} = \frac{\dot{V}}{2 \cdot A_2} \quad \text{sowie} \quad w_2 = \frac{\dot{V}/2}{A_2} = \frac{\dot{V}}{2 \cdot A_2}$$

und demzufolge $w_1 = w_2$, so vereinfacht sich die Gleichung wie folgt:

$$\frac{u_2^2}{2} = \frac{p_B - p_1}{\rho} \quad \text{oder} \quad u_2^2 = 2 \cdot \frac{p_B - p_1}{\rho}.$$

Wir ziehen die Wurzel,

$$u_2 = \sqrt{2 \cdot \frac{p_B - p_1}{\rho}},$$

und verwenden $u_2 = R_2 \cdot \omega$, womit wir zunächst

$$\omega = \frac{1}{R_2} \cdot \sqrt{2 \cdot \frac{p_B - p_1}{\rho}}$$

erhalten. Da gemäß Aufgabenstellung $p_2 = p_1 + \Delta p$ (d. h. $p_1 < p_2$) oder $\Delta p = p_2 - p_1$ bzw. $\Delta p = p_B - p_1$ ist, folgt

$$\omega = \frac{1}{R_2} \cdot \sqrt{2 \cdot \frac{\Delta p}{\rho}}$$

Lösungsschritte – Fall 2

Für den **Volumenstrom** $\dot{V}$ bemerken wir, die Impulskräfte $F_{I,2}$ entgegen c_2-Richtung auf die Außenfläche des ruhenden Kontrollraums gerichtet sind (Abb. 9.6). Aufgrund der Anordnung wird am Kontrollraumeintritt kein Moment in Folge der dort wirksamen Impulskraft erzeugt. Das Reibmoment der Dichtung und Lagerung T_R wirkt außen am Kontrollraum entgegen ω-Richtung.

Momentenbilanz am Kontrollraum:

$$\sum T_i = 0 = 2 \cdot F_{I,u_2} \cdot R_2 \cdot T_R$$

Auflösen der oben stehenden Gleichung nach F_{I,u_2} führt zu

$$F_{I,u_2} = \frac{1}{2} \cdot \frac{T_R}{R_2}.$$

Die Impulskraft lautet allgemein $F_I = \dot{m} \cdot c$. Pro Sprengerarm tritt jeweils an der Stelle 2 der halbe Massenstrom aus, sodass

$$F_{I,2} = \frac{\dot{m}}{2} \cdot c_2$$

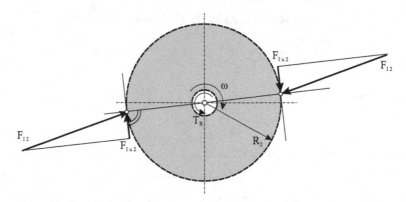

Abb. 9.6 Rasensprenger; Impulskräfte

wird. Die benötigte Umfangskomponente F_{I,u_2} dieser Impulskraft erhält man mittels der Umfangskomponente c_{u_2} von c_2 zu

$$F_{I,u_2} = \frac{\dot{m}}{2} \cdot c_{u_2}.$$

Einsetzen in die Ausgangsgleichung,

$$\frac{\dot{m}}{2} \cdot c_{u_2} = \frac{1}{2} \cdot \frac{T_R}{R_2},$$

Verwenden von $\dot{m} = \rho \cdot \dot{V}$ und Multiplizieren mit $1/\rho$ führt zum Zwischenergebnis

$$\dot{V} \cdot c_{u_2} = \frac{1}{\rho} \cdot \frac{T_R}{R_2}.$$

Für die **Geschwindigkeitskomponente** c_{u_2} erhalten wir aus dem Geschwindigkeitsdreieck bei 2 gemäß Abb. 9.5 (Beträge der Geschwindigkeiten)

$$c_{u_2} = w_2 \cdot \sin \beta_2 - u_2.$$

Die **Geschwindigkeit** w_2 bestimmen wir über die Durchflussgleichung im Arm eines Sprengers $\frac{\dot{V}}{2} = w_2 \cdot A_2$. Wird diese nach w_2 umgeformt, ergibt das

$$w_2 = \frac{1}{2} \cdot \frac{\dot{V}}{A_2}.$$

Somit lässt sich c_{u_2} folgendermaßen in der Ausgangsgleichung ersetzen:

$$\dot{V} \cdot (w_2 \cdot \sin \beta_2 - u_2) = \frac{1}{\rho} \cdot \frac{T_R}{R_2}.$$

Einsetzen von $w_2 = \frac{1}{2} \cdot \frac{\dot{V}}{A_2}$ führt zu

$$\dot{V} \cdot \left(\frac{1}{2} \cdot \frac{\dot{V}}{A_2} \cdot \sin \beta_2 - u_2 \right) = \frac{1}{\rho} \cdot \frac{T_R}{R_2}.$$

Das Ausmultiplizieren der linken Gleichungsseite,

$$\frac{1}{2} \cdot \frac{\dot{V}^2}{A_2} \cdot \sin \beta_2 - \dot{V} \cdot u_2 = \frac{1}{\rho} \cdot \frac{T_R}{R_2},$$

und die Multiplikation mit $\frac{2 \cdot A_2}{\sin \beta_2}$ liefern

$$\dot{V}^2 - 2 \cdot \dot{V} \cdot \frac{A_2 \cdot u_2}{\sin \beta_2} = \frac{2 \cdot T_R \cdot A_2}{\rho \cdot R_2 \cdot \sin \beta_2}.$$

Addiert man links und rechts $\left(\frac{A_2 \cdot u_2}{\sin \beta_2}\right)^2$ hinzu (quadratische Ergänzung),

$$\dot{V}^2 - 2 \cdot \dot{V} \cdot \frac{A_2 \cdot u_2}{\sin \beta_2} + \left(\frac{A_2 \cdot u_2}{\sin \beta_2}\right)^2 = \frac{2 \cdot T_R \cdot A_2}{\rho \cdot R_2 \cdot \sin \beta_2} + \left(\frac{A_2 \cdot u_2}{\sin \beta_2}\right)^2,$$

so entsteht links eine binomische Formel der Art $(a - b)^2$, also hier:

$$\left(\dot{V} - \frac{A_2 \cdot u_2}{\sin \beta_2}\right)^2 = \frac{2 \cdot T_R \cdot A_2}{\rho \cdot R_2 \cdot \sin \beta_2} + \left(\frac{A_2 \cdot u_2}{\sin \beta_2}\right)^2.$$

Jetzt wird rechts der Ausdruck $\left(\frac{A_2 \cdot u_2}{\sin \beta_2}\right)^2$ vor die Klammer gesetzt,

$$\left(\dot{V} - \frac{A_2 \cdot u_2}{\sin \beta_2}\right)^2 = \left(\frac{A_2 \cdot u_2}{\sin \beta_2}\right)^2 \cdot \left(1 + \frac{2 \cdot T_R \cdot A_2 \cdot \sin^2 \beta_2}{\rho \cdot R_2 \cdot \sin \beta_2 \cdot A_2^2 \cdot u_2^2}\right),$$

dann folgt nach Kürzen

$$\left(\dot{V} - \frac{A_2 \cdot u_2}{\sin \beta_2}\right)^2 = \left(\frac{A_2 \cdot u_2}{\sin \beta_2}\right)^2 \cdot \left(1 + \frac{2 \cdot T_R \cdot \sin \beta_2}{\rho \cdot R_2 \cdot A_2 \cdot u_2^2}\right).$$

Zieht man nun noch die Wurzel, bringt $\frac{A_2 \cdot u_2}{\sin \beta_2}$ auf die rechte Gleichungsseite,

$$\dot{V} = \frac{A_2 \cdot u_2}{\sin \beta_2} \pm \frac{A_2 \cdot u_2}{\sin \beta_2} \cdot \sqrt{1 + \frac{2 \cdot T_R \cdot \sin \beta_2}{\rho \cdot R_2 \cdot A_2 \cdot u_2^2}},$$

und beachtet, dass nur das positive Vorzeichen in Frage kommt, da es keinen negativen Volumenstrom geben kann, so erhält man als vorläufiges Ergebnis:

$$\dot{V} = \frac{A_2 \cdot u_2}{\sin \beta_2} \cdot \left(1 + \sqrt{1 + \frac{2 \cdot T_R \cdot \sin \beta_2}{\rho \cdot R_2 \cdot A_2 \cdot u_2^2}}\right).$$

Setzt man jetzt noch das Ergebnis von Fall 1 ein,

$$\omega = \frac{1}{R_2} \cdot \sqrt{2 \cdot \frac{\Delta p}{\rho}},$$

oder hieraus

$$R_2 \cdot \omega = u_2 = \sqrt{2 \cdot \frac{\Delta p}{\rho}},$$

so folgt

$$\dot{V} = \frac{A_2}{\sin\beta_2} \cdot \sqrt{2 \cdot \frac{\Delta p}{\rho}} \cdot \left(1 + \sqrt{1 + \frac{2 \cdot T_R \cdot \sin\beta_2 \cdot \rho}{\rho \cdot R_2 \cdot A_2 \cdot 2 \cdot \Delta p}}\right),$$

gekürzt

$$\dot{V} = \frac{A_2}{\sin\beta_2} \cdot \sqrt{2 \cdot \frac{\Delta p}{\rho}} \cdot \left(1 + \sqrt{1 + \frac{T_R \cdot \sin\beta_2}{R_2 \cdot A_2 \cdot \Delta p}}\right)$$

Lösungsschritte – Fall 3

Wir bekommen für ω und $\dot{V}$, wenn $A_2 = 1{,}5\,\mathrm{cm}^2$, $R_2 = 0{,}15\,\mathrm{m}$, $\rho = 1\,000\,\mathrm{kg/m}^3$, $\beta_2 = 25°$, $\Delta p = 1\,125\,\mathrm{Pa}$ und $T_R = 0{,}10\,\mathrm{Nm}$ gegeben sind, bei dimensionsgerechter Rechnung die folgenden Werte:

$$\omega = \frac{1}{0{,}15} \cdot \sqrt{2 \cdot \frac{1\,125}{1\,000}} = 10\frac{1}{\mathrm{s}}$$

$$n = \frac{\omega}{2 \cdot \pi} = \frac{10}{2 \cdot \pi} = 1{,}59\frac{1}{\mathrm{s}} = 95{,}5\frac{1}{\mathrm{min}}$$

$$\dot{V} = \frac{1{,}5}{10^4 \cdot \sin 25°} \cdot \sqrt{2 \cdot \frac{1\,125}{1\,000}} \cdot \left(1 + \sqrt{1 + \frac{0{,}10 \cdot \sin 25° \cdot 10^4}{0{,}15 \cdot 1{,}5 \cdot 1\,125}}\right)$$

$$\dot{V} = 0{,}001402\frac{\mathrm{m}^3}{\mathrm{s}} \equiv 1{,}402\frac{\mathrm{L}}{\mathrm{s}}$$

Aufgabe 9.4 Pumpenlaufrad

Das wichtigste Element in Kreiselpumpen ist das mit der Drehzahl n angetriebene Laufrad. Dieses Laufrad einer Radialpumpe ist in Abb. 9.7 in seiner Grundrissdarstellung zu erkennen. An der Stelle 1 (Laufradeintritt) weist es den Durchmesser D_1 und den Schaufelwinkel β_1 auf, an der Stelle 2 (Laufradaustritt) den Durchmesser D_2 und den Schaufelwinkel β_2. Bei dem Rotationsvorgang transportiert das Laufrad den Volumenstrom $\dot{V}$ vom

Abb. 9.7 Pumpenlaufrad

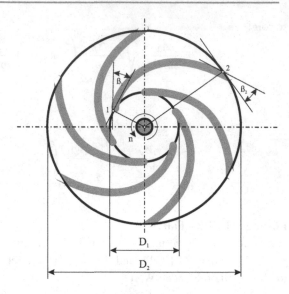

Laufradeintritt zum Laufradaustritt und überträgt dabei die spez. Schaufelarbeit $Y_{\text{Sch},\infty}$ an die Flüssigkeit. Der Index ∞ steht hierin für die Voraussetzung schaufelkongruenter Strömung, die sich nur unter der Annahme unendlich vieler Schaufeln einstellt.

Ein bedeutender Anteil dieser Schaufelarbeit $Y_{\text{Sch},\infty}$ ist die so genannte spez. Spaltdruckarbeit

$$Y_{\text{sp},\infty} = \frac{p_{2,\infty} - p_1}{\rho}.$$

1. Der hierin enthaltene Spaltdruckunterschied $p_{2,\infty} - p_1$ soll in dieser Aufgabe zunächst allgemein und danach mit konkreten Zahlenwerten ermittelt werden.

Lösung zu Aufgabe 9.4

Aufgabenerläuterung

Bei dem vorliegenden Radialpumpenlaufrad handelt es sich um den klassischen Fall eines rotierenden Relativsystems. Die Fragestellung nach dem Spaltdruckunterschied $p_{2,\infty} - p_1$ lässt sich somit mittels Bernoulli'scher Gleichung für rotierende Systeme lösen. Um die gegebenen Größen verwenden zu können, müssen die Geschwindigkeitsdreiecke an den Stellen 1 und 2 (Geschwindigkeitsbeträge!!) in Verbindung gebracht werden mit den Größen in der betreffenden Bernoulli'schen Gleichung.

Gegeben:

- D_2; D_1; β_2; β_1; ρ; n; $Y_{\text{Sch},\infty}$

Gesucht:

1. $p_{2,\infty} - p_1$
2. $p_{2,\infty} - p_1$, wenn $D_2 = 0,42\,\mathrm{m}$; $D_1 = 0,23\,\mathrm{m}$; $\beta_2 = 28°$; $\beta_1 = 17°$; $\rho = 800\,\mathrm{kg/m^3}$; $n = 33,33\,1/\mathrm{s}$; $Y_{\mathrm{Sch},\infty}\,1\,457\,\mathrm{Nm/kg}$

- Annahme einer schaufelkongruenten Strömung durch die Laufradkanäle: Index ∞
- Annahme einer verlustfreien Strömung
- Annahme einer drallfreien Zuströmung, d. h. $c_{u_1} = 0$
- Schaufelarbeit gemäß der Euler'schen Strömungsmaschinenhauptgleichung:

$$Y_{\mathrm{Sch},\infty} = u_2 \cdot c_{u_{2,\infty}} \pm u_1 \cdot c_{u_1}$$

- Annahme einer vertikalen Wellenanordnung

Lösungsschritte – Fall 1
Den **Spaltdruckunterschied** $p_{2,\infty} - p_1$ finden wir mit der Bernoulli-Gleichung des rotierenden Systems an den Stellen 1 und 2:

$$\frac{p_1}{\rho} + \frac{w_1^2}{2} - \frac{u_1^2}{2} + g \cdot Z_1 = \frac{p_{2,\infty}}{\rho} + \frac{w_{2,\infty}^2}{2} - \frac{u_2^2}{2} + g \cdot Z_2$$

Wegen der vertikalen Wellenanordnung ist $Z_1 = Z_2$. Dies eingesetzt, mit der Dichte ρ multipliziert und die Drücke auf die linke Gleichungsseite gebracht führt zu:

$$p_{2,\infty} - p_1 = \frac{\rho}{2} \cdot \left(u_2^2 - u_1^2 + w_1^2 - w_{2,\infty}^2 \right).$$

$$u_2 = R_2 \cdot \omega \quad \omega = 2 \cdot \pi \cdot n \quad D_2 = 2 \cdot R_2 u_2 = \pi \cdot D_2 \cdot n$$

$$u_1 = R_1 \cdot \omega \quad \omega = 2 \cdot \pi \cdot n \quad D_2 = 2 \cdot R_1 u_1 = \pi \cdot D_1 \cdot n$$

Für die **Geschwindigkeit w_1** beachten wir, dass aus dem rechtwinkligen Geschwindigkeitsdreieck (Abb. 9.8) an der Stelle 1

$$\cos \beta_1 = \frac{u_1}{w_1}$$

folgt. Wir lösen nach w_1 auf:

$$w_1 = \frac{u_1}{\cos \beta_1}.$$

Für die **Geschwindigkeit $w_{2,\infty}$** betrachten wir das rechtwinklige Teildreieck an der Stelle 2:

$$\cos \beta_2 = \frac{u_2 - c_{u_{2,\infty}}}{w_{2,\infty}}.$$

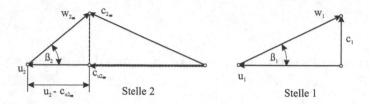

Abb. 9.8 Pumpenlaufrad; Geschwindigkeitsdreiecke

Nach Umstellung auf $w_{2,\infty}$ erhält man

$$w_{2,\infty} = \frac{(u_2 - c_{u_{2,\infty}})}{\cos \beta_2} = \frac{u_2 \cdot \left(1 - \frac{c_{u_{2,\infty}}}{u_2}\right)}{\cos \beta_2}.$$

Der Quotient $c_{u_{2,\infty}}/u_2$ muss nun noch mit der Gleichung der spez. Schaufelarbeit, $Y_{\text{Sch},\infty} = u_2 \cdot c_{u_{2,\infty}}$, ersetzt werden. Multipliziert man diese Gleichung mit $1/u_2^2$, so liefert dies den gesuchten Quotienten:

$$\frac{c_{u_{2,\infty}}}{u_2} = \frac{Y_{\text{Sch},\infty}}{u_2^2}.$$

Eingesetzt in $w_{2,\infty}$ ergibt dies

$$w_{2,\infty} = \frac{u_2 \cdot \left(1 - \frac{Y_{\text{Sch},\infty}}{u_2^2}\right)}{\cos \beta_2}.$$

Einsetzen aller vier Geschwindigkeiten in die Gleichung für $p_{2,\infty} - p_1$ ergibt

$$p_{2,\infty} - p_1 = \frac{\rho}{2} \cdot \left[\pi^2 \cdot D_2^2 \cdot n^2 - \pi^2 \cdot D_1^2 \cdot n^2 + \frac{\pi^2 \cdot D_1^2 \cdot n^2}{\cos^2 \beta_1} - \frac{\pi^2 \cdot D_2^2 \cdot n^2}{\cos^2 \beta_2} \right.$$
$$\left. \cdot \left(1 - \frac{Y_{\text{Sch},\infty}}{\pi^2 \cdot D_2^2 \cdot n^2}\right)^2 \right].$$

Nach Ausklammern von $\pi^2 \cdot n^2$ folgt

$$p_{2,\infty} - p_1 = \frac{\rho}{2} \cdot \pi^2 \cdot n^2 \cdot \left[D_2^2 - D_1^2 + \frac{D_1^2}{\cos^2 \beta_1} - \frac{D_2^2}{\cos^2 \beta_2} \cdot \left(1 - \frac{Y_{\text{Sch},\infty}}{\pi^2 \cdot D_2^2 \cdot n^2}\right)^2 \right].$$

Ordnen von Größen mit gleichartigen Durchmessern bringt uns zum Ergebnis:

$$p_{2,\infty} - p_1 = \frac{\rho}{2} \cdot \pi^2 \cdot n^2 \cdot \left\{ D_2^2 \cdot \left[1 - \frac{1}{\cos^2 \beta_1} \cdot \left(1 - \frac{Y_{\text{Sch},\infty}}{\pi^2 \cdot D_2^2 \cdot n^2} \right)^2 \right] \right.$$

$$\left. + D_1^2 \cdot \left(\frac{1}{\cos^2 \beta_1} - 1 \right) \right\}.$$

Lösungsschritte – Fall 2

Der Spaltdruckunterschied $p_{2,\infty} - p_1$ hat, wenn $D_2 = 0{,}42\,\text{m}$, $D_1 = 0{,}23\,\text{m}$, $\beta_2 = 28°$, $\beta_1 = 17°$, $\rho = 800\,\text{kg/m}^3$, $n = 33{,}33\,1/\text{s}$, $Y_{\text{Sch},\infty}\,1\,457\,\text{Nm/kg}$ gegeben sind und dimensionsgerecht gerechnet wird, folgenden Wert:

$$p_{2,\infty} - p_1 = \frac{800}{2} \cdot \pi^2 \cdot 33{,}33^2 \cdot \left\{ 0{,}42^2 \cdot \left[1 - \frac{1}{\cos^2 28°} \cdot \left(1 - \frac{1\,457}{\pi^2 \cdot 33{,}33^2 \cdot 0{,}42^2} \right)^2 \right] \right.$$

$$\left. + 0{,}23^2 \cdot \left(\frac{1}{\cos^2 17°} - 1 \right) \right\}$$

$$p_{2,\infty} - p_1 = 734\,932\,\text{Pa} = 7{,}35\,\text{bar}.$$

Bernoulli'sche Energiegleichung bei instationärer Strömung 10

Die vorliegende Thematik beschränkt sich auf die **instationäre eindimensionale** Strömung **inkompressibler** Flüssigkeiten. Solche Strömungsvorgänge entstehen beim Hoch- oder Herunterfahren von Strömungsmaschinen in den betreffenden Anlagen, beim Öffnen oder Schließen von Armaturen oder wenn im Fall des Ausströmens aus einem Behälter der Flüssigkeitsspiegel zeitlich ausgeprägt abnimmt. Ebenso gehören Flüssigkeitsschwingungen und der Druckstoß zu dieser Thematik. Wegen der Komplexität werden in den folgenden Beispielen vornehmlich Übungsaufgaben vorgestellt und deren detaillierten Lösungen aufgezeigt. Bis auf ein Beispiel wird vereinfachend von jeweils reibungsfreiem Verhalten ausgegangen. Als instationäre Strömungen betrachtet man solche Fälle, bei denen sich die Strömungsgrößen nicht nur entlang des Weges s, sondern auch mit der Zeit t ändern können. Hiermit lauten die Geschwindigkeit c und der Druck p als die betreffenden Strömungsgrößen wie folgt

$$c = c(s,t); \quad p = p(s,t).$$

Aus dem ersten Newton'schen Gesetz am Fluidelement dm lässt sich die Eulersche Bewegungsgleichung der eindimensionalen, instationären Strömung reibungsfreier, inkompressibler Fluide wie folgt herleiten:

$$\frac{1}{\rho} \cdot \mathrm{d}p + g \cdot \mathrm{d}z + c \cdot \mathrm{d}c + \frac{\partial c}{\partial t} \cdot \mathrm{d}s = 0.$$

Die Integration liefert die Bernoulli'sche Gleichung der instationären, eindimensionalen Strömung für reibungsfreie inkompressible Flüssigkeiten:

$$\frac{p}{\rho} + g \cdot z + \frac{c^2}{2} + \int \frac{\partial c}{\partial t} \cdot \mathrm{d}s = C(t).$$

© Springer-Verlag GmbH Deutschland, ein Teil von Springer Nature 2018
V. Schröder, *Übungsaufgaben zur Strömungsmechanik 1*,
https://doi.org/10.1007/978-3-662-56054-9_10

An zwei Stellen 1 und 2 eines Stromfadens oder einer Stromröhre erhält man

$$\frac{p_1}{\rho} + \frac{c_1^2}{2} + g \cdot Z_1 + \int\limits_0^{s_1} \frac{\partial c}{\partial t} \cdot \mathrm{d}s = \frac{p_2}{\rho} + \frac{c_2^2}{2} + g \cdot Z_2 + \int\limits_0^{s_2} \frac{\partial c}{\partial t} \cdot \mathrm{d}s$$

oder

$$\frac{p_1}{\rho} + \frac{c_1^2}{2} + g \cdot Z_1 = \frac{p_2}{\rho} + \frac{c_2^2}{2} + g \cdot Z_2 + \int\limits_{s_1}^{s_2} \frac{\partial c}{\partial t} \cdot \mathrm{d}s.$$

Wenn auch diese Gleichung mit den o. g. Einschränkungen versehen ist, so lassen sich mit ihr doch zahlreiche Anwendungsfälle lösen.

Aufgabe 10.1 Turbinenfallleitung

In Abb. 10.1 ist eine Wasserturbinenanlage schematisch dargestellt. Das Absperrorgan (z. B. Kugelschieber) vor der Turbine sei zunächst völlig geöffnet, und es liegen stationäre Strömungsverhältnisse in der Anlage vor. An der Stelle 2 kennt man in diesem Fall die Geschwindigkeit c_{2_0}. Die Höhe H des Wasserspiegels über Maschinenmitte ist konstant. Ab der Zeit $t = 0$ setzt der Schließvorgang des Schiebers ein, der nach der Zeit $t = T$ beendet ist. In dieser Phase sind die Strömungsgrößen in der Rohrleitung zeitlich veränderlich und folglich instationär. Gesucht wird der statische Druck p_2 vor dem Schieber (Stelle 2) während des kompletten Schließvorgangs.

Lösung zu Aufgabe 10.1

Aufgabenerläuterung

Ausgangspunkt bei der Fragestellung nach der Zeitabhängigkeit des Drucks $p_2(t)$ ist die Bernoulli'sche Gleichung instationärer Strömung eines im vorliegenden Fall inkompressiblen Fluids. Vereinfachend wird angenommen, dass die Strömung in der Rohrleitung verlustfrei abläuft. Weiterhin benötigt werden die Kontinuitätsgleichung sowie die zeitliche Änderung der Geschwindigkeit $c_2(t)$.

Gegeben:

p_B; ρ; g; H; L; T; c_{2_0}; $c_2(t) = \frac{1}{2} \cdot c_{2_0} \cdot \left[1 + \cos\left(\frac{\pi \cdot t}{T}\right)\right]$

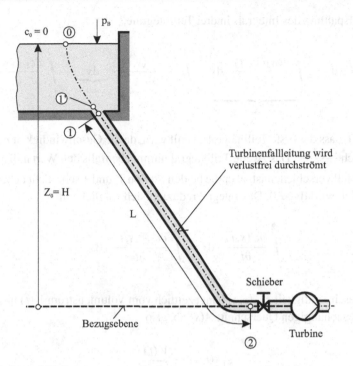

Abb. 10.1 Turbinenfallleitung

Gesucht:

1. $p_2(t)$
2. $p_2(t = 0)$
3. $p_2(t = T)$

Lösungsschritte – Fall 1

Für die **Druckfunktion** $p_2(t)$ betrachten wir die Bernoulli-Gleichung bei instationärer Strömung an der Stelle 0 und der Stelle 2:

$$\frac{p_0}{\rho} + g \cdot Z_0 + \frac{c_0^2}{2} = \frac{p_2(t)}{\rho} + \frac{c_2^2(t)}{2} + g \cdot Z_2 + \int_0^2 \frac{\partial c\,(s,t)}{\partial t} \cdot \mathrm{d}s$$

Mit den hier vorliegenden Größen $c_0 = 0$, $Z_2 = 0$, $Z_0 = H$ und $p_0 = p_B$ wird daraus

$$\frac{p_2(t)}{\rho} = \frac{p_B}{\rho} + g \cdot H - \frac{c_2^2(t)}{2} - \int_0^2 \frac{\partial c\,(s,t)}{\partial t} \cdot \mathrm{d}s.$$

Nach der Aufspaltung des Integrals in drei Teilintegrale,

$$\int_0^2 \frac{\partial c\,(s,t)}{\partial t} \cdot \mathrm{d}s = \underbrace{\int_0^{1'} \frac{\partial c_{0;1'}\,(s,t)}{\partial t} \cdot \mathrm{d}s}_{=0} + \int_{1'}^1 \frac{\partial c_{1';1}\,(s,t)}{\partial t} \cdot \underbrace{\mathrm{d}s}_{\approx 0} + \int_1^2 \frac{\partial c_{1;2}\,(s,t)}{\partial t} \cdot \mathrm{d}s,$$

stellt man fest, dass das erste Teilintegral zu null wird, da die Geschwindigkeit $c_{0;1'} = 0$ ist und somit auch $\frac{\partial c_{0;1'}(s,t)}{\partial t}$. Das zweite Teilintegral nimmt ebenfalls den Wert null an, obwohl $\frac{\partial c_{1';1}(s,t)}{\partial t}$ von null verschieden ist, aber die beiden Stellen $1'$ und 1 sehr dicht nebeneinander liegen. Folglich wird $\mathrm{d}s \approx 0$. Das Integral reduziert sich folglich auf

$$\int_0^2 \frac{\partial c\,(s,t)}{\partial t} \cdot \mathrm{d}s = \int_1^2 \frac{\partial c_{1;2}\,(s,t)}{\partial t} \cdot \mathrm{d}s.$$

Die lokale Geschwindigkeit $c_{1;2}(s,t)$ hängt zeitlich vom Volumenstrom $\dot{V}(t)$ und des Weiteren vom wegabhängigen Querschnitt $A(s)$ ab, also

$$c_{1;2}(t,s) = \frac{\dot{V}(t)}{A(s)}.$$

Da aber hier $A_1 = A_2 = A$ konstant ist, wird sich die Geschwindigkeit nur mit der Zeit ändern, also $c_{1;2}(s,t) \equiv c_{1;2}(t)$. Somit folgt auch

$$\frac{\partial c_{1;2}\,(s,t)}{\partial t} \equiv \frac{\mathrm{d}c_{1;2}(t)}{\mathrm{d}t}.$$

Da der Differenzialquotient $\frac{\mathrm{d}c_{1;2}(t)}{\mathrm{d}t}$ in gleicher Weise unabhängig vom Weg s ist, kann er vor das Integral gezogen werden. Der Einfachheit halber ersetzt man jetzt noch $\frac{\mathrm{d}c_{1;2}(t)}{\mathrm{d}t}$ durch $\frac{\mathrm{d}c_2(t)}{\mathrm{d}t}$, da ja $c_1(t) = c_2(t) = c_{1;2}(t)$.

Es folgt mit der Wegintegration $\int_1^2 \mathrm{d}s = L$ (s. u.)

$$\frac{p_2(t)}{\rho} = \frac{p_B}{\rho} + g \cdot H - \frac{c_2^2(t)}{2} - \frac{\mathrm{d}c_2(t)}{\mathrm{d}t} \cdot \underbrace{\int_0^2 \mathrm{d}s}_{=L}.$$

Durch Multiplikation mit ρ wird daraus

$$p_2(t) = p_B + \rho \cdot g \cdot H - \frac{\rho}{2} \cdot c_2^2(t) - L \cdot \rho \cdot \frac{\mathrm{d}c_2(t)}{\mathrm{d}t}.$$

Benötigt wird jetzt noch der Differenzialquotient $\frac{dc_2(t)}{dt}$. Diesen erhält man durch Differenzieren der gegebenen Funktion

$$c_2(t) = \frac{1}{2} \cdot c_{2_0} \cdot \left[1 + \cos\left(\frac{\pi \cdot t}{T}\right) \right]$$

nach der Zeit t. Hierzu ist es erforderlich, die Substitution $z = \frac{\pi \cdot t}{T}$ einzuführen. Es entsteht der Ausdruck

$$c_2(z) = \frac{1}{2} \cdot c_{2_0} + \frac{1}{2} \cdot c_{2_0} \cdot \cos z.$$

Somit lässt sich der gesuchte Differenzialquotient $\frac{dc_2(t)}{dt}$ auch als Produkt der Differenzialquotienten $\frac{dc_2(z)}{dz}$ und $\frac{dz}{dt}$ darstellen, also

$$\frac{dc_2(t)}{dt} = \left(\frac{dc_2(z)}{dz} \right) \cdot \left(\frac{dz}{dt} \right).$$

Es sind

$$\frac{dc_2(z)}{dz} = \frac{1}{2} \cdot c_{2_0} \cdot (-\sin z) = -\frac{1}{2} \cdot c_{2_0} \cdot \sin z \quad \text{und} \quad \frac{dz}{dt} = \frac{\pi}{T}.$$

Folglich wird

$$\frac{dc_2(t)}{dt} = -\frac{1}{2} \cdot \frac{\pi}{T} \cdot c_{2_0} \cdot \sin\left(\frac{\pi \cdot t}{T}\right).$$

Somit entwickelt man $p_2(t)$ zu

$$p_2(t) = p_\mathrm{B} + \rho \cdot g \cdot H - \frac{\rho}{2} \cdot \frac{1}{4} \cdot c_{2_0}^2 \cdot \left[1 + \cos\left(\frac{\pi \cdot t}{T}\right) \right]^2 - L \cdot \rho \cdot \left[\left(-\frac{1}{2} \right) \cdot \frac{\pi}{T} \cdot c_{2_0} \cdot \sin\left(\frac{\pi \cdot t}{T}\right) \right]$$

oder noch zusammengefasst

$$p_2(t) = p_\mathrm{B} + \rho \cdot g \cdot H - \frac{\rho}{2} \cdot c_{2_0} \cdot \left\{ \frac{1}{4} \cdot c_{2_0} \cdot \left[1 + \cos\left(\frac{\pi \cdot t}{T}\right) \right]^2 - \pi \cdot \frac{L}{T} \cdot \sin\left(\frac{\pi \cdot t}{T}\right) \right\}.$$

Lösungsschritte – Fall 2
An der Stelle $t = 0$ erhält man für $p_2(t)$ zunächst

$$\cos\left(\frac{\pi \cdot 0}{T}\right) = 1 \quad \text{und} \quad \sin\left(\frac{\pi \cdot 0}{T}\right) = 0.$$

Mit diesen Werten lautet der Druck gerade zu Beginn des Schließvorgangs

$$p_2(t = 0) = p_\mathrm{B} + \rho \cdot g \cdot H - \frac{\rho}{2} \cdot c_{2_0} \cdot \left[\frac{1}{4} \cdot c_{2_0} \cdot (1+1)^2 - 0 \right]$$

oder

$$p_2\,(t=0) = p_B + \rho \cdot g \cdot H - \frac{\rho}{2} \cdot c_{2_0}^2.$$

Dieses Ergebnis erhält man auch aus der Bernoulli'schen Gleichung stationärer Strömung zwischen den Stellen 0 und 2, wie sie zur Zeit $t=0$ noch vorliegt.

Lösungsschritte – Fall 3
An der Stelle $t=T$ hat man in der Gleichung für $p(t)$ die nachstehenden Teilergebnisse:

$$\cos\left(\frac{\pi \cdot T}{T}\right) = \cos \pi = -1 \quad \text{und} \quad \sin\left(\frac{\pi \cdot T}{T}\right) = \sin \pi = 0$$

zur Folge. Diese führen zu folgendem statischen Druck $p_2(t=T)$ nach dem vollständigen Schließen des Absperrorgans:

$$p_2\,(t=T) = p_B + \rho \cdot g \cdot H - \frac{\rho}{2} \cdot c_{2_0} \cdot \underbrace{\left[\frac{1}{4} \cdot c_{2_0} \cdot (1-1)^2 - 0\right]}_{=0}$$

oder

$$p_2\,(t=T) = p_B + \rho \cdot g \cdot H.$$

Diese Größe entspricht dem statischen Druck an der Stelle 2 bei ruhender Flüssigkeit, was zur Zeit $t=T$ der Fall ist.

Aufgabe 10.2 Instationär durchströmte Heberleitung

In Abb. 10.2 ist eine so genannte Heberleitung zu erkennen, mit der aus einem sehr großen, gegen Atmosphäre offenen Behälter Flüssigkeit abgesaugt wird. Diese strömt unterhalb der Flüssigkeitsoberfläche aus der Rohrleitung ins Freie. Die Leitung ist zunächst mit einer Armatur verschlossen und vollständig mit Flüssigkeit gefüllt. Dann wird der z. B. Schieber betätigt bis er vollständig offen ist. Für verschiedene Zeiten ($t=0$, t, $t \to \infty$) sollen Beschleunigung, Geschwindigkeit und Druck des Fluids ermittelt werden.

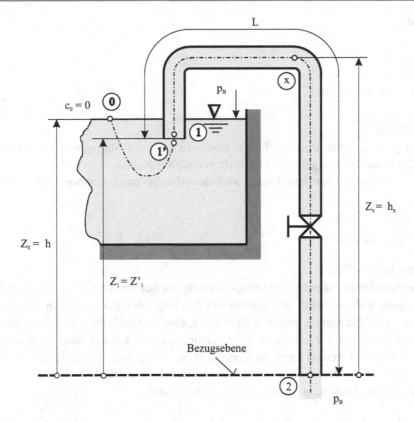

Abb. 10.2 Heberleitung

Lösung zu Aufgabe 10.2

Aufgabenerläuterung

Im Unterschied zur Bernoulli'schen Gleichung der stationären Strömung, wo alle betreffenden Größen zeitlich unveränderlich sind, wird im vorliegenden Fall die zeitliche Beeinflussung von Beschleunigung, Geschwindigkeit und Druck der Flüssigkeit unter den gegebenen Voraussetzungen angesprochen. Mithilfe des in der Bernoulli'schen Gleichung instationärer Strömung enthaltenen Terms $\int \frac{\partial c(s,t)}{\partial t} \cdot \mathrm{d}s$ lassen sich unter Verwendung der jeweiligen Randbedingungen geeignete Lösungen finden.

Gegeben:
$Z_0 = h$; $Z_x = h_x$; ρ; g; L

Gesucht:

1. $a_2(t = 0)$
2. $c_2(t); c_2(t \to \infty)$
3. $p_x(t = 0); p_x(t \to \infty)$

Anmerkungen

- Aufgrund des sehr großen Behältervolumens kann davon ausgegangen werden, dass der Flüssigkeitsspiegel bei 0 sich nicht zeitlich verändert.
- Die Strömung in der Heberleitung wird als verlustfrei und inkompressibel angenommen.
- $\int \frac{\mathrm{d}x}{1-x^2} = \operatorname{artanh} x$
- $\tanh x = \frac{\mathrm{e}^x - \mathrm{e}^{-x}}{\mathrm{e}^x + \mathrm{e}^{-x}}$

Lösungsschritte – Fall 1

Die **Beschleunigung $a_2(= 0)$** der Flüssigkeitssäule, die bei dem gerade einsetzenden Öffnungsvorgang wirksam wird, erhalten wir mit den folgenden Überlegungen. Zu diesem Zeitpunkt ist die Flüssigkeit gerade noch in Ruhe, also sind auch alle Geschwindigkeiten null. Zunächst suchen wir jedoch die Beschleunigung $a_2(t)$, aus der dann der Sonderfall $a_2(t = 0)$ bestimmt werden kann. Im Übrigen ist aus weiter unten aufgeführten Gründen $a_2(t) = a_1(t) = a_{1;2}(t)$.

Bernoulli'sche Gleichung (instationär) zwischen 0 und 2:

$$\frac{p_0}{\rho} + \frac{c_0^2}{2} + g \cdot Z_0 = \frac{p_2(t)}{\rho} + \frac{c_2^2(t)}{2} + g \cdot Z_2 + \int_0^2 \left(\frac{\partial c(s,t)}{\partial t} \right) \cdot \mathrm{d}s$$

Mit den hier vorliegenden Größen $p_0 = p_2 = p_B$, $c_0 = 0$, $Z_2 = 0$ und $Z_0 = h$ erhält man:

$$\int_0^2 \frac{\partial c(s,t)}{\partial t} \cdot \mathrm{d}s = g \cdot h - \frac{c_2^2(t)}{2}.$$

Nach der Aufspaltung des Integrals in drei Teilintegrale,

$$\int_0^2 \frac{\partial c(s,t)}{\partial t} \cdot \mathrm{d}s = \underbrace{\int_0^{1'} \frac{\partial c_{0;1'}(s,t)}{\partial t} \cdot \mathrm{d}s}_{=0} + \int_{1'}^1 \frac{\partial c_{1';1}(s,t)}{\partial t} \cdot \underbrace{\mathrm{d}s}_{\approx 0} + \int_1^2 \frac{\partial c_{1;2}(s,t)}{\partial t} \cdot \mathrm{d}s,$$

stellt man fest, dass das erste Teilintegral zu null wird, da die Geschwindigkeit $c_{0;1'} = 0$ ist und somit auch $\frac{\partial c_{0;1'}(s,t)}{\partial t}$. Das zweite Teilintegral nimmt ebenfalls den Wert null an, obwohl $\frac{\partial c_{1';1}(s,t)}{\partial t}$ von null verschieden ist, aber die beiden Stellen $1'$ und 1 sehr dicht nebeneinander liegen. Folglich wird $\mathrm{d}s \approx 0$. Das Integral reduziert sich folglich auf

$$\int_0^2 \frac{\partial c(s,t)}{\partial t} \cdot \mathrm{d}s = \int_1^2 \frac{\partial c_{1;2}(s,t)}{\partial t} \cdot \mathrm{d}s.$$

Die lokale Geschwindigkeit $c_{1;2}(s,t)$ hängt zeitlich vom Volumenstrom $\dot{V}(t)$ und des Weiteren vom wegabhängigen Querschnitt $A(s)$ ab, also

$$c_{1;2}(t,s) = \frac{\dot{V}(t)}{A(s)}.$$

Da aber hier $A_1 = A_2 = A$ konstant ist, wird sich die Geschwindigkeit nur mit der Zeit ändern, also $c_{1;2}(s,t) \equiv c_{1;2}(t)$. Somit folgt auch

$$\frac{\partial c_{1;2}(s,t)}{\partial t} \equiv \frac{\mathrm{d}c_{1;2}(t)}{\mathrm{d}t}.$$

Da der Differenzialquotient $\frac{\mathrm{d}c_{1;2}(t)}{\mathrm{d}t}$ in gleicher Weise unabhängig vom Weg s ist, kann er vor das Integral gezogen werden. Der Einfachheit halber ersetzt man jetzt noch $\frac{\mathrm{d}c_{1;2}(t)}{\mathrm{d}t}$ durch $\frac{\mathrm{d}c_2(t)}{\mathrm{d}t}$, da ja $c_1(t) = c_2(t) = c_{1;2}(t)$. Es folgt mit der Wegintegration $\int_1^2 \mathrm{d}s = L$ (s.u.)

$$L \cdot \frac{\mathrm{d}c_2(t)}{\mathrm{d}t} = g \cdot h - \frac{c_2^2(t)}{2}$$

oder, durch L dividiert,

$$\frac{\mathrm{d}c_2(t)}{\mathrm{d}t} = \frac{g \cdot h}{L} - \frac{c_2^2(t)}{2 \cdot L}.$$

Mit der Beschleunigung $a_2(t) = \frac{\mathrm{d}c_2(t)}{\mathrm{d}t}$ bedeutet das

$$a_2(t) = \frac{g \cdot h}{L} - \frac{c_2^2(t)}{2 \cdot L}.$$

Zu Beginn des Öffnungsvorgangs, wenn also $t = 0$ ist, liegt gerade noch keine Geschwindigkeit vor, also ist $c_2(t = 0) = 0$. Die gesuchte Anfangsbeschleunigung lautet folglich

$$a_2\,(t = 0) = \frac{g \cdot h}{L}$$

Lösungsschritte – Fall 2

Die **Geschwindigkeit** $c_2(t)$ und ihren **Grenzwert für** $t \to \infty$ finden wir mit

$$a_2(t) = \frac{dc_2(t)}{dt} = \frac{g \cdot h}{L} - \frac{1}{2 \cdot L} \cdot c_2^2(t).$$

Wir klammern den Term $(g \cdot h / L)$ auf der rechten Seite aus:

$$\frac{dc_2(t)}{dt} = \frac{g \cdot h}{L} \cdot \left[1 - \frac{1}{2 \cdot g \cdot h} \cdot c_2^2(t) \right].$$

Multipliziert man mit dt, so ergibt dies

$$dc_2(t) = \frac{g \cdot h}{L} \cdot \left[1 - \frac{1}{2 \cdot g \cdot h} \cdot c_2^2(t) \right] \cdot dt$$

Mit der Substitution

$$x^2 = \frac{1}{2 \cdot g \cdot h} \cdot c_2^2(t)$$

erhält man zunächst

$$dc_2(t) = \frac{g \cdot h}{L} \cdot \left(1 - x^2 \right) \cdot dt.$$

$dc_2(t)$ muss nun noch mit dx ersetzt werden, um die Integration durchführen zu können. Dafür ziehen wir die Wurzel aus der Substitution:

$$x = \frac{1}{\sqrt{2 \cdot g \cdot h}} \cdot c_2(t).$$

Die Ableitung

$$\frac{dx}{dc_2(t)} = \frac{1}{\sqrt{2 \cdot g \cdot h}}$$

führt zu

$$dc_2(t) = dx \cdot \sqrt{2 \cdot g \cdot h}.$$

Dieses Ergebnis und die Substitution x^2 in der Gleichung für $dc_2(t)$ liefern zusammen

$$dx \cdot \sqrt{2 \cdot g \cdot h} = \frac{g \cdot h}{L} \cdot \left(1 - x^2 \right) \cdot dt.$$

Wir teilen durch $(1 - x^2)$ und formen weiter um:

$$\frac{\mathrm{d}x}{1 - x^2} = \frac{g \cdot h}{L \cdot \sqrt{2 \cdot g \cdot h}} \cdot \mathrm{d}t.$$

Erweitert man die rechte Seite mit $\frac{\sqrt{2 \cdot g \cdot h}}{\sqrt{2 \cdot g \cdot h}}$, so erhält man

$$\frac{\mathrm{d}x}{1 - x^2} = \frac{g \cdot h}{L \cdot \sqrt{2 \cdot g \cdot h}} \cdot \frac{\sqrt{2 \cdot g \cdot h}}{\sqrt{2 \cdot g \cdot h}} \cdot \mathrm{d}t.$$

Durch Kürzen folgt dann

$$\frac{\mathrm{d}x}{1 - x^2} = \frac{\sqrt{2 \cdot g \cdot h}}{2 \cdot L} \cdot \mathrm{d}t.$$

Die Integration liefert

$$\int \frac{\mathrm{d}x}{1 - x^2} = \frac{\sqrt{2 \cdot g \cdot h}}{2 \cdot L} \cdot \int \mathrm{d}t.$$

Die linke Seite integriert entspricht dem Grundintegral $\int \frac{\mathrm{d}x}{1-x^2} = \operatorname{artanh} x$. Somit folgt zunächst

$$\operatorname{artanh} x = \frac{\sqrt{2 \cdot g \cdot h}}{2 \cdot L} \cdot t + C.$$

Die Bestimmung der Integrationskonstanten C ist für die Zeit $t = 0$ leicht möglich. Bei $t = 0$ ist

$$c_2(t) = 0 \Rightarrow x(t) = 0 \Rightarrow C = 0.$$

Somit erhält man anstelle der Umkehrfunktion artanh die Funktion $x = \tanh y$ zu

$$x = \tanh\left(\frac{\sqrt{2 \cdot g \cdot h}}{2 \cdot L} \cdot t\right).$$

Die Rücksubstitution von

$$x = \frac{1}{\sqrt{2 \cdot g \cdot h}} \cdot c_2(t)$$

liefert

$$\frac{c_2(t)}{\sqrt{2 \cdot g \cdot h}} = \tanh\left(\frac{\sqrt{2 \cdot g \cdot h}}{2 \cdot L} \cdot t\right).$$

Folglich lautet das Ergebnis

$$c_2(t) = \sqrt{2 \cdot g \cdot h} \cdot \tanh\left(\frac{\sqrt{2 \cdot g \cdot h}}{2 \cdot L} \cdot t\right)$$

Der **Grenzwert für** $t \to \infty$ ergibt sich nun mit oben stehender Gleichung mit der Substitution

$$x = \frac{\sqrt{2 \cdot g \cdot h}}{2 \cdot L} \cdot t$$

und der Definition der tanh-Funktion, $\tanh x = \frac{e^x - e^{-x}}{e^x + e^{-x}}$ nach Ausklammern von e^x in Zähler und Nenner:

$$\tanh x = \frac{e^x \cdot \left(1 - \frac{1}{e^x \cdot e^x}\right)}{e^x \cdot \left(1 + \frac{1}{e^x \cdot e^x}\right)} = \frac{1 - \frac{1}{e^{2x}}}{1 + \frac{1}{e^{2x}}}.$$

Aus der Substitution $x = \frac{\sqrt{2 \cdot g \cdot h}}{2 \cdot L} \cdot t$ folgt mit $t \to \infty$ auch $x \to \infty$. Oben eingesetzt hat dies zur Folge $\tanh x = 1$, da $\frac{1}{e^{2 \cdot \infty}} = \frac{1}{\infty} = 0$ ist. Daher wird

$$\tanh\left(\frac{\sqrt{2 \cdot g \cdot h}}{2 \cdot L} \cdot t\right) = 1.$$

Als Ergebnis erhält man

$$c_2 (t \to \infty) = \sqrt{2 \cdot g \cdot h}.$$

Dies entspricht der Torricelli'schen Ausflussgleichung bei verlustfreier Strömung.

Lösungsschritte – Fall 3

Unter diesem Punkt wird jetzt die Frage nach dem **statischen Druck** p_x **an dem höchsten Punkt** der Rohrleitung gestellt. Diese Stelle ist von besonderer Bedeutung, da hier der Druck den Kleinstwert annimmt und somit auch die Gefahr der Dampfdruckunterschreitung und das Abreißen der Flüssigkeit droht.

Zunächst bestimmen wir **allgemein** $p_x(t)$ aus der Bernoulli'schen Gleichung (instationär) bei x und 2 und können dann aus dem Ergebnis die gesuchten Sonderfälle $p_x(t = 0)$ und $p_x(t \to \infty)$ ableiten:

$$\frac{p_x(t)}{\rho} + \frac{c_x^2(t)}{2} + g \cdot Z_x = \frac{p_2}{\rho} + \frac{c_2^2(t)}{2} + g \cdot Z_2 + \int_x^2 \frac{\partial c_{x;2}(s,t)}{\partial t} \cdot \mathrm{d}s.$$

Mit den hier vorliegenden Größen $Z_2 = 0$, $p_2 = p_B$ und $Z_x = h_x$ und wegen

$$A_x = A_2 = A = \text{konstant} \quad \Rightarrow c_2(t) = c_x(t)$$

vereinfacht sich diese Bernoulli-Gleichung zu

$$\frac{p_x(t)}{\rho} = \frac{p_\text{B}}{\rho} - g \cdot h_x + \int\limits_x^2 \frac{\partial c_{x;2}(s,t)}{\partial t} \cdot \mathrm{d}s.$$

Da auch jetzt wieder zwischen x und 2 der Rohrquerschnitt A konstant ist, also nicht vom Weg s abhängt, resultiert für den partiellen Differenzialquotienten

$$\frac{\partial c_{x;2}(s,t)}{\partial t} = \frac{\mathrm{d}c_{x;2}(t)}{\mathrm{d}t}.$$

Eingesetzt in obige Gleichung erhält man dann

$$\frac{p_x(t)}{\rho} = \frac{p_\text{B}}{\rho} - g \cdot h_x + \frac{\mathrm{d}c_{x;2}(t)}{\mathrm{d}t} \cdot \int\limits_x^2 \mathrm{d}s$$

oder, mit $a_x(t) = \frac{\mathrm{d}c_{x;2}(t)}{\mathrm{d}t}$ und $\int_x^2 \mathrm{d}s = h_x$,

$$\frac{p_x(t)}{\rho} = \frac{p_\text{B}}{\rho} - g \cdot h_x + a_x(t) \cdot h_x$$

Mit ρ multipliziert lautet die Druckgleichung dann

$$p_x(t) = p_\text{B} - \rho \cdot g \cdot h_x + \rho \cdot a_x(t) \cdot h_x.$$

Bei dem **zur Zeit $t = 0$** gerade einsetzenden Bewegungsvorgang mit der Anfangsbeschleunigung $a_x(t = 0)$ führt dies dann zu folgendem Anfangsdruck bei x:

$$p_x(t = 0) = p_\text{B} - \rho \cdot g \cdot h_x + \rho \cdot a_x(t = 0) \cdot h_x$$

und es folgt daraus mit $a_x(t = 0) = g \cdot h / L$ (s. o.)

$$p_x(t = 0) = p_\text{B} - \rho \cdot g \cdot h_x + \rho \cdot \frac{g \cdot h}{L} \cdot h_x.$$

Durch Umformen erhält man schließlich

$$p_x(t = 0) = p_\text{B} - \rho \cdot g \cdot h_x \cdot \left(1 - \frac{h}{L}\right).$$

Im Grenzwert $p_x(t \to \infty)$ liefert die obige Druckgleichung,

$$p_x(t) = p_B - \rho \cdot g \cdot h_x + \rho \cdot \frac{dc_2(t)}{dt} \cdot h_x,$$

verknüpft mit dem Differenzialquotienten

$$\frac{dc_2(t)}{dt} = \frac{g \cdot h}{L} \cdot \left(1 - \frac{1}{2 \cdot g \cdot h} \cdot c_2^2(t)\right)$$

(s. o.) und die folgende Druckgleichung:

$$p_x(t) = p_B - \rho \cdot g \cdot h_x + \rho \cdot h_x \cdot \frac{g \cdot h}{L} \cdot \left(1 - \frac{1}{2 \cdot g \cdot h} \cdot c_2^2(t)\right).$$

Baut man im Grenzübergang $t \to \infty$ das Ergebnis

$$c_2(t \to \infty) = \sqrt{2 \cdot g \cdot h}$$

ein, dann wird

$$p_x(t \to \infty) = p_B - \rho \cdot g \cdot h_x + \rho \cdot g \cdot \frac{h_x \cdot h}{L} \cdot \underbrace{\left(1 - \frac{2 \cdot g \cdot h}{2 \cdot g \cdot h}\right)}_{=0}$$

$$p_x(t \to \infty) = p_B - \rho \cdot g \cdot h_x$$

Aufgabe 10.3 Flüssigkeitsschwingung

In Abb. 10.3 ist eine abgebogene, an beiden Enden gegen Atmosphäre offene Leitung zu erkennen, die mit einer Flüssigkeit befüllt ist. Die Steigungen der Leitungsschenkel sind verschieden groß und werden durch die Winkel α und β dargestellt. Die Länge der Flüssigkeitssäule sei L, die Querschnitte der Leitung sind überall gleich groß. Zunächst befindet sich das System in Ruhe und die Flüssigkeitsspiegel in der Nulllage. Nach einem ruckartigen Anstoß wird die Flüssigkeit in der Leitung in Bewegung versetzt und verschiebt sich um den Weg s_{max}. Danach setzt eine entgegengesetzt gerichtete Rückbewegung ein, d. h., es entsteht ein Schwingungsvorgang. Unter Annahme von Reibungsfreiheit dauert dieser unendlich lange. Gesucht wird die zeitliche Abhängigkeit $s(t)$ des Weges der Flüssigkeitsspiegel.

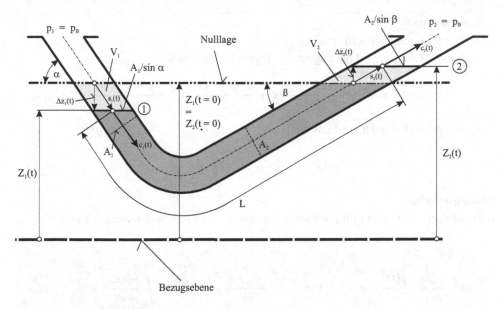

Abb. 10.3 Flüssigkeitsschwingung

Lösung zu Aufgabe 10.3

Aufgabenerläuterung

Nach der Auslenkung um s_{max} aus der Nulllage setzt der Schwingungsvorgang der Flüssigkeitssäule ein. Zur Zeit $t = 0$ weisen die Menisken den Abstand $Z_1(t = 0) = Z_2(t = 0)$ zur Bezugsebene auf, zur Zeit t die Abstände $Z_1(t)$ bzw. $Z_2(t)$. Das, von der Nulllage ausgehend, in der Zeit t verschobene Volumen im linken und rechten Schenkel $V_1(t) = V_2(t)$ ist gleich groß und folglich auch der Volumenstrom $\dot{V}(t)$ an jeder Stelle der schwingenden Flüssigkeitssäule. Im Unterschied zu vielen Fällen mit zeitlich konstanten Ortshöhen Z ändern sich diese zu verschiedenen Zeitpunkten des vorliegenden Schwingungsvorgangs. Da sich die Flüssigkeitssäule im ruhenden Rohrsystem periodisch hin und her bewegt, handelt es sich um einen instationären Strömungsvorgang.

Gegeben:
α; β; g; L; s_{max}

Gesucht:
$s(t)$

Anmerkungen

- Die Strömung sei verlustfrei.
- Für die Lösung wird die allgemeine Taylor-Reihe benötigt,

$$
y(x) = y(x = 0) + \frac{y'(x = 0)}{1!} \cdot x + \frac{y''(x = 0)}{2!} \cdot x^2 + \frac{y'''(x = 0)}{3!} \cdot x^3 + \dots,
$$

und speziell die der sin-Funktion:

$$
\sin x = x - \frac{1}{3!} \cdot x^3 + \frac{1}{5!} \cdot x^5 \pm \dots
$$

Lösungsschritte

Bernoulli'sche Gleichung für instationäre Strömungen zwischen den Stellen 1 und 2:

$$
\frac{p_1}{\rho} + \frac{c_1^2(t)}{2} + g \cdot Z_1(t) = \frac{p_2}{\rho} + \frac{c_2^2(t)}{2} + g \cdot Z_2(t) + \int_1^2 \frac{\partial c(s,t)}{\partial t} \cdot \mathrm{d}s.
$$

Mit den hier vorliegenden Besonderheiten an den Stellen 1 und 2 $p_1 = p_2 = p_\mathrm{B}$ und wegen $\dot{V}_1(t) = \dot{V}_2(t) = \dot{V}(t)$ (s. o.) ist mit

$$
\dot{V}_1(t) = c_1(t) \cdot A_1(s) = \dot{V}_2(t) = c_2(t) \cdot A_2(s) = \dot{V}(t) = c(t) \cdot A(s)
$$

$$
c_1(t) = c_2(t) = c(t),
$$

da auch $A_1(s) = A_2(s) = A(s)$ = konstant ist.

Es wird dann

$$
\int_1^2 \frac{\partial c(s,t)}{\partial t} \cdot \mathrm{d}s + g \cdot (Z_2(t) - Z_1(t)) = 0.
$$

Wegen $c_1(t) = c_2(t) = c(t)$ ist

$$
\frac{\partial c(s,t)}{\partial t} = \frac{\partial c(t)}{\partial t} = \frac{\mathrm{d}c(t)}{\mathrm{d}t},
$$

d. h., anstelle des partiellen Differenzialquotienten kann der Differenzialquotient selbst verwendet werden und, da hier vom Weg unabhängig, vor das Integral gezogen werden:

$$
\frac{\mathrm{d}c(t)}{\mathrm{d}t} \cdot \int_1^2 \mathrm{d}s + g \cdot (Z_2(t) - Z_1(t)) = 0 = 0.
$$

Weiterhin sind

$$Z_2(t) = Z_2(t = 0) + \Delta Z_2(t) \quad \text{und} \quad Z_1(t) = Z_1(t = 0) - \Delta Z_1(t).$$

Hieraus folgt

$$Z_2(t) - Z_1(t) = Z_2(t = 0) + \Delta Z_2(t) - Z_1(t = 0) + \Delta Z_1(t)$$

und somit

$$Z_2(t) - Z_1(t) = \Delta Z_2(t) + \Delta Z_1(t).$$

Gemäß Abb. 10.3 sind

$$\Delta Z_1(t) = s_1(t) \cdot \sin \alpha \quad \text{und} \quad \Delta Z_2(t) = s_2(t) \cdot \sin \beta.$$

Diese Ergebnisse oben eingesetzt führen zu

$$\frac{dc(t)}{dt} \cdot \int_1^2 ds + g \cdot [(s_2(t) \cdot \sin \beta + s_1(t) \cdot \sin \alpha)] = 0.$$

Wegen Gleichheit der Volumina $V_1(t) = V_2(t)$ und aus den geometrischen Zusammenhängen

$$V_1(t) = \frac{A_1}{\sin \alpha} \cdot \Delta z_1(t) = V_2(t) = \frac{A_2}{\sin \beta} \cdot \Delta z_2(t) \quad \text{und} \quad A_1 = A_2$$

wird

$$\frac{\Delta z_1(t)}{\sin \alpha} = s_1(t) = \frac{\Delta z_2(t)}{\sin \beta} = s_2(t).$$

Die zurückgelegten Wege der Flüssigkeitsspiegel sind folglich gleich groß und nur von der Zeit t abhängig, also $s_1(t) = s_2(t) = s(t)$. Man erhält hiermit

$$\frac{dc(t)}{dt} \cdot \int_1^2 ds + s(t) \cdot g \cdot (\sin \alpha + \sin \beta) = 0.$$

Setzt man nun noch das Integral $\int_1^2 ds = L$ als Säulenlänge ein, so entsteht

$$\frac{dc(t)}{dt} \cdot L + s(t) \cdot g \cdot (\sin \alpha + \sin \beta) = 0.$$

Division durch L und die Umbenennung $a(t) \equiv \frac{dc(t)}{dt} = \dddot{s}(t)$ führen auf

$$\ddot{s}(t) + s(t) \cdot \frac{g}{L} \cdot (\sin \alpha + \sin \beta) = 0.$$

Wird jetzt noch

$$\frac{g}{L} \cdot (\sin \alpha + \sin \beta) = k$$

substituiert, dann lässt sich nachstehende Differenzialgleichung zur Lösung der Frage nach der zeitlichen Wegabhängigkeit $s(t)$ aufstellen:

$$\ddot{s}(t) + s(t) \cdot k = 0.$$

Dies ist eine Differenzialgleichung 2. Ordnung. Bei bekannten Anfangsbedingungen ist die Lösung der DGL mittels Taylor-Reihe möglich. Diese lautet für den genannten Fall

$$s(t) = s(t = 0) + \frac{\dot{s}(t = 0)}{1!} \cdot t + \frac{\ddot{s}(t = 0)}{2!} \cdot t^2 + \frac{\dddot{s}(t = 0)}{3!} \cdot t^3 + \frac{s^{(4)}(t = 0)}{4!} \cdot t^4$$
$$+ \frac{s^{(5)}(t = 0)}{5!} \cdot t^5 + \dots$$

Anfangsbedingungen
1. Bei $t = 0$ befinden sich die Flüssigkeitsspiegel in der Nulllage, d. h. $s(t = 0) = 0$.
2. Im vorliegenden Schwingungssystem erreicht die Geschwindigkeit der Flüssigkeitsspiegel $\dot{s}(t = 0)$ beim Durchgang der Nulllage den Maximalwert c_{max}.

$\dot{s}(t = 0) = c(t = 0) = c_{max}$	erste Ableitung an der Stelle 0
$\ddot{s}(t) = -k \cdot s(t)$	zweite Ableitung (s. o.)
$\ddot{s}(t = 0) = -k \cdot s(t = 0) = 0$	an der Stelle 0
$\dddot{s}(t) = -k \cdot \dot{s}(t)$	dritte Ableitung
$\dddot{s}(t = 0) = -k \cdot \dot{s}(t = 0) = -k \cdot c_{max}$	an der Stelle 0
$s^{(4)}(t) = -k \cdot \ddot{s}(t)$	vierte Ableitung
$s^{(4)}(t = 0) = -k \cdot \ddot{s}(t = 0) = 0$	an der Stelle 0
$s^{(5)}(t) = -k \cdot \dddot{s}(t)$	fünfte Ableitung
$s^{(5)}(t = 0) = -k \cdot \dddot{s}(t = 0) = (-k) \cdot (-k) \cdot c_{max} = k^2 \cdot c_{max}$ an der Stelle 0; usw.	

Alle geradzahligen Ableitungen werden neben dem Anfangsterm gleich null und die Reihe lautet zunächst

$$s(t) = \frac{c_{max}}{1!} \cdot t - \frac{k \cdot c_{max}}{3!} \cdot t^3 + \frac{k^2 \cdot c_{max}}{5!} \cdot t^5 \pm \dots$$

Ausklammern von c_{max} liefert

$$s(t) = c_{max} \cdot \left(t - k \cdot \frac{1}{3!} \cdot t^3 + k^2 \cdot \frac{1}{5!} \cdot t^5 \pm \dots \right).$$

Erweitern der rechten Seite mit $\frac{\sqrt{k}}{\sqrt{k}}$ und dann Ausklammern von $\frac{1}{\sqrt{k}}$ ergibt

$$s(t) = \frac{c_{max}}{\sqrt{k}} \left(k^{1/2} \cdot t - \frac{1}{3!} \cdot k^{3/2} \cdot t^3 + \frac{1}{5!} \cdot k^{5/2} \cdot t^5 \pm \dots \right).$$

Substituiert man $z = k^{1/2} \cdot t$, so hat dies nachstehendes Ergebnis zur Folge:

$$s(t) = \frac{c_{max}}{\sqrt{k}} \left(z - \frac{1}{3!} \cdot z^3 + \frac{1}{5!} \cdot z^5 \pm \dots \right).$$

Der Klammerausdruck entspricht der Taylor-Reihe der Sinusfunktion, also hier $\sin z = z - \frac{1}{3!} \cdot z^3 + \frac{1}{5!} \cdot z^5 \pm \dots$

Dies führt zunächst auf

$$s(z) = \frac{c_{max}}{\sqrt{k}} \cdot \sin z.$$

Wird die Substitution wieder rückgängig gemacht, so erhält man die gesuchte Lösung

$$s(t) = \frac{c_{max}}{\sqrt{k}} \cdot \sin \left(k^{1/2} \cdot t \right).$$

Zur Ermittlung der Maximalgeschwindigkeit c_{max} wird die Sinusfunktion bei ihrem Höchstwert betrachtet. Dies ist bei $\frac{\pi}{2}$ der Fall und folgerichtig setzt man oben $\sqrt{k} \cdot t = \frac{\pi}{2}$ ein. Hieraus folgt

$$t = \frac{\pi}{2 \cdot \sqrt{k}}.$$

Dies führt zu

$$s\left(t = \frac{\pi}{2} \cdot \frac{1}{\sqrt{k}} \right) \equiv s_{max} = \frac{c_{max}}{\sqrt{k}} \cdot \sin \frac{\pi}{2},$$

wobei $\sin (\pi/2) = 1$. Man erhält hiermit

$$s_{max} = \frac{c_{max}}{\sqrt{k}}.$$

Die Lösung des vorliegenden Schwingungsfalls (ohne Reibungseinflüsse) wird mit dem Gesetz

$$s(t) = s_{max} \cdot \sin\left(\sqrt{k} \cdot t\right)$$

oder

$$s(t) = s_{max} \cdot \sin\left[\sqrt{\frac{g}{L} \cdot (\sin\alpha + \sin\beta)} \cdot t\right]$$

beschrieben.

Sonderfall: Gleichschenkliges U-Rohr mit $\alpha = 90°$ und $\beta = 90°$:

$$s(t) = s_{max} \cdot \sin\left[\sqrt{\frac{g}{L} \cdot \left(\underbrace{\sin 90°}_{=1} + \underbrace{\sin 90°}_{=1}\right)} \cdot t\right]$$

$$s(t) = s_{max} \cdot \sin\left(\sqrt{\frac{2 \cdot g}{L}} \cdot t\right)$$

Aufgabe 10.4 Leitung mit Verlusten

An einem offenen Flüssigkeitsbehälter ist, wie in Abb. 10.4 zu erkennen, im Abstand H von der Oberfläche eine horizontale Rohrleitung installiert. Sie weist eine Länge L und einen Durchmesser D auf. Die Rohreintrittsgeometrie ist scharfkantig ausgeführt. Die am Ende der Leitung angebrachte, zunächst abgesperrte Verschlussklappe wird zur Zeit $t = 0$ plötzlich geöffnet, und die Flüssigkeit strömt ins Freie. Der Abstand H über Rohrmitte soll während des Ausflussvorgangs gleich bleiben, was bei einem sehr großen Behältervolumen vereinfachend angenommen werden kann. Ermitteln Sie die zeitliche Veränderung der Austrittsgeschwindigkeit unter Berücksichtigung der Strömungsverluste.

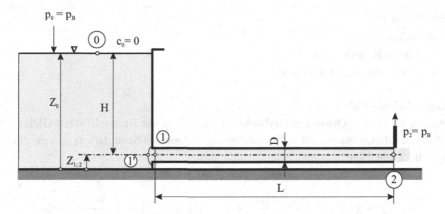

Abb. 10.4 Leitung mit Verlusten

Lösung zu Aufgabe 10.4

Aufgabenerläuterung

Der in dieser Aufgabe angesprochene instationäre Ausflussvorgang wird im Ansatz mittels Bernoulli'scher Gleichung der verlustbehafteten, instationären Rohrströmung beschrieben. Die zeitliche Abhängigkeit der Strömungsgeschwindigkeit in der Leitung prägt die Abhängigkeit auch den Verlusten auf. Diese entstehen im vorliegenden Fall aufgrund von Strahleinschnürung am Rohreintritt sowie Reibung im Rohr. Es wird von turbulenter Rohrströmung ausgegangen. Bei einer wie hier sehr rau angenommenen Innenkontur der Leitung hängt die Rohrreibungszahl nicht mehr von der Reynoldszahl ab, die ja ihrerseits über die Geschwindigkeit auch zeitlich veränderlich ist. Die Strahleinschnürung beim Übergang vom Behälter in die Leitung verursacht Verluste, die als Eintrittsverluste bezeichnet werden. Die Kantengeometrie beeinflusst in starkem Maß diese Verluste. Sie erreichen, wie im vorliegenden Fall, einen Höchstwert bei scharfkantiger Ausführung. Die kennzeichnende Verlustziffer ζ_{Ein} ist, wie die o. g. Rohrreibungszahl λ ebenfalls von der Reynoldszahl unabhängig und wird nur beeinflusst von der genannten Geometrie. Aufgrund des konstanten Rohrquerschnitts wird die Strömungsgeschwindigkeit zwar an jeder Stelle der Leitung gleich sein, aber zu verschiedenen Zeiten andere Werte aufweisen.

Gegeben:
H; L; D; g; ζ_{Ein}; $\lambda \neq f(Re)$

Gesucht:

1. $c_2(t)$
2. $c_2(t)$ mit $H = 12\,\text{m}$; $L = 600\,\text{m}$; $D = 0{,}60\,\text{m}$; $g = 9{,}81\,\text{m/s}^2$; $\zeta_{Ein} = 0{,}50$; $\lambda = 0{,}03$

Anmerkungen

- $Z_0 = $ konstant
- turbulente Rohrströmung
- $\lambda = $ konstant; $\zeta_{\text{Ein}} = $ konstant

Lösungsschritte – Fall 1

Als Ansatz für die **Geschwindigkeitsfunktion** $c_2(t)$ dient die Bernoulli'scher Gleichung der verlustbehafteten instationären Rohrströmung entlang des Stromfadens von der Stelle 0 zur Stelle 2 wie folgt:

$$\frac{p_0}{\rho} + \frac{c_0^2}{2} + g \cdot Z_0 = \frac{p_2}{\rho} + \frac{c_2^2(t)}{2} + g \cdot Z_2 + Y_{V_{0;2}}(t) + \int_0^2 \frac{\partial c\,(s,t)}{\partial t} \cdot \mathrm{d}s.$$

Mit den Gegebenheiten im vorliegenden Fall $p_0 = p_2 = p_B$, $c_0 = 0$ und $Z_0 - Z_{1;2} = H$ und aufgelöst nach $\frac{c_2^2(t)}{2}$ erhält man

$$\frac{c_2^2(t)}{2} = g \cdot H - Y_{V_{0;2}}(t) - \int_0^2 \frac{\partial c\,(s,t)}{\partial t} \cdot \mathrm{d}s.$$

Als Verluste sind die Eintrittsverluste

$$Y_{V_{\text{Ein}}}(t) = \zeta_{\text{Ein}} \cdot \frac{c_2^2(t)}{2}$$

und die Rohrreibungsverluste

$$Y_{V_{\text{R}}}(t) = \lambda \cdot \frac{L}{D} \cdot \frac{c_2^2(t)}{2}$$

zu berücksichtigen. Die Summe $Y_{V_{0;2}}(t) = Y_{V_{\text{Ein}}}(t) + Y_{V_{\text{R}}}(t)$ kann auch unter Verwendung der Gesamtverlustziffer $\zeta_{\text{Rohr}} = \zeta_{\text{Ein}} + \lambda \cdot \frac{L}{D}$ formuliert werden:

$$Y_{V_{0;2}}(t) = \zeta_{\text{Rohr}} \cdot \frac{c_2^2(t)}{2}.$$

$Y_{V_{0;2}}(t)$ auf die linke Gleichungsseite gebracht und durch $\zeta_{\text{Rohr}} \cdot \frac{c_2^2(t)}{2}$ ersetzt, haben wir

$$\frac{c_2^2(t)}{2} + \zeta_{\text{Rohr}} \cdot \frac{c_2^2(t)}{2} = g \cdot H - \int_0^2 \frac{\partial c\,(s,t)}{\partial t} \cdot \mathrm{d}s.$$

Wenn $\frac{c_2^2(t)}{2}$ ausgeklammert wird, so erhält man

$$\frac{c_2^2(t)}{2} \cdot (1 + \zeta_{\text{Rohr}}) = g \cdot H - \int\limits_0^2 \frac{\partial c\,(s,t)}{\partial t} \cdot \mathrm{d}s.$$

Nach der Aufspaltung des Integrals in drei Teilintegrale,

$$\int\limits_0^2 \frac{\partial c\,(s,t)}{\partial t} \cdot \mathrm{d}s = \underbrace{\int\limits_0^{1'} \frac{\partial c_{0;1'}\,(s,t)}{\partial t} \cdot \mathrm{d}s}_{=0} + \int\limits_{1'}^1 \frac{\partial c_{1';1}\,(s,t)}{\partial t} \cdot \underbrace{\mathrm{d}s}_{\approx 0} + \int\limits_1^2 \frac{\partial c_{1;2}\,(s,t)}{\partial t} \cdot \mathrm{d}s,$$

stellt man fest, dass das erste Teilintegral zu null wird, da die Geschwindigkeit $c_{0;1'} = 0$ ist und somit auch $\frac{\partial c_{0;1'}(s,t)}{\partial t}$. Das zweite Teilintegral nimmt ebenfalls den Wert null an, obwohl $\frac{\partial c_{1';1}(s,t)}{\partial t}$ von null verschieden ist, aber die beiden Stellen $1'$ und 1 sehr dicht nebeneinander liegen. Folglich wird $\mathrm{d}s \approx 0$. Das Integral reduziert sich folglich auf

$$\int\limits_0^2 \frac{\partial c\,(s,t)}{\partial t} \cdot \mathrm{d}s = \int\limits_1^2 \frac{\partial c_{1;2}\,(s,t)}{\partial t} \cdot \mathrm{d}s.$$

Die lokale Geschwindigkeit $c_{1;2}(s,t)$ hängt zeitlich vom Volumenstrom $\dot{V}(t)$ und des Weiteren vom wegabhängigen Querschnitt $A(s)$ ab, also

$$c_{1;2}(t,s) = \frac{\dot{V}(t)}{A(s)}.$$

Da aber hier $A_1 = A_2 = A$ konstant ist, wird sich die Geschwindigkeit nur mit der Zeit ändern, also $c_{1;2}(s,t) \equiv c_{1;2}(t)$. Somit folgt auch

$$\frac{\partial c_{1;2}\,(s,t)}{\partial t} \equiv \frac{\mathrm{d}c_{1;2}(t)}{\mathrm{d}t}.$$

Da der Differenzialquotient $\frac{\mathrm{d}c_{1;2}(t)}{\mathrm{d}t}$ in gleicher Weise unabhängig vom Weg s ist, kann er vor das Integral gezogen werden. Der Einfachheit halber ersetzt man jetzt noch $\frac{\mathrm{d}c_{1;2}(t)}{\mathrm{d}t}$ durch $\frac{\mathrm{d}c_2(t)}{\mathrm{d}t}$, da ja $c_1(t) = c_2(t) = c_{1;2}(t)$.

Es folgt mit der Wegintegration $\int_1^2 \mathrm{d}s = L$

$$\frac{c_2^2(t)}{2} \cdot (1 + \zeta_{\text{Rohr}}) = g \cdot H - \frac{\mathrm{d}c_2(t)}{\mathrm{d}t} \cdot L.$$

oder, nach $\frac{dc_2(t)}{dt} \cdot L$ aufgelöst,

$$\frac{dc_2(t)}{dt} \cdot L = g \cdot H - (1 + \zeta_{\text{Rohr}}) \cdot \frac{c_2^2(t)}{2}.$$

Durch L dividiert,

$$\frac{dc_2(t)}{dt} = \frac{g \cdot H}{L} - \frac{(1 + \zeta_{\text{Rohr}})}{L} \cdot \frac{c_2^2(t)}{2},$$

sowie auf der rechten Gleichungsseite $\frac{g \cdot H}{L}$ ausgeklammert, wird daraus

$$\frac{dc_2(t)}{dt} = \frac{g \cdot H}{L} \cdot \left(1 - \frac{1 + \zeta_{\text{Rohr}}}{2 \cdot g \cdot H} \cdot c_2^2(t)\right).$$

Zur Lösung dieser Gleichung werden nun 2 Substitutionen wie folgt eingeführt:

1. $k = \frac{1 + \zeta_{\text{Rohr}}}{2 \cdot g \cdot H}$, dann ist

$$\frac{dc_2(t)}{dt} = \frac{g \cdot H}{L} \cdot \left(1 - k \cdot c_2^2(t)\right).$$

2. $k \cdot c_2^2(t) = z^2(t)$.

Der Einfachheit halber schreiben wir statt $z(t)$ und $c_2(t)$ nur noch z und c_2, also $z^2 = k \cdot c_2^2$. Dies liefert

$$\frac{dc_2}{dt} = \frac{g \cdot H}{L} \cdot \left(1 - z^2\right).$$

Multiplikation mit $\frac{dt}{(1 - z^2)}$ führt zu

$$\frac{dc_2}{1 - z^2} = \frac{g \cdot H}{L} \cdot dt.$$

Das Differenzial dc_2 muss nun noch durch dz ersetzt werden. Dies gelingt wie folgt: Aus $z = \sqrt{k} \cdot c_2$ oder $c_2 = z \cdot \frac{1}{\sqrt{k}}$ wird c_2 nach z differenziert. Man erhält

$$\frac{dc_2}{dz} = \frac{1}{\sqrt{k}} \quad \text{bzw.} \quad dc_2 = \frac{1}{\sqrt{k}} \cdot dz.$$

Einsetzen in die oben stehende Gleichung ergibt zunächst

$$\frac{dz}{\sqrt{k} \cdot (1 - z^2)} = \frac{g \cdot H}{L} \cdot dt.$$

Mit $\sqrt{k}$ multipliziert und in Integralform geschrieben

$$\int \frac{dz}{1 - z^2} = \sqrt{k} \cdot \frac{g \cdot H}{L} \cdot \int dt.$$

Die Integration führt zu dem vorläufigen Ergebnis

$$\text{artanh}\, z = \sqrt{k} \cdot \frac{g \cdot H}{L} \cdot t + C.$$

Die Integrationskonstante C wird bei $t = 0$ und damit $z = 0$ ermittelt über $\text{artanh}\,0 = 0 \Rightarrow C = 0$. Die Funktion z lautet dann

$$z = \tanh\left(\sqrt{k} \cdot \frac{g \cdot H}{L} \cdot t\right).$$

Beide Substitutionen, $z = \sqrt{k} \cdot c_2(t)$ und $k = \frac{1 + \zeta_{\text{Rohr}}}{2 \cdot g \cdot H}$, werden wieder rückgängig gemacht, dann wird nach $c_2(t)$ aufgelöst:

$$c_2(t) = \frac{1}{\sqrt{\frac{1 + \zeta_{\text{Rohr}}}{2 \cdot g \cdot H}}} \cdot \tanh\left(\sqrt{\frac{1 + \zeta_{\text{Rohr}}}{2 \cdot g \cdot H}} \cdot \frac{g \cdot H}{L} \cdot t\right).$$

Erweitern des tanh mit $\frac{\sqrt{2 \cdot g \cdot H}}{\sqrt{2 \cdot g \cdot H}}$ ergibt zunächst

$$c_2(t) = \frac{\sqrt{2 \cdot g \cdot H}}{\sqrt{(1 + \zeta_{\text{Rohr}})}} \cdot \tanh\left(\frac{\sqrt{(1 + \zeta_{\text{Rohr}})}}{\sqrt{2 \cdot g \cdot H}} \cdot \frac{\sqrt{2 \cdot g \cdot H}}{\sqrt{2 \cdot g \cdot H}} \cdot \frac{g \cdot H}{L} \cdot t\right)$$

$$= \frac{\sqrt{2 \cdot g \cdot H}}{\sqrt{(1 + \zeta_{\text{Rohr}})}} \cdot \tanh\left(\frac{\sqrt{(1 + \zeta_{\text{Rohr}})} \cdot \sqrt{2 \cdot g \cdot H} \cdot g \cdot H}{2 \cdot g \cdot H \cdot L} \cdot t\right).$$

Dann lautet das Ergebnis

$$c_2(t) = \frac{\sqrt{2 \cdot g \cdot H}}{\sqrt{1 + \zeta_{\text{Rohr}}}} \cdot \tanh\left(\sqrt{1 + \zeta_{\text{Rohr}}} \cdot \frac{\sqrt{2 \cdot g \cdot H}}{2 \cdot L} \cdot t\right).$$

Stationäre Bedingungen stellen sich theoretisch erst für $t \to \infty$ ein. Betrachtet man zunächst den allgemeinen Fall, so kann mit der Definition des $\tanh x$ und $x \to \infty$

$$\tanh x = \frac{e^x - \frac{1}{e^x}}{e^x + \frac{1}{e^x}} = \frac{e^x}{e^x} \cdot \frac{1 - \overbrace{\frac{1}{e^{2x}}}^{=0}}{1 + \underbrace{\frac{1}{e^{2x}}}_{=0}} = 1.$$

festgestellt werden. Dies gilt auch im vorliegenden Beispiel mit $t \to \infty$. Eingesetzt in

$$\underbrace{\tanh\left(\sqrt{1 + \zeta_{\text{Rohr}}} \cdot \frac{\sqrt{2 \cdot g \cdot H}}{2 \cdot L} \cdot t \right)}_{=1}$$

geht auch hier der tanh-Term gegen 1 und wir bekommen als Resultat der Geschwindigkeit bei $t \to \infty$

$$c_2(t \to \infty) \equiv c_{2_0} = \frac{\sqrt{2 \cdot g \cdot H}}{\sqrt{1 + \zeta_{\text{Rohr}}}}$$

Wir formen um,

$$\sqrt{1 + \zeta_{\text{Rohr}}} = \frac{\sqrt{2 \cdot g \cdot H}}{c_{2_0}},$$

und erhalten dann

$$c_2(t) = c_{2_0} \cdot \tanh\left(\frac{\sqrt{2 \cdot g \cdot H}}{c_{2_0}} \cdot \frac{\sqrt{2 \cdot g \cdot H}}{2 \cdot L} \cdot t \right).$$

Wir vereinfachen zu

$$\frac{c_2(t)}{c_{2_0}} = \tanh\left(\frac{2 \cdot g \cdot H}{c_{2_0} \cdot 2 \cdot L} \cdot t \right)$$

und bekommen schließlich

$$\frac{c_2(t)}{c_{2_0}} = \tanh\left(\frac{H}{L} \cdot \frac{g}{c_{2_0}} \cdot t \right)$$

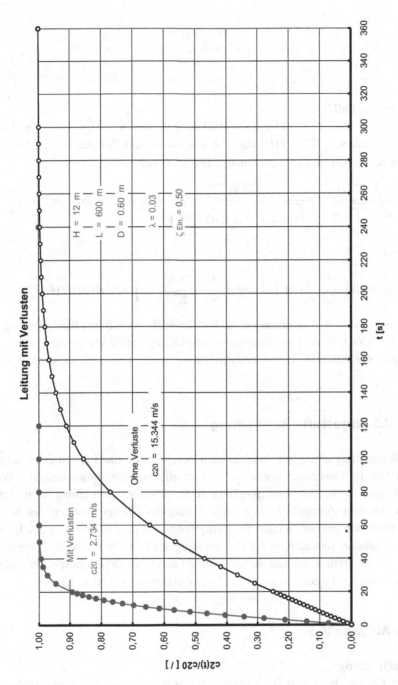

Abb. 10.5 Leitung mit Verlusten; zeitlicher Geschwindigkeitsverlauf

mit

$$c_{2_0} = \frac{\sqrt{2 \cdot g \cdot H}}{\sqrt{1 + \zeta_{\text{Rohr}}}}.$$

Lösungsschritte – Fall 2

Für $c_2(t)$ mit $H = 12\,\text{m}$, $L = 600\,\text{m}$, $D = 0,60\,\text{m}$,, $g = 9,81\,\text{m/s}^2$, $\zeta_{\text{Ein}} = 0,50$ und $\lambda = 0,03$ suchen wir zuerst $\frac{c_2(t)}{c_{2_0}} = f(t)$. Dazu ist u. a. die Geschwindigkeit c_{2_0} erforderlich. Sie lässt sich bei verlustbehafteter Strömung wie folgt bestimmen:

$$= c_{2_0} = \frac{\sqrt{2 \cdot g \cdot H}}{\sqrt{1 + \zeta_{\text{Rohr}}}} = \frac{\sqrt{2 \cdot 9,81 \cdot 12}}{\sqrt{1 + \left(0,50 + 0,03 \cdot \frac{600}{0,60}\right)}}\,\text{m/s} = 2,734\,\text{m/s} = 2,734\frac{\text{m}}{\text{s}}.$$

Folglich lautet

$$\frac{c_2(t)}{c_{2_0}} = \tanh\left(\frac{H}{L} \cdot \frac{g}{c_{2_0}} \cdot t\right) = \tanh\left(\frac{12}{600} \cdot \frac{9,81}{2,734} \cdot t\right) = \tanh(0,0718 \cdot t).$$

Der Verlauf ist in Abb. 10.5 zu erkennen. Im Fall der verlustbehafteten Rohrströmung ist nach einer Zeit von $t = 60\,\text{s}$ die Endgeschwindigkeit c_{2_0} zu 99,9 % erreicht. Dagegen wird sich unter der Annahme einer verlustfreien Strömung dieser Wert erst nach 360 s einstellen.

Aufgabe 10.5 Abgestufte Rohrleitung

Über einen Rohrleitungsstrang mit verschiedenen Durchmesser- und Längenabmessungen wird gemäß Abb. 10.6 aus einem gegen Atmosphäre offenen, sehr großen Reservoir Wasser ins Freie abgelassen. Ein Absperrorgan (z. B. Schieber) in der Leitung ist zunächst geschlossen. Ab dem Zeitpunkt $t = 0$ beginnt dann der Öffnungsvorgang des Schiebers, und es stellt sich ein instationärer Strömungsprozess in dem Rohrsystem ein. Es soll zunächst die zeitliche Veränderung der Geschwindigkeit $c_2(t)$ an der Stelle 2 hergeleitet werden. An der Stelle 1 und der Stelle 2 werden dann die Anfangsbeschleunigungen $a_1(t = 0)$ bzw. $a_2(t = 0)$ gesucht sowie bei 2 der Anfangsdruck $p_2(t = 0)$.

Lösung zu Aufgabe 10.5

Aufgabenerläuterung

Vorliegendes Beispiel behandelt die zeitlichen Veränderungen von Strömungsgrößen in der Rohrleitung beim Öffnen eines Absperrorgans. Diese werden überlagert durch zusätz-

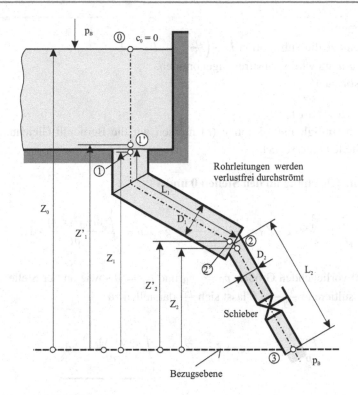

Abb. 10.6 Abgestufte Rohrleitung

liche Einflüsse aufgrund verschiedener Leitungsabmessungen. Um die zeitlichen Abhängigkeiten der gefragten Größen festzustellen, muss als Ansatz die Bernoulli'sche Gleichung der instationären Strömung verwendet werden. Es erscheint sinnvoll und hilfreich, diese Anwendung Schritt für Schritt zwischen den Punkten entlang des Stromfadens vorzunehmen, um neben den anderen Größen die verschiedenen Beschleunigungsterme systematisch aufzulisten und mit den jeweiligen Gegebenheiten zu betrachten und zu vereinfachen. Des Weiteren kommt die Kontinuitätsgleichung zum Einsatz, die den Einflüssen aus den Durchmesserunterschieden Rechnung trägt. Es ist zunächst zwingend erforderlich, die Geschwindigkeit $c_2(t)$ zu ermitteln und danach erst die weiteren gefragten Größen.

Gegeben:

ρ; g; L_1; L_2; Z_0; $Z_{1'} \approx Z_1$; $Z_{2'} \approx Z_2$; D_1; D_2

Gesucht:

1. $c_2(t)$
2. $a_1(t = 0)$; $a_2(t = 0)$
3. $p_2(t = 0)$

Anmerkungen

- Man benutze die Substitution $L_1 \cdot \left(\frac{D_2}{D_1}\right)^2 + L_2 = L$.
- Die Strömung wird verlustfrei angenommen.
- $Z_0 =$ konstant

Lösungsschritte – Fall 1

Für die **Geschwindigkeitsfunktion** $c_2(t)$ müssen wir die Bernoulli-Gleichung an verschiedenen Stellen untersuchen.

Bernoulli'sche Gleichung an den Stellen 0 und 1′

$$\frac{p_0}{\rho} + \frac{c_0^2}{2} + g \cdot Z_0 = \frac{p_{1'}}{\rho} + \frac{c_{1'}^2}{2} + g \cdot Z_{1'} + \int\limits_0^{1'} \frac{\partial c_{0;1'}(s,t)}{\partial t} \cdot ds.$$

Mit den bei 0 vorliegenden Größen $p_0 = p_B$ und $c_0 = 0$ sowie an der Stelle $1'c_{1'} = 0$ und daraus resultierend $\frac{\partial c_{0;1'}}{\partial t} = 0$ lässt sich $\frac{p_{1'}}{\rho}$ darstellen zu

$$\frac{p_{1'}}{\rho} = \frac{p_B}{\rho} + g \cdot (Z_0 - Z_{1'}) - \underbrace{\int\limits_0^{1'} \frac{\partial c_{0;1'}(s,t)}{\partial t} \cdot ds}_{=0}$$

oder

$$\frac{p_{1'}}{\rho} = \frac{p_B}{\rho} + g \cdot (Z_0 - Z_{1'}).$$

Bernoulli'sche Gleichung an den Stellen 1′ und 1

$$\frac{p_{1'}}{\rho} + \frac{c_{1'}^2}{2} + g \cdot Z_{1'} = \frac{p_1(t)}{\rho} + \frac{c_1^2(t)}{2} + g \cdot Z_1 + \int\limits_{1'}^1 \frac{\partial c_{1';1}(s,t)}{\partial t} \cdot ds.$$

Wegen der hier zu berücksichtigenden Gegebenheiten, $Z_{1'} \approx Z_1$ und $c_{1'} = 0$, folgt

$$\frac{p_{1'}}{\rho} = \frac{p_1(t)}{\rho} + \frac{c_1^2(t)}{2} + \int\limits_{1'}^1 \frac{\partial c_{1';1}(s,t)}{\partial t} \cdot \underbrace{ds}_{=0}$$

Das Integral nimmt den Wert null an, obwohl $\frac{\partial c_{1';1}(s,t)}{\partial t}$ von null verschieden ist, aber die beiden Stellen 1′ und 1 sehr dicht nebeneinander liegen. Folglich wird $ds \approx 0$. $\frac{p_{1'}}{\rho}$ lautet demnach jetzt

$$\frac{p_{1'}}{\rho} = \frac{p_1(t)}{\rho} + \frac{c_1^2(t)}{2}.$$

Bernoulli'sche Gleichung an den Stellen 1 und 2′

$$\frac{p_1(t)}{\rho} + \frac{c_1^2(t)}{2} + g \cdot Z_1 = \frac{p_{2'}(t)}{\rho} + \frac{c_{2'}^2(t)}{2} + g \cdot Z_{2'} + \int\limits_{1}^{2'} \frac{\partial c_{1;2'}(s,t)}{\partial t} \cdot \mathrm{d}s.$$

Die lokale Geschwindigkeit $c_{1;2'}(s,t)$ hängt zeitlich vom Volumenstrom $\dot{V}(t)$ und des Weiteren vom wegabhängigen Querschnitt $A(s)$ ab, also

$$c_{1;2'}(t,s) = \frac{\dot{V}(t)}{A_{1;2'}(s)}.$$

Da aber hier $A_1 = A_2'$ konstant ist, wird sich die Geschwindigkeit nur mit der Zeit ändern, also $c_{1;2'}(s,t) \equiv c_{1;2'}(t)$. Somit folgt auch

$$\frac{\partial c_{1;2'}(s,t)}{\partial t} \equiv \frac{\mathrm{d}c_{1;2'}(t)}{\mathrm{d}t}.$$

Da der Differenzialquotient $\frac{\mathrm{d}c_{1;2'}(t)}{\mathrm{d}t}$ in gleicher Weise unabhängig vom Weg s ist, kann er im Integral als Konstante angesetzt und vor das Integral gezogen werden. Der Einfachheit halber ersetzt man jetzt noch $\frac{\mathrm{d}c_{1;2'}(t)}{\mathrm{d}t}$ durch $\frac{\mathrm{d}c_1(t)}{\mathrm{d}t}$, da ja $c_1(t) = c_{2'}(t) = c_{1;2'}(t)$. Der spezifische Druck $\frac{p_1(t)}{\rho}$ an der Stelle 1 kann wie nun folgt geschrieben werden:

$$\frac{p_1(t)}{\rho} = \frac{p_{2'}(t)}{\rho} - g \cdot (Z_1 - Z_{2'}) + \frac{\mathrm{d}c_1(t)}{\mathrm{d}t} \cdot \int\limits_{1}^{2'} \mathrm{d}s$$

oder, mit $\int_1^{2'} \mathrm{d}s = L_1$,

$$\frac{p_1(t)}{\rho} = \frac{p_{2'}(t)}{\rho} - g \cdot (Z_1 - Z_{2'}) + \frac{\mathrm{d}c_1(t)}{\mathrm{d}t} \cdot L_1.$$

Bernoulli'sche Gleichung zwischen den Stellen 2′ und 2

$$\frac{p_{2'}(t)}{\rho} + \frac{c_{2'}^2(t)}{2} + g \cdot Z_{2'} = \frac{p_2(t)}{\rho} + \frac{c_2^2(t)}{2} + g \cdot Z_2 + \int\limits_{2'}^{2} \frac{\partial c_{2';2}(s,t)}{\partial t} \cdot \mathrm{d}s.$$

Wegen der hier zu berücksichtigenden Gegebenheiten $Z_{2'} \approx Z_2$ sowie der Feststellung, dass das Integral auch hier den Wert null annimmt, obwohl $\frac{\partial c_{2';2}(s,t)}{\partial t}$ von null verschieden ist, aber die beiden Stellen 2′ und 2 sehr dicht nebeneinander liegen ($\mathrm{d}s \approx 0$), lässt sich die Gleichung nach $\frac{p_{2'}(t)}{\rho}$ auflösen zu:

$$\frac{p_{2'}(t)}{\rho} = \frac{p_2(t)}{\rho} + \frac{c_2^2(t)}{2} - \frac{c_{2'}^2(t)}{2}.$$

Bernoulli'sche Gleichung an den Stellen 2 und 3

$$\frac{p_2(t)}{\rho} + \frac{c_2^2(t)}{2} + g \cdot Z_2 = \frac{p_3}{\rho} + \frac{c_3^2(t)}{2} + g \cdot Z_3 + \int_2^3 \frac{\partial c_{2;3}(s,t)}{\partial t} \cdot ds.$$

Es sind hier $Z_3 = 0$ und $p_3 = p_B$. Da, wie auch schon oben (zwischen 1 und 2') erläutert, die Geschwindigkeiten $c_2(t) = c_3(t)$ wegunabhängig und gleich groß sind, kann folglich der partielle Differenzialquotient $\frac{\partial c_{2;3}(s,t)}{\partial t}$ durch $\frac{dc_{2;3}(t)}{dt} = \frac{dc_2(t)}{dt}$ ersetzt werden und, da ebenfalls wegunabhängig, als Konstante vor dem Integral stehen. Der spezifische Druck bei 2 lautet dann

$$\frac{p_2(t)}{\rho} = \frac{p_B}{\rho} - g \cdot Z_2 + \frac{dc_2(t)}{dt} \cdot \int_2^3 ds.$$

Mit dem Wegintegral $\int_2^3 ds = L_2$ erhalten wir

$$\frac{p_2(t)}{\rho} = \frac{p_B}{\rho} - g \cdot Z_2 + \frac{dc_2(t)}{dt} \cdot L_2.$$

Alle Ergebnisse zusammengefügt führen zum Zwischenergebnis

$$\frac{c_2^2(t)}{2} = g \cdot Z_0 - L_1 \cdot \frac{dc_1(t)}{dt} - L_2 \cdot \frac{dc_2(t)}{dt}.$$

Da der Volumenstrom $\dot{V}(t)$ sich nur in Abhängigkeit von der Zeit t ändert, gilt dies auch für das Differenzial $d\dot{V}(t)$. Mit $\dot{V}(t) = c_1(t) \cdot A_1 = c_2(t) \cdot A_2$ folgt

$$d\dot{V}(t) = dc_1(t) \cdot A_1 = dc_2(t) \cdot A_2$$

oder, nach $dc_1(t)$ aufgelöst,

$$dc_1(t) = dc_2(t) \cdot \frac{A_2}{A_1} = dc_2(t) \cdot \left(\frac{D_2^2}{D_1^2}\right).$$

In die o. g. Gleichung eingesetzt führt dies zunächst zu

$$\frac{c_2^2(t)}{2} = g \cdot Z_0 - L_1 \cdot \frac{dc_2(t)}{dt} \cdot \left(\frac{D_2^2}{D_1^2}\right) - L_2 \cdot \frac{dc_2(t)}{dt}$$

oder, nach Ausklammern von $\frac{dc_2(t)}{dt}$,

$$\frac{c_2^2(t)}{2} = g \cdot Z_0 - \frac{dc_2(t)}{dt} \cdot \left(L_1 \cdot \frac{D_2^2}{D_1^2} + L_2\right).$$

Substituiert man jetzt

$$L_1 \cdot \left(\frac{D_2}{D_1}\right)^2 + L_2 = L,$$

so wird daraus

$$\frac{c_2^2(t)}{2} = g \cdot Z_0 - \frac{dc_2(t)}{dt} \cdot L.$$

Wir bringen $\frac{dc_2(t)}{dt} \cdot L$ auf eine Gleichungsseite:

$$\frac{dc_2(t)}{dt} \cdot L = g \cdot Z_0 - \frac{c_2^2(t)}{2}.$$

Durch L dividiert und rechts 1/2 ausgeklammert liefert

$$\frac{dc_2(t)}{dt} = \frac{1}{2 \cdot L} \cdot \left[2 \cdot g \cdot Z_0 - c_2^2(t)\right].$$

Nun wird rechts $2 \cdot g \cdot Z_0$ ausgeklammert:

$$\frac{dc_2(t)}{dt} = \frac{2 \cdot g \cdot Z_0}{2 \cdot L} \cdot \left[1 - \frac{1}{2 \cdot g \cdot Z_0} \cdot c_2^2(t)\right].$$

Mit der Substitution

$$x^2 = \frac{1}{2 \cdot g \cdot Z_0} \cdot c_2^2(t)$$

folgt zunächst

$$dc_2(t) = \frac{g \cdot Z_0}{L} \cdot \left(1 - x^2\right) \cdot dt.$$

Um eine Integration vornehmen zu können, muss $dc_2(t)$ noch durch dx ersetzt werden. Dies kann mit der Wurzel der Substitutionsvariablen wie folgt geschehen:

$$x = \frac{1}{\sqrt{2 \cdot g \cdot Z_0}} \cdot c_2(t)$$

wird differenziert gemäß $\frac{dx}{dc_2(t)}$, das führt zu

$$\frac{dx}{dc_2(t)} = \frac{1}{\sqrt{2 \cdot g \cdot Z_0}}$$

oder umgestellt

$$\mathrm{d}c_2(t) = \sqrt{2 \cdot g \cdot Z_0} \cdot \mathrm{d}x.$$

Oben eingesetzt erhält man zunächst

$$\sqrt{2 \cdot g \cdot Z_0} \cdot \mathrm{d}x = \frac{g \cdot Z_0}{L} \cdot \left(1 - x^2\right) \cdot \mathrm{d}t$$

und danach, umgeformt durch Multiplikation mit $\frac{1}{(1-x^2) \cdot \sqrt{2 \cdot g \cdot Z_0}}$,

$$\frac{\mathrm{d}x}{1 - x^2} = \frac{g \cdot Z_0}{L} \cdot \frac{1}{\sqrt{2 \cdot g \cdot Z_0}} \cdot \mathrm{d}t.$$

Die linke Seite integriert entspricht dem Grundintegral $\int \frac{\mathrm{d}x}{1-x^2} = \operatorname{artanh} x$ und man erhält nach der Integration das Ergebnis

$$\operatorname{artanh} x = \frac{g \cdot Z_0}{L} \cdot \frac{1}{\sqrt{2 \cdot g \cdot Z_0}} \cdot t + C.$$

Zur Zeit $t = 0$ ist auch $c_2(t = 0) = 0$ und folglich $x = 0$. Dies bestimmt mit $\operatorname{artanh} 0 = 0$ die Integrationskonstante $C = 0$. Die Umkehrfunktion $\operatorname{artanh} x$ zurückgeführt und die Substitution für x wieder eingesetzt ergibt

$$x = \frac{1}{\sqrt{2 \cdot g \cdot Z_0}} \cdot c_2(t) = \tanh\left(\frac{g \cdot Z_0}{L} \cdot \frac{1}{\sqrt{2 \cdot g \cdot Z_0}} \cdot t\right)$$

oder

$$c_2(t) = \sqrt{2 \cdot g \cdot Z_0} \cdot \tanh\left(\frac{g \cdot Z_0}{L} \cdot \frac{1}{\sqrt{2 \cdot g \cdot Z_0}} \cdot t\right).$$

Erweitert man den Klammerausdruck mit $\frac{\sqrt{2 \cdot g \cdot Z_0}}{\sqrt{2 \cdot g \cdot Z_0}}$, so wird das zu

$$c_2(t) = \sqrt{2 \cdot g \cdot Z_0} \cdot \tanh\left(\frac{g \cdot Z_0}{L} \cdot \frac{\sqrt{2 \cdot g \cdot Z_0}}{\sqrt{2 \cdot g \cdot Z_0}} \cdot \frac{1}{\sqrt{2 \cdot g \cdot Z_0}} \cdot t\right)$$

und letztlich

$$c_2(t) = \sqrt{2 \cdot g \cdot Z_0} \cdot \tanh\left(\frac{\sqrt{2 \cdot g \cdot Z_0}}{2 \cdot L} \cdot t\right).$$

Lösungsschritte – Fall 2

Nun suchen wir die **Beschleunigungen**, zunächst $a_2(t = 0)$. Mit

$$a_2(t) \cdot L = \frac{dc_2(t)}{dt} \cdot L = g \cdot Z_0 - \frac{c_2^2(t)}{2}$$

erhält man zur Zeit $t = 0$ und mit $c_2(t = 0) = 0$ den Ausdruck $a_2(t = 0) \cdot L = g \cdot Z_0$
oder

$$a_2(t = 0) = g \cdot \frac{Z_0}{L}.$$

Für die **Beschleunigung $a_1(t = 0)$** betrachten wir

$$dc_1(t) = dc_2(t) \cdot \frac{A_2}{A_1} = dc_2(t) \cdot \left(\frac{D_2}{D_1}\right)^2$$

und dividieren durch dt:

$$\frac{dc_1(t)}{dt} = \frac{dc_2(t)}{dt} \cdot \left(\frac{D_2}{D_1}\right)^2,$$

wobei $\frac{dc_2(t)}{dt} = a_2(t)$ ist. Folglich entsteht

$$a_1(t) = a_2(t) \cdot \left(\frac{D_2}{D_1}\right)^2.$$

Zur Zeit $t = 0$ gelangt man zu

$$a_1(t = 0) = a_2(t = 0) \cdot \left(\frac{D_2}{D_1}\right)^2$$

oder

$$a_1(t = 0) = g \cdot \frac{Z_0}{L} \cdot \left(\frac{D_2}{D_1}\right)^2.$$

Lösungsschritte – Fall 3

Für den **Druck $p_2(t = 0)$** finden wir mit der Gleichung

$$\frac{p_2(t)}{\rho} = \frac{p_B}{\rho} - g \cdot Z_2 + \frac{dc_2(t)}{dt} \cdot L_2$$

und zum Zeitpunkt $t = 0$

$$\frac{p_2\,(t=0)}{\rho} = \frac{p_B}{\rho} - g \cdot Z_2 + L_2 \cdot \underbrace{\frac{\mathrm{d}c_2\,(t=0)}{\mathrm{d}t}}$$

$$= a_2\,(t=0) = g \cdot \frac{Z_0}{L}$$

und daraus

$$p_2(t=0) = p_B - \rho \cdot g \cdot Z_2 + \rho \cdot g \cdot \frac{Z_0}{L} \cdot L_2.$$

Das Ergebnis lautet dann

$$p_2(t=0) = p_B + \rho \cdot g \cdot Z_0 \cdot \left[\frac{L_2}{L} - \frac{Z_2}{Z_0} \right].$$

Aufgabe 10.6 Flüssigkeitsspiegelschwingung in zwei miteinander verbundenen Behältern

Zwei Wassertürme A und B, die den gleichen Durchmesser D aufweisen, sind durch eine Rohrleitung der Länge L sowie dem Durchmesser d verbunden. In der Rohrleitung ist weiterhin eine Armatur installiert, mit der die beiden Wassertürme voneinander getrennt werden können. Die Armatur sei zunächst geschlossen, wobei die beiden Wasserspiegel die Höhen $Z_0(0)$ bzw. $Z_3(0)$ aufweisen. Deren Differenz lautet $Z_0(0) - Z_3(0) = \Delta Z(0)$. Beim plötzlichen Öffnen der Armatur strömt Wasser vom Turm A in Turm B. Nach dem Überströmen in Turm B wird sich hier ein Höchststand des Wassers einstellen. Das Wasser fließt danach in umgekehrter Richtung zurück in Turm A. Es entsteht folglich ein Schwingungsvorgang in den Wassertürmen. Unter Berücksichtigung der Größen gemäß Abb. 10.7 sowie der Strömungsverluste soll eine Gleichung ermittelt werden, die den Schwingungsvorgang abbildet.

Lösung zu Aufgabe 10.6

Aufgabenerläuterung

Als Lösungsgrundlage muss die Bernoulli'sche Energiegleichung der verlustbehafteten, instationären Strömung verwendet werden. Ebenso kommt das Kontinuitätsgesetz, jetzt zeitlich veränderlich, zum Einsatz. Weiterhin sind die zeitlich veränderlichen Flüssigkeitsspiegelhöhen und -geschwindigkeiten zu berücksichtigen.

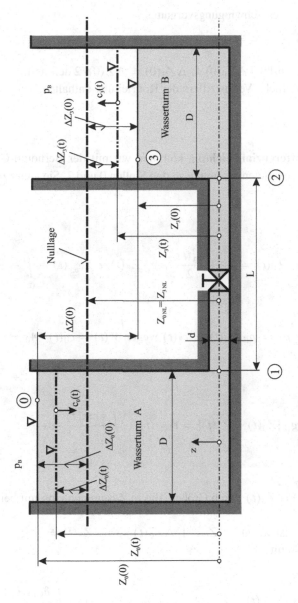

Abb. 10.7 Flüssigkeitsspiegelschwingung in zwei miteinander verbundenen Behältern

Gegeben:

$\Delta Z(0); D; d; L; \sum \zeta$

Gesucht:

Differenzialgleichung des Schwingungsvorgangs

Anmerkungen

- Nulllage (NL) wird bei $\Delta Z_0(0) = \Delta Z_3(0) = \Delta Z(0)/2$ definiert.
- In $\sum \zeta$ sind sämtliche Verlustziffern der Rohrleitung enthalten.
- $\sum \zeta \neq f(Re)$

Lösungsschritte

An die **gesuchte Differenzialgleichung** kommen wir mit der Bernoulli-Gleichung der instationären verlustbehafteten Strömung an den Stellen 0 und 3. Sie lautet zu einer beliebigen Zeit t

$$\frac{p_0}{\rho} + \frac{c_0^2(t)}{2} + g \cdot Z_0(t) = \frac{p_3}{\rho} + \frac{c_3^2(t)}{2} + g \cdot Z_3(t) + Y_{V_{0;3}}(t) + \int_0^3 \frac{\partial c(s,t)}{\partial t} \cdot ds.$$

Weiterhin gilt $p_0 = p_3 = p_B$, $c_0(t) = c_3(t)$ wegen $\dot{V}(t) = c_0(t) \cdot A_0 = c_3(t) \cdot A_3$ und $A_0 = A_3$. Es folgt somit

$$g \cdot [Z_0(t) - Z_3(t)] = Y_{V_{0;3}}(t) + \int_0^3 \frac{\partial c(s,t)}{\partial t} \cdot ds.$$

Als Erstes soll $Z_0(t) - Z_3(t)$ durch Größen, die in Zusammenhang mit bei $\Delta Z_0(t)$ stehen, ersetzt werden.

Gemäß Abb. 10.7 ist $Z_0(t) = Z_{0_{NL}} + \Delta Z_0(t)$ sowie $Z_3(t) = Z_{3_{NL}} - \Delta Z_3(t)$. Da $Z_{0_{NL}} = Z_{3_{NL}}$, folgt somit

$$g \cdot [Z_{0_{NL}} + \Delta Z_0(t) - Z_{3_{NL}} + \Delta Z_3(t)] = Y_{V_{0;3}}(t) + \int_0^3 \frac{\partial c(s,t)}{\partial t} \cdot ds$$

oder

$$g \cdot [\Delta Z_0(t) + \Delta Z_3(t)] = Y_{V_{0;3}}(t) + \int\limits_0^3 \frac{\partial c(s,t)}{\partial t} \cdot \mathrm{d}s.$$

Weiterhin ist gemäß Abb. 10.7

$$\Delta V = A_0 \cdot [Z_0(0) - Z_0(t)] \quad \text{sowie} \quad \Delta V = A_3 \cdot [Z_3(t) - Z_3(0)].$$

Da $A_0 = A_3$ ist, erhält man

$$[Z_0(0) - Z_0(t)] = [Z_3(t) - Z_3(0)].$$

Mit $Z_0(0) = Z_{0_{\mathrm{NL}}} + \Delta Z_0(0)$, $Z_3(0) = Z_{3_{\mathrm{NL}}} - \Delta Z_3(0)$ sowie $Z_0(t) = Z_{0_{\mathrm{NL}}} + \Delta Z_0(t)$ und $Z_3(t) = Z_{3_{\mathrm{NL}}} - \Delta Z_3(t)$ bekommen wir

$$Z_{0_{\mathrm{NL}}} + \Delta Z_0(0) - Z_{0_{\mathrm{NL}}} - \Delta Z_0(t) = Z_{3_{\mathrm{NL}}} - \Delta Z_3(t) - Z_{3_{\mathrm{NL}}} + \Delta Z_3(0)$$

oder

$$\Delta Z_0(0) - \Delta Z_0(t) = -\Delta Z_3(t) + \Delta Z_3(0).$$

Wegen $\Delta Z_0(0) = \Delta Z_3(0)$ folgt $-\Delta Z_0(t) = -\Delta Z_3(t)$ oder

$$\Delta Z_0(t) = \Delta Z_3(t).$$

Hiermit erhält man dann durch Einsetzen in die o. g. Gleichung

$$2 \cdot g \cdot \Delta Z_0(t) = Y_{V_{0;3}}(t) + \int\limits_0^3 \frac{\partial c(s,t)}{\partial t} \cdot \mathrm{d}s.$$

Die jetzt zeitlich veränderlichen **Rohrleitungsverluste** $Y_{V_{0;3}}(t)$ lassen sich wie folgt formulieren:

$$Y_{V_{0;3}}(t) = \sum \zeta \cdot \frac{c_1^2(t)}{2}.$$

In $\sum \zeta$ sind sämtliche beteiligten Verlustziffern enthalten. Mit der Kontinuität wird

$$\dot{V}(t) = c_1(t) \cdot A_1 = c_0(t) \cdot A_0 \Rightarrow c_1(t) = c_0(t) \cdot \frac{A_0}{A_1}.$$

Somit lauten die Verluste

$$Y_{V_{0;3}}(t) = \left(\frac{A_0}{A_1}\right)^2 \cdot \sum \zeta \cdot \frac{c_0^2(t)}{2}.$$

Oben eingesetzt liefert das

$$2 \cdot g \cdot \Delta Z_0(t) = \left(\frac{A_0}{A_1}\right)^2 \cdot \sum \zeta \cdot \frac{c_0^2(t)}{2} + \int\limits_0^3 \frac{\partial c(s,t)}{\partial t} \cdot ds.$$

Es sollen nur die **instationären Vorgänge in der Rohrleitung** berücksichtigt werden, also

$$\int\limits_0^3 \frac{\partial c(s,t)}{\partial t} \cdot ds \approx \int\limits_1^2 \frac{\partial c_1(s,t)}{\partial t} \cdot ds.$$

Da im Rohr die Geschwindigkeit $c_1(s,t)$ nicht vom Weg abhängt ($A_1 = $ konstant), ist sie nur zeitabhängig, also $c_1(s,t) = c_1(t)$, und folglich wird aus

$$\frac{\partial c_1(s,t)}{\partial t} = \frac{\partial c_1(t)}{\partial t} = \frac{dc_1(t)}{dt}.$$

Das Integral $\int_1^2 \frac{\partial c_1(s,t)}{\partial t} \cdot ds$ lautet dann

$$\frac{dc_1(t)}{dt} \cdot \int\limits_1^2 ds = \frac{dc_1(t)}{dt} \cdot L.$$

Mit der Kontinuitätsgleichung wiederum erhält man $\dot{V}(t) = c_1(t) \cdot A_1 = c_0(t) \cdot A_0$ oder $c_1(t) = c_0(t) \cdot \frac{A_0}{A_1}$ und somit

$$dc_1(t) = dc_0(t) \cdot \frac{A_0}{A_1}.$$

Man erhält folglich

$$\int_1^2 \frac{\partial c_1(s,t)}{\partial t} \cdot \mathrm{d}s = \frac{\mathrm{d}c_1(t)}{\mathrm{d}t} \cdot \int_1^2 \mathrm{d}s = \frac{A_0}{A_1} \cdot L \cdot \frac{\mathrm{d}c_0(t)}{\mathrm{d}t}.$$

Das Zwischenergebnis lautet

$$2 \cdot g \cdot \Delta Z_0(t) = \left(\frac{A_0}{A_1}\right)^2 \cdot \sum \zeta \cdot \frac{c_0^2(t)}{2} + \frac{A_0}{A_1} \cdot L \cdot \frac{\mathrm{d}c_0(t)}{\mathrm{d}t}$$

oder umgestellt

$$\frac{A_0}{A_1} \cdot L \cdot \frac{\mathrm{d}c_0(t)}{\mathrm{d}t} + \left(\frac{A_0}{A_1}\right)^2 \cdot \sum \zeta \cdot \frac{c_0^2(t)}{2} - 2 \cdot g \cdot \Delta Z_0(t) = 0.$$

Zur vereinfachten Schreibweise werden nachstehende Substitutionen eingeführt:

$$a \equiv \left(\frac{A_0}{A_1}\right)^2 \cdot \frac{\sum \zeta}{2}; \quad b \equiv \frac{A_0}{A_1} \cdot L; \quad e \equiv -2 \cdot g.$$

Die Gleichung lautet dann

$$b \cdot \frac{\mathrm{d}c_0(t)}{\mathrm{d}t} + a \cdot c_0^2(t) + e \cdot \Delta Z_0(t) = 0.$$

Dividiert durch b liefert dies zunächst

$$\frac{\mathrm{d}c_0(t)}{\mathrm{d}t} + \frac{a}{b} \cdot c_0^2(t) + \frac{e}{b} \cdot \Delta Z_0(t) = 0.$$

Mit $c_0(t) \equiv \Delta \dot{Z}_0(t)$, $\frac{\mathrm{d}c_0(t)}{\mathrm{d}t} \equiv \Delta \ddot{Z}_0(t)$, $C_1 \equiv \frac{a}{b}$ und $C_2 \equiv \frac{e}{b}$ erhält man

$$\Delta \ddot{Z}_0(t) + C_1 \cdot \Delta \dot{Z}_0^2(t) + C_2 \cdot \Delta Z_0(t) = 0$$

oder anders geschrieben

$$\ddot{s}(t) + C_1 \cdot \dot{s}^2(t) + C_2 \cdot s(t) = 0.$$

Dies ist eine nichtlineare Differenzialgleichung 2. Ordnung, deren Lösung numerisch erfolgt. Nach Resubstitution lautet die gesuchte Differenzialgleichung

$$\Delta \ddot{Z}_0(t) + \left(\frac{1}{2} \cdot \frac{D^2}{d^2} \cdot \frac{1}{L} \cdot \sum \zeta \right) \cdot \Delta \dot{Z}_0^2(t) - \left(2 \cdot \frac{d^2}{D^2} \cdot \frac{g}{L} \right) \cdot \Delta Z_0(t) = 0.$$

Aufgabe 10.7 Rohrleitung mit Düse

Gemäß Abb. 10.8 ist am unteren Ende eines großen, offenen Wasserbehälters eine horizontale Rohrleitung installiert. Diese Leitung weist eine Länge L und einen Durchmesser D auf. Am Ende des Rohrs befindet sich eine Düse mit dem Austrittsdurchmesser d. Weiterhin erkennt man einen im Rohr eingebauten Schieber. Das Wasser steht in einer Höhe H über der Rohrmitte. Diese Höhe ändert sich aufgrund eines sehr großen Volumens im Behälter nicht nennenswert. Wie lautet die Gleichung für den Volumenstrom $\dot{V}_S$ bei stationärer Strömung? Weiterhin soll die Zeit t_{95} bestimmt werden, in der sich der Volumenstrom, ausgehend vom geschlossenen Schieber, nach plötzlichem Öffnen auf 95 % von $\dot{V}_S$ einstellt.

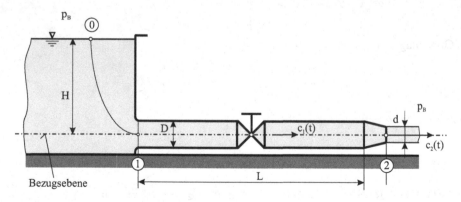

Abb. 10.8 Rohrleitung mit Düse

Lösung zu Aufgabe 10.7

Aufgabenerläuterung

Die Frage nach dem Volumenstrom $\dot{V}_S$ im stationären Strömungszustand wird mittels Bernoulli'scher Energiegleichung der stationären, verlustbehafteten Strömung gelöst. Weiterhin erforderlich ist das Kontinuitätsgesetz. Die zweite Frage nach t_{95} lässt sich unter Verwendung der Bernoulli'schen Energiegleichung der instationären, verlustbehafteten Strömung beantworten, wenn ebenfalls noch vom Kontinuitätsgesetz Gebrauch gemacht wird.

Gegeben:

H; D; d; L; λ; $\zeta_{1;2}$ (bezogen auf c_1, ohne λ)

Gesucht:

1. $\dot{V}_S$
2. t_{95}, d. h. die Zeit vom plötzlichen Öffnen des Schiebers bis zu der Zeit, wenn 95 % des Volumenstroms $\dot{V}_S$ im stationären Fall erreicht sind.
3. t_{95}, wenn $H = 8\,\mathrm{m}$; $D = 0{,}70\,\mathrm{m}$; $d = 0{,}40\,\mathrm{m}$; $L = 1\,270\,\mathrm{m}$; $\lambda = 0{,}024$; $\zeta_{1;2} = 3{,}0$

Anmerkungen

- $\lambda \neq f(Re)$
- $c_0 \approx 0$
- Der Index S steht für einen stationären Strömungszustand.
- $\int \frac{1}{1-m^2} \cdot \mathrm{d}m = \operatorname{artanh}(m) + C$ (für $|m| < 1$)

Lösungsschritte – Fall 1

Den **Volumenstrom** $\dot{V}_S$ bekommen wir mit der Durchflussgleichung im Rohr:

$$\dot{V}_S = c_{1,S} \cdot A_1.$$

Hier fehlt noch die **Geschwindigkeit** $c_{1,S}$, die mittels Bernoulli-Gleichung bei 0 und 2 wie folgt bestimmt wird:

$$\frac{p_0}{\rho} + \frac{c_0^2}{2} + g \cdot Z_0 = \frac{p_2}{\rho} + \frac{c_{2,S}^2}{2} + g \cdot Z_2 + Y_{V_{0;2}}.$$

Mit $p_0 = p_2 = p_B$, $Z_0 = H$, $Z_2 = 0$ und $c_0 = 0$ bekommen wir daraus

$$\frac{c_{2,S}^2}{2} + Y_{V_{0;2}} = g \cdot H.$$

Die Verluste $Y_{V0;2}$ lauten

$$Y_{V0;2} = \left(\lambda \cdot \frac{L}{D} + \zeta_{1;2}\right) \cdot \frac{c_{1,S}^2}{2}.$$

In $\zeta_{1;2}$ sind die Verlustziffern des Rohreintritts, des Schiebers und der Düse enthalten. Damit erhält man

$$\frac{c_{2,S}^2}{2} + \left(\lambda \cdot \frac{L}{D} + \zeta_{1;2}\right) \cdot \frac{c_{1,S}^2}{2} = g \cdot H$$

oder mit

$$\lambda \cdot \frac{L}{D} + \zeta_{1;2} = \sum \zeta \cdot \frac{c_{2,S}^2}{2} + \sum \zeta \cdot \frac{c_{1,S}^2}{2} = g \cdot H \cdot \frac{c_{1,S}^2}{2}$$

und nach Ausklammern:

$$\frac{c_{1,S}^2}{2} \cdot \left(\frac{c_{2,S}^2}{c_{1,S}^2} + \sum \zeta\right) = g \cdot H.$$

Die Kontinuität, $\dot{V}_S = c_{1,S} \cdot A_1 = c_{2,S} \cdot A_2$, führt zu

$$\frac{c_{2,S}}{c_{1,S}} = \frac{A_1}{A_2}.$$

Mit $A_1 = \frac{\pi}{4} \cdot D^2$ und $A_2 = \frac{\pi}{4} \cdot d^2$ wird

$$\frac{c_{1,S}^2}{2} \cdot \left(\frac{D^4}{d^4} + \sum \zeta\right) = g \cdot H.$$

Umgeformt folgt

$$c_{1,S}^2 = \frac{2 \cdot g \cdot H}{\frac{D^4}{d^4} + \sum \zeta}$$

oder

$$c_{1,S} = \sqrt{\frac{2 \cdot g \cdot H}{\frac{D^4}{d^4} + \sum \zeta}}.$$

Oben eingesetzt lautet $\dot{V}_S$

$$\dot{V}_S = \sqrt{\frac{2 \cdot g \cdot H}{\frac{D^4}{d^4} + \sum \zeta}} \cdot \frac{\pi}{4} \cdot D^2.$$

Lösungsschritte – Fall 2

Die Ermittlung der **Zeit** t_{95} erfolgt mit der Bernoulli'schen Gleichung für instationäre, verlustbehaftete Strömungen. An den Stellen 0 und 2 lautet sie:

$$\frac{p_0}{\rho} + \frac{c_0^2}{2} + g \cdot Z_0 = \frac{p_2}{\rho} + \frac{c_2^2(t)}{2} + g \cdot Z_2 + Y_{V_{0;2}}(t) + \int_0^2 \frac{\partial c(s,t)}{\partial t} \cdot ds.$$

Mit $p_0 = p_2 = p_B$, $Z_0 = H$, $Z_2 = 0$ und $c_0 = 0$ erhalten wir dann

$$g \cdot H = \frac{c_2^2(t)}{2} + Y_{V_{0 \div 2}}(t) + \int_0^2 \frac{\partial c(s,t)}{\partial t} \cdot ds.$$

Mit der Aufteilung des Integrals in die zwei Teile

$$\int_0^2 \frac{\partial c(s,t)}{\partial t} \cdot ds = \int_0^1 \frac{\partial c(s,t)}{\partial t} \cdot ds + \int_1^2 \frac{\partial c(s,t)}{\partial t} \cdot ds$$

liefert dies zunächst nachstehenden Ausdruck:

$$g \cdot H = \frac{c_2^2(t)}{2} + Y_{V_{0 \div 2}}(t) + \int_0^1 \frac{\partial c(s,t)}{\partial t} \cdot ds + \int_1^2 \frac{\partial c(s,t)}{\partial t} \cdot ds.$$

Da $c(s,t)$ sowohl von 0 nach 1 als auch von 1 nach 2 (bis auf die Düse, was hier vernachlässigt wird) unabhängig vom Weg s ist ($A = $ konstant), gilt

$$\frac{\partial c(s,t)}{\partial t} = \frac{\partial c(t)}{\partial t} = \frac{dc(t)}{dt}.$$

Hiermit wird

$$\int_0^2 \frac{\partial c(s,t)}{\partial t} \cdot \mathrm{d}s = \frac{\mathrm{d}c_0(t)}{\mathrm{d}t} \cdot \int_0^1 \mathrm{d}s + \frac{\mathrm{d}c_1(t)}{\mathrm{d}t} \cdot \int_1^2 \mathrm{d}s.$$

Der Term $\frac{\mathrm{d}c_0(t)}{\mathrm{d}t} \cdot \int_0^1 \mathrm{d}s$ ist gleich null, da $c_0 = 0$ ist. Es resultiert folglich

$$\int_0^2 \frac{\partial c(s,t)}{\partial t} \cdot \mathrm{d}s = \frac{\mathrm{d}c_1(t)}{\mathrm{d}t} \cdot \int_1^2 \mathrm{d}s = \frac{\mathrm{d}c_1(t)}{\mathrm{d}t} \cdot L.$$

Somit haben wir

$$g \cdot H = \frac{c_2^2(t)}{2} + Y_{V_{0 \div 2}}(t) + \frac{\mathrm{d}c_1(t)}{\mathrm{d}t} \cdot L.$$

Mit $Y_{V_{0;2}}(t) = \sum \zeta \cdot \frac{c_1^2(t)}{2}$ oben eingesetzt liefert

$$g \cdot H = \frac{c_2^2(t)}{2} + \sum \zeta \cdot \frac{c_1^2(t)}{2} + \frac{\mathrm{d}c_1(t)}{\mathrm{d}t} \cdot L$$

oder

$$g \cdot H = \frac{c_1^2(t)}{2} \cdot \left(\frac{c_2^2(t)}{c_1^2(t)} + \sum \zeta \right) + \frac{\mathrm{d}c_1(t)}{\mathrm{d}t} \cdot L.$$

Mit der Kontinuität $\dot{V}(t) = c(t) \cdot A$ entsteht an den Stellen 1 und 2

$$\frac{c_2(t)}{c_1(t)} = \frac{A_1}{A_2} = \frac{D^2}{d^2}.$$

Dies eingesetzt führt zu

$$g \cdot H = \frac{c_1^2(t)}{2} \cdot \left(\frac{D^4}{d^4} + \sum \zeta \right) + \frac{\mathrm{d}c_1(t)}{\mathrm{d}t} \cdot L.$$

Dividiert man durch L und stellt um, ergibt sich

$$\frac{dc_1(t)}{dt} = \frac{g \cdot H}{L} - \frac{\left(\frac{D^4}{d^4} + \sum \zeta\right)}{2 \cdot L} \cdot c_1^2(t).$$

Substituiert man

$$a \equiv \frac{g \cdot H}{L} \quad \text{und} \quad b \equiv \frac{\left(\frac{D^4}{d^4} + \sum \zeta\right)}{2 \cdot L},$$

so schreibt sich dies

$$\frac{dc_1(t)}{dt} = a - b \cdot c_1^2(t) = a \cdot \left(1 - \frac{b}{a} \cdot c_1^2(t)\right).$$

Umgeformt wird daraus

$$dt = \frac{1}{a} \cdot \frac{dc_1(t)}{1 - \frac{b}{a} \cdot c_1^2(t)}.$$

Substituiert man des Weiteren

$$m^2 \equiv \frac{b}{a} \cdot c_1^2(t),$$

so erhält man

$$dt = \frac{1}{a} \cdot \frac{dc_1(t)}{1 - m^2}.$$

$dc_1(t)$ folgt aus $c_1(t) = \sqrt{\frac{a}{b}} \cdot m$ mit $\frac{dc_1(t)}{dm} = \sqrt{\frac{a}{b}}$ oder $dc_1(t) = \sqrt{\frac{a}{b}} \cdot dm$. Oben eingesetzt folgt

$$dt = \frac{1}{a} \cdot \sqrt{\frac{a}{b}} \cdot \frac{dm}{1 - m^2} = \sqrt{\frac{1}{a \cdot b}} \cdot \frac{dm}{1 - m^2}.$$

Die Integration

$$\int_{t=0}^{t_{95}} dt = \sqrt{\frac{1}{a \cdot b}} \cdot \int_{m_0}^{m_{95}} \frac{dm}{1 - m^2}$$

ergibt

$$t_{95} = \sqrt{\frac{1}{a \cdot b}} \cdot \operatorname{artanh}(m)\big|_{m_0}^{m_{95}},$$

sofern $|m| < 1$ bleibt. Somit resultiert

$$t_{95} = \sqrt{\frac{1}{a \cdot b}} \cdot [\text{artanh}(m_{95}) - \text{artanh}(m_0)].$$

Jetzt müssen noch die Integrationsgrenzen m_0 und m_{95} ermittelt werden.
Mit

$$m \equiv \sqrt{\frac{b}{a}} \cdot c_1(t); \quad b \equiv \frac{\frac{D^4}{d^4} + \sum \zeta}{2 \cdot L}; \quad a \equiv \frac{g \cdot H}{L}$$

folgt

$$m = \sqrt{\frac{\frac{D^4}{d^4} + \sum \zeta}{2 \cdot g \cdot H}} \cdot c_1(t).$$

Demnach führt

$$m_0 = \sqrt{\frac{\frac{D^4}{d^4} + \sum \zeta}{2 \cdot g \cdot H}} \cdot c_{1_0}$$

wegen $c_{1_0} = 0$ auf

$$m_0 = 0.$$

Des Weiteren ist

$$m_{95} = \sqrt{\frac{\frac{D^4}{d^4} + \sum \zeta}{2 \cdot g \cdot H}} \cdot c_{1_{95}}.$$

Mit $A_1 = \frac{\dot{V}_S}{c_{1_S}} = \frac{\dot{V}_{95}}{c_{1_{95}}}$ erhält man auch

$$\frac{c_{1_{95}}}{c_{1_S}} = \frac{\dot{V}_{95}}{\dot{V}_S}.$$

Da weiterhin $\frac{\dot{V}_{95}}{\dot{V}_S} = 0{,}95$ vorgegeben ist, bekommen wir

$$c_{1_{95}} = 0{,}95 \cdot c_{1_S}.$$

Dies führt zu

$$m_{95} = \sqrt{\frac{\frac{D^4}{d^4} + \sum \zeta}{2 \cdot g \cdot H}} \cdot 0{,}95 \cdot c_{1\mathrm{s}}.$$

Da oben

$$c_{1\mathrm{s}} = \sqrt{\frac{2 \cdot g \cdot H}{\frac{D^4}{d^4} + \sum \zeta}}$$

hergeleitet wurde, ermittelt man

$$m_{95} = \sqrt{\frac{\left(\frac{D^4}{d^4} + \sum \zeta\right) \cdot 2 \cdot g \cdot H}{2 \cdot g \cdot H \cdot \left(\frac{D^4}{d^4} + \sum \zeta\right)}} \cdot 0{,}95$$

und daraus schließlich

$$m_{95} = 0{,}95.$$

In die Ausgangsgleichung

$$t_{95} = \sqrt{\frac{1}{a \cdot b}} \cdot [\operatorname{artanh}(m_{95}) - \operatorname{artanh}(m_0)]$$

eingesetzt führt dies auf

$$t_{95} = \sqrt{\frac{1}{a \cdot b}} \cdot \operatorname{artanh}(m_{95}).$$

Resubstitution von a und b liefert

$$t_{95} = \sqrt{\frac{2 \cdot L^2}{g \cdot H \cdot \left(\frac{D^4}{d^4} + \sum \zeta\right)}} \cdot \operatorname{artanh}(m_{95}).$$

Dies hat

$$t_{95} = \frac{2 \cdot L}{\sqrt{2 \cdot g \cdot H \cdot \left(\frac{D^4}{d^4} + \sum \zeta\right)}} \cdot \operatorname{artanh}(m_{95})$$

zur Folge oder auch

$$t_{95} = \frac{2 \cdot L}{\sqrt{2 \cdot g \cdot H \cdot \left(\frac{D^4}{d^4} + \lambda \cdot \frac{L}{D} + \zeta_{1;2}\right)}} \cdot \operatorname{artanh}(m_{95})$$

Lösungsschritte – Fall 3

Wenn $H = 8\,\mathrm{m}$, $D = 0{,}70\,\mathrm{m}$, $d = 0{,}40\,\mathrm{m}$, $L = 1\,270\,\mathrm{m}$, $\lambda = 0{,}024$ und $\zeta_{1,2} = 3{,}0$ gegeben sind, finden wir für t_{95} den Zahlenwert

$$t_{95} = \frac{2 \cdot 1\,270}{\sqrt{2 \cdot 9{,}81 \cdot 8{,}0 \cdot \left(\frac{0{,}7^4}{0{,}4^4} + 0{,}024 \cdot \frac{1\,270}{0{,}7} + 3{,}0\right)}} \cdot \operatorname{artanh}(0{,}95)$$

$$t_{95} = 49{,}7\,\mathrm{s}.$$

Aufgabe 10.8 Ausfluss aus keilförmigem Behälter mit angeschlossener Rohrleitung

Ein mit Wasser gefüllter, oben offener keilförmiger Behälter ist gemäß Abb. 10.9 mit einer Tiefe T senkrecht zur Bildebene und einer Breite B_1 ausgestattet. An einer Seitenwand ist eine gekrümmte Rohrleitung mit dem Durchmesser D und der Länge L angeschlossen. Aus dieser Rohrleitung strömt bei A Wasser ins Freie. Die horizontale Bezugsebene verläuft durch den Rohraustritt A. Die Verlängerungen der Trapezwände sollen sich in der Bezugsebene treffen. Die Maximalhöhe des Flüssigkeitsspiegels über der Bezugsebene lautet Z_1. Aufgrund des ausströmenden Wassers stellt sich eine zeitlich veränderliche Absenkgeschwindigkeit des Flüssigkeitsspiegels im Behälter ebenso wie die in der Rohrleitung ein. Zu ermitteln ist die Zeit, die zwischen zwei vorgegebenen Flüssigkeitshöhen über der Bezugsebene verstreicht. Die Verluste in der Rohrleitung sind hierbei zu berücksichtigen.

Lösung zu Aufgabe 10.8

Aufgabenerläuterung

Zur Ermittlung des Zeitintervalls ΔT bietet sich die Absenkgeschwindigkeit $c_z(t)$ des Flüssigkeitsspiegels an, die als zeitliche Höhenänderung definiert ist. Hierbei muss die Höhenänderung mit den geometrischen Besonderheiten des Behälters korreliert werden. Ebenso findet die Kontinuitätsgleichung und die verlustbehaftete Bernoulli'sche Energiegleichung Verwendung, um den Gegebenheiten der angeschlossenen Rohrleitung gerecht zu werden.

Gegeben:

L; D; B_1; T; ζ_E; λ; ζ_{Kr}; Z_1; Z_2; Z_3

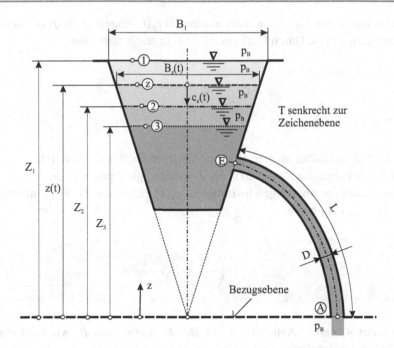

Abb. 10.9 Ausfluss aus keilförmigem Behälter mit angeschlossener Rohrleitung

Gesucht:

1. ΔT für Spiegelabsenkung von Z_2 nach Z_3.
2. ΔT für Spiegelabsenkung von Z_2 nach Z_3, wenn $T = 6,0\,\text{m}$; $B_1 = 2,0\,\text{m}$; $L = 3,0\,\text{m}$; $D = 0,075\,\text{m}$; $\zeta_E = 0,5$; $\lambda = 0,018$; $Z_1 = 3,0\,\text{m}$; $Z_2 = 2,5\,\text{m}$; $Z_3 = 1,5\,\text{m}$.

Anmerkungen

- $\lambda \neq f(Re)$
- $\int \frac{\partial c}{\partial t} \cdot ds <<$, d. h. quasi-stationäre Strömung
- Die Krümmung der Rohrleitung ist so groß, dass keine krümmungsbedingten Verluste zu berücksichtigen sind.

Lösungsschritte – Fall 1

Für das **Zeitintervall ΔT** betrachten wir die zeitabhängige Absenkgeschwindigkeit des Flüssigkeitsspiegels:

$$c_z(t) = -\frac{dz(t)}{dt}.$$

Das negative Vorzeichen muss verwendet werden, da $c_z(t)$ entgegengesetzt zur Koordinatenrichtung z gerichtet ist. Durch Umformung nach $\mathrm{d}t$ erhält man dann

$$\mathrm{d}t = -\frac{\mathrm{d}z}{c_z},$$

wenn der Einfachheit halber ab hier die zeitabhängigen Größen $c_z(t)$, $c_A(t)$, $z(t)$, $A_z(t)$, $B_z(t)$ und $Y_{V_{z;A}}(t)$ ohne den Zusatz „(t)" der Zeitabhängigkeit geschrieben.

Zur Berechnung der **Absenkgeschwindigkeit** $c_z(t)$ ziehen wir das Kontinuitätsgesetz $\dot{V} = c_z \cdot A_z = c_A \cdot A_A$ heran:

$$c_z = \left(\frac{A_A}{A_z}\right) \cdot c_A.$$

Weiterhin lautet A_z gemäß Abb. 10.9 $A_z = B_z \cdot T$. Hierin kann B_z wie folgt ermittelt werden: Gemäß der Behältergeometrie ist

$$\frac{\left(\frac{B_z}{2}\right)}{z} = \frac{\left(\frac{B_1}{2}\right)}{Z_1}$$

oder, nach B_z aufgelöst,

$$B_z = B_1 \cdot \frac{z}{Z_1}.$$

Somit lautet A_z folgendermaßen:

$$A_z = \frac{B_1 \cdot T}{Z_1} \cdot z.$$

Oben eingesetzt führt das zunächst zu

$$c_z = \frac{Z_1 \cdot A_A}{B_1 \cdot T} \cdot \frac{1}{z} \cdot c_A.$$

Es fehlt jetzt noch die **Geschwindigkeit** c_A in der Rohrleitung:

Die verlustbehaftete Bernoulli'sche Energiegleichung an den Stellen z und A lautet

$$\frac{p_z}{\rho} + \frac{c_z^2}{2} + g \cdot z = \frac{p_A}{\rho} + \frac{c_A^2}{2} + g \cdot Z_A + Y_{V_{z;A}}.$$

Hierin sind $p_z = p_A = p_B$ und $Z_A = 0$. Dies führt zu nachstehendem Zusammenhang:

$$\frac{c_z^2}{2} + g \cdot z = \frac{c_A^2}{2} + Y_{V_{z;A}}.$$

Wenn man dann noch annimmt, dass $c_z \ll c_A$ ist, vereinfacht sich die Gleichung zu

$$\frac{c_A^2}{2} + Y_{V_{z;A}} = g \cdot z,$$

wobei $Y_{V_{z;A}} = Y_{V_E} + Y_{V_R}$ ist. Weiterhin kennt man die Einzelverluste wie folgt

$Y_{V_E} = \zeta_E \cdot \frac{c_A^2}{2}$ Eintrittsverluste

$Y_{V_R} = \lambda \cdot \frac{L}{D} \cdot \frac{c_A^2}{2}$ Rohrreibungsverluste

Hiermit kann man die Gesamtverluste auch folgendermaßen zusammenfassen:

$$Y_{V_{z;A}} = \left(\zeta_E + \lambda \cdot \frac{L}{D} \right) \cdot \frac{c_A^2}{2}.$$

Mit $\sum \zeta = \zeta_E + \lambda \cdot \frac{L}{D}$ folgt, oben eingesetzt,

$$\frac{c_A^2}{2} + \frac{c_A^2}{2} \cdot \sum \zeta = g \cdot z \quad \text{oder} \quad \frac{c_A^2}{2} \cdot \left(1 + \sum \zeta \right) = g \cdot z.$$

Hieraus erhält man

$$c_A = \sqrt{\frac{2 \cdot g \cdot z}{1 + \sum \zeta}}$$

bzw.

$$c_A = \sqrt{\frac{2 \cdot g}{1 + \sum \zeta}} \cdot \sqrt{z}.$$

Dies liefert zunächst

$$c_z = \frac{Z_1 \cdot A_A}{B_1 \cdot T} \cdot \sqrt{\frac{2 \cdot g}{1 + \sum \zeta}} \cdot \frac{\sqrt{z}}{z}$$

oder

$$c_z = \frac{Z_1 \cdot A_A}{B_1 \cdot T} \cdot \sqrt{\frac{2 \cdot g}{1 + \sum \zeta}} \cdot \frac{1}{\sqrt{z}}.$$

Mit der Substitution

$$a = \frac{Z_1 \cdot A_A}{B_1 \cdot T} \cdot \sqrt{\frac{2 \cdot g}{1 + \sum \zeta}}$$

bekommen wir daraus

$$c_z = a \cdot \frac{1}{\sqrt{z}}.$$

In die Ausgangsgleichung $dt = -\frac{dz}{c_z}$ eingesetzt führt dies zu

$$dt = -\frac{1}{a} \cdot \sqrt{z} \cdot dz.$$

Die Integration von 2 nach 3 liefert

$$\int_{t_2}^{t_3} dt = -\frac{1}{a} \cdot \int_{z_2}^{z_3} z^{\frac{1}{2}} \cdot dz$$

oder nach Vertauschen der Grenzen

$$(t_3 - t_2) = \Delta t = +\frac{1}{a} \cdot \int_{z_3}^{z_2} z^{\frac{1}{2}} \cdot dz.$$

Mit der Integration folgt

$$\Delta t = +\frac{1}{a} \cdot \frac{1}{\left(\frac{1}{2} + 1\right)} \cdot z^{(1/2)+1} \Big|_{z_3}^{z_2}$$

bzw.

$$\Delta t = +\frac{1}{a} \cdot \frac{2}{3} \cdot z^{3/2} \Big|_{Z_3}^{Z_2} = \frac{2}{3} \cdot \frac{1}{a} \cdot \left(Z_2^{3/2} - Z_3^{3/2} \right).$$

Rücksubstitution von a und Einsetzen von $A_A = \frac{\pi}{4} \cdot D^2$ führt zum Ergebnis:

$$\Delta t = \frac{8}{3 \cdot \pi} \cdot \frac{B_1}{Z_1} \cdot \frac{T}{D^2} \cdot \sqrt{\frac{1 + \sum \zeta}{2 \cdot g}} \cdot \left(Z_2^{3/2} - Z_3^{3/2} \right).$$

Lösungsschritte – Fall 2
Die Zeit ΔT für eine Spiegelabsenkung von Z_2 nach Z_3 nimmt, wenn $T = 6,0\,\mathrm{m}$, $B_1 = 2,0\,\mathrm{m}$, $L = 3,0\,\mathrm{m}$, $D = 0,075\,\mathrm{m}$, $\zeta_E = 0,5$, $\lambda 0,018$, $Z_1 = 3,0\,\mathrm{m}$, $Z_2 = 2,5\,\mathrm{m}$ und $Z_3 = 1,5\,\mathrm{m}$ gegeben sind, den folgenden Wert an:

$$\Delta t = \frac{8}{3 \cdot \pi} \cdot \frac{2,0}{3,0} \cdot \frac{6,0}{0,075^2} \cdot \sqrt{\frac{1 + \left(0,5 + 0,018 \cdot \frac{3,0}{0,075} \right)}{2 \cdot 9,81}} \cdot \left(2,5^{3/2} - 1,5^{3/2} \right)$$

$$\Delta t = 429\,\mathrm{s} \equiv 7,15\,\mathrm{min}.$$

Aufgabe 10.9 Zwei große Wasserbehälter mit Rohrleitung und Schieber

Zwei sehr große offene Wasserbehälter sind am Boden durch eine Rohrleitung miteinander verbunden (Abb. 10.10). In der Rohrleitung befindet sich ein Schieber, der eine Absperr- und Regelfunktion hat. Die Rohrleitung weist einen Durchmesser D und eine Länge L auf. Der konstante Höhenunterschied der beiden Flüssigkeitsspiegel lautet ΔZ. Die beim Durchströmen der Rohrleitung entstehenden Verluste lassen sich u. a. durch ihre bekannten Verlustziffern ermitteln. Zunächst soll bei völlig geöffnetem Schieber unter Berücksichtigung aller Verluste die stationäre Strömungsgeschwindigkeit $c_{1,S}$ in der Rohrleitung ermittelt werden. Danach wird der Schieber geschlossen und folglich Volumenstrom und Geschwindigkeit gleich null. Wenn dann der Schieber plötzlich geöffnet

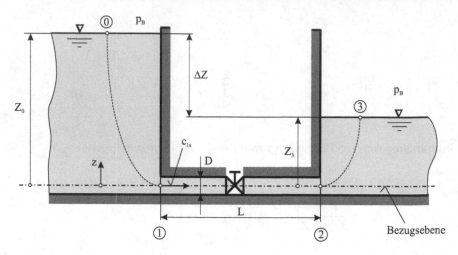

Abb. 10.10 Zwei große Wasserbehälter mit Rohrleitung und Schieber

wird, stellt sich ein instationärer Strömungszustand ein. Für diesen Fall soll zunächst die Zeit t_S ermittelt werden, bis wieder stationäre Verhältnisse vorliegen. Weiterhin stellt sich die Frage nach den Zeiten $t_{1/4}$, $t_{1/2}$ und $t_{3/4}$ in denen jeweils $(1/4) \cdot c_{1,S}$, $(1/2) \cdot c_{1,S}$ und $(3/4) \cdot c_{1,S}$ erreicht werden.

Lösung zu Aufgabe 10.9

Aufgabenerläuterung
Zunächst ist zur Lösung der Frage nach der stationären Rohrleitungsgeschwindigkeit $c_{1,S}$ von der Bernoulli'schen Energiegleichung der stationären, verlustbehafteten Rohrströmung Gebrauch zu machen. Hierbei sind sämtliche wirksamen Verluste zu berücksichtigen. Im Fall des instationären Strömungsvorgangs wird die Bernoulli'schen Energiegleichung der instationären, verlustbehafteten Rohrströmung anzuwenden sein.

Gegeben:
ΔZ; D; L; λ; ζ_{Ein}; ζ_{Sch}; ζ_{Aus}

Gesucht:

1. $c_{1,S}$ im stationären Fließzustand
2. t_S: Zeit vom plötzlichen Öffnen des Schiebers bis zum Erreichen von $c_{1,S}$
3. $t_{1/4}$: Zeit vom plötzlichen Öffnen bis zum Erreichen von $c_{1/4} = c_{1,S}/4$
   $t_{1/2}$: Zeit vom plötzlichen Öffnen bis zum Erreichen von $c_{2/4} = c_{1,S}/2$
   $t_{3/4}$: Zeit vom plötzlichen Öffnen bis zum Erreichen von $c_{3/4} = 3 \cdot c_{1,S}/4$

4. Die Fälle 1–3, wenn $\Delta Z = 2{,}0\,\text{m}$; $D = 0{,}10\,\text{m}$; $L = 15{,}0\,\text{m}$; $\lambda = 0{,}020$; $\zeta_{\text{Ein}} = 0{,}5$; $\zeta_{\text{Sch}} = 0{,}20$; $\zeta_{\text{Aus}} = 1{,}0$

Anmerkungen

- $\lambda \neq f(Re)$
- $c_0 = c_3 = 0$
- Der Schieber ist zunächst geschlossen. Dann plötzliches Öffnen, wobei die Spiegelhöhen Z_0 und Z_3 und damit ΔZ konstant bleiben.
- $\int_{x_1}^{x_2} \frac{1}{1-x^2} \cdot \mathrm{d}x = \operatorname{artanh}(x)\big|_{x_1}^{x_2}$

Lösungsschritte – Fall 1

Für die **Rohrleitungsgeschwindigkeit** $c_{1,\text{s}}$ betrachten wir die Bernoulli'sche Gleichung der stationären verlustbehafteten Strömung bei 0 und 3:

$$\frac{p_0}{\rho} + \frac{c_0^2}{2} + g \cdot Z_0 = \frac{p_3}{\rho} + \frac{c_3^2}{2} + g \cdot Z_3 + Y_{V_{0;3}}.$$

Weiterhin liegen folgende Besonderheiten vor: $p_0 = p_3 = p_{\text{B}}$, $c_0 = c_3 = 0$ und $Z_0 - Z_3 = \Delta Z$. Es folgt somit:

$$Y_{V_{0;3}} = g \cdot \Delta Z.$$

$Y_{V_{0;3}}$ wird ersetzt mit den hier vorliegenden Einzelverlusten wie folgt:

$$Y_{V_{0;3}} = Y_{V_{\text{Ein}}} + Y_{V_{\text{R}}} + Y_{V_{\text{Sch}}} + Y_{V_{\text{Aus}}}.$$

Hierin sind

$Y_{V_{\text{Ein}}} = \zeta_{\text{Ein}} \cdot \frac{c_{1,\text{s}}^2}{2}$ Eintrittsverluste

$Y_{V_{\text{R}}} = \lambda \cdot \frac{L}{D} \cdot \frac{c_{1,\text{s}}^2}{2}$ Rohrreibungsverluste

$Y_{V_{\text{Sch}}} = \zeta_{\text{Sch}} \cdot \frac{c_{1,\text{s}}^2}{2}$ Schieberverluste

$Y_{V_{\text{Aus}}} = \zeta_{\text{Aus}} \cdot \frac{c_{1,\text{s}}^2}{2}$ Austrittsverluste.

Somit erhält man, wenn man die Geschwindigkeitsenergie $\frac{c_{1,\text{s}}^2}{2}$ ausklammert,

$$Y_{V_{0;3}} = \left(\zeta_{\text{Ein}} + \lambda \cdot \frac{L}{D} + \zeta_{\text{Sch}} + \zeta_{\text{Aus}} \right) \cdot \frac{c_{1,\text{s}}^2}{2}.$$

In die oben stehende Gleichung eingesetzt führt das auf

$$\left(\zeta_{\text{Ein}} + \lambda \cdot \frac{L}{D} + \zeta_{\text{Sch}} + \zeta_{\text{Aus}} \right) \cdot \frac{c_{1,\text{S}}^2}{2} = g \cdot \Delta Z.$$

Nach $\frac{c_{1,\text{S}}^2}{2}$ aufgelöst ergibt sich

$$\frac{c_{1,\text{S}}^2}{2} = \frac{g \cdot \Delta Z}{\zeta_{\text{Ein}} + \lambda \cdot \frac{L}{D} + \zeta_{\text{Sch}} + \zeta_{\text{Aus}}}.$$

Mit 2 multipliziert,

$$c_{1,\text{S}}^2 = \frac{2 \cdot g \cdot \Delta Z}{\zeta_{\text{Ein}} + \lambda \cdot \frac{L}{D} + \zeta_{\text{Sch}} + \zeta_{\text{Aus}}},$$

und nach Wurzelziehen haben wir als Ergebnis

$$c_{1,\text{S}} = \sqrt{\frac{2 \cdot g \cdot \Delta Z}{\zeta_{\text{Ein}} + \lambda \cdot \frac{L}{D} + \zeta_{\text{Sch}} + \zeta_{\text{Aus}}}}.$$

Lösungsschritte – Fall 2

Jetzt geht es um die **Zeit** t_{S}, bis wieder stationäre Verhältnisse vorliegen. Die Bernoulli-Gleichung der instationären verlustbehafteten Strömung bei 0 und 3 lautet

$$\frac{p_0}{\rho} + \frac{c_0^2}{2} + g \cdot Z_0 = \frac{p_3}{\rho} + \frac{c_3^2}{2} + g \cdot Z_3 + Y_{\text{V}_{0;3}}(t) + \int_0^3 \frac{\partial c(s,t)}{\partial t} \cdot \mathrm{d}s.$$

Hier sind dieselben Besonderheiten $p_0 = p_3 = p_{\text{B}}$, $c_0 = c_3 = 0$ und $Z_0 - Z_3 = \Delta Z$ wie im stationären Fall zu berücksichtigen. Hieraus folgt

$$g \cdot \Delta Z = Y_{V_{0 \div 3}}(t) + \int_0^3 \frac{\partial c(s,t)}{\partial t} \cdot \mathrm{d}s.$$

Mit

$$Y_{\text{V}_{0;3}}(t) = \left(\zeta_{\text{Ein}} + \lambda \cdot \frac{L}{D} + \zeta_{\text{Sch}} + \zeta_{\text{Aus}} \right) \cdot \frac{c_1^2(t)}{2}$$

und

$$\sum \zeta = \zeta_{\text{Ein}} + \lambda \cdot \frac{L}{D} + \zeta_{\text{Sch}} + \zeta_{\text{Aus}}$$

erhält man

$$Y_{V_{0;3}}(t) = \sum \zeta \cdot \frac{c_1^2(t)}{2}.$$

Oben eingesetzt führt dies auf

$$g \cdot \Delta Z = \sum \zeta \cdot \frac{c_1^2(t)}{2} + \int\limits_0^3 \frac{\partial c(s,t)}{\partial t} \cdot ds.$$

Ausgehend davon, dass die wesentliche Beschleunigung in der Rohrleitung stattfindet, wird aus

$$\int\limits_0^3 \frac{\partial c(s,t)}{\partial t} \cdot ds \approx \int\limits_1^2 \frac{\partial c_1(s,t)}{\partial t} \cdot ds.$$

Da im Rohr die Geschwindigkeit $c_1(s,t)$ nicht vom Weg abhängt ($A = $ konstant), ist sie nur zeitabhängig, also $c_1(s,t) = c_1(t)$, und folglich wird aus

$$\frac{\partial c_1(s,t)}{\partial t} = \frac{\partial c_1(t)}{\partial t} = \frac{dc_1(t)}{dt}.$$

Da $\frac{dc_1(t)}{dt}$ ebenfalls nur zeitabhängig ist, kann man den Differenzialquotienten vor das Integral ziehen. Daher haben wir

$$\frac{dc_1(t)}{dt} \cdot \int\limits_1^2 ds = \frac{dc_1(t)}{dt} \cdot L.$$

Oben eingesetzt erhält man

$$g \cdot \Delta Z = \sum \zeta \cdot \frac{c_1^2(t)}{2} + \frac{dc_1(t)}{dt} \cdot L.$$

Umgeformt entsteht

$$\frac{dc_1(t)}{dt} \cdot L = g \cdot \Delta Z - \sum \zeta \cdot \frac{c_1^2(t)}{2}.$$

Durch L dividiert ergibt sich daraus

$$\frac{dc_1(t)}{dt} = g \cdot \frac{\Delta Z}{L} - \frac{\sum \zeta}{2 \cdot L} \cdot c_1^2(t).$$

Substituiert man nun zur Vereinfachung

$$a \equiv \frac{\sum \zeta}{2 \cdot L} \quad \text{und} \quad b \equiv g \cdot \frac{\Delta Z}{L},$$

so lautet die Gleichung

$$\frac{dc_1(t)}{dt} = b - a \cdot c_1^2(t) = b \cdot \left(1 - \frac{a}{b} \cdot c_1^2(t)\right).$$

Aufgelöst nach dt erhält man

$$dt = \frac{1}{b} \cdot \frac{dc_1(t)}{1 - \frac{a}{b} \cdot c_1^2(t)}.$$

Mit $e \equiv \frac{a}{b}$ heißt das

$$dt = \frac{1}{b} \cdot \frac{dc_1(t)}{1 - e \cdot c_1^2(t)}.$$

Des Weiteren substituieren wir

$$m^2 = e \cdot c_1^2(t) \quad \text{oder} \quad m = \sqrt{e} \cdot c_1(t)$$

und differenzieren:

$$\frac{dm}{dc_1(t)} = \sqrt{e}.$$

Auflösen nach dem zu ersetzenden $dc_1(t)$ ergibt

$$dc_1(t) = \frac{1}{\sqrt{e}} \cdot dm.$$

Somit erhalten wir

$$dt = \frac{1}{b} \cdot \frac{1}{\sqrt{e}} \cdot \frac{dm}{1 - m^2}.$$

Die Integration liefert

$$\int_0^{t_S} dt = \frac{1}{b} \cdot \frac{1}{\sqrt{e}} \cdot \int_{m_0}^{m_S} \frac{dm}{1 - m^2}$$

mit dem Grundintegral

$$\int_0^{t_S} dt = \int_{m_0}^{m_S} \frac{dm}{1 - m^2} = \left.\mathrm{artanh}(m)\right|_{m_0}^{m_S}.$$

Somit stellt man als vorläufiges Zwischenergebnis fest:

$$t_S = \frac{1}{b} \cdot \frac{1}{\sqrt{e}} \cdot \left.\mathrm{artanh}(m)\right|_{m_0}^{m_S}$$

$$= \frac{1}{b} \cdot \frac{1}{\sqrt{e}} \cdot [\mathrm{artanh}(m_S) - \mathrm{artanh}(m_0)]$$

Mit $m_S = \sqrt{e} \cdot c_{1,S}$ und $m_0 = \sqrt{e} \cdot c_{1,0}$, wobei $c_{1,0} = 0$ ist, erhält man wiederum

$$t_S = \frac{1}{b} \cdot \frac{1}{\sqrt{e}} \cdot \left[\mathrm{artanh}\left(\sqrt{e} \cdot c_{1,S}\right) - \mathrm{artanh}(0)\right].$$

Nach Rücksubstituieren von e und mit $\mathrm{artanh}(0) = 0$ wird daraus

$$t_S = \frac{L}{g \cdot \Delta Z} \cdot \sqrt{\frac{2 \cdot g \cdot \Delta Z}{\sum \zeta}} \cdot \mathrm{artanh}\left(\sqrt{\frac{\sum \zeta}{2 \cdot g \cdot \Delta Z}} \cdot c_{1,S}\right).$$

Weiter umgeformt lautet das Ergebnis

$$t_S = \frac{2 \cdot L}{\sqrt{2 \cdot g \cdot \Delta Z \cdot \sum \zeta}} \cdot \mathrm{artanh}\left(\sqrt{\frac{\sum \zeta}{2 \cdot g \cdot \Delta Z}} \cdot c_{1,S}\right).$$

Zur weiteren Auswertung verwenden wir

$$\mathrm{artanh}(x) \equiv \ln\sqrt{\frac{1+x}{1-x}} \quad \text{mit} \quad x \equiv \sqrt{\frac{\sum \zeta}{2 \cdot g \cdot \Delta Z}} \cdot c_{1,S}.$$

Dann gelangt man zunächst zu nachstehender Gleichung:

$$t_S = \frac{2 \cdot L}{\sqrt{2 \cdot g \cdot \Delta Z \cdot \sum \zeta}} \cdot \ln\sqrt{\frac{1 + \sqrt{\frac{\sum \zeta}{2 \cdot g \cdot \Delta Z}} \cdot c_{1,S}}{1 - \sqrt{\frac{\sum \zeta}{2 \cdot g \cdot \Delta Z}} \cdot c_{1,S}}},$$

woraus wir mit $c_{1,S} = \sqrt{\frac{2 \cdot g \cdot \Delta Z}{\sum \zeta}}$ (s. o.) auf

$$t_S = \frac{2 \cdot L}{\sqrt{2 \cdot g \cdot \Delta Z \cdot \sum \zeta}} \cdot \ln \sqrt{\frac{1 + \sqrt{\frac{\sum \zeta}{2 \cdot g \cdot \Delta Z} \cdot \frac{2 \cdot g \cdot \Delta Z}{\sum \zeta}}}{1 - \sqrt{\frac{\sum \zeta}{2 \cdot g \cdot \Delta Z} \cdot \frac{2 \cdot g \cdot \Delta Z}{\sum \zeta}}}}$$

kommen. Kürzen liefert dann

$$t_S = \frac{2 \cdot L}{\sqrt{2 \cdot g \cdot \Delta Z \cdot \sum \zeta}} \cdot \ln \sqrt{\frac{1 + 1}{1 - 1}}$$

$$= \frac{2 \cdot L}{\sqrt{2 \cdot g \cdot \Delta Z \cdot \sum \zeta}} \cdot \ln \sqrt{\frac{2}{0}}.$$

Also ist $t_S = \frac{2 \cdot L}{\sqrt{2 \cdot g \cdot \Delta Z \cdot \sum \zeta}} \cdot (\ln \infty)$ und man erhält als Ergebnis

$$t_S = \infty.$$

Lösungsschritte – Fall 3

Nun berechnen wir die **Zeiten $t_{1/4}$, $t_{1/2}$ und $t_{3/4}$**. Das allgemeine Ergebnis für t_S lässt sich natürlich für eine beliebige Zeit $0 \leq t \leq t_S$ mit den Geschwindigkeiten $c_{1,0} = 0 \leq c_{1,\alpha}(t) \leq c_{1,S}$ anwenden. Folglich lautet die allgemeine Lösung

$$t_\alpha = \frac{2 \cdot L}{\sqrt{2 \cdot g \cdot \Delta Z \cdot \sum \zeta}} \cdot \operatorname{artanh}\left(\sqrt{\frac{\sum \zeta}{2 \cdot g \cdot \Delta Z}} \cdot c_{1,\alpha}(t)\right).$$

Ersetzt man bei t_α die Geschwindigkeit $c_{1,\alpha}(t) = \alpha \cdot c_{1,S}$ mit $\alpha < 1$, so ergibt sich zunächst

$$t_\alpha = \frac{2 \cdot L}{\sqrt{2 \cdot g \cdot \Delta Z \cdot \sum \zeta}} \cdot \operatorname{artanh}\left(\sqrt{\frac{\sum \zeta}{2 \cdot g \cdot \Delta Z}} \cdot \alpha \cdot c_{1,S}\right).$$

Jetzt setzen wir $c_{1,S} = \sqrt{\frac{2 \cdot g \cdot \Delta Z}{\sum \zeta}}$ (s. o.) ein:

$$t_\alpha = \frac{2 \cdot L}{\sqrt{2 \cdot g \cdot \Delta Z \cdot \sum \zeta}} \cdot \operatorname{artanh}\left(\sqrt{\frac{\sum \zeta}{2 \cdot g \cdot \Delta Z}} \cdot \alpha \cdot \sqrt{\frac{2 \cdot g \cdot \Delta Z}{\sum \zeta}}\right)$$

und bekommen

$$t_\alpha = \frac{2 \cdot L}{\sqrt{2 \cdot g \cdot \Delta Z \cdot \sum \zeta}} \cdot \operatorname{artanh}(\alpha).$$

Benutzt man des Weiteren noch einmal $\operatorname{artanh}(x) \equiv \ln \sqrt{\frac{1+x}{1-x}}$, so erhält man mit $x \equiv \alpha$

$$t_\alpha = \frac{2 \cdot L}{\sqrt{2 \cdot g \cdot \Delta Z \cdot \sum \zeta}} \cdot \ln \sqrt{\frac{1+\alpha}{1-\alpha}}.$$

Lösungsschritte – Fall 4

Die Fälle 1–3 führen mit $\Delta Z = 2{,}0\,\text{m}$, $D = 0{,}10\,\text{m}$, $L = 15{,}0\,\text{m}$, $\lambda = 0{,}020$, $\zeta_{\text{Ein}} = 0{,}5$, $\zeta_{\text{Sch}} = 0{,}20$ und $\zeta_{\text{Aus}} = 1{,}0$ auf die folgenden Zahlenwerte:

$$c_{1,\text{S}} = \sqrt{\frac{2 \cdot 9{,}81 \cdot 2{,}0}{0{,}5 + 0{,}020 \cdot \frac{15}{0{,}10} + 0{,}20 + 1{,}0}} = 2{,}89 \frac{\text{m}}{\text{s}}$$

$$t_{\text{S}} = \infty \quad \text{(s. o.)}$$

$\alpha = 1/4$:

$$t_{1/4} = \frac{2 \cdot 15}{\sqrt{2 \cdot 9{,}81 \cdot 2 \cdot \left(0{,}5 + 0{,}020 \cdot \frac{15}{0{,}10} + 0{,}20 + 1{,}0\right)}} \cdot \ln \sqrt{\frac{1 + \frac{1}{4}}{1 - \frac{1}{4}}} = 0{,}564\,\text{s}$$

$\alpha = 1/2$:

$$t_{1/2} = \frac{2 \cdot 15}{\sqrt{2 \cdot 9{,}81 \cdot 2 \cdot \left(0{,}5 + 0{,}020 \cdot \frac{15}{0{,}10} + 0{,}20 + 1{,}0\right)}} \cdot \ln \sqrt{\frac{1 + \frac{1}{2}}{1 - \frac{1}{2}}} = 1{,}21\,\text{s}$$

$\alpha = 3/4$:

$$t_{3/4} = \frac{2 \cdot 15}{\sqrt{2 \cdot 9{,}81 \cdot 2 \cdot \left(0{,}5 + 0{,}020 \cdot \frac{15}{0{,}10} + 0{,}20 + 1{,}0\right)}} \cdot \ln \sqrt{\frac{1 + \frac{3}{4}}{1 - \frac{3}{4}}} = 2{,}150\,\text{s}$$

Aufgabe 10.10 Füllzeit eines zylindrischen Behälters durch scharfkantiges Loch im Boden

Der in Abb. 10.11 dargestellte offene Behälter ist in einem sehr großen Wasserreservoir um $Z_0 = Z_2$ eingetaucht. Im Behälterboden befindet sich ein scharfkantiges Loch, welches zunächst verschlossen ist und der Behälter noch kein Wasser enthält. Behälter- und Lochquerschnitte sind mit A_2 und A_1 bekannt ebenso wie die Ausflusszahl α des Lochs. Nach dem plötzlichen Öffnen des Lochs strömt Wasser in den Behälter, sodass dort der Flüssigkeitsspiegel mit der Geschwindigkeit $c_z(t)$ ansteigt. Bei bekannter Eintauchtiefe, gegebenen Querschnitten und der Ausflusszahl soll die Zeit ermittelt werden, bis der Behälter vollständig gefüllt ist.

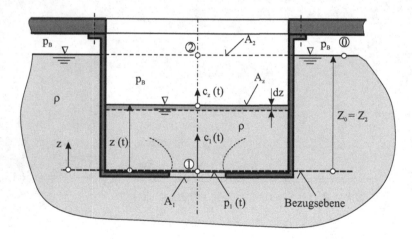

Abb. 10.11 Füllzeit eines zylindrischen Behälters durch scharfkantiges Loch im Boden

Lösung zu Aufgabe 10.10

Aufgabenerläuterung
Der Behälter ist zur Zeit $t_1 = 0$ leer. Nach plötzlichem Entfernen des Verschlusses im Loch des Bodens füllt sich der Behälter bis in ihm nach der gesuchten Zeit T die Spiegelhöhe $Z_2 = Z_0$ erreicht ist. Zur Ermittlung der Füllzeit T bedient man sich der Anstiegsgeschwindigkeit $c_z(t) = \frac{dz(t)}{dt}$. Hierbei muss diese noch mittels Kontinuitätsgesetz und Bernoulli'scher Energiegleichung der instationären Strömung in Verbindung mit den gegebenen Größen gebracht werden.

Gegeben:
A_1; $A_2 = A_z$; $Z_0 = Z_2$; α

Gesucht:

1. T als die Zeit, um von $Z_1 = 0$ auf $Z_0 = Z_2$ aufzufüllen.
2. T, wenn $A_1 = 0{,}007845\,\text{m}^2$; $A_2 = 0{,}7845\,\text{m}^2$; $Z_0 = 1{,}0\,\text{m}$; $\alpha = 0{,}62$

Anmerkung

- $\int \frac{\partial c}{\partial t} \cdot ds \ll$, d. h. quasi-stationäre Strömung

Lösungsschritte – Fall 1
Für die gesuchte **Zeit T** betrachten wir die Wasserspiegelgeschwindigkeit $c_z(t)$ im Behälter lautet

$$c_z(t) = \frac{dz(t)}{dt}.$$

Da die Zeit gesucht wird, muss nach dt umgeformt werden, also

$$dt = \frac{dz(t)}{c_z(t)}.$$

Die benötigte **Geschwindigkeit $c_z(t)$** lässt sich wie folgt ermitteln: Mit dem tatsächlichen Volumenstrom $\dot{V}(t)$ an der Stelle $z(t)$, der mit dem an der Stelle 1 vorliegenden Volumenstrom $\dot{V}_1(t)$ und der Ausflusszahl α verknüpft ist, erhält man folgenden Zusammenhang:

$$\dot{V}(t) = \alpha \cdot \dot{V}_1(t) = c_z(t) \cdot A_2.$$

Mit $\dot{V}_1(t) = c_1(t) \cdot A_1$ führt dann zu

$$\dot{V}(t) = c_z(t) \cdot A_2 = \alpha \cdot c_1(t) \cdot A_1.$$

Erläuterung Bei „1" sind noch keine Kontraktion und Verluste zu verzeichnen. Erst weiter stromabwärts (hier aufwärts) erfolgt eine Strahlkontraktion $A_1^* < A_1$ bzw. $A_1^* = \alpha_K \cdot A_1$. Gleichzeitig entsteht eine Geschwindigkeitsverkleinerung infolge von Verlusten $c_1^*(t) < c_1(t)$ bzw. $c_1^*(t) = \varphi \cdot c_1(t)$. Beides bewirkt, dass

$$\dot{V}(t) = c_1^*(t) \cdot A_1^* = \varphi \cdot c_1(t) \cdot \alpha_K \cdot A_1.$$

Mit $\alpha = \alpha_K \cdot \varphi$ lautet der tatsächliche Volumenstrom wie folgt

$$\dot{V}(t) = \alpha \cdot V_1(t) = \alpha \cdot c_1(t) \cdot A_1.$$

Oben stehende Gleichung nach $c_z(t)$ umgeformt ergibt

$$c_z(t) = \alpha \cdot c_1(t) \cdot \frac{A_1}{A_2}.$$

Hierin muss dann noch die **Geschwindigkeit $c_1(t)$** ermittelt werden. Mittels Bernoulli-Gleichung an den Stellen 0 und 1 zur Zeit t

$$\frac{p_0}{\rho} + \frac{c_0^2}{2} + g \cdot Z_0 = \frac{p_1(t)}{\rho} + \frac{c_1^2(t)}{2} + g \cdot Z_1$$

und den Bedingungen $p_0 = p_B$, $c_0 = 0$ und $Z_1 = 0$ bekommen wir damit

$$\frac{c_1^2(t)}{2} = \frac{p_B}{\rho} - \frac{p_1(t)}{\rho} + g \cdot Z_0.$$

Der statische Druck bei 1 lautet $p_1(t) = p_B + \rho \cdot g \cdot z(t)$. Dies oben eingesetzt, erhalten wir

$$\frac{c_1^2(t)}{2} = \frac{p_B}{\rho} - \frac{p_B}{\rho} - g \cdot z(t) + g \cdot Z_0,$$

also

$$\frac{c_1^2(t)}{2} = g \cdot [Z_0 - z(t)].$$

Dies wird mit 2 multipliziert,

$$c_1^2(t) = 2 \cdot g \cdot [Z_0 - z(t)] \,,$$

und wir bekommen nach Wurzelziehen

$$c_1(t) = \sqrt{2 \cdot g} \cdot \sqrt{Z_0 - z(t)}.$$

Damit wird

$$c_z(t) = \alpha \cdot \sqrt{2 \cdot g} \cdot \frac{A_1}{A_2} \cdot \sqrt{Z_0 - z(t)}.$$

In die Ausgangsgleichung $\mathrm{d}t = \frac{\mathrm{d}z(t)}{c_z(t)}$ eingesetzt ergibt dies

$$\mathrm{d}t = \frac{1}{\alpha \cdot \sqrt{2 \cdot g}} \cdot \frac{A_2}{A_1} \cdot \frac{\mathrm{d}z(t)}{\sqrt{Z_0 - z(t)}}.$$

Mit der Substitution

$$a \equiv \frac{1}{\alpha \cdot \sqrt{2 \cdot g}} \cdot \frac{A_2}{A_1}$$

wird das zu

$$\mathrm{d}t = a \cdot \frac{\mathrm{d}z(t)}{\sqrt{Z_0 - z(t)}}.$$

Die Integration dieser Gleichung,

$$\int_{t_1}^{t_2} \mathrm{d}t = a \cdot \int_{Z_1}^{Z_2} \frac{\mathrm{d}z(t)}{\sqrt{Z_0 - z(t)}},$$

erfolgt in den nachstehenden Schritten. Wir substituieren $u = Z_0 - z(t)$, differenzieren zu $\frac{du}{dz(t)} = -1$ und erhalten $dz(t) = -du$. Somit lautet das Integral

$$\int_{t_1}^{t_2} dt = -a \cdot \int_{u_1}^{u_2} \frac{du}{\sqrt{u}}.$$

Die Integration führt zu

$$t_2 - t_1 = -a \cdot \frac{1}{-\frac{1}{2}+1} \cdot u^{\left(-\frac{1}{2}+1\right)} \Big|_{u_1}^{u_2} = -2 \cdot a \cdot \sqrt{u}\, \Big|_{u_1}^{u_2}.$$

Nun werden u und a resubstituiert, was dann zu folgendem vorläufigem Ergebnis führt:

$$t_2 - t_1 = -2 \cdot \frac{1}{\alpha \cdot \sqrt{2 \cdot g}} \cdot \frac{A_2}{A_1} \cdot \sqrt{Z_0 - z(t)}\, \Big|_{Z_1}^{Z_2}.$$

Vertauschen der Integrationsgrenzen bewirkt

$$t_2 - t_1 = 2 \cdot \frac{1}{\alpha \cdot \sqrt{2 \cdot g}} \cdot \frac{A_2}{A_1} \cdot \sqrt{Z_0 - z(t)}\, \Big|_{Z_2}^{Z_1}.$$

und Einsetzen liefert das Resultat:

$$t_2 - t_1 = 2 \cdot \frac{1}{\alpha \cdot \sqrt{2 \cdot g}} \cdot \frac{A_2}{A_1} \cdot \left(\sqrt{Z_0 - Z_1} - \sqrt{Z_0 - Z_2} \right).$$

Im vorliegenden Fall sind $t_1 = 0$, $Z_1 = 0$, $t_2 = T$ und $Z_2 = Z_0$. Hieraus folgt

$$T = \frac{2}{\alpha} \cdot \frac{A_2}{A_1} \cdot \sqrt{\frac{Z_0}{2 \cdot g}}.$$

Lösungsschritte – Fall 2

Wenn $A_1 = 0{,}007845\,\mathrm{m}^2$, $A_2 = 0{,}7845\,\mathrm{m}^2$, $Z_0 = 1{,}0\,\mathrm{m}$ und $\alpha = 0{,}62$ vorgegeben sind, bekommen wir für T den Wert

$$T = \frac{2}{0{,}62} \cdot \frac{0{,}7854}{0{,}007854} \cdot \sqrt{\frac{1}{2 \cdot 9{,}81}} = 72{,}8\,\mathrm{s}.$$

Aufgabe 10.11 Schleusenentleerung

In einer Schiffsschleuse gemäß Abb. 10.12 soll das Wasser von der Höhe Z_1 des Oberwassers auf die Höhe Z_3 des Unterwassers abgelassen werden. Dies geschieht an der Stelle 2 am Fuße der Schleuse durch den dort vorliegenden Querschnitt A_2. Der Schleusenquerschnitt selbst lautet A_1. Die Strahlkontraktion und Verluste werden durch die Ausflusszahl α berücksichtigt. Das Wasser steht zunächst bei geschlossenem Querschnitt A_2 auf der Höhe Z_1. Nach dem Öffnen von A_2 strömt das Wasser in das Unterwasserbecken, wobei der Wasserspiegel in der Schleuse mit der Geschwindigkeit $c_z(t)$ absinkt. Am Ende des Ausströmvorgangs erreicht der Wasserspiegel in der Schleuse die Höhe Z_3. Gesucht wird die Zeit, die zum Entleeren des Wassers in der Schleuse gebraucht wird, also die Zeit zwischen den beiden Wasserspiegelhöhen Z_1 und Z_3.

Lösung zu Aufgabe 10.11

Aufgabenerläuterung
Aufgrund der Frage nach der Entleerzeit in der Schleuse bietet es sich an, von der Absenkgeschwindigkeit $c_z(t) = -\frac{dz(t)}{dt}$ des Wasserspiegels auszugehen. Da es sich hier um einen zeitlich abhängigen Strömungsvorgang handelt, also der instationäre Fall vorliegt, muss $c_z(t)$ noch mittels Kontinuitätsgesetz und Bernoulli'scher Energiegleichung der instationären Strömung in Verbindung mit den gegebenen Größen gebracht werden.

Gegeben:
Z_1; Z_3; A_1; A_2; α

Gesucht:
t als diejenige Zeit, um von Z_1 auf Z_3 zu entleeren

Abb. 10.12 Schleusen-
entleerung

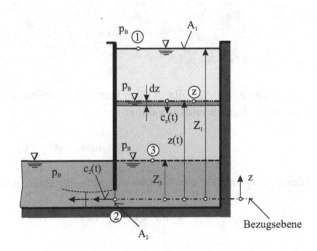

Anmerkung

- $\int \frac{\partial c}{\partial t} \cdot ds \ll$, d. h. quasi-stationäre Strömung

Lösungsschritte

Für die gesuchte **Zeit** t stellen wir die Gleichung für die Wasserspiegelgeschwindigkeit $c_z(t)$ im Behälter auf:

$$c_z(t) = -\frac{dz(t)}{dt}.$$

Das negative Vorzeichen erscheint deswegen, da $c_z(t)$ entgegen der z-Richtung gerichtet ist. Da die Zeit gesucht wird, muss nach dt umgeformt werden, also

$$dt = -\frac{dz(t)}{c_z(t)}.$$

Die benötigte **Geschwindigkeit** $c_z(t)$ lässt sich wie folgt ermitteln: Mit dem tatsächlichen Volumenstrom $\dot{V}(t)$ an der Stelle $z(t)$, der mit dem an der Stelle 2 vorliegenden Volumenstrom $\dot{V}_2(t)$ und der Ausflusszahl α verknüpft ist, erhält man folgenden Zusammenhang:

$$\dot{V}(t) = c_z(t) \cdot A_1 = \alpha \cdot \dot{V}_2(t).$$

Mit $\dot{V}_2(t) = c_2(t) \cdot A_2$ führt dies zu

$$\dot{V}(t) = c_z(t) \cdot A_1 = \alpha \cdot c_2(t) \cdot A_2$$

oder umgeformt

$$c_z(t) = \alpha \cdot c_2(t) \cdot \frac{A_2}{A_1}.$$

Erläuterung Bei „2" gibt es noch keine Kontraktion und Verluste. Erst weiter stromabwärts wird durch Strahlkontraktion

$$A_2^* < A_2 \quad \text{bzw.} \quad A_2^* = \alpha_K \cdot A_2.$$

Gleichzeitig entsteht eine Geschwindigkeitsverkleinerung infolge von Verlusten:

$$c_2^*(t) < c_2(t) \quad \text{bzw.} \quad c_2^*(t) = \varphi \cdot c_2(t).$$

Beides bewirkt, dass

$$\dot{V}(t) = c_2^*(t) \cdot A_2^* = \varphi \cdot c_2(t) \cdot \alpha_K \cdot A_2.$$

Mit $\alpha = \alpha_K \cdot \varphi$ lautet der tatsächliche Volumenstrom

$$\dot{V}(t) = \alpha \cdot c_2(t) \cdot A_2 \quad \text{(s. o.)}.$$

In der o. g. Gleichung für $c_z(t)$ muss noch die **Geschwindigkeit $c_2(t)$** ermittelt werden. Dies geschieht wie folgt: Die Bernoulli'sche Energiegleichung bei z und 2 zur Zeit t lautet

$$\frac{p_z}{\rho} + \frac{c_z^2(t)}{2} + g \cdot z(t) = \frac{p_2}{\rho} + \frac{c_2^2(t)}{2} + g \cdot Z_2.$$

Mit $p_z = p_2 = p_B$ und $Z_2 = 0$ gilt

$$\frac{c_2^2(t)}{2} - \frac{c_z^2(t)}{2} = g \cdot z(t).$$

Umgestellt, mit 2 multipliziert und dann die Wurzel gezogen liest sich dies dann

$$c_2(t) = \sqrt{c_z^2(t) + 2 \cdot g \cdot z(t)}.$$

Einsetzen in

$$c_z(t) = \alpha \cdot c_2(t) \cdot \frac{A_2}{A_1}$$

(s. o.) führt auf

$$c_z(t) = \alpha \cdot \sqrt{c_z^2(t) + 2 \cdot g \cdot z(t)} \cdot \frac{A_2}{A_1} \quad \text{oder} \quad c_z^2(t) = \alpha^2 \cdot \left[c_z^2(t) + 2 \cdot g \cdot z(t) \right] \cdot \frac{A_2^2}{A_1^2}.$$

Wir dividieren durch $c_z^2(t)$ und erhalten

$$1 = \alpha^2 \cdot \left(1 + \frac{2 \cdot g \cdot z(t)}{c_z^2(t)} \right) \cdot \frac{A_2^2}{A_1^2}.$$

Die Umstellung

$$\frac{1}{\alpha^2} \cdot \frac{A_1^2}{A_2^2} = 1 + \frac{2 \cdot g \cdot z(t)}{c_z^2(t)}$$

führt zu

$$\frac{2 \cdot g \cdot z(t)}{c_z^2(t)} = \frac{1}{\alpha^2} \cdot \frac{A_1^2}{A_2^2} - 1.$$

Mit dem reziproken Ausdruck

$$\frac{c_z^2(t)}{2 \cdot g \cdot z(t)} = \frac{1}{\frac{1}{\alpha^2} \cdot \frac{A_1^2}{A_2^2} - 1}$$

und nach Multiplikation mit $2 \cdot g \cdot z(t)$ folgt

$$c_z^2(t) = \frac{2 \cdot g \cdot z(t)}{\frac{1}{\alpha^2} \cdot \frac{A_1^2}{A_2^2} - 1}.$$

Wurzelziehen liefert schließlich

$$c_z(t) = \sqrt{\frac{2 \cdot g}{\frac{1}{\alpha^2} \cdot \frac{A_1^2}{A_2^2} - 1}} \cdot \sqrt{z(t)}.$$

In die Ausgangsgleichung $dt = -\frac{dz(t)}{c_z(t)}$ eingesetzt führt das zu

$$dt = -\frac{dz(t)}{\sqrt{\frac{2 \cdot g}{\frac{1}{\alpha^2} \cdot \frac{A_1^2}{A_2^2} - 1}} \cdot \sqrt{z(t)}}$$

$$= -\sqrt{\frac{\frac{1}{\alpha^2} \cdot \frac{A_1^2}{A_2^2} - 1}{2 \cdot g}} \cdot \frac{dz(t)}{\sqrt{z(t)}}.$$

Mit der Substitution

$$k = \sqrt{\frac{\frac{1}{\alpha^2} \cdot \frac{A_1^2}{A_2^2} - 1}{2 \cdot g}}$$

erhält man daraus die übersichtliche Gleichung

$$dt = -k \cdot \frac{dz(t)}{\sqrt{z(t)}}.$$

Die Integration ergibt

$$\int\limits_{t_1=0}^{t_3=t} dt = -k \cdot \int\limits_{Z_1}^{Z_3} \frac{dz\,(t)}{\sqrt{z\,(t)}} = k \cdot \int\limits_{Z_3}^{Z_1} \frac{dz\,(t)}{\sqrt{z\,(t)}}$$

oder ausintegriert

$$t = k \cdot \int\limits_{Z_3}^{Z_1} \frac{dz\,(t)}{\sqrt{z\,(t)}} = k \cdot \int\limits_{Z_3}^{Z_1} [z\,(t)]^{-1/2} \cdot dz\,(t)$$

$$= k \cdot \frac{[z\,(t)]^{(-\frac{1}{2}+1)}}{(-\frac{1}{2}+1)}\Bigg|_{Z_3}^{Z_1} = k \cdot 2 \cdot \sqrt{z\,(t)}\Big|_{Z_3}^{Z_1} = 2 \cdot k \cdot \left(\sqrt{Z_1} - \sqrt{Z_3}\right).$$

Nach Resubstitution von k lautet das Ergebnis

$$t = \sqrt{\frac{2}{g}} \cdot \sqrt{\left(\frac{1}{\alpha^2} \cdot \frac{A_1^2}{A_2^2} - 1\right)} \cdot \left(\sqrt{Z_1} - \sqrt{Z_3}\right).$$

Aufgabe 10.12 Befüllen eines in Wasser getauchten, kegelstumpfförmigen Behälters durch ein Loch im Boden

In einem oben offenen, kegelstumpfförmigen Behälter gemäß Abb. 10.13 strömt durch ein scharfkantiges Loch im Boden Wasser in den Behälter. Die horizontale Bezugsebene verläuft durch den Schnittpunkt der Kegelwandverlängerungen. Die Maximalhöhe des Flüssigkeitsspiegels über der Bezugsebene lautet $Z_0 = Z_3$. Alle weiteren Abmessungen sind Abb. 10.13 zu entnehmen. Die Kontraktion des Wasserstrahls nach dem Loch und die Verluste im Strahl werden durch die Ausflusszahl α berücksichtigt. Aufgrund des einströmenden Wassers stellt sich eine zeitlich veränderliche Anstiegsgeschwindigkeit $c_z(t)$ des Flüssigkeitsspiegels im Behälter ein. Zu ermitteln ist die Zeit $\Delta t = t_3 - t_2$, die zwischen einer gegebenen Anfangshöhe Z_2 und der Maximalhöhe $Z_0 = Z_3$ über der Bezugsebene verstreicht.

Lösung zu Aufgabe 10.12

Aufgabenerläuterung
Der Behälter ist zur Zeit t_2 bis zur Höhe Z_2 mit Wasser gefüllt. Zur Zeit t_3 soll die Spiegelhöhe im Behälter die Maximalhöhe außen erreicht haben, also $Z_3 = Z_0$ sein. Zur

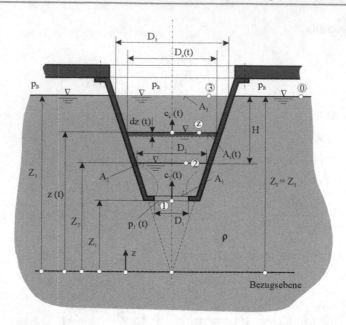

Abb. 10.13 Befüllen eines in Wasser getauchten, kegelstumpfförmigen Behälters durch ein Loch im Boden

Ermittlung der Füllzeit $\Delta t = t_3 - t_2$ bedient man sich der Anstiegsgeschwindigkeit $c_z(t) = \frac{dz(t)}{dt}$. Hierbei muss diese noch mittels Kontinuitätsgesetz und Bernoulli'scher Energiegleichung der instationären Strömung in Verbindung mit den gegebenen Größen gebracht werden.

Gegeben:

- D_1; D_2; D_3; H; α

Gesucht:

1. Δt, d. h. die Zeit, um von Z_2 auf $Z_3 = Z_0$ aufzufüllen.
2. Δt, wenn $D_1 = 0,50$ m; $D_2 = 5,0$ m; $D_3 = 12,0$ m; $H = 10,0$ m; $\alpha = 0,62$

Anmerkungen

- $\int \frac{\partial c}{\partial t} \cdot ds \ll$, d. h. quasi-stationäre Strömung
- $c_0 = 0$

Lösungsschritte – Fall 1

Für die gesuchte **Zeit** Δt betrachten wir die Gleichung für Wasserspiegelgeschwindigkeit im Behälter:

$$c_z(t) = \frac{\mathrm{d}z(t)}{\mathrm{d}t}.$$

Da die Zeit gesucht wird, muss nach $\mathrm{d}t$ umgeformt werden, also

$$\mathrm{d}t = \frac{\mathrm{d}z(t)}{c_z(t)}.$$

Die noch benötigte **Geschwindigkeit** $c_z(t)$ lässt sich wie folgt ermitteln. Mit dem tatsächlichen Volumenstrom $\dot{V}(t)$ an der Stelle $z(t)$, der mit dem an der Stelle 1 vorliegenden Volumenstrom $\dot{V}_1(t)$ und der Ausflusszahl α verknüpft ist, erhält man folgenden Zusammenhang:

$$\dot{V}(t) = c_z(t) \cdot A_z(t) = \alpha \cdot \dot{V}_1(t).$$

Mit $\dot{V}_1(t) = c_1(t) \cdot A_1$ führt das auf

$$\dot{V}(t) = c_z(t) \cdot A_z(t) = \alpha \cdot c_1(t) \cdot A_1.$$

Erläuterung Bei „1" sind noch keine Kontraktion und Verluste zu verzeichnen. Erst weiter stromabwärts (hier aufwärts) erfolgt eine Strahlkontraktion $A_1^* < A_1$ bzw. $A_1^* = \alpha_K \cdot A_1$. Gleichzeitig entsteht eine Geschwindigkeitsverkleinerung infolge von Verlusten $c_1^*(t) < c_1(t)$ bzw. $c_1^*(t) = \varphi \cdot c_1(t)$. Beides bewirkt, dass

$$\dot{V}(t) = c_1^*(t) \cdot A_1^* = \varphi \cdot c_1(t) \cdot \alpha_K \cdot A_1.$$

Mit $\alpha = \alpha_K \cdot \varphi$ lautet der tatsächliche Volumenstrom

$$\dot{V}(t) = \alpha \cdot V_1(t) = \alpha \cdot c_1(t) \cdot A_1.$$

Oben stehende Gleichung nach $c_z(t)$ umgeformt ergibt

$$c_z(t) = \alpha \cdot c_1(t) \cdot \frac{A_1}{A_z(t)}.$$

Hierin muss noch die **Geschwindigkeit** $c_1(t)$ ermittelt werden. Dazu notieren wir die Bernoulli'sche Energiegleichung bei 1 und 0 zur Zeit t:

$$\frac{p_1(t)}{\rho} + \frac{c_1^2(t)}{2} + g \cdot Z_1 = \frac{p_0}{\rho} + \frac{c_0^2}{2} + g \cdot Z_0.$$

Mit $p_0 = p_B$ und $c_0 = 0$ wird daraus

$$\frac{c_1^2(t)}{2} = \frac{p_B}{\rho} - \frac{p_1}{\rho} + g \cdot Z_0 - g \cdot Z_1$$

Oder, mit $Z_0 = Z_3$,

$$\frac{c_1^2(t)}{2} = \frac{p_B}{\rho} - \frac{p_1}{\rho} + g \cdot Z_3 - g \cdot Z_1.$$

Weiterhin ist

$$p_1(t) = p_B + \rho \cdot g \cdot [z(t) - Z_1].$$

Oben eingesetzt liefert das

$$\frac{c_1^2(t)}{2} = \frac{p_B}{\rho} - \frac{p_B + \rho \cdot g \cdot [z(t) - Z_1]}{\rho} + g \cdot Z_3 - g \cdot Z_1.$$

Dies vereinfacht sich zu

$$\frac{c_1^2(t)}{2} = g \cdot Z_3 - g \cdot z(t)$$

oder, mit 2 multipliziert,

$$c_1^2(t) = 2 \cdot g \cdot [Z_3 - z(t)].$$

Wurzelziehen ergibt

$$c_1(t) = \sqrt{2 \cdot g \cdot [Z_3 - z(t)]} = \sqrt{2 \cdot g} \cdot \sqrt{Z_3 - z(t)}.$$

Damit erhält man

$$c_z(t) = \alpha \cdot \sqrt{2 \cdot g} \cdot \frac{A_1}{A_z(t)} \cdot \sqrt{Z_3 - z(t)}.$$

Hierin fehlt noch der **Kreisquerschnitt $A_z(t)$** an der Stelle z. Dafür gilt $A_z(t) = \frac{\pi}{4} \cdot D_z^2(t)$. Den benötigten Durchmesser $D_z(t)$ bestimmt man wie folgt. Gemäß Abb. 10.13 besteht der Zusammenhang

$$\frac{\frac{D_z(t)}{2}}{z(t)} = \frac{\frac{D_3}{2}}{Z_3}.$$

Umgeformt nach $D_z(t)$ ergibt dies

$$D_z(t) = D_3 \cdot \frac{z(t)}{Z_3}.$$

Somit haben wir

$$A_z(t) = \frac{\pi}{4} \cdot D_3^2 \cdot \frac{z^2(t)}{Z_3^2}.$$

Oben eingesetzt liefert das

$$c_z(t) = \frac{dz(t)}{dt} = \alpha \cdot \sqrt{2 \cdot g} \cdot \frac{D_1^2}{D_3^2} \cdot Z_3^2 \cdot \frac{\sqrt{Z_3 - z(t)}}{z^2(t)}.$$

Mit der Substitution

$$k \equiv \alpha \cdot \sqrt{2 \cdot g} \cdot \frac{D_1^2}{D_3^2} \cdot Z_3^2$$

Wird das zu

$$\frac{dz(t)}{dt} = k \cdot \frac{\sqrt{Z_3 - z(t)}}{z^2(t)}$$

oder nach dt umgestellt,

$$dt = \frac{1}{k} \cdot \frac{z^2(t)}{\sqrt{Z_3 - z(t)}} \cdot dz(t).$$

Weiterhin substituieren wir

$$u(t) = Z_3 - z(t)$$

oder $z(t) = Z_3 - u(t)$ und bilden den Differenzialquotienten $\frac{dz(t)}{du(t)} = -1$, das ergibt dann

$$dt = -\frac{1}{k} \cdot \frac{[Z_3 - u(t)]^2}{u^{1/2}(t)} \cdot du(t).$$

Die Klammer ausmultipliziert, erhalten wir zunächst

$$dt = -\frac{1}{k} \cdot \frac{Z_3^2 - 2 \cdot Z_3 \cdot u(t) + u^2(t)}{u^{1/2}(t)} \cdot du(t).$$

Nun wird rechts mit $u^{-1/2}(t)$ erweitert:

$$dt = -\frac{1}{k} \cdot \left[Z_3^2 \cdot u^{-1/2}(t) - 2 \cdot Z_3 \cdot u^{1/2}(t) + u^{3/2}(t) \right] \cdot du(t).$$

Die Integration liefert

$$\int_{t_2}^{t_3} dt = -\frac{1}{k} \cdot \left(Z_3^2 \cdot \int_{u_2}^{u_3} u^{-1/2}(t) \cdot du(t) - 2 \cdot Z_3 \cdot \int_{u_2}^{u_3} u^{1/2} \cdot du(t) + \int_{u_2}^{u_3} u^{3/2}(t) \cdot du(t) \right)$$

und es folgt mit $\Delta t = t_3 - t_2$:

$$\Delta t = -\frac{1}{k} \cdot \left(2 \cdot Z_3^2 \cdot u^{1/2}(t) \big|_{u_2}^{u_3} - 2 \cdot Z_3 \cdot \frac{2}{3} \cdot u^{3/2}(t) \big|_{u_2}^{u_3} + \frac{2}{5} \cdot u^{5/2}(t) \big|_{u_2}^{u_3} \right)$$

$$= -\frac{2}{k} \cdot \left[Z_3^2 \cdot \left(u_3^{1/2} - u_2^{1/2} \right) - \frac{2}{3} \cdot Z_3 \cdot \left(u_3^{3/2} - u_2^{3/2} \right) + \frac{1}{5} \cdot \left(u_3^{5/2} - u_2^{5/2} \right) \right]$$

$$= -\frac{2}{k} \cdot \left[\left(Z_3^2 \cdot u_3^{1/2} - \frac{2}{3} \cdot Z_3 \cdot u_3^{3/2} + \frac{1}{5} \cdot u_3^{5/2} \right) - \left(Z_3^2 \cdot u_2^{1/2} \right. \right.$$

$$\left. \left. - \frac{2}{3} \cdot Z_3 \cdot u_2^{3/2} + \frac{1}{5} \cdot u_2^{5/2} \right) \right]$$

$$= -\frac{2}{k} \cdot \left[u_3^{1/2} \cdot \left(Z_3^2 - \frac{2}{3} \cdot Z_3 \cdot u_3 + \frac{1}{5} \cdot u_3^2 \right) - u_2^{1/2} \cdot \left(Z_3^2 - \frac{2}{3} \cdot Z_3 \cdot u_2 + \frac{1}{5} \cdot u_2^2 \right) \right].$$

Mit $u = Z_3 - z$ und somit $u_3 = Z_3 - Z_3 = 0$ sowie mit $u_2 = Z_3 - Z_2$ bekommen wir nun

$$\Delta t = -\frac{2}{k} \cdot \left\{ 0 - (Z_3 - Z_2)^{1/2} \cdot \left[Z_3^2 - \frac{2}{3} \cdot Z_3 \cdot (Z_3 - Z_2) + \frac{1}{5} \cdot (Z_3 - Z_2)^2 \right] \right\}.$$

Da gemäß Abb. 10.13 $Z_3 - Z_2 = H$ ist, folgt somit

$$\Delta t = \frac{2}{k} \cdot \left[H^{1/2} \cdot \left(Z_3^2 - \frac{2}{3} \cdot Z_3 \cdot H + \frac{1}{5} \cdot H^2 \right) \right]$$

$$= \frac{2}{k} \cdot \sqrt{H} \cdot \left[Z_3^2 - \frac{2}{3} \cdot Z_3 \cdot H + \frac{1}{5} \cdot H^2 \right].$$

Nun wird

$$k = \alpha \cdot \sqrt{2 \cdot g} \cdot \frac{D_1^2}{D_3^2} \cdot Z_3^2$$

rücksubstituiert, d. h. oben eingesetzt, das liefert

$$\Delta t = \frac{2}{\alpha \cdot \sqrt{2 \cdot g}} \cdot \frac{1}{Z_3^2} \cdot \frac{D_3^2}{D_1^2} \cdot \sqrt{H} \cdot \left(Z_3^2 - \frac{2}{3} \cdot Z_3 \cdot H + \frac{1}{5} \cdot H^2 \right).$$

Weiter vereinfacht ergibt das

$$\Delta t = \frac{1}{\alpha} \cdot \sqrt{\frac{2 \cdot H}{g}} \cdot \frac{1}{Z_3^2} \cdot \frac{D_3^2}{D_1^2} \cdot \left(Z_3^2 - \frac{2}{3} \cdot Z_3 \cdot H + \frac{1}{5} \cdot H^2 \right).$$

Aus der Geometrie gemäß Abb. 10.13 folgt des Weiteren

$$\frac{Z_3}{\frac{D_3}{2}} = \frac{H}{\frac{D_3}{2} - \frac{D_2}{2}}.$$

Hiermit wird

$$Z_3 = \frac{D_3}{D_3 - D_2} \cdot H.$$

Oben eingesetzt erhält man

$$\Delta t = \frac{1}{\alpha} \cdot \sqrt{\frac{2 \cdot H}{g}} \cdot \frac{(D_3 - D_2)^2}{D_3^2 \cdot H^2} \cdot \frac{D_3^2}{D_1^2} \cdot \left[\frac{D_3^2}{(D_3 - D_2)^2} \cdot H^2 - \frac{2}{3} \cdot \frac{D_3}{D_3 - D_2} \cdot H^2 + \frac{1}{5} \cdot H^2 \right].$$

Nun wird $\frac{D_3^2}{(D_3 - D_2)^2} \cdot H^2$ ausgeklammert, dies führt auf

$$\Delta t = \frac{1}{\alpha} \cdot \sqrt{\frac{2 \cdot H}{g} \cdot \frac{(D_3 - D_2)^2}{H^2} \cdot \frac{H^2}{D_1^2} \cdot \frac{D_3^2}{(D_3 - D_2)^2}}$$

$$\cdot \left[1 - \frac{2}{3} \cdot \frac{D_3 - D_2}{D_3} + \frac{1}{5} \cdot \frac{(D_3 - D_2)^2}{D_3^2} \right]$$

$$= \frac{1}{\alpha} \cdot \sqrt{\frac{2 \cdot H}{g}} \cdot \frac{D_3^2}{D_1^2} \cdot \left[1 - \frac{2}{3} \cdot \frac{D_3 - D_2}{D_3} + \frac{1}{5} \cdot \frac{(D_3 - D_2)^2}{D_3^2} \right].$$

Wir multiplizieren den Klammerausdruck aus:

$$\Delta t = \frac{1}{\alpha} \cdot \sqrt{\frac{2 \cdot H}{g}} \cdot \frac{D_3^2}{D_1^2} \cdot \left[1 - \frac{2}{3} \cdot \left(1 - \frac{D_2}{D_3} \right) + \frac{1}{5} \cdot \left(1 - 2 \cdot \frac{D_2}{D_3} + \frac{D_2^2}{D_3^2} \right) \right]$$

$$= \frac{1}{\alpha} \cdot \sqrt{\frac{2 \cdot H}{g}} \cdot \frac{D_3^2}{D_1^2} \cdot \left(1 - \frac{2}{3} + \frac{2}{3} \cdot \frac{D_2}{D_3} + \frac{1}{5} - \frac{2}{5} \cdot \frac{D_2}{D_3} + \frac{1}{5} \cdot \frac{D_2^2}{D_3^2} \right).$$

Werden entsprechende Glieder zusammengefasst, bekommen wir

$$\Delta t = \frac{1}{\alpha} \cdot \sqrt{\frac{2 \cdot H}{g} \cdot \frac{D_3^2}{D_1^2}} \cdot \left(\frac{8}{15} + \frac{4}{15} \cdot \frac{D_2}{D_3} + \frac{1}{5} \cdot \frac{D_2^2}{D_3^2} \right).$$

Als Resultat ergibt sich schließlich nach einem letzten Ausklammern

$$\Delta t = \frac{8}{15} \cdot \frac{1}{\alpha} \cdot \sqrt{\frac{2 \cdot H}{g} \cdot \frac{D_3^2}{D_1^2}} \cdot \left(1 + \frac{1}{2} \cdot \frac{D_2}{D_3} + \frac{3}{8} \cdot \frac{D_2^2}{D_3^2} \right).$$

Lösungsschritte – Fall 2

Δt nimmt, wenn $D_1 = 0{,}50\,$m, $D_2 = 5{,}0\,$m, $D_3 = 12{,}0\,$m, $H = 10{,}0\,$m und $\alpha = 0{,}62$ gegeben sind, folgenden Wert an:

$$\Delta t = t_3 - t_2 = \frac{8}{15} \cdot \frac{1}{0{,}62} \cdot \sqrt{\frac{2 \cdot 10}{9{,}81} \cdot \frac{12^2}{0{,}5^2}} \cdot \left(1 + \frac{1}{2} \cdot \frac{5}{12} + \frac{3}{8} \cdot \frac{5^2}{12^2} \right)$$

$$\Delta t = t_3 - t_2 = 901\,\text{s} \equiv 15{,}02\,\text{min}$$

Aufgabe 10.13 Innenbehälter in einem Außenbehälter

In einem „Außenbehälter" mit der Bodenfläche A_B ist gemäß Abb. 10.14 ein „Innenbehälter" mit der Bodenfläche A_3 fest installiert. Die Bodenflächen beider Behälter ändern sich in z-Richtung nicht. Im Boden des Innenbehälters befindet sich ein scharfkantiges Loch mit der Fläche A_2. Eine in Abb. 10.14 nicht eingezeichnete Klappe bei 2 ist zunächst verschlossen. Das Wasser steht im äußeren Behälter mit der Höhe H über dem Querschnitt A_2 des inneren Behälters. Dann wird die Klappe plötzlich geöffnet, und das Wasser strömt in den inneren Behälter. Nach A_2 entstehen Strahlkontraktion und Verluste. Diese werden in der Ausflusszahl α berücksichtigt. Gesucht wird die Zeit T, in der sich Spiegelgleichheit in beiden Behältern einstellt, d. h. $Z_1(T) = Z_3(T)$ ist.

Lösung zu Aufgabe 10.13

Aufgabenerläuterung

Der Innenbehälter ist zur Zeit $t = 0$ leer. Nach dem plötzlichen Öffnen der Klappe füllt er sich, bis in ihm nach der gesuchten Zeit T die Spiegelhöhe $Z_1(T) = Z_3(T)$

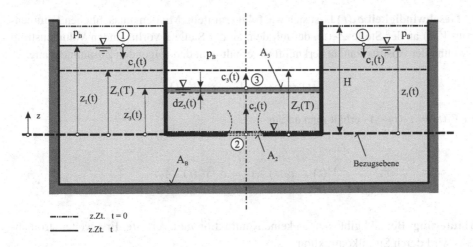

Abb. 10.14 Innenbehälter in einem Außenbehälter

erreicht ist. Zur Ermittlung der Füllzeit T bedient man sich der Anstiegsgeschwindigkeit $c_3(t) = \frac{dz_3(t)}{dt}$. Da die Zeit gesucht wird, ist eine Umformung zu $dt = \frac{dz_3(t)}{c_3(t)}$ erforderlich. Somit muss noch $c_3(t)$ ermittelt werden. Dies ist mit dem Kontinuitätsgesetz und der Bernoulli'schen Energiegleichung der instationären Strömung möglich. Hierbei ist von den gegebenen Größen in Abb. 10.14 Gebrauch zu machen.

Gegeben:
A_B; A_2; A_3; H; α

Gesucht:

1. T: Zeit bis $Z_1(T) = Z_3(T)$, d.h. bis gleiche Spiegelhöhen vorliegen
2. T, wenn $A_B = 10\,\text{m}^2$; $A_2 = 0,10\,\text{m}^2$; $A_3 = 2\,\text{m}^2$; $H = 4\,\text{m}^2$; $\alpha = 0,62$

Anmerkung
- $\int \frac{\partial c}{\partial t} \cdot ds <<$, d.h. quasi-stationäre Strömung

Lösungsschritte – Fall 1
Für die gesuchte **Zeit T** notieren wir die Wasserspiegelgeschwindigkeit $c_3(t)$ im Behälter:

$$c_3(t) = \frac{dz_3(t)}{dt}.$$

Da die Zeit gesucht wird, muss nach dt umgeformt werden, also

$$dt = \frac{dz_3(t)}{c_3(t)}.$$

Die **Geschwindigkeit** $c_3(t)$ lässt sich wie folgt ermitteln: Mit dem tatsächlichen Volumenstrom $\dot{V}(t)$ an der Stelle $Z_3(t)$, der mit dem an der Stelle 2 vorliegenden Volumenstrom $\dot{V}_2(t)$ und der Ausflusszahl α verknüpft ist, erhält man den folgenden Zusammenhang:

$$\dot{V}(t) = c_3(t) \cdot A_3 = \alpha \cdot \dot{V}_2(t).$$

Mit $\dot{V}_2(t) = c_2(t) \cdot A_2$ erhält man daraus

$$\dot{V}(t) = c_3(t) \cdot A_3 = \alpha \cdot c_2(t) \cdot A_2.$$

Erläuterung Bei „2" gibt es noch keine Kontraktion und Verluste. Erst weiter stromabwärts wird durch Strahlkontraktion

$$A_2^* < A_2 \quad \text{bzw.} \quad A_2^* = \alpha_{\mathrm{K}} \cdot A_2.$$

Gleichzeitig entsteht eine Geschwindigkeitsverkleinerung infolge von Verlusten:

$$c_2^*(t) < c_2(t) \quad \text{bzw.} \quad c_2^*(t) = \varphi \cdot c_2(t).$$

Beides bewirkt, dass

$$\dot{V}(t) = c_2^*(t) \cdot A_2^* = \varphi \cdot c_2(t) \cdot \alpha_{\mathrm{K}} \cdot A_2.$$

Mit $\alpha = \alpha_{\mathrm{K}} \cdot \varphi$ lautet der tatsächliche Volumenstrom

$$\dot{V}(t) = \alpha \cdot c_2(t) \cdot A_2 \quad \text{(s. o.)}.$$

Wir lösen die oben stehende Gleichung nach $c_3(t)$ auf:

$$c_3(t) = \alpha \cdot c_2(t) \cdot \frac{A_2}{A_3}.$$

Hierin muss dann noch die **Geschwindigkeit** $c_2(t)$ bestimmt werden: Mittels Bernoulli-Gleichung bei 1 und 2 zur Zeit t,

$$\frac{p_1}{\rho} + \frac{c_1^2(t)}{2} + g \cdot z_1(t) = \frac{p_2(t)}{\rho} + \frac{c_2^2(t)}{2} + g \cdot z_2,$$

und den Bedingungen $p_1 = p_B$ und $z_2 = 0$ sowie $p_2(t) = p_B + \rho \cdot g \cdot z_3(t)$ erhält man

$$\frac{p_B}{\rho} + \frac{c_1^2(t)}{2} + g \cdot z_1(t) = \frac{p_B}{\rho} + g \cdot z_3(t) + \frac{c_2^2(t)}{2}.$$

Umgestellt,

$$\frac{c_2^2(t)}{2} - \frac{c_1^2(t)}{2} = g \cdot z_1(t) - g \cdot z_3(t),$$

und mit 2 multipliziert nimmt dies dann die Form

$$c_2^2(t) = c_1^2(t) + 2 \cdot g \cdot [z_1(t) - z_3(t)]$$

an. Es fehlt jetzt noch die **quadrierte Geschwindigkeit** $c_1^2(t)$. Dazu setzten wir in die quadrierte Gleichung für $c_3(t)$,

$$c_3^2(t) = \left(\alpha \cdot \frac{A_2}{A_3} \right)^2 \cdot c_2^2(t),$$

das Ergebnis für $c_2^2(t)$ ein:

$$c_3^2(t) = \left(\alpha \cdot \frac{A_2}{A_3} \right)^2 \cdot \left\{ c_1^2(t) + 2 \cdot g \cdot [z_1(t) - z_3(t)] \right\}.$$

Die Kontinuität liefert

$$\dot{V}(t) = c_3(t) \cdot A_3 = c_1(t) \cdot (A_B - A_3).$$

Nach $c_1(t)$ aufgelöst und quadriert wird das zu

$$c_1^2(t) = c_3^2(t) \cdot \left(\frac{A_3}{A_B - A_3} \right)^2.$$

Diesen Ausdruck setzen wir jetzt in

$$c_3^2(t) = \left(\alpha \cdot \frac{A_2}{A_3} \right)^2 \cdot \left\{ c_1^2(t) + 2 \cdot g \cdot [z_1(t) - z_3(t)] \right\}$$

ein, multiplizieren mit $\left(\frac{1}{\alpha} \cdot \frac{A_3}{A_2}\right)^2$ und erhalten

$$c_3^2(t) \cdot \left(\frac{1}{\alpha} \cdot \frac{A_3}{A_2}\right)^2 = c_3^2(t) \cdot \left(\frac{A_3}{A_B - A_3}\right)^2 + 2 \cdot g \cdot [z_1(t) - z_3(t)].$$

Glieder mit $c_3^2(t)$ werden auf die linke Gleichungsseite gebracht:

$$c_3^2(t) \cdot \left(\frac{1}{\alpha} \cdot \frac{A_3}{A_2}\right)^2 - c_3^2(t) \cdot \left(\frac{A_3}{A_B - A_3}\right)^2 = 2 \cdot g \cdot [z_1(t) - z_3(t)].$$

Dann wird $c_3^2(t)$ ausgeklammert, das ergibt als Zwischenergebnis

$$c_3^2(t) \cdot \left[\left(\frac{1}{\alpha} \cdot \frac{A_3}{A_2}\right)^2 - \left(\frac{A_3}{A_B - A_3}\right)^2\right] = 2 \cdot g \cdot [z_1(t) - z_3(t)].$$

Nun wird zur Vereinfachung substituiert:

$$\left(\frac{1}{\alpha} \cdot \frac{A_3}{A_2}\right)^2 - \left(\frac{A_3}{A_B - A_3}\right)^2 \equiv k.$$

Damit folgt

$$c_3^2(t) \cdot k = 2 \cdot g \cdot [z_1(t) - z_3(t)] \quad \text{oder} \quad c_3^2(t) = \frac{2 \cdot g}{k} \cdot [z_1(t) - z_3(t)].$$

Jetzt brauchen wir noch eine Beziehung zwischen der **Spiegelhöhe** $z_1(t)$ und $z_3(t)$: Das Volumen $V(t)$, das im äußeren Behälter nach Öffnen des Schiebers in der Zeit $t = 0$ bis $t = T$ aufgrund der Spiegelabsenkung von H nach $z_1(t)$ entsteht, lautet

$$V(t) = (A_B - A_3) \cdot (H - z_1(t)).$$

Dasselbe Volumen $V(t)$ führt im inneren Behälter in der Zeit $t = 0$ bis $t = T$ zu einem Spiegelanstieg von 0 nach $z_3(t)$, also $V(t) = A_3 \cdot z_3(t)$. Somit bekommen wir

$$(A_B - A_3) \cdot (H - z_1(t)) = A_3 \cdot z_3(t) \quad \text{oder} \quad H - z_1(t) = \frac{A_3}{A_B - A_3} \cdot z_3(t)$$

oder, nach $z_1(t)$ aufgelöst,

$$z_1(t) = H - \frac{A_3}{A_B - A_3} \cdot z_3(t).$$

Oben eingesetzt folgt daraus

$$
\begin{aligned}
c_3^2(t) &= \frac{2 \cdot g}{k} \cdot \left(H - \frac{A_3}{A_B - A_3} \cdot z_3(t) - z_3(t) \right) \\
&= \frac{2 \cdot g}{k} \cdot \left(H - \frac{A_3 \cdot z_3(t)}{A_B - A_3} - \frac{A_B - A_3}{A_B - A_3} \cdot z_3(t) \right) \\
&= \frac{2 \cdot g}{k} \cdot \left(H - \frac{A_3 \cdot z_3(t)}{A_B - A_3} - \frac{A_B \cdot z_3(t)}{A_B - A_3} + \frac{A_3 \cdot z_3(t)}{A_B - A_3} \right).
\end{aligned}
$$

Dann resultiert

$$
\begin{aligned}
c_3^2(t) &= \frac{2 \cdot g}{k} \cdot \left(H - \frac{A_B}{A_B - A_3} \cdot z_3(t) \right) \\
&= \frac{2 \cdot g \cdot H}{k} - \frac{2 \cdot g}{k} \cdot \frac{A_B}{A_B - A_3} \cdot z_3(t).
\end{aligned}
$$

Mit den Substitutionen

$$a \equiv \frac{2 \cdot g \cdot H}{k} \quad \text{und} \quad b \equiv \frac{2 \cdot g}{k} \cdot \frac{A_B}{A_B - A_3}$$

folgt $c_3^2(t) = a - b \cdot z_3(t)$ oder, nach Ziehen der Wurzel,

$$c_3(t) = \sqrt{a - b \cdot z_3(t)}.$$

In die Ausgangsgleichung $dt = \frac{dz_3(t)}{c_3(t)}$ (s. o.) eingesetzt führt dies zu

$$dt = \frac{dz_3(t)}{\sqrt{a - b \cdot z_3(t)}}.$$

Mit der Substitution $f \equiv a - b \cdot z_3(t)$ erhält man zunächst den Differenzialquotienten $\frac{df}{dz_3} = -b$ und folglich $dz_3 = -\frac{1}{b} \cdot df$. Damit lautet

$$dt = -\frac{1}{b} \cdot \frac{df}{\sqrt{f}}.$$

Die Integration,

$$\int_{t=0}^{t=T} dt = -\frac{1}{b} \cdot \int_{f(t=0)}^{f(t=T)} \frac{df}{\sqrt{f}},$$

ergibt folgendes Zwischenergebnis:

$$T = -\frac{1}{b} \cdot \frac{1}{\left(-\frac{1}{2}+1\right)} \cdot f^{\left(-\frac{1}{2}+1\right)}\bigg|_{f(t=0)}^{f(t=T)} = -\frac{2}{b} \cdot f^{\frac{1}{2}}\bigg|_{f(t=0)}^{f(t=T)},$$

oder mit den Grenzen:

$$T = -\frac{2}{b} \cdot \left(\sqrt{f(t=T)} - \sqrt{f(t=0)}\right) = \frac{2}{b} \cdot \left(\sqrt{f(t=0)} - \sqrt{f(t=T)}\right).$$

Mit der gewählten Substitution $f \equiv a - b \cdot z_3(t)$ erhalten wir an den Grenzen folgende Werte:

$$z_3(t=0) = 0 \quad \text{und} \quad z_3(t=T) = Z_3(T).$$

Diese ergeben, in die Substitution eingesetzt, folgende Resultate:

$$f(t=0) = a - b \cdot 0 = a \quad \text{und} \quad f(t=T) = a - b \cdot Z_3(T).$$

Dann lautet die Zeit T zunächst

$$T = \frac{2}{b} \cdot \left(\sqrt{a} - \sqrt{a - b \cdot Z_3(T)}\right).$$

Es fehlt noch eine Verbindung der **Spiegelhöhe** $Z_3(T)$ zu den gegebenen Größen. Diese lässt sich wie folgt herstellen: Gemäß Abb. 10.14 ist zur Zeit $t = T$ bei $Z_3(T) = Z_1(T)$. Das Volumen V lautet innen und außen

$$V = A_3 \cdot Z_3(T) = (A_B - A_3) \cdot (H - Z_1(T))$$

oder ausmultipliziert

$$A_3 \cdot Z_3(T) = (A_B - A_3) \cdot H - (A_B - A_3) \cdot Z_1(T).$$

Wegen $Z_3(T) = Z_1(T)$ folgt

$$A_3 \cdot Z_3(T) = (A_B - A_3) \cdot H - (A_B - A_3) \cdot Z_3(T).$$

Gleiche Größen links und rechts heben sich auf und es resultiert

$$A_B \cdot Z_3(T) = (A_B - A_3) \cdot H.$$

Hieraus entsteht

$$Z_3(T) = \left(1 - \frac{A_3}{A_B}\right) \cdot H.$$

Oben eingesetzt führt das zum Ergebnis

$$T = \frac{2}{b} \cdot \left[\sqrt{a} - \sqrt{a - b \cdot \left(1 - \frac{A_3}{A_B}\right) \cdot H}\right],$$

mit

$$a = \frac{2 \cdot g \cdot H}{k}; \quad k = \left(\frac{1}{\alpha} \cdot \frac{A_3}{A_2}\right)^2 - \left(\frac{A_3}{A_B - A_3}\right)^2; \quad b = \frac{2 \cdot g}{k} \cdot \frac{A_B}{A_B - A_3}.$$

Lösungsschritte – Fall 2

Wir suchen T, wenn $A_B = 10\,\text{m}^2$, $A_2 = 0{,}10\,\text{m}^2$, $A_3 = 2\,\text{m}^2$, $H = 4\,\text{m}^2$ und $\alpha = 0{,}62$ gegeben sind. Dazu sind erst k, a und b erforderlich.

$$k = \left[\left(\frac{1}{0{,}62} \cdot \frac{2}{0{,}10}\right)^2 - \left(\frac{2}{(10 - 2)}\right)^2\right] = 1\,040{,}5\,[-]$$

$$a = \frac{2 \cdot 9{,}81 \cdot 4}{1\,040{,}5} = 0{,}07543 \left[\frac{\text{m}^2}{\text{s}^2}\right]$$

$$b = \frac{2 \cdot 9{,}81}{1\,040{,}5} \cdot \frac{10}{10-2} = 0{,}02357 \left[\frac{\text{m}}{\text{s}^2}\right]$$

$$T = \frac{2}{0{,}02357} \cdot \left[\sqrt{0{,}07543} - \sqrt{0{,}07543 - 0{,}02357 \cdot \left(1 - \frac{2}{10}\right) \cdot 4}\right] = 23{,}1 \text{ s}$$

Fluidströmungen mit Dichteänderungen

11

Die bisherigen Kapitel befassen sich ausnahmslos mit Fluiden konstanter Dichte. Dies trifft auf alle Flüssigkeiten zu, sofern keine extremen Systemdrücke vorliegen. Auch strömende Gase kann man als inkompressibel einstufen, wenn Mach-Zahlen $Ma < 0{,}3$ eingehalten werden können. Im Fall der Gas- und Dampfströmungen bei höheren Mach-Zahlen werden Dichteveränderungen aufgrund größerer Drücke und Temperaturen unvermeidlich. Die Gesetze der dichtebeständigen Strömungen sind dann nicht mehr anwendbar, und man muss den neuen Gegebenheiten mit hierauf angepassten Zusammenhängen Rechnung tragen. Dies ist der Inhalt der sehr umfangreichen und komplexen Thematik **„Gasdynamik"**, die im vorliegenden Kapitel nur mit ein paar vereinfachten Beispielen der eindimensionalen, stationären Gasströmung exemplarisch vorgestellt werden soll. Das Zusammenwirken strömungsmechanischer und thermodynamischer Grundlagen unter Einbeziehung des Kontinuitätsgesetzes führt zu neuen Gleichungen, die den jeweiligen Aufgabestellungen angepasst werden müssen. Im Einzelnen gehören die folgenden Aufgaben zu folgenden Teilbereichen der Gasdynamik:

- Mach-Zahl, Schallgeschwindigkeit
- isentrope Stromfadenströmung
- isentrope Laval-Düsenströmung
- isotherme, verlustbehaftete Rohrströmung
- adiabate, verlustbehaftete Rohrströmung

Bei den nachfolgenden Berechnungen wird der Term $g \cdot \Delta Z$ im Fall der hier betrachteten Gasströmungen vernachlässigt, da er vergleichsweise klein ausfällt. Gleichungen hierzu:

Schallgeschwindigkeit	$a = \sqrt{\kappa \cdot p \cdot v}$
Mach-Zahl	$Ma = \frac{c}{a}$
Laval-Geschwindigkeit	$c_{\mathrm{L}} = a_{\mathrm{L}} = \sqrt{\frac{2 \cdot \kappa}{\kappa + 1} \cdot R_{\mathrm{i}} \cdot T_{\mathrm{R}}}$

© Springer-Verlag GmbH Deutschland, ein Teil von Springer Nature 2018
V. Schröder, *Übungsaufgaben zur Strömungsmechanik 1*,
https://doi.org/10.1007/978-3-662-56054-9_11

isentrope Stromfadenströmung $\left(\frac{c_2^2}{2} - \frac{c_1^2}{2}\right) = \frac{\kappa}{\kappa-1} \cdot \frac{p_1}{\rho_1} \cdot \left[1 - \left(\frac{p_2}{p_1}\right)^{\frac{\kappa-1}{\kappa}}\right]$

isotherme Rohrströmung $(p_1^2 - p_2^2) = \frac{\dot{m}^2 \cdot R_{\mathrm{i}} \cdot T_1}{A^2} \cdot \left[2 \cdot \ln\left(\frac{p_1}{p_2}\right) + \lambda \cdot \frac{L}{D}\right]$

Adiabate Rohrströmung $L = \frac{D}{\lambda} \cdot \left[\frac{1}{\kappa \cdot Ma_1^2} \cdot \left(1 + \frac{\kappa-1}{2} \cdot Ma_1^2\right) \cdot \left(1 - \frac{c_1^2}{c_2^2}\right)\right.$

$$+ \frac{\kappa+1}{2 \cdot \kappa} \cdot \ln\left(\frac{c_1^2}{c_2^2}\right)\Bigg]$$

$$L_{\mathrm{Grenz}} = \frac{D}{\lambda} \cdot \frac{\kappa+1}{2 \cdot \kappa} \cdot \left[\frac{1}{Ma_{1,\mathrm{krit}}^2} - 1 + \ln\left(Ma_{1,\mathrm{krit}}^2\right)\right]$$

Hauptsatz der Thermodynamik $q_{1;2} + w_{\mathrm{i}1;2}^* = (h_2 - h_1) + \frac{1}{2} \cdot \left(c_2^2 - c_1^2\right) + g \cdot (Z_2 - Z_1)$

isentrope Zustandsänderung $p \cdot v^\kappa = \mathrm{konstant}$

thermische Zustandsgleichung $p \cdot v = R_{\mathrm{i}} \cdot T$

Totaltemperatur $T^* = T + \frac{1}{2 \cdot c_p} \cdot c^2$

Absoluttemperatur $T = 273 + \vartheta$

Aufgabe 11.1 Umströmter Körper

Ein Körper wird gemäß Abb. 11.1 von Luft umströmt. Zuströmung und Außenströmung
am Körper verlaufen reibungsfrei, was auch auf die gewählten Stellen 1 und 2 des betrachteten Stromfadens zutrifft. Im Punkt 1 sind Druck p_1, Geschwindigkeit c_1 und Dichte ρ_1
bekannt, im Punkt 2 dagegen nur der Druck p_2. Der Isentropenexponent κ von Luft liegt
ebenfalls vor. Ermitteln Sie die an den genannten Stellen benötigten Mach-Zahlen.

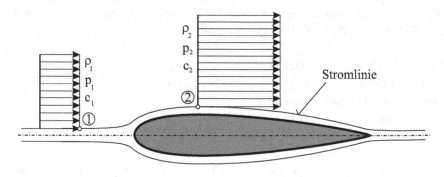

Abb. 11.1 Umströmter Körper

Lösung zu Aufgabe 11.1

Aufgabenerläuterung

Wenn von reibungsfreier Strömung ausgegangen wird und, wie auch hier, keine Wärmezu-fuhr und -abfuhr stattfinden soll, liegt eine isentrope Fluidströmung mit ihren spezifischen Gesetzmäßigkeiten vor. Deren Anwendung in Verbindung mit den gegebenen Größen steht im Mittelpunkt der vorliegenden Fragen.

Gegeben:

- p_1; c_1; ρ_1; p_2; κ

Gesucht:

1. Ma_1
2. Ma_2
3. Ma_1 und Ma_2, wenn $p_1 = 120\,000\,\text{Pa}$; $c_1 = 120\,\text{m/s}$; $\rho_1 = 1{,}40\,\text{kg/m}^3$; $p_2 = 0{,}90\,\text{bar}$; $\kappa = 1{,}40$

Anmerkung

- Es wird isentrope Strömung zu Grunde gelegt.

Lösungsschritte – Fall 1

Die **Mach-Zahl an der Stelle 1** ist

$$Ma_1 = \frac{c_1}{a_1},$$

wobei $a_1 = \sqrt{\kappa \cdot p_1 \cdot v_1}$ die Schallgeschwindigkeit an der Stelle 1 darstellt. Mit $v_1 = \frac{1}{\rho_1}$ folgt

$$Ma_1 = \frac{c_1}{\sqrt{\kappa \cdot \frac{p_1}{\rho_1}}}.$$

Lösungsschritte – Fall 2
Die **Mach-Zahl an der Stelle 2** ist

$$Ma_2 = \frac{c_2}{a_2},$$

mit $a_2 = \sqrt{\kappa \cdot p_2 \cdot v_2}$ als der Schallgeschwindigkeit an der Stelle 2. Mit $v_2 = \frac{1}{\rho_2}$ folgt

$$a_2 = \sqrt{\frac{\kappa \cdot p_2}{\rho_2}}.$$

Zur Bestimmung von Ma_2 müssen also noch c_2 und ρ_2 hergeleitet werden. Bei der Ermittlung von c_2 geht man im Fall der vorausgesetzten isentropen Körperumströmung von dem hierfür hergeleiteten Gesetz aus:

$$\frac{c_2^2}{2} - \frac{c_1^2}{2} = \frac{\kappa}{\kappa - 1} \cdot \frac{p_1}{\rho_1} \cdot \left[1 - \left(\frac{p_2}{p_1} \right)^{\frac{\kappa-1}{\kappa}} \right].$$

Wir bringen $c_1^2/2$ auf die rechte Seite, das führt zu

$$\frac{c_2^2}{2} = \frac{c_1^2}{2} + \frac{\kappa}{\kappa - 1} \cdot \frac{p_1}{\rho_1} \cdot \left[1 - \left(\frac{p_2}{p_1} \right)^{\frac{\kappa-1}{\kappa}} \right].$$

Multiplikation mit 2 liefert

$$c_2^2 = c_1^2 + \frac{2 \cdot \kappa}{\kappa - 1} \cdot \frac{p_1}{\rho_1} \cdot \left[1 - \left(\frac{p_2}{p_1} \right)^{\frac{\kappa-1}{\kappa}} \right],$$

und Wurzelziehen ergibt dann

$$c_2 = \sqrt{ c_1^2 + \frac{2 \cdot \kappa}{\kappa - 1} \cdot \frac{p_1}{\rho_1} \cdot \left[1 - \left(\frac{p_2}{p_1} \right)^{\frac{\kappa-1}{\kappa}} \right] }.$$

Die in der Schallgeschwindigkeit a_2 jetzt noch benötigte Dichte ρ_2 lässt sich bei isentroper Gasströmung mit dem Ansatz $p \cdot v^{\kappa} = $ konstant oder mit $v = \frac{1}{\rho}$ dann aus $\frac{p}{\rho^{\kappa}} = $ konstant bestimmen. Auf den Stellen 1 und 2 angewendet ergibt das

$$\frac{p_1}{\rho_1^{\kappa}} = \frac{p_2}{\rho_2^{\kappa}}.$$

Da ρ_2 gesucht wird, muss wie folgt umgeformt werden:

$$\frac{\rho_2^{\kappa}}{\rho_1^{\kappa}} = \frac{p_2}{p_1}.$$

Potenzieren mit $(1/\kappa)$ führt auf

$$\frac{\rho_2}{\rho_1} = \left(\frac{p_2}{p_1}\right)^{\frac{1}{\kappa}},$$

nach Multiplikation mit ρ_1 liefert dies

$$\rho_2 = \rho_1 \cdot \left(\frac{p_2}{p_1}\right)^{\frac{1}{\kappa}}.$$

Die Schallgeschwindigkeit a_2 lautet folglich

$$a_2 = \sqrt{\kappa \cdot \frac{p_1^{1/\kappa} \cdot p_2^{1}}{\rho_1 \cdot p_2^{1/\kappa}}} = \sqrt{\kappa \cdot \frac{p_1^{1/\kappa}}{\rho_1} \cdot p_2^{1-1/\kappa}}$$

bzw.

$$a_2 = \sqrt{\kappa \cdot \frac{p_1^{\frac{1}{\kappa}} \cdot p_2^{\frac{\kappa-1}{\kappa}}}{\rho_1}}.$$

Das Ergebnis für Ma_2 folgt dann aus dem Zusammenhang

$$Ma_2 = \sqrt{\frac{\rho_1 \cdot \left[c_1^2 + \frac{2 \cdot \kappa}{\kappa-1} \cdot \frac{p_1}{\rho_1} \cdot \left(1 - \left(\frac{p_2}{\rho_1}\right)^{\frac{\kappa-1}{\kappa}}\right)\right]}{\kappa \cdot p_1^{\frac{1}{\kappa}} \cdot p_2^{\frac{\kappa-1}{\kappa}}}}.$$

Lösungsschritte – Fall 3

Für Ma_1 und Ma_2 erhalten wir, wenn $p_1 = 1{,}20$ bar, $c_1 = 120$ m/s, $\rho_1 = 1{,}40$ kg/m^3, $p_2 = 0{,}90$ bar und $\kappa = 1{,}40$ gegeben sind, unter dimensionsgerechter Anwendung der gegebenen Größen

$$Ma_1 = \frac{120}{\sqrt{1{,}4 \cdot \frac{120\,000}{1{,}4}}} = 0{,}346$$

$$Ma_2 = \frac{\sqrt{120^2 + \frac{2 \cdot 1{,}4}{1{,}4-1} \cdot \frac{120\,000}{1{,}4} \cdot \left[1 - \left(\frac{0{,}90}{1{,}20}\right)^{\frac{1{,}4-1}{1{,}4}}\right]}}{\sqrt{1{,}4 \cdot \frac{120\,000^{\frac{1}{1{,}4}} \cdot 90\,000^{\frac{1{,}4-1}{1{,}4}}}{1{,}40}}}$$

$$Ma_2 = 0{,}747.$$

Aufgabe 11.2 Mach-Zahl am Tragflügel

Bei der Umströmung einer Flugzeugtragfläche liegt unter der Voraussetzung eines mitbewegten Koordinatensystems der in Abb. 11.2 erkennbare Strömungsvorgang vor. Zuströmung und Außenströmung am Profil sollen reibungsfrei erfolgen. Ebenso wird weder
Wärmezufuhr noch -abfuhr angenommen. Dies sind die Voraussetzungen eines isentropen Strömungsvorgangs. Zu ermitteln ist die Mach-Zahl Ma_1, wenn diejenige im Zustrom
Ma_∞ bekannt ist, ebenso wie die Geschwindigkeit an der Stelle 1 und der Isentropenexponent κ der Luft.

Lösung zu Aufgabe 11.2

Aufgabenerläuterung
Die Erkenntnis, dass in strömenden kompressiblen Fluiden die Schallgeschwindigkeit mit
wachsender Strömungsgeschwindigkeit abnimmt und umgekehrt, steht im Mittelpunkt

Abb. 11.2 Mach-Zahl am
Tragflügel

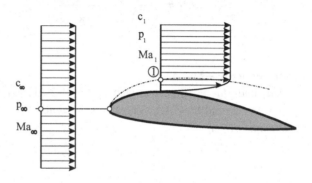

dieser Aufgabe. Die betreffenden Gesetzmäßigkeiten sind zur Lösung der Fragestellung mit den gegebenen Größen zu bearbeiten.

Gegeben:

- $Ma_\infty = 0,5$; $c_1 = 1,7 \cdot c_\infty$; $\kappa = 1,4$

Gesucht:

Ma_1

Anmerkungen

- Bei isentropem Strömungsvorgang kann man folgende Gleichung herleiten:

$$\frac{c_1^2}{2} + \frac{a_1^2}{\kappa - 1} = \frac{c_2^2}{2} + \frac{a_2^2}{\kappa - 1}$$

- Die Stelle ungestörter Anströmung wird mit dem Index ∞ belegt, die Stelle beginnender reibungsfreier Außenströmung mit dem Index 1.

Lösungsschritte

Die genannte Gleichung muss zunächst auf die hier vorliegenden Stellen ∞ und 1 abgestimmt werden. Man kann folglich $1 \equiv \infty$ und $2 \equiv 1$ setzen. Dies hat

$$\frac{c_\infty^2}{2} + \frac{a_\infty^2}{\kappa - 1} = \frac{c_1^2}{2} + \frac{a_1^2}{\kappa - 1}$$

zur Folge. Werden jetzt die Mach-Zahlen als gegebene bzw. gesuchte Größen aufgrund der Definition $Ma = \frac{c}{a}$ eingeführt, so erhält man

$$a_\infty = \frac{c_\infty}{Ma_\infty} \quad \text{und} \quad a_1 = \frac{c_1}{Ma_1}.$$

Oben eingesetzt wird daraus

$$\frac{c_\infty^2}{2} + \frac{1}{\kappa - 1} \cdot \frac{c_\infty^2}{Ma_\infty^2} = \frac{c_1^2}{2} + \frac{1}{\kappa - 1} \cdot \frac{c_1^2}{Ma_1^2}.$$

Umgestellt nach der gesuchten Mach-Zahl Ma_1 wird das zu

$$\frac{1}{\kappa - 1} \cdot \frac{c_\infty^2}{Ma_\infty^2} = \frac{1}{\kappa - 1} \cdot \frac{c_1^2}{Ma_1^2} + \frac{c_\infty^2}{2} - \frac{c_1^2}{2}.$$

Dann wird mit $(\kappa - 1)$ multipliziert,

$$\frac{c_\infty^2}{Ma_\infty^2} = \frac{c_1^2}{Ma_1^2} + (\kappa - 1) \cdot \frac{c_1^2}{2} \cdot \left(\frac{c_\infty^2}{c_1^2} - 1 \right),$$

und danach durch c_1^2 dividiert:

$$\frac{1}{Ma_1^2} = \left[\frac{1}{Ma_\infty^2} \cdot \frac{c_\infty^2}{c_1^2} + \frac{\kappa - 1}{2} \cdot \left(\frac{c_\infty^2}{c_1^2} - 1 \right) \right].$$

Das Ergebnis entsteht aus der Wurzel des reziproken Ausdrucks wie folgt:

$$Ma_1 = \frac{1}{\sqrt{\frac{1}{Ma_\infty^2} \cdot \frac{c_\infty^2}{c_1^2} + \frac{\kappa - 1}{2} \cdot \left(\frac{c_\infty^2}{c_1^2} - 1 \right)}}.$$

Mit den vorgegebenen Werten erhält man dann:

$$Ma_1 = \frac{1}{\sqrt{\frac{1}{0,5^2} \cdot \left(\frac{c_\infty}{1,7 \cdot c_\infty} \right)^2 + \frac{1,4-1}{2} \cdot \left[\left(\frac{c_\infty}{1,7 \cdot c_\infty} \right)^2 - 1 \right]}} = 0,893.$$

Aufgabe 11.3 Isentrope Stromfadenströmung

Die Voraussetzungen isentroper Strömung eines Fluids sind, dass weder Wärmeenergie zu- oder abgeführt wird, noch Strömungsverluste berücksichtigt werden. Unter diesem Aspekt soll die nachfolgende Luftströmung entlang eines Stromfadens betrachtet werden. An einer Stelle 1 des Fadens kennt man Geschwindigkeit c_1, Druck p_1 und die Dichte ρ_1 sowie des Weiteren an der Stelle 2 die Geschwindigkeit c_2. Von bekanntem Isentropenexponenten κ und spezifischer Gaskonstante R_i der Luft kann ebenfalls ausgegangen werden. Zu ermitteln sind an der Stelle 1 die Temperatur T_1 und danach an der Stelle 2 der Druck p_2 sowie die Temperatur T_2.

Lösung zu Aufgabe 11.3

Aufgabenerläuterung
Die im Fall isentroper Fluidströmung hergeleiteten spezifischen Gesetzmäßigkeiten sowie die thermische Zustandsgleichung sind als Grundlagen bei der Lösung der gestellten Fragen einzusetzen. Hierbei müssen die betreffenden Gleichungen auf die gegebenen und gesuchten Größen abgestimmt werden.

Gegeben:

- c_1; p_1; ρ_1; c_2; κ; R_i

Gesucht:

1. T_1
2. p_2
3. T_2
4. T_1, p_2 und T_2, wenn $c_1 = 30{,}5\,\mathrm{m/s}$; $p_1 = 3{,}50\,\mathrm{bar}$; $\rho_1 = 2{,}854\,\mathrm{kg/m^3}$; $c_2 = 150\,\mathrm{m/s}$; $\kappa = 1{,}40$; $R_i = 287\,\mathrm{N \cdot m/(kg \cdot K)}$

Anmerkung

- isentrope Strömung kompressibler Fluide zwischen den Stellen 1 und 2

Lösungsschritte – Fall 1

An die **Temperatur** T_1 kommen wir mit der thermischen Zustandsgleichung $p \cdot v = R_i \cdot T$ und mit $v = 1/\rho$ nach Auflösen nach der gesuchten Temperatur:

$$T = \frac{p}{\rho \cdot R_i}.$$

An der Stelle 1 erhält man also

$$T_1 = \frac{p_1}{\rho_1 \cdot R_i}.$$

Lösungsschritte – Fall 2

Für den **Druck** p_2 verwenden wir den bekannten Ansatz im Fall isentrop angenommener Strömung:

$$\frac{c_2^2}{2} - \frac{c_1^2}{2} = \frac{\kappa}{\kappa - 1} \cdot \frac{p_1}{\rho_1} \cdot \left[1 - \left(\frac{p_2}{p_1} \right)^{\frac{\kappa - 1}{\kappa}} \right].$$

Multiplikation mit $\frac{\kappa - 1}{\kappa} \cdot \frac{\rho_1}{p_1}$ ergibt

$$1 - \left(\frac{p_2}{p_1} \right)^{\frac{\kappa - 1}{\kappa}} = \frac{\kappa - 1}{\kappa} \cdot \frac{\rho_1}{p_1} \cdot \left(\frac{c_2^2}{2} - \frac{c_1^2}{2} \right).$$

Umgeformt nach dem Druckverhältnis,

$$\left(\frac{p_2}{p_1} \right)^{\frac{\kappa - 1}{\kappa}} = 1 - \frac{\kappa - 1}{\kappa} \cdot \frac{\rho_1}{p_1} \cdot \left(\frac{c_2^2}{2} - \frac{c_1^2}{2} \right),$$

und potenziert mit $\left(\frac{\kappa}{\kappa-1}\right)$, schreibt sich dies

$$\frac{p_2}{p_1} = \left[1 - \frac{\kappa-1}{\kappa} \cdot \frac{\rho_1}{p_1} \cdot \left(\frac{c_2^2}{2} - \frac{c_1^2}{2}\right)\right]^{\frac{\kappa}{\kappa-1}}.$$

Daraus folgt als Ergebnis für p_2

$$p_2 = p_1 \cdot \left[1 - \frac{\kappa-1}{2\cdot\kappa} \cdot \frac{\rho_1}{p_1} \cdot \left(c_2^2 - c_1^2\right)\right]^{\frac{\kappa}{\kappa-1}}.$$

Lösungsschritte – Fall 3

Analog zu T_1 ermittelt man die **Temperatur T_2** aus

$$T_2 = \frac{p_2}{\rho_2 \cdot R_i}.$$

Da die Dichte ρ_2 noch unbekannt ist, muss auf den Zusammenhang bei isentroper Zustandsänderung, $p \cdot v^\kappa = $ konstant oder $\frac{p}{\rho^\kappa} = $ konstant, zurückgegriffen werden. An den Stellen 1 und 2 liefert dies

$$\frac{p_1}{\rho_1^\kappa} = \frac{p_2}{\rho_2^\kappa} \quad \text{oder} \quad \left(\frac{\rho_2}{\rho_1}\right)^\kappa = \frac{p_2}{p_1}.$$

Potenziert mit $(1/\kappa)$ gelangt man zu

$$\frac{\rho_2}{\rho_1} = \left(\frac{p_2}{p_1}\right)^{1/\kappa}.$$

Daher lautet dann

$$\rho_2 = \rho_1 \cdot \left(\frac{p_2}{p_1}\right)^{1/\kappa}.$$

Für T_2 erhält man als Ergebnis

$$T_2 = \frac{p_1^{\frac{1}{\kappa}} \cdot p_2^{\frac{\kappa-1}{\kappa}}}{\rho_1 \cdot R_i}.$$

Lösungsschritte – Fall 4

Für T_1, p_2 und T_2 bekommen wir, wenn $c_1 = 30,5\,\text{m/s}$, $p_1 = 3,50\,\text{bar}$, $\rho_1 = 2,854\,\text{kg/m}^3$, $c_2 = 150\,\text{m/s}$, $\kappa = 1,40$ und $R_i = 287\,\text{N} \cdot \text{m/(kg} \cdot \text{K)}$ gegeben sind, bei dimensionsgerechter Verwendung der gegebenen Größen

$$p_2 = 350\,000 \cdot \left[1 - \frac{1,4-1}{2 \cdot 1,4} \cdot \frac{2,85}{350\,000} \cdot \left(150^2 \cdot 30,5^2\right)\right]^{\frac{1,4}{1,4-1}}$$

$$p_2 = 320\,175\,\text{Pa}$$

$$T_1 = \frac{350\,000}{2,854 \cdot 287}$$

$$T_1 = 427,3\,\text{K} \quad \text{oder} \quad \vartheta_1 = 154,1\,^\circ\text{C}$$

$$T_2 = \frac{350\,000^{\frac{1}{1,4}} \cdot 320\,175^{\frac{1,4-1}{1,4}}}{2,854 \cdot 287}$$

$$T_2 = 416,58\,\text{K} \quad \text{oder} \quad \vartheta_2 = 143,4\,^\circ\text{C}$$

Aufgabe 11.4 Isotherme Rohrströmung

Bei einer im Erdreich verlegten, nicht isolierten langen Rohrleitung wird die in Folge der Strömungsverluste entstehende Wärmeenergie nach außen abgeleitet, sodass die Temperatur im Rohr weitgehend konstant bleibt. An zwei Stellen einer Leitung des Durchmessers D werden die statischen Drücke p_1 und p_2 sowie die Temperatur $\vartheta_1 = \vartheta_2$ gemessen. Die beiden Messstellen weisen den Abstand L zueinander auf. Vom Fluid (Luft) sind die spezifische Gaskonstante R_i und die kinematische Zähigkeit ν bekannt. Ermitteln Sie den Massenstrom $\dot{m}$ sowie die Strömungsgeschwindigkeiten c_1 und c_2.

Lösung zu Aufgabe 11.4

Aufgabenerläuterung
Die vorliegende Aufgabe befasst sich mit der Anwendung der im Falle isothermer Rohrströmung hergeleiteten Berechnungsgleichung. Diese ist unter Berücksichtigung der vorliegenden Angaben so umzustellen, dass die gesuchten Größen bestimmbar werden.

Bei der Ermittlung von $\dot{m}$ wird hierbei ein Iterationsverfahren erforderlich, da in der unbekannten Rohrreibungszahl λ die Strömungsgeschwindigkeit einfließt, die ihrerseits wieder vom Volumenstrom und folglich vom Massenstrom abhängt.

Gegeben:

- $p_1 = 5{,}0\,\text{bar}$; $p_2 = 3{,}46\,\text{bar}$; $\vartheta_1 = \vartheta_2 = 18\,°\text{C}$; $R_i = 287\,\text{N} \cdot \text{m}/(\text{kg} \cdot \text{K})$; $\nu_L = 15{,}1 \cdot 10^{-6}\,\text{m}^2/\text{s}$; $D = 150\,\text{mm}$; $L = 150\,\text{m}$; hydraulisch glatte Oberfläche

Gesucht:

1. $\dot{m}$
2. c_1; c_2

Anmerkungen

- Das erforderliche Iterationsverfahren soll mit $\lambda_1 = 0{,}020$ gestartet werden.
- Bei hydraulisch glatten Rohren gilt die Gleichung von Nikuradse:

$$\lambda = 0{,}0032 + 0{,}221 \cdot Re^{-0{,}237}.$$

Lösungsschritte – Fall 1

Zur Ermittlung des **Massenstroms** $\dot{m}$ kommt die folgende Gleichung isothermer Rohrströmung zur Anwendung:

$$\left(p_1^2 - p_2^2\right) = \frac{\dot{m}^2 \cdot R_i \cdot T_1}{A^2} \cdot \left[2 \cdot \ln\left(\frac{p_1}{p_2}\right) + \lambda \cdot \frac{L}{D}\right].$$

Die Frage nach $\dot{m}$ erfordert die nachstehenden Umformungen. Nach Multiplikation mit

$$\frac{A^2}{R_i \cdot T_1} \cdot \frac{1}{\left[2 \cdot \ln\left(\frac{p_1}{p_2}\right) + \lambda \cdot \frac{L}{D}\right]}$$

gelangt man zunächst zu

$$\dot{m}^2 = \frac{A^2 \cdot \left(p_1^2 - p_2^2\right)}{R_i \cdot T_1 \cdot \left[2 \cdot \ln\left(\frac{p_1}{p_2}\right) + \lambda \cdot \frac{L}{D}\right]}.$$

Nach dem Wurzelziehen sowie mit $A = \frac{\pi}{4} \cdot D^2$ lautet das Ergebnis

$$\dot{m} = \frac{\pi}{4} \cdot D^2 \cdot \sqrt{\frac{p_1^2 - p_2^2}{R_i \cdot T_1}} \cdot \frac{1}{\sqrt{2 \cdot \ln\left(\frac{p_1}{p_2}\right) + \lambda \cdot \frac{L}{D}}}.$$

Unter Verwendung dimensionsgerechter Zahlenwerte entsteht die Auswertungsfunktion, die im angesprochenen Iterationsverfahren benötigt wird.

$$\dot{m} = \frac{\pi}{4} \cdot 0{,}15^2 \cdot \sqrt{\frac{(500\,000^2 - 346\,000^2)}{287 \cdot 291}} \cdot \frac{1}{\sqrt{2 \cdot \ln\left(\frac{5}{3{,}46}\right) + \lambda \cdot \frac{150}{0{,}15}}}$$

oder

$$\dot{m} = 22{,}071 \cdot \frac{1}{\sqrt{0{,}7363 + 1\,000 \cdot \lambda}} \left[\frac{\text{kg}}{\text{s}}\right]$$

mit

$$\lambda = 0{,}0032 + 0{,}221 \cdot Re^{-0{,}237}.$$

Zur Ermittlung der jeweils neuen Rohrreibungszahl λ wird im Fall glatter Rohroberflächen die Reynolds-Zahl benötigt. Diese kann als Berechnungsgleichung mit den gegebenen Größen wie folgt bestimmt werden.

$Re = \frac{c \cdot D}{\nu}$ Reynolds-Zahl
$\dot{V} = c \cdot A$ Volumenstrom
$A = \frac{\pi}{4} \cdot D^2$ Rohrquerschnittsfläche
$\dot{m} = \rho \cdot \dot{V}$ Massenstrom
$p \cdot v = R_i \cdot T$ thermische Zustandsgleichung
$v = \frac{1}{\rho}$ spezifisches Volumen

Mit diesen Zusammenhängen gelangt man an der Stelle 1 zu

$$Re_1 = \frac{4 \cdot R_i \cdot T_1}{\pi \cdot D \cdot v \cdot p_1} \cdot \dot{m} = \frac{4 \cdot 287 \cdot 291 \cdot 1\,000\,000}{\pi \cdot 0{,}15 \cdot 15{,}1 \cdot 500\,000} \cdot \dot{m}.$$

Es folgt somit

$$Re_1 = 93\,896 \cdot \dot{m}$$

1. Iterationsschritt   **Annahme:**
$$\lambda_{1_1} = 0{,}020$$

$$\dot{m}_1 = 22{,}071 \cdot \frac{1}{\sqrt{0{,}7363 + 1\,000 \cdot 0{,}020}} = 4{,}847 \left[\frac{kg}{s}\right]$$

$$Re_{1_1} = 93\,896 \cdot \dot{m}_1 = 93\,896 \cdot 4{,}847 = 455\,114$$

$$\lambda_{1_2} = 0{,}0032 + 0{,}221 \cdot 455\,114^{-0{,}237} = 0{,}01328$$

2. Iterationsschritt
$$\lambda_{1_2} = 0{,}01328$$

$$\dot{m}_2 = 22{,}071 \cdot \frac{1}{\sqrt{0{,}7363 + 1\,000 \cdot 0{,}01328}} = 5{,}895 \left[\frac{kg}{s}\right]$$

$$Re_{1_2} = 93\,896 \cdot \dot{m}_1 = 93\,896 \cdot 5{,}895 = 553\,544$$

$$\lambda_{1_3} = 0{,}0032 + 0{,}221 \cdot 553\,544^{-0{,}237} = 0{,}01282$$

3. Iterationsschritt

$$\lambda_{1_3} = 0{,}01282$$

$$\dot{m}_3 = 22{,}071 \cdot \frac{1}{\sqrt{0{,}7363 + 1\,000 \cdot 0{,}01282}} = 5{,}994 \left[\frac{kg}{s}\right]$$

$$Re_{1_3} = 93\,896 \cdot \dot{m}_1 = 93\,896 \cdot 5{,}994 = 562\,858$$

$$\lambda_{1_4} = 0{,}0032 + 0{,}221 \cdot 562\,858^{-0{,}237} = 0{,}012784$$

4. Iterationsschritt

$$\lambda_{1_4} = 0{,}01278$$

$$\dot{m}_4 = 22{,}071 \cdot \frac{1}{\sqrt{0{,}7363 + 1\,000 \cdot 0{,}01278}} = 6{,}003 \left[\frac{\text{kg}}{\text{s}}\right]$$

$$Re_{1_4} = 93\,896 \cdot \dot{m}_1 = 93\,896 \cdot 6{,}003 = 563\,690$$

$$\lambda_{1_5} = 0{,}0032 + 0{,}221 \cdot 563\,690^{-0{,}237} = 0{,}012781$$

Der Unterschied zwischen λ_{1_4} und λ_{1_5} ist vernachlässigbar, sodass mit $\dot{m}_4$ der gesuchte Massenstrom feststeht:

$$\dot{m} = 6{,}0\frac{\text{kg}}{\text{s}}.$$

Lösungsschritte – Fall 2

Die **Geschwindigkeit** c_1 lässt sich mit o. g. Zusammenhängen aus

$$c_1 = \frac{4 \cdot R_\text{i} \cdot T_1}{\pi \cdot D^2 \cdot p_1} \cdot \dot{m} = \frac{4 \cdot 287 \cdot 291}{\pi \cdot 0{,}15^2 \cdot 500\,000} \cdot 6{,}0$$

ermitteln. Man erhält

$$c_1 = 56{,}70\frac{\text{m}}{\text{s}}.$$

Die **Geschwindigkeit** c_2 ermittelt sich bei konstantem Massenstrom wie folgt:

$$\dot{m} = \rho_1 \cdot c_1 \cdot A = \rho_2 \cdot c_2 \cdot A.$$

Hieraus erhält man

$$c_2 = \frac{\rho_1}{\rho_2} \cdot c_1.$$

Einsetzen der Dichte $\rho = \frac{p}{R_\text{i} \cdot T}$ an den Stellen 1 und 2 führt zu

$$c_2 = \frac{\frac{p_1}{R_\text{i} \cdot T_1}}{\frac{p_2}{R_\text{i} \cdot T_2}} \cdot c_1 = c_2 = \frac{p_1}{p_2} \cdot c_1.$$

Damit bekommen wir

$$c_2 = \frac{500\,000}{346\,000} \cdot 56{,}7 = 81{,}94 \frac{\text{m}}{\text{s}}.$$

Aufgabe 11.5 Geschoss

Ein Geschoss fliegt mit der Geschwindigkeit c_1 durch ruhende Luft. Unter zu Grunde Legung eines mit dem Geschoss mitbewegten Koordinatensystems kann der Vorgang auch in der Weise verstanden werden, dass, wie in Abb. 11.3 dargestellt, eine stationäre homogene Luftzuströmung zum ruhenden Geschoss erfolgt. Betrachtet man die strichpunktiert dargestellte mittlere Stromlinie, so sollen an einer Stelle 1 vor dem Geschoss Geschwindigkeit c_1, Druck p_1 und Temperatur ϑ_1 bekannt sein. Im Staupunkt 2 dieser Stromlinie wird bekanntermaßen die Geschwindigkeit $c_2 = 0$. Welche Werte erreichen die Mach-Zahl bei 1 sowie der Druck p_2 im Staupunkt und die Totaltemperatur T^*?

Lösung zu Aufgabe 11.5

Aufgabenerläuterung
Unter den Voraussetzungen reibungsfreier Zuströmung zum Geschoss und nicht vorhandener Wärmezufuhr oder -abfuhr liegt eine isentrope Fluidströmung mit ihren spezifischen Gesetzmäßigkeiten vor. Deren Anwendung steht bei der Ermittlung der gesuchten Größen in Verbindung mit den gegebenen Größen im Mittelpunkt der vorliegenden Aufgabe.

Gegeben:

- p_1; ϑ_1; c_1; κ; R_i; c_p

Abb. 11.3 Geschoss

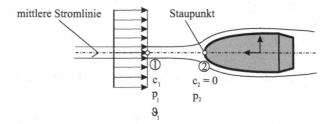

Gesucht:

1. Ma_1
2. p_2
3. T^*
4. Ma_1, p_2 und T^*, wenn $p_1 = 0{,}9850\,\text{bar}$; $\vartheta_1 = 15\,°\text{C}$; $c_1 = 320\,\text{m/s}$; $\kappa = 1{,}40$; $R_i = 287\,\text{N} \cdot \text{m/(kg} \cdot \text{K)}$; $c_p = 1\,002\,\text{N} \cdot \text{m/(kg} \cdot \text{K)}$

Lösungsschritte – Fall 1

Mit der Definition $Ma_1 = \frac{c_1}{a_1}$ als **Mach-Zahl an der Stelle 1** sowie der Schallgeschwindigkeit $a_1 = \sqrt{\kappa \cdot p_1 \cdot v_1}$ und der thermischen Zustandsgleichung dort, $p_1 \cdot v_1 = R_i \cdot T_1$, gelangt man zu

$$Ma_1 = \frac{c_1}{\sqrt{\kappa \cdot R_i \cdot T_1}}.$$

Lösungsschritte – Fall 2

Um den **Druck p_2** zu ermitteln, muss von nachstehender Gleichung isentroper Strömung Gebrauch gemacht werden. Hierbei ist im aktuellen Fall $c_2 = 0$ zu setzen.

$$\frac{c_2^2 - c_1^2}{2} = \frac{\kappa}{\kappa - 1} \cdot \frac{p_1}{\rho_1} \cdot \left[1 - \left(\frac{p_2}{p_1}\right)^{\frac{\kappa-1}{\kappa}}\right].$$

Dies liefert zunächst

$$-\frac{c_1^2}{2} = \frac{\kappa}{\kappa - 1} \cdot \frac{p_1}{\rho_1} \cdot \left[1 - \left(\frac{p_2}{p_1}\right)^{\frac{\kappa-1}{\kappa}}\right].$$

Multipliziert man mit $\frac{\kappa-1}{\kappa} \cdot \frac{\rho_1}{p_1}$,

$$\left(-\frac{c_1^2}{2}\right) \cdot \frac{\kappa - 1}{\kappa} \cdot \frac{\rho_1}{p_1} = 1 - \left(\frac{p_2}{p_1}\right)^{\frac{\kappa-1}{\kappa}},$$

separiert nach $\left(\frac{p_2}{p_1}\right)^{\frac{\kappa-1}{\kappa}}$,

$$\left(\frac{p_2}{p_1}\right)^{\frac{\kappa-1}{\kappa}} = 1 + \frac{c_1^2}{2} \cdot \frac{\kappa - 1}{\kappa} \cdot \frac{\rho_1}{p_1}$$

Und potenziert mit $\left(\frac{\kappa}{\kappa-1}\right)$, führt dies auf

$$\frac{p_2}{p_1} = \left(1 + \frac{c_1^2}{2} \cdot \frac{\kappa-1}{\kappa} \cdot \frac{\rho_1}{p_1}\right)^{\frac{\kappa}{\kappa-1}}.$$

Wir setzen jetzt

$$p_1 \cdot v_1 = \frac{p_1}{\rho_1} = R_i \cdot T \quad \text{oder} \quad \frac{\rho_1}{p_1} = \frac{1}{R_i \cdot T_1}$$

ein und multiplizieren noch mit p_1:

$$p_2 = p_1 \cdot \left(1 + \frac{c_1^2}{2} \cdot \frac{\kappa-1}{\kappa} \cdot \frac{1}{R_i \cdot T_1}\right)^{\frac{\kappa}{\kappa-1}}.$$

Lösungsschritte – Fall 3
Die **Totaltemperatur** T^* der Strömung kompressibler Fluide,

$$T^* = T + \frac{1}{2 \cdot c_p} \cdot c^2,$$

wird sinnvollerweise an der Stelle 1 ermittelt, da hier alle erforderlichen Größen bekannt sind, also

$$T^* = T_1 + \frac{1}{2 \cdot c_p} \cdot c_1^2.$$

Lösungsschritte – Fall 4
Als Zahlenwerte für die Größen Ma_1, p_2 und T^* erhalten wir im Fall, dass $p_1 = 0{,}9850\,\text{bar}$, $\vartheta_1 = 15\,°\text{C}$, $c_1 = 320\,\text{m/s}$, $\kappa = 1{,}40$, $R_i = 287\,\text{N} \cdot \text{m/(kg} \cdot \text{K)}$ und $c_p = 1\,002\,\text{N} \cdot \text{m/(kg} \cdot \text{K)}$ gegeben sind, bei dimensionsgerechter Rechnung,

$$Ma_1 = \frac{320}{\sqrt{1{,}4 \cdot 287 \cdot 288}},$$

wobei $T_1 = 273 + 15 = 288\,\text{K}$,

$$Ma_1 = 0{,}9407$$

$$p_2 = 98\,500 \cdot \left[1 + \frac{320^2}{2} \cdot \frac{1,4 - 1}{1,4} \cdot \frac{1}{287 \cdot 288}\right]^{\frac{1,4}{1,4-1}}$$

$$p_2 = 174\,233\,\text{Pa} \equiv 1,742\,\text{bar}$$

$$T^* = 288 + \frac{1}{2 \cdot 1\,002} \cdot 320^2$$

$$T^* = 339,1\,\text{K} \equiv 66°\text{C}$$

Aufgabe 11.6 Gasbehälter mit Kolben

Ein sehr großer zylindrischer Gasbehälter wird gegenüber der Atmosphäre von einem Kolben vollkommen abgedichtet (Abb. 11.4). Der Kolben mit der Masse m erzeugt im Behälter einen homogenen Druck p_1. An der Stelle 2 im Behälterboden strömt das Gas aufgrund des Drucks p_1 mit der Geschwindigkeit c_2 ins Freie. Zwischen Kolben und Behälterwand sollen keine Haft- oder Reibungskräfte wirksam werden. Wie groß wird der Druck p_1 und wie groß muss die Kolbenmasse m gewählt werden, um eine gewünschte Austrittsgeschwindigkeit c_2 zu erzeugen? Hierbei ist von einem bekannten Durchmessern D_1 auszugehen ebenso wie von der spezifischen Gaskonstanten R_i und dem Isentropenexponent κ. Die Temperatur an der Stelle 1 liegt mit ϑ_1 ebenfalls vor.

Abb. 11.4 Gasbehälter mit Kolben

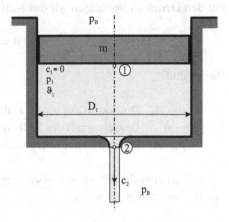

Lösung zu Aufgabe 11.6

Aufgabenerläuterung

Bei der Bestimmung des Drucks ist vom Kräftegleichgewicht am Kolben auszugehen. Wenn auch der Kolben nur eine vernachlässigbare Sinkgeschwindigkeit aufweisen soll, so ist bei der Lösung der Frage nach der den Druck p_1 erzeugenden Masse dennoch von einem Strömungsprozess von 1 nach 2 auszugehen. Da kein Wärmeaustausch stattfinden soll und Strömungsverluste ausgeschlossen werden, sind die Gesetze der isentropen Strömung anzuwenden.

Gegeben:

- D_1; ϑ_1; c_2; p_B; κ; R_i

Gesucht:

1. p_1
2. m
3. p_1 und m, wenn $D_1 = 300\,\text{mm}$; $\vartheta_1 = 27\,°\text{C}$; $c_2 = 100\,\text{m/s}$; $p_B = 100\,000\,\text{Pa}$; $\kappa = 1{,}4$; $R_i = 287\,\text{N} \cdot \text{m/(kg} \cdot \text{K)}$

Anmerkungen

- Kolben sinkt nicht nennenswert ab: $c_1 \approx 0$
- keine gewichtskraftbedingte Druckverteilung im eingeschlossenen Gas
- Haft- oder Reibungskräfte am Kolben sind vernachlässigbar.

Lösungsschritte – Fall 1

Für den **Druck p_1** betrachten wir das Kräftegleichgewicht am Kolben:

$$\sum F_{i_z} = 0 = F_{p_1} - F_G - F_{p_B}.$$

Hierin sind

$F_{p_1} = p_1 \cdot A_1$ Druckkraft auf untere Kolbenfläche
$F_G = g \cdot m$ Gewichtskraft des Kolbens
$F_{p_B} = p_B \cdot A_1$ Druckkraft auf obere Kolbenfläche

Diese Zusammenhänge werden oben eingesetzt und nach dem gesuchten Druck p_1 getrennt, dies führt zunächst zu

$$p_1 \cdot A_1 = p_B \cdot A_1 + F_G.$$

Nach Division durch A_1 und unter Verwendung der Fläche $A_1 = \frac{\pi}{4} \cdot D_1^2$ gelangt man zum Ergebnis

$$p_1 = p_B + \frac{4 \cdot g \cdot m}{\pi \cdot D_1^2}.$$

Lösungsschritte – Fall 2

Für die **Masse m** verwenden wir bei vorgegebenen Austrittsgeschwindigkeit c_2, die bei dem isentropen Strömungsvorgang entscheidend vom Druck p_1 und somit wiederum von der gesuchten Kolbenmasse m abhängt, als Ansatz den folgenden Zusammenhang:

$$\frac{c_2^2}{2} - \frac{c_1^2}{2} = \frac{\kappa}{\kappa - 1} \cdot R_i \cdot T_1 \cdot \left[1 - \left(\frac{p_2}{p_1} \right)^{\frac{\kappa-1}{\kappa}} \right].$$

Mit den hier vorliegenden Gegebenheiten $c_1 \approx 0$ und $p_2 = p_B$ folgt

$$\frac{c_2^2}{2} = \frac{\kappa}{\kappa - 1} \cdot R_i \cdot T_1 \cdot \left[1 - \left(\frac{p_B}{p_1} \right)^{\frac{\kappa-1}{\kappa}} \right]$$

Da die gesuchte Masse m im Druck p_1 (s. o.) enthalten ist, muss dieser wie folgt aus der Gleichung heraus isoliert werden. Multipliziert man die Gleichung mit $\frac{\kappa-1}{\kappa} \cdot \frac{1}{R_i \cdot T_1}$ und stellt die Seiten um, so entsteht

$$1 - \left(\frac{p_B}{p_1} \right)^{\frac{\kappa-1}{\kappa}} = \frac{c_2^2}{2} \cdot \frac{\kappa - 1}{\kappa} \cdot \frac{1}{R_i \cdot T_1} \quad \text{oder} \quad \left(\frac{p_B}{p_1} \right)^{\frac{\kappa-1}{\kappa}} = 1 - \frac{c_2^2}{2} \cdot \frac{\kappa - 1}{\kappa} \cdot \frac{1}{R_i \cdot T1}.$$

Mit $\frac{\kappa}{(\kappa-1)}$ potenziert

$$\frac{p_B}{p_1} = \left(1 - \frac{c_2^2}{2} \cdot \frac{\kappa - 1}{\kappa} \cdot \frac{1}{R_i \cdot T_1} \right)^{\frac{\kappa}{\kappa-1}}$$

und danach mit p_1 multipliziert, wird daraus

$$p_B = p_1 \cdot \left(1 - \frac{c_2^2}{2} \cdot \frac{\kappa - 1}{\kappa} \cdot \frac{1}{R_i \cdot T_1} \right)^{\frac{\kappa}{\kappa-1}}$$

oder, nach p_1 aufgelöst,

$$p_1 = \frac{p_B}{\left(1 - \frac{c_2^2}{2} \cdot \frac{\kappa-1}{\kappa} \cdot \frac{1}{R_i \cdot T_1} \right)^{\frac{\kappa}{\kappa-1}}}.$$

Nun benutzen wir

$$p_1 = p_B + \frac{g \cdot m}{A_1}$$

(s. o.) und erhalten

$$p_B + \frac{g \cdot m}{A_1} = \frac{p_B}{\left(1 - \frac{c_2^2}{2} \cdot \frac{\kappa-1}{\kappa} \cdot \frac{1}{R_1 \cdot T_1}\right)^{\frac{\kappa}{\kappa-1}}}$$

bzw.

$$\frac{g \cdot m}{A_1} = \frac{p_B}{\left(1 - \frac{c_2^2}{2} \cdot \frac{\kappa-1}{\kappa} \cdot \frac{1}{R_1 \cdot T_1}\right)^{\frac{\kappa}{\kappa-1}}} - p_B.$$

Nun wird p_B ausgeklammert, mit A_1/g multipliziert sowie $A_1 = \frac{\pi}{4} \cdot D_1^2$ eingesetzt, das Ergebnis ist dann

$$m = \frac{\pi}{4} \cdot D_1^2 \cdot \frac{p_B}{g} \cdot \left[\frac{1}{\left(1 - \frac{c_2^2}{2} \cdot \frac{\kappa-1}{\kappa} \cdot \frac{1}{R_1 \cdot T_1}\right)^{\frac{\kappa}{\kappa-1}}} - 1 \right].$$

Lösungsschritte – Fall 3

Mit $D_1 = 300\,\text{mm}$, $\vartheta_1 = 27\,°\text{C}$, $c_2 = 100\,\text{m/s}$, $p_B = 100\,000\,\text{Pa}$, $\kappa = 1{,}4$ und $R_i = 287\,\text{N} \cdot \text{m}/(\text{kg} \cdot \text{K})$ suchen wir die entsprechenden Werte von p_1 und m. Dabei muss zunächst die Masse m berechnet werden, die danach zur Bestimmung des Drucks p_1 erforderlich ist. Es ist wie immer auf dimensionsgerechten Gebrauch der gegebenen Größen zu achten.

Mit $T_1 = (273 + \vartheta_1)$ berechnet sich die Masse zu

$$m = \frac{\pi}{4} \cdot 0{,}30^2 \cdot \frac{100\,000}{9{,}81} \cdot \left[\frac{1}{\left[1 - \frac{100^2}{2} \cdot \frac{1{,}4-1}{1{,}4} \cdot \frac{1}{287 \cdot (273+27)}\right]^{\frac{1{,}4}{1{,}4-1}}} - 1 \right]$$

$$m = 43{,}45\,\text{kg}.$$

$$p_1 = 100\,000 + \frac{4 \cdot 9{,}81 \cdot 43{,}45}{\pi \cdot 0{,}30^2} = 106\,030\,\text{Pa}.$$

Aufgabe 11.7 Rohrleitung mit Kegeldiffusor

Eine Rohrleitung wird gemäß Abb. 11.5 von einem Gas (Luft) in der eingezeichneten Richtung durchströmt. Zwischen den beiden Rohrabschnitten unterschiedlicher Durchmesser D_1 und D_2 ist eine stetige Rohrerweiterung (Kegeldiffusor) installiert. In einem Referenzpunkt 1 vor dem Diffusor sind Durchmesser D_1, Druck p_1, Temperaturϑ_1 und Mach-Zahl Ma_1 bekannt. Des Weiteren ist das Verhältnis des Drucks in einem anderen Referenzpunkt 2 nach dem Diffusor bezogen auf den Druck vor dem Diffusor gegeben. Der Isentropenexponent κ sowie die spezifische Gaskonstante R_i des Fluids liegen ebenfalls vor. Bei dem Strömungsprozess sollen die Verluste vernachlässigt werden. Es wird auch davon ausgegangen, dass kein Wärmeaustausch über die Rohrwände zwischen strömendem Fluid und der Umgebung stattfindet. Gesucht wird der Massenstrom $\dot{m}$, der durch die Leitung fließt. Ebenso sollen die Geschwindigkeit c_2, die Dichte ρ_2 und die Mach-Zahl Ma_2 im Referenzpunkt 2 ermittelt werden. Abschließend ist die Frage nach der Bemessung des Durchmessers D_2 zu klären.

Lösung zu Aufgabe 11.7

Aufgabenerläuterung
Bei dem hier zu Grunde gelegten isentropen Strömungsvorgang sind die betreffenden Gesetzmäßigkeiten im Einklang mit den Vorgaben zur Lösung der gefragten Größen anzuwenden. Vom Kontinuitätsgesetz kompressibler Fluide und der thermischen Zustandsgleichung ist gleichfalls Gebrauch zu machen.

Gegeben:

- D_1; p_1; ϑ_1; Ma_1; p_2/p_1; κ; R_i

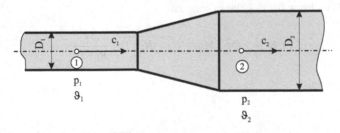

Abb. 11.5 Rohrleitung mit Kegeldiffusor

Gesucht:

1. $\dot{m}$
2. c_2
3. ρ_2
4. Ma_2
5. D_2
6. $\dot{m}$, c_2, ρ_2, Ma_2, D_2, wenn $D_1 = 300\,\mathrm{mm}$; $p_1 = 5,30\,\mathrm{bar}$; $\vartheta_1 = 127\,^\circ\mathrm{C}$; $Ma_1 = 0,50$; $p_2/p_1 = 1,1808$; $\kappa = 1,40$; $R_\mathrm{i} = 287\,\mathrm{N}\cdot\mathrm{m}/(\mathrm{kg}\cdot\mathrm{K})$

Lösungsschritte – Fall 1

Für den **Massenstrom** $\dot{m}$ bemerken wir, dass das Kontinuitätsgesetz kompressibler Fluide $\dot{m} = \rho \cdot c \cdot A = $ konstant lautet und somit im vorliegenden Fall

$$\dot{m} = \rho_1 \cdot c_1 \cdot A_1$$

gilt. Die hierin benötigten Größen lassen sich wie folgt bestimmen. Die thermische Zustandsgleichung $p \cdot v = R_\mathrm{i} \cdot T$ mit $v = 1/\rho$ liefert hier

$$\rho_1 = \frac{p_1}{R_\mathrm{i} \cdot T_1}.$$

Die Definition der Mach-Zahl $Ma = \frac{c}{a}$, an der Stelle 1 also $Ma_1 = \frac{c_1}{a_1}$, und die Schallgeschwindigkeit $a = \sqrt{\kappa \cdot R_\mathrm{i} \cdot T}$ respektive $a_1 = \sqrt{\kappa \cdot R_\mathrm{i} \cdot T_1}$ führen nach einer Umstellung zu

$$c_1 = Ma_1 \cdot \sqrt{\kappa \cdot R_\mathrm{i} \cdot T_1}.$$

Weiterhin ist $A_1 = \frac{\pi}{4} \cdot D_1^2$ die Fläche des Kreisquerschnitts bei 1. Mit diesen Zusammenhängen in der Gleichung für $\dot{m}$ gelangt man zu

$$\dot{m} = \frac{\pi}{4} \cdot D_1^2 \cdot Ma_1 \cdot \sqrt{\kappa \cdot R_\mathrm{i} \cdot T_1} \cdot \frac{p_1}{R_\mathrm{i} \cdot T_1}$$

oder zu dem Ergebnis

$$\dot{m} = \frac{\pi}{4} \cdot D_1^2 \cdot Ma_1 \cdot p_1 \cdot \sqrt{\frac{\kappa}{R_\mathrm{i} \cdot T_1}}.$$

Lösungsschritte – Fall 2

Die gesuchte **Geschwindigkeit** c_2 ist Bestandteil der Gleichung, die bei isentropen Strömungen hergeleitet wird:

$$\frac{c_2^2}{2} - \frac{c_1^2}{2} = \frac{\kappa}{\kappa - 1} \cdot R_i \cdot T_1 \cdot \left[1 - \left(\frac{p_2}{p_1}\right)^{\frac{\kappa-1}{\kappa}}\right].$$

Diese wird sodann umgeformt nach $c_2^2/2$:

$$\frac{c_2^2}{2} = \frac{c_1^2}{2} + \frac{\kappa}{\kappa - 1} \cdot R_i \cdot T_1 \cdot \left[1 - \left(\frac{p_2}{p_1}\right)^{\frac{\kappa-1}{\kappa}}\right],$$

dann mit 2 multipliziert,

$$c_2^2 = c_1^2 + \frac{2 \cdot \kappa}{\kappa - 1} \cdot R_i \cdot T_1 \cdot \left[1 - \left(\frac{p_2}{p_1}\right)^{\frac{\kappa-1}{\kappa}}\right]$$

und dann radiziert:

$$c_2 = \sqrt{c_1^2 + \frac{2 \cdot \kappa}{\kappa - 1} \cdot R_i \cdot T_1 \cdot \left[1 - \left(\frac{p_2}{p_1}\right)^{\frac{\kappa-1}{\kappa}}\right]}.$$

Wegen $c_1 = Ma_1 \cdot \sqrt{\kappa \cdot R_i \cdot T_1}$ (s. o.) wird das zu

$$c_2 = \sqrt{Ma_1^2 \cdot \kappa \cdot R_i \cdot T_1 + \frac{2 \cdot \kappa}{\kappa - 1} \cdot R_i \cdot T_1 \cdot \left[1 - \left(\frac{p_2}{p_1}\right)^{\frac{\kappa-1}{\kappa}}\right]}.$$

Jetzt wird nur noch unter der Wurzel $\kappa \cdot R_i \cdot T_1$ ausgeklammert:

$$c_2 = \sqrt{\kappa \cdot R_i \cdot T_1 \cdot \left\{Ma_1^2 \cdot + \frac{2}{\kappa - 1} \cdot \left[1 - \left(\frac{p_2}{p_1}\right)^{\frac{\kappa-1}{\kappa}}\right]\right\}}.$$

Lösungsschritte – Fall 3

Für die **Dichte** ρ_2 bemerken wir, dass bei isentroper Zustandsänderung $p \cdot v^{\kappa} = $ konstant gilt oder hier, mit $v = \frac{1}{\rho}$,

$$\frac{p_1}{\rho_1^{\kappa}} = \frac{p_2}{\rho_2^{\kappa}}.$$

Umgeformt nach der gesuchten Dichte ρ_2 erhält man zunächst $\frac{\rho_2^{\kappa}}{\rho_1^{\kappa}} = \frac{p_2}{p_1}$. Potenziert mit $(1/\kappa)$ liefert dies

$$\frac{\rho_2}{\rho_1} = \left(\frac{p_2}{p_1}\right)^{1/\kappa}$$

und nach ρ_2 aufgelöst

$$\rho_2 = \rho_1 \cdot \left(\frac{p_2}{p_1}\right)^{1/\kappa}.$$

Zur hierin noch unbekannten Dichte ρ_1 gelangt man mittels thermischer Zustandsgleichung an der Stelle 1 wie folgt: $p_1 \cdot v_1 = R_i \cdot T_1$ oder $\frac{p_1}{\rho_1} = R_i \cdot T_1$ bzw. umgeformt liefert

$$\rho_1 = \frac{p_1}{R_i \cdot T_1}.$$

Eingesetzt in o. g. Gleichung führt zum Ergebnis der gesuchten Dichte an der Stelle 2

$$\rho_2 = \frac{p_1}{R_i \cdot T_1} \cdot \left(\frac{p_2}{p_1}\right)^{1/\kappa}.$$

Lösungsschritte – Fall 4

Für die **Mach-Zahl an der Stelle 2** benötigen wir die folgenden Größen und Gleichungen:

$Ma_2 = \frac{c_2}{a_2}$ Mach-Zahl an der Stelle 2

c_2 Strömungsgeschwindigkeit an der Stelle 2 (s. o.)

$a_2 = \sqrt{\kappa \cdot p_2 \cdot v_2}$ Schallgeschwindigkeit an der Stelle 2

$a_2 = \sqrt{\kappa \cdot \frac{p_2}{\rho_2}}$ mit $v_2 = 1/\rho_2$

Setzt man den Druck $p_2 = \left(\frac{p_2}{p_1}\right) \cdot p_1$ und die Dichte

$$\rho_2 = \frac{p_1}{R_i \cdot T_1} \cdot \left(\frac{p_2}{p_1}\right)^{1/\kappa}$$

ein, so ergibt dies

$$a_2 = \sqrt{\kappa \cdot \frac{\left(\frac{p_2}{p_1}\right)^1 \cdot p_1}{\frac{p_1}{R_i \cdot T_1} \cdot \left(\frac{p_2}{p_1}\right)^{1/\kappa}}}$$

oder, nach Kürzen und Zusammenfassen,

$$a_2 = \sqrt{\kappa \cdot R_i \cdot T_1 \cdot \left(\frac{p_2}{p_1}\right)^{\frac{\kappa-1}{\kappa}}}.$$

Die gesuchte Mach-Zahl Ma_2 lässt sich, nachdem c_2 und a_2 nun vorliegen, ermitteln zu

$$Ma_2 = \sqrt{\frac{\kappa \cdot R_i \cdot T_1 \cdot \left[Ma_1^2 + \frac{2}{(\kappa-1)} \cdot \left(1 - \left(\frac{p_2}{p_1}\right)^{\frac{\kappa-1}{\kappa}}\right)\right]}{\kappa \cdot R_i \cdot T_1 \cdot \left(\frac{p_2}{p_1}\right)^{\frac{\kappa-1}{\kappa}}}}$$

oder, nach Kürzen und Umstellen,

$$Ma_2 = \sqrt{\left(\frac{p_1}{p_2}\right)^{\frac{\kappa-1}{\kappa}} \cdot \left[Ma_1^2 + \frac{2}{(\kappa-1)} \cdot \left(1 - \left(\frac{p_2}{p_1}\right)^{\frac{\kappa-1}{\kappa}}\right)\right]}.$$

Lösungsschritte – Fall 5

Für den **Durchmesser D_2** beginnen wir mit dem Kontinuitätsgesetz für kompressible Fluide:

$$(\dot{m} =) \rho_1 \cdot c_1 \cdot A_1 = \rho_2 \cdot c_2 \cdot A_2$$

mit $A_1 = \frac{\pi}{4} \cdot D_1^2$ und $A_2 = \frac{\pi}{4} \cdot D_2^2$ folgt nach Kürzen

$$\rho_1 \cdot c_1 \cdot \frac{\pi}{4} \cdot D_1^2 = \rho_2 \cdot c_2 \cdot \frac{\pi}{4} \cdot D_2^2.$$

Umgeformt nach D_2^2 erhält man

$$D_2^2 = D_1^2 \cdot \frac{\rho_1}{\rho_2} \cdot \frac{c_1}{c_2}$$

und nach Radizieren

$$D_2 = D_1 \cdot \sqrt{\frac{\rho_1}{\rho_2} \cdot \frac{c_1}{c_2}}.$$

Mit dem Dichteverhältnis

$$\frac{\rho_1}{\rho_2} = \left(\frac{p_1}{p_2}\right)^{1/\kappa}$$

(s. o.) und den bekannten Geschwindigkeiten c_1 und c_2 wird der Durchmesser D_2 berechnet mit:

$$D_2 = D_1 \cdot \sqrt{\left(\frac{p_1}{p_2}\right)^{1/\kappa} \cdot \frac{c_1}{c_2}}$$

Auf die Verwendung der genannten Geschwindigkeitsgleichungen wird hier wegen einer besseren Übersicht verzichtet.

Lösungsschritte – Fall 6

Jetzt sind die Werte von $\dot{m}$, c_2, ρ_2, Ma_2 und D_2 gefragt, wenn $D_1 = 300\,\text{mm}$, $p_1 = 5{,}30\,\text{bar}$, $\vartheta_1 = 127\,°\text{C}$, $Ma_1 = 0{,}50$, $p_2/p_1 = 1{,}1808$, $\kappa = 1{,}40$ und $R_\text{i} = 287\,\text{N} \cdot \text{m}/(\text{kg} \cdot \text{K})$ gegeben sind.

Unter Beachtung dimensionsgerechter Verwendung der Zahlenangaben berechnet man die gesuchten Größen wie folgt:

$$\dot{m} = \frac{\pi}{4} \cdot 0{,}30^2 \cdot 50 \cdot \sqrt{\frac{1{,}4}{287 \cdot 400}} \cdot 530\,000$$

$$\dot{m} = 65{,}41\,\text{kg/s}$$

$$c_2 = \sqrt{1{,}4 \cdot 287 \cdot 400 \cdot \left(0{,}5^2 + \frac{2}{1{,}4 - 1}\right) \cdot \left(1 - 1{,}1808^{\frac{1{,}4-1}{1{,}4}}\right)}$$

$$c_2 = 33{,}2\,\text{m/s}$$

$$\rho_2 = \frac{530\,000}{287 \cdot 400} \cdot 1{,}1808^{\frac{1}{1{,}4}}$$

$$\rho_2 = 5{,}199\,\text{kg/m}^3$$

$$Ma_2 = \sqrt{\left(\frac{1}{1{,}1808}\right)^{\frac{1{,}4-1}{1{,}4}} \cdot \left[0{,}50^2 + \frac{2}{1{,}4-1} \cdot \left(1 - 1{,}1\,808^{\frac{1{,}4-1}{1{,}4}}\right)\right]}$$

$$Ma_2 = 0{,}0809$$

Mit

$$c_1 = 0{,}50 \cdot \sqrt{1{,}4 \cdot 287 \cdot 400} = 200{,}45\,\text{m/s} \quad \text{und} \quad c_2 = 33{,}2\,\text{m/s} \quad (\text{s. o.}) \text{ wird}$$

$$D_2 = 0{,}30 \cdot \sqrt{\left(\frac{1}{1{,}1808}\right)^{\frac{1}{1{,}4}} \cdot \frac{200{,}45}{33{,}2}}$$

$$D_2 = 0{,}695\,\text{m} \equiv 695\,\text{mm}$$

Aufgabe 11.8 Luftstrahl mit Pitot-Rohr

Aus einem Druckbehälter strömt an der Stelle 1 Luft ins Freie, wobei der Druck p_1 und die Temperatur ϑ_1 bekannt sind (Abb. 11.6). Ein kurzes Stück hinter dem Austritt wird ein Pitot-Rohr zur Geschwindigkeitsmessung in den ausströmenden Luftstrahl installiert. Die Spitze der Sonde an der Stelle 2 ist ihr Staupunkt mit der Eigenschaft, dass dort die Geschwindigkeit $c_2 = 0$ wird. Der im Staupunkt wirksame Druck p_2 setzt sich in der Sonde bis in den linken Schenkel eines angeschlossenen U-Rohr-Manometers fort und verschiebt dort die eingefüllte Messflüssigkeit der Dichte ρ_M um die Höhe Δh. Der rechte Schenkel des Manometers ist zur Atmosphäre hin geöffnet. Ermitteln Sie die Geschwindigkeit c_1 unter Berücksichtigung der gegebenen Größen. Hierbei wird vorausgesetzt, dass die Strömung von 1 nach 2 verlustfrei verläuft und kein Wärmeaustausch stattfindet.

Lösung zu Aufgabe 11.8

Aufgabenerläuterung
Der bei der Geschwindigkeitsmessung im U-Rohr wirkende Druck p_2 ist Bestandteil der im vorliegenden Fall isentroper Strömung bekannten Berechnungsgleichung. Diese muss mit den hier verfügbaren besonderen Gegebenheiten in der Weise umgeformt werden, dass die gesuchte Geschwindigkeit c_1 unter Einbeziehung der Vorgaben erkennbar wird.

Abb. 11.6 Luftstrahl mit Pitot-Rohr

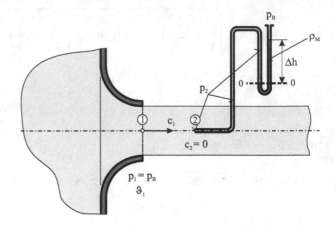

Gegeben:

- $p_1 = p_B$; ϑ_1; Δh; ρ_M; κ; R_i

Gesucht:

1. c_1
2. c_1, wenn $p_B = 1{,}0\,\text{bar}$; $\vartheta_1 = 15\,°\text{C}$; $\Delta h = 200\,\text{mm}$; $\rho_M = 13\,560\,\text{kg/m}^3$; $\kappa = 1{,}4$; $R_i = 287\,\text{N}\cdot\text{m/(kg}\cdot\text{K)}$

Anmerkungen

- Die Luftdichte im U-Rohr ist vernachlässigbar gegenüber der Messflüssigkeitsdichte ρ_M.

Lösungsschritte – Fall 1

Für die **Geschwindigkeit c_1** verwenden wir die Gleichung isentroper Strömung und die Besonderheiten, dass die Geschwindigkeit im Staupunkt des Pitot-Rohrs $c_2 = 0$ sowie der statische Druck im Austrittsquerschnitt der Düse $p_1 = p_B$ ist:

$$\frac{c_2^2}{2} - \frac{c_1^2}{2} = \frac{\kappa}{\kappa - 1} \cdot R_i \cdot T_1 \cdot \left[1 - \left(\frac{p_2}{p_B} \right)^{\frac{\kappa - 1}{\kappa}} \right]$$

oder

$$-\frac{c_1^2}{2} = \frac{\kappa}{\kappa - 1} \cdot R_i \cdot T_1 \cdot \left[1 - \left(\frac{p_2}{p_B} \right)^{\frac{\kappa - 1}{\kappa}} \right].$$

Multiplikation mit (-1) führt zunächst zu

$$\frac{c_1^2}{2} = \frac{\kappa}{\kappa - 1} \cdot R_i \cdot T_1 \cdot \left[\left(\frac{p_2}{p_B} \right)^{\frac{\kappa - 1}{\kappa}} - 1 \right]$$

oder, nach Multiplikation mit 2,

$$c_1^2 = \frac{2 \cdot \kappa}{\kappa - 1} \cdot R_i \cdot T_1 \cdot \left[\left(\frac{p_2}{p_B} \right)^{\frac{\kappa-1}{\kappa}} - 1 \right]$$

und wir erhalten nach Wurzelziehen

$$c_1 = \sqrt{\frac{2 \cdot \kappa}{\kappa - 1} \cdot R_i \cdot T_1 \cdot \left[\left(\frac{p_2}{p_B} \right)^{\frac{\kappa-1}{\kappa}} - 1 \right]}.$$

Der jetzt noch unbekannte Druck p_2 lässt sich wie folgt ermitteln: Am U-Rohr-Manometer herrscht in der 0–0-Ebene Druckgleichheit, also

$$p_2 = p_B + \rho_M \cdot g \cdot \Delta h,$$

wenn wie vereinbart die Luftdichte im U-Rohr vernachlässigt wird. Oben eingesetzt folgt

$$c_1 = \sqrt{\frac{2 \cdot \kappa}{\kappa - 1} \cdot R_i \cdot T_1 \cdot \left[\left(\frac{p_B + \rho_M \cdot g \cdot \Delta h}{p_B} \right)^{\frac{\kappa-1}{\kappa}} - 1 \right]}$$

oder auch

$$c_1 = \sqrt{\frac{2 \cdot \kappa}{\kappa - 1} \cdot R_i \cdot T_1 \cdot \left[\left(1 + \frac{\rho_M \cdot g \cdot \Delta h}{p_B} \right)^{\frac{\kappa-1}{\kappa}} - 1 \right]}.$$

Lösungsschritte – Fall 2

Wenn $p_B = 1{,}0$ bar, $\vartheta_1 = 15\,°C$, $\Delta h = 200$ mm, $\rho_M = 13\,560$ kg/m^3, $\kappa = 1{,}4$ und $R_i = 287\,\mathrm{N \cdot m/(kg \cdot K)}$ sind, bekommen wir für c_1 (bei dimensionsgerechter Verwendung der gegebenen Größen)

$$c_1 = \sqrt{\frac{2 \cdot 1{,}4}{1{,}4 - 1} \cdot 287 \cdot (273 + 15) \cdot \left[\left(1 + \frac{13\,560 \cdot 9{,}81 \cdot 0{,}20}{100\,000} \right)^{\frac{1{,}4-1}{1{,}4}} - 1 \right]}$$

$$c_1 = 200{,}9\,\mathrm{m/s}.$$

Aufgabe 11.9 Druckbehälter mit Düse (und Diffusor)

Gemäß Abb. 11.7 strömt aus einem Druckbehälter Luft durch eine Düse ins Freie. Im Behälter sind der Druck p_0 und die Temperatur T_0 bekannt, und die Geschwindigkeit an der Stelle 0 kann $c_0 = 0$ gesetzt werden. Wie groß ist der austretende Massenstrom $\dot{m}_1$, wenn reibungsfreie Strömung vorausgesetzt wird und kein Wärmeaustausch stattfinden soll? Welche Größe erreicht des Weiteren der Massenstrom $\dot{m}_2$, der sich bei sonst gleichen Bedingungen einstellt, aber am Düsenaustritt ein Diffusor angeflanscht wird? Neben den schon genannten Größen sind noch der Düsenaustrittsdurchmesser D_1 und der Diffusoraustrittsdurchmesser D_2 bekannt ebenso wie der Isentropenexponent κ und die spezifische Gaskonstante R_i der Luft.

Lösung zu Aufgabe 11.9

Aufgabenerläuterung
Aufgrund der genannten Voraussetzungen liegt in beiden Fällen isentrope Gasströmung vor. Die diesbezüglichen Gesetzmäßigkeiten unter Berücksichtigung der besonderen Gegebenheiten vorliegenden Beispiels sowie die Kontinuitätsgleichung kompressibler Fluide und die thermische Zustandsgleichung führen zur Lösung der gestellten Fragen.

Gegeben:

* p_0; p_B; T_0; D_1; D_2; R_i; κ

Gesucht:

1. $\dot{m}_1$ (ohne nachgeschalteten Diffusor)
2. $\dot{m}_2$ (mit nachgeschaltetem Diffusor)
3. $\dot{m}_1$ und $\dot{m}_2$, wenn $p_0 = 1{,}60\,\mathrm{bar}$; $p_\mathrm{B} = 1{,}0\,\mathrm{bar}$; $T_0 = 300\,\mathrm{K}$; $D_1 = 50\,\mathrm{mm}$; $D_2 = 100\,\mathrm{mm}$; $R_\mathrm{i} = 287\,\mathrm{N} \cdot \mathrm{m}/(\mathrm{kg} \cdot \mathrm{K})$; $\kappa = 1{,}40$

Abb. 11.7 Druckbehälter mit Düse (und Diffusor)

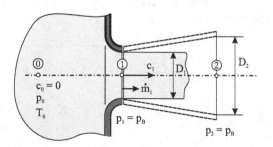

Lösungsschritte – Fall 1

Zur Ermittlung des **Massenstroms** $\dot{m}_1$ im Düsenaustritt wird die Durchflussgleichung für kompressible Fluide,

$$\dot{m}_1 = \rho_1 \cdot c_1 \cdot A_1$$

herangezogen. ρ_1, c_1 und A_1 lassen sich wie folgt bestimmen.

Die Ermittlung der **Dichte** ρ_1 im Düsenaustritt kann mit dem bei isentropen Vorgängen bekannten Gesetz

$$p \cdot v^\kappa = \text{konstant}$$

durchgeführt werden. Unter Verwendung von $v = \frac{1}{\rho}$ gilt dann mit $p_1 = p_B$

$$\frac{p_0}{\rho_0^\kappa} = \frac{p_B}{\rho_1^\kappa}$$

oder, nach ρ_1^κ umgestellt,

$$\rho_1^\kappa = \rho_0^\kappa \cdot \frac{p_B}{p_0}.$$

Mit $(1/\kappa)$ potenziert folgt

$$\rho_1 = \rho_0 \cdot \left(\frac{p_B}{p_0}\right)^{1/\kappa}.$$

ρ_0 wiederum wird mittels der thermischen Zustandsgleichung

$$p_0 \cdot v_0 = R_i \cdot T_0 = \frac{p_0}{\rho_0}$$

ersetzt. Hieraus erhält man

$$\rho_0 = \frac{p_0}{R_i \cdot T_0}.$$

Dies in ρ_1 eingesetzt liefert die gesuchte Dichte

$$\rho_1 = \frac{p_0}{R_i \cdot T_0} \cdot \left(\frac{p_B}{p_0}\right)^{1/\kappa}.$$

Die noch unbekannte **Austrittsgeschwindigkeit** c_1 an der Stelle 1 lässt sich mit der bei isentropen Strömungsvorgängen bekannten Gleichung

$$\frac{c_2^2}{2} - \frac{c_1^2}{2} = \frac{\kappa}{\kappa - 1} \cdot R_i \cdot T_1 \cdot \left[1 - \left(\frac{p_2}{p_1}\right)^{\frac{\kappa-1}{\kappa}}\right]$$

ermitteln. Hierbei sind in o. g. Gleichung die Indizes wie folgt auszutauschen: Index $2 \rightarrow$ Index 1 und Index $1 \rightarrow$ Index 0. Dies liefert

$$\frac{c_1^2}{2} - \frac{c_0^2}{2} = \frac{\kappa}{(\kappa - 1)} \cdot R_i \cdot T_0 \cdot \left[1 - \left(\frac{p_1}{p_0}\right)^{\frac{(\kappa-1)}{\kappa}}\right].$$

Die hier vorliegenden besonderen Gegebenheiten $c_0 = 0$ sowie $p_1 = p_B$ führen dann auf

$$\frac{c_1^2}{2} = \frac{\kappa}{(\kappa - 1)} \cdot R_i \cdot T_0 \cdot \left[1 - \left(\frac{p_B}{p_0}\right)^{\frac{(\kappa-1)}{\kappa}}\right].$$

Multiplizieren mit 2 und Wurzelziehen ergibt

$$c_1 = \sqrt{\frac{2 \cdot \kappa}{(\kappa - 1)} \cdot R_i \cdot T_0 \cdot \left[1 - \left(\frac{p_B}{p_0}\right)^{\frac{(\kappa-1)}{\kappa}}\right]}.$$

Im Fall des kreisförmigen Austrittsquerschnitts lautet die Fläche $A_1 = \frac{\pi}{4} \cdot D_1^2$. Diese gefundenen Zusammenhänge in der Gleichung des Massenstroms $\dot{m}_1$ eingefügt liefern das gesuchte Resultat:

$$\dot{m}_1 = \frac{\pi}{4} \cdot D_1^2 \cdot \frac{p_0}{R_i \cdot T_0} \cdot \left(\frac{p_B}{p_0}\right)^{1/\kappa} \cdot \sqrt{\frac{2 \cdot \kappa}{\kappa - 1} \cdot R_i \cdot T_1 \cdot \left[1 - \left(\frac{p_B}{p_0}\right)^{\frac{\kappa-1}{\kappa}}\right]}$$

oder, wenn $\frac{1}{R_i \cdot T_0}$ unter die Wurzel gebracht wird,

$$\dot{m}_1 = \frac{\pi}{4} \cdot D_1^2 \cdot p_0 \cdot \left(\frac{p_B}{p_0}\right)^{1/\kappa} \cdot \sqrt{2 \cdot \frac{\kappa}{\kappa - 1} \cdot \frac{1}{R_i \cdot T_0} \cdot \left[1 - \left(\frac{p_B}{p_0}\right)^{\frac{\kappa-1}{\kappa}}\right]}.$$

Lösungsschritte – Fall 2
Bei isentroper Strömung ändert sich im Fall des nachgeschalteten Diffusors an der Austrittsgeschwindigkeit und auch an der Dichte im Austrittsquerschnitt nichts, da der Durchmesser D in beiden o. g. Gleichungen für c und ρ keinen Einfluss hat. Es sind also $c_2 = c_1$ und $\rho_2 = \rho_1$. Der neue **Massenstrom $\dot{m}_2$** verändert sich gegenüber $\dot{m}_1$ lediglich mit dem

neuen Austrittsquerschnitt $A_2 = \frac{\pi}{4} \cdot D_2^2$, also

$$\dot{m}_2 = \frac{\pi}{4} \cdot D_2^2 \cdot p_0 \cdot \left(\frac{p_B}{p_0}\right)^{1/\kappa} \cdot \sqrt{2 \cdot \frac{\kappa}{\kappa - 1} \cdot \frac{1}{R_i \cdot T_0} \cdot \left[1 - \left(\frac{p_B}{p_0}\right)^{\frac{\kappa-1}{\kappa}}\right]}$$

Lösungsschritte – Fall 3

Wenn $p_0 = 1,60$ bar, $p_B = 1,0$ bar, $T_0 = 300$ K, $D_1 = 50$ mm, $D_2 = 100$ mm, $R_i = 287$ N $\cdot$ m/(kg $\cdot$ K) und $\kappa = 1,40$ vorgegeben sind, bekommen wir – wie immer komplett dimensionsadäquat – für die beiden Massenströme die folgenden Werte

$$\dot{m}_1 = \frac{\pi}{4} \cdot 0,05^2 \cdot 160\,000 \cdot \left(\frac{1}{1,6}\right)^{\frac{1}{1,4}} \cdot \sqrt{2 \cdot \frac{1,4}{1,4 - 1} \cdot \frac{1}{287 \cdot 300} \cdot \left[1 - \left(\frac{1}{1,6}\right)^{\frac{1,4-1}{1,4}}\right]}$$

$$\dot{m}_1 = 0,718 \, \text{kg/s}$$

$$\dot{m}_2 = \frac{\pi}{4} \cdot 0,10^2 \cdot 160\,000 \cdot \left(\frac{1}{1,6}\right)^{\frac{1}{1,4}} \cdot \sqrt{2 \cdot \frac{1,4}{1,4 - 1} \cdot \frac{1}{287 \cdot 300} \cdot \left[1 - \left(\frac{1}{1,6}\right)^{\frac{1,4-1}{1,4}}\right]}$$

$$\dot{m}_2 = 2,870 \, \text{kg/s}$$

Aufgabe 11.10 Druckluftbehälter mit Laval-Düse

Laval-Düsen, wie in Abb. 11.8 dargestellt, zeichnen sich dadurch aus, dass nach Erreichen der Schallgeschwindigkeit im engsten Querschnitt an der Stelle L eine weitere Beschleunigung der Geschwindigkeit bis zum Austritt an der Stelle 2 erfolgt und somit ab dem engsten Querschnitt eine Überschallströmung vorliegt. An der Stelle 1 im Behälter sind Druck p_1, Temperatur T_1 und die Geschwindigkeit $c_1 = 0$ bekannt. Des Weiteren liegen der Druck am Austritt $p_2 = p_B$ und der Durchmesser im engsten Querschnitt D_L vor. Der Isentropenexponent κ und die spezifische Gaskonstante R_i der ausströmenden Luft gehören ebenfalls zu den gegebenen Größen. Der Strömungsvorgang von 1 über L nach

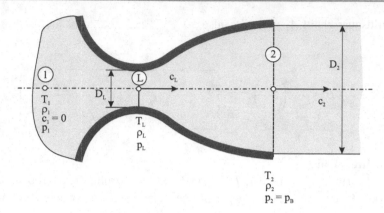

Abb. 11.8 Druckluftbehälter mit Laval-Düse

2 soll verlustfrei erfolgen und auch kein Wärmeaustausch zwischen Düse und Umgebung stattfinden. Zu ermitteln sind Geschwindigkeit c_L, Druck p_L, Dichte ρ_L und Temperatur T_L im engsten Querschnitt sowie Geschwindigkeit c_2, Dichte ρ_2 und Temperatur T_2 im Austrittsschnitt. Weiterhin sollen der Massenstrom $\dot{m}$ und der Austrittsdurchmesser D_2 bestimmt werden.

Lösung zu Aufgabe 11.10

Aufgabenerläuterung
Aufgrund der genannten Voraussetzungen liegt isentrope Gasströmung durch die Laval-Düse vor. Die diesbezüglichen Gesetzmäßigkeiten unter Berücksichtigung der besonderen Gegebenheiten vorliegenden Beispiels sowie die Kontinuitätsgleichung kompressibler Fluide und die thermische Zustandsgleichung werden bei der Lösung der gestellten Fragen benötigt

Gegeben:

* $p_1 = 9{,}0\,\text{bar}$; $\vartheta_1 = 230\,^\circ\text{C}$; $p_B = 1{,}0\,\text{bar}$; $R_i = 287\,\text{N} \cdot \text{m}/(\text{kg} \cdot \text{K})$; $\kappa = 1{,}4$; $D_L = 40\,\text{mm}$

Gesucht:

1. c_L; p_L; ρ_L; T_L
2. c_2; ρ_2; T_2
3. $\dot{m}$
4. D_2

Anmerkungen

- Annahme isentroper Strömung
- Index „1": Größen des ruhenden Zustands im Behälter ($c_1 = 0$).
- Index „L": Größen im engsten Querschnitt (Laval) bei Schallgeschwindigkeit

Lösungsschritte – Fall 1

Die im engsten Querschnitt vorliegende **Laval-Geschwindigkeit** c_L ist gleich der dort herrschenden Schallgeschwindigkeit a_L. Diese berechnet sich aus

$$c_L = a_L = \sqrt{\frac{2 \cdot \kappa}{\kappa + 1} \cdot R_i \cdot T_1}.$$

Mit den gegebenen Zahlenwerten erhält man unter Berücksichtigung, dass $T = 273 + \vartheta$ als Absoluttemperatur einzusetzen ist, die Geschwindigkeit

$$c_L = \sqrt{\frac{2 \cdot 1{,}4}{1{,}4 + 1} \cdot 287 \cdot 503} = 410{,}4 \, \text{m/s}.$$

Den bei L entstehen **Druck** p_L berechnet man aus

$$p_L = p_1 \cdot \left[\frac{2}{\kappa + 1}\right]^{\frac{\kappa}{\kappa - 1}}.$$

Mit den gegebenen Zahlenwerten erhält man

$$p_L = 900\,000 \cdot \left(\frac{2}{1{,}4 + 1}\right)^{\frac{1{,}4}{1{,}4 - 1}} = 475\,454 \, \text{Pa}.$$

Die bei L resultierende **Dichte** ρ_L stellt man mit $p \cdot v^\kappa = \text{konstant}$ sowie $v = \frac{1}{\rho}$ an den Stellen 1 und L angewendet folgendermaßen fest:

$$\frac{p_1}{\rho_1^\kappa} = \frac{p_L}{\rho_L^\kappa}.$$

Nach ρ_L zunächst umgeformt

$$\frac{\rho_L^\kappa}{\rho_1^\kappa} = \frac{p_L}{p_1}$$

und mit $(1/\kappa)$ potenziert, führt dies zunächst zu

$$\rho_L = \rho_1 \cdot \left(\frac{p_L}{p_1} \right)^{1/\kappa \frac{1}{\kappa}}.$$

Die hierin noch unbekannte Dichte ρ_1 im Behälter bestimmt man mittels thermischer Zustandsgleichung $p_1 \cdot v_1 = R_i \cdot T_1$ und $v_1 = \frac{1}{\rho_1}$ mit $\frac{p_1}{\rho_1} = R_i \cdot T_1$ und nach Umstellung zu

$$\rho_1 = \frac{p_1}{R_i \cdot T_1}.$$

Mit den gegebenen Zahlenwerten erhält man

$$\rho_1 = \frac{900\,000}{287 \cdot 503} = 6{,}234\,\frac{\text{kg}}{\text{m}^3}$$

Damit kennt man ρ_L wie folgt

$$\rho_L = 6{,}234 \cdot \left(\frac{475\,454}{900\,000} \right)^{\frac{1}{1{,}4}} = 3{,}952\,\frac{\text{kg}}{\text{m}^3}.$$

Da die Drücke und Dichten an den Stellen 1 und L sowie auch die Temperatur bei 1 bekannt sind, wird zur Ermittlung der **Temperatur** T_L die thermische Zustandsgleichung an den Stellen 1 und L verwendet: $\frac{p_1}{\rho_1} = R_i \cdot T_1$ und $\frac{p_L}{\rho_L} = R_i \cdot T_L$. Nach R_i umgestellt liefert das

$$R_i = \frac{p_1}{\rho_1 \cdot T_1} = \frac{p_L}{\rho_L \cdot T_L}.$$

Auflösen nach T_L ergibt die gesuchte Temperatur im engsten Querschnitt

$$T_L = T_1 \cdot \frac{p_L}{p_1} \cdot \frac{\rho_1}{\rho_L}.$$

Mit den Zahlenwerten erhält man

$$T_L = 503 \cdot \frac{475\,454}{900\,000} \cdot \frac{6{,}234}{3{,}952} = 419{,}2\,\text{K} \,(\equiv 146{,}2°\text{C}).$$

Lösungsschritte – Fall 2

Für die **Geschwindigkeit** c_2 gilt bei isentroper Strömung zwischen den Stellen 1 und 2 die Gleichung

$$\frac{c_2^2}{2} - \frac{c_1^2}{2} = \frac{\kappa}{\kappa - 1} \cdot R_i \cdot T_1 \cdot \left[1 - \left(\frac{p_2}{p_1} \right)^{\frac{\kappa-1}{\kappa}} \right].$$

Mit den besonderen Gegebenheiten des vorliegenden Falls, $c_1 = 0$ und $p_2 = p_B$, wird dann

$$\frac{c_2^2}{2} = \frac{\kappa}{\kappa - 1} \cdot R_i \cdot T_1 \cdot \left[1 - \left(\frac{p_B}{p_1} \right)^{\frac{\kappa-1}{\kappa}} \right].$$

Mit 2 multipliziert und die Wurzel gezogen ergibt dies

$$c_2 = \sqrt{\frac{2 \cdot \kappa}{\kappa - 1} \cdot R_i \cdot T_1 \cdot \left[1 - \left(\frac{p_B}{p_1} \right)^{\frac{\kappa-1}{\kappa}} \right]}.$$

Einsetzen der Zahlenangaben führt schließlich zu

$$c_2 = \sqrt{\frac{2 \cdot 1{,}4}{1{,}4 - 1} \cdot 287 \cdot 503 \cdot \left(1 - \left(\frac{100\,000}{900\,000} \right)^{\frac{1{,}4-1}{1{,}4}} \right)} = 686{,}4\,\text{m/s}$$

Die **Dichte** ρ_2 im Austrittsquerschnitt lässt sich analog zu ρ_L bestimmen. Dies führt zu

$$\rho_2 = \rho_1 \cdot \left(\frac{p_2}{p_1} \right)^{1/\kappa}.$$

Mit den Zahlenangaben erhält man dann

$$\rho_2 = 6{,}234 \cdot \left(\frac{100\,000}{900\,000} \right)^{\frac{1}{1{,}4}} = 1{,}298\,\frac{\text{kg}}{\text{m}^3}$$

Für die **Temperatur** T_2 liefert die thermische Zustandsgleichung $p \cdot v = R_i \cdot T$ mit $v = 1/\rho$ bei Auflösung nach T an der Stelle 2

$$T_2 = \frac{p_2}{\rho_2 \cdot R_i}.$$

Mit den gegebenen Zahlenwerten erhält man

$$T_2 = \frac{100\,000}{1{,}298 \cdot 287} = 268{,}4\,\text{K} \, (\equiv -4{,}6\,°\text{C}) \,.$$

Lösungsschritte – Fall 3

Was den **Massenstrom** $\dot{m}$ anbelangt, liefert die Durchflussgleichung an der Stelle L

$$\dot{m} = \rho_L \cdot c_L \cdot A_L$$

und zusammen mit $A_L = \frac{\pi}{4} \cdot D_L^2$ haben wir dann

$$\dot{m} = \rho_L \cdot c_L \cdot \frac{\pi}{4} \cdot D_L^2 \,.$$

Mit den gegebenen Zahlenwerten folgt

$$\dot{m} = 3{,}952 \cdot 410{,}4 \cdot \frac{\pi}{4} \cdot 0{,}040^2 = 2{,}038\,\text{kg/s} \,.$$

Lösungsschritte – Fall 4

Den **Austrittsdurchmesser** D_2 der Laval-Düse ermittelt man ebenfalls aus der Durch-flussgleichung, jetzt aber an der Stelle 2 angesetzt:

$$\dot{m} = \rho_2 \cdot c_2 \cdot A_2 = \dot{m} = \rho_2 \cdot c_2 \cdot \frac{\pi}{4} \cdot D_2^2 \,.$$

Umgeformt nach dem gesuchten Durchmesser D_2 ergibt sich zunächst

$$\frac{\pi}{4} \cdot D_2^2 = \frac{\dot{m}}{\rho_2 \cdot c_2} \,.$$

Nach Multiplikation mit $(4/\pi)$ und Wurzelziehen erhalten wir

$$D_2 = \sqrt{\frac{4 \cdot \dot{m}}{\pi \cdot \rho_2 \cdot c_2}} \,.$$

Mit den gegebenen Zahlenwerten ergibt sich

$$D_2 = \sqrt{\frac{4 \cdot 2{,}038}{\pi \cdot 1{,}298 \cdot 686{,}4}} = 0{,}05397\,\text{m} \equiv 54\,\text{mm}$$

Aufgabe 11.11 Ringförmige Laval-Düse

Eine Laval-Düse besonderer Art lässt sich in Abb. 11.9 erkennen. Hier strömt aus einem Druckbehälter Luft in eine Rohrleitung kreisförmigen Querschnitts. In dieser Rohrleitung ist ein rotationssymmetrischer Körper installiert, mit dem eine verdrängende Wirkung auf das umströmende Fluid ausgeübt wird. Die Kontur des Körpers ist derart beschaffen, dass der freie Raum zwischen Rohr und Körper dem einer ringförmigen Laval-Düse entspricht. Im Behälter ist an der Stelle 1 neben $c_1 = 0$ noch der Druck p_1 bekannt. Am Ende dieser „Laval-Düse" an der Stelle 2 liegen Druck p_2 und Temperatur T_2 vor. Als geometrische Größen sind Rohrdurchmesser D und Enddurchmesser D_2 des Körpers gegeben. Weiterhin ist von bekanntem Isentropenexponent κ und spezifischer Gaskonstanten R_i der Luft auszugehen. Bei den Berechnungen wird verlustfreie Strömung angenommen und es darf kein Wärmeaustausch zwischen dem Fluid und der Umgebung stattfinden. An der Stelle 2 soll zunächst die Mach-Zahl Ma_2 ermittelt werden. Des Weiteren ist die Frage nach dem Massenstrom $\dot{m}$ zu beantworten. Nach der anschließenden Bestimmung der Temperatur im Behälter T_1 gilt es noch, den Durchmesser D_L im engsten Strömungsquerschnitt festzustellen.

Lösung zu Aufgabe 11.11

Aufgabenerläuterung
Aufgrund der genannten Voraussetzungen liegt isentrope Gasströmung durch die ringförmige Laval-Düse vor. Die diesbezüglichen Gesetzmäßigkeiten unter Berücksichtigung der besonderen Gegebenheiten vorliegenden Beispiels sowie die Kontinuitätsgleichung

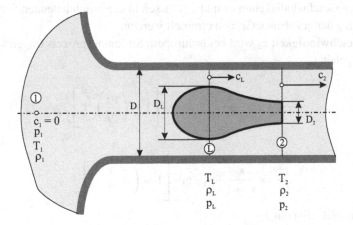

Abb. 11.9 Ringförmige Laval-Düse

kompressibler Fluide und die thermische Zustandsgleichung werden bei der Lösung der gestellten Fragen benötigt.

Gegeben:

- D; D_2; p_1; p_2; T_2; κ; R_i

Gesucht:

1. Ma_2
2. $\dot{m}$
3. T_1
4. D_L
5. Ma_2, $\dot{m}$, T_1 und D_L, wenn $D = 200\,\mathrm{mm}$; $D_2 = 50\,\mathrm{mm}$; $p_1 = 0,80\,\mathrm{bar}$; $p_1 = 0,10\,\mathrm{bar}$; $T_2 = 283\,\mathrm{K}$; $\kappa = 1,40$; $R_\mathrm{i} = 287\,\mathrm{N} \cdot \mathrm{m}/(\mathrm{kg} \cdot \mathrm{K})$

Anmerkungen

- Annahme einer isentropen Strömung
- Die Größen im engsten Strömungsquerschnitt sind mit dem Index „L" belegt (Laval).

Lösungsschritte – Fall 1

Die Definition der Mach-Zahl lautet allgemein $Ma = \frac{c}{a}$ und somit ist die **Mach-Zahl** Ma_2 an der Stelle 2:

$$Ma_2 = \frac{c_2}{a_2}.$$

Die benötigten Geschwindigkeiten c_2 und a_2 müssen in den anschließenden Schritten unter Verwendung der gegebenen Größen ermittelt werden.

Für die **Geschwindigkeit** c_2 wird bei isentropem Strömungsprozess folgender Zusammenhang hergeleitet

$$\frac{c_2^2 - c_1^2}{2} = \frac{\kappa}{\kappa - 1} \cdot p_1 \cdot v_1 \cdot \left[1 - \left(\frac{p_2}{p_1} \right)^{\frac{\kappa - 1}{\kappa}} \right].$$

Mit $c_1 = 0$ folgt

$$\frac{c_2^2}{2} = \frac{\kappa}{\kappa - 1} \cdot p_1 \cdot v_1 \cdot \left[1 - \left(\frac{p_2}{p_1} \right)^{\frac{\kappa - 1}{\kappa}} \right]$$

und nach Multiplikation mit 2,

$$c_2^2 = \frac{2 \cdot \kappa}{\kappa - 1} \cdot p_1 \cdot v_1 \cdot \left[1 - \left(\frac{p_2}{p_1} \right)^{\frac{\kappa - 1}{\kappa}} \right],$$

Einsetzen von $v_1 = \frac{1}{\rho_1}$,

$$c_2^2 = \frac{2 \cdot \kappa}{\kappa - 1} \cdot \frac{p_1}{\rho_1} \cdot \left[1 - \left(\frac{p_2}{p_1} \right)^{\frac{\kappa-1}{\kappa}} \right]$$

und schlussendlichem Wurzelziehen folgt das Ergebnis

$$c_2 = \sqrt{\frac{2 \cdot \kappa}{\kappa - 1} \cdot \frac{p_1}{\rho_1} \cdot \left[1 - \left(\frac{p_2}{p_1} \right)^{\frac{\kappa-1}{\kappa}} \right]}.$$

Darin ist die **Dichte** ρ_1 noch unbekannt. Bei vorausgesetzter isentroper Strömung gilt dazu $p \cdot v^\kappa = $ konstant. Mit $v = \frac{1}{\rho}$ wird bei Anwendung an den Stellen 1 und 2

$$\frac{p_1}{\rho_1^\kappa} = \frac{p_2}{\rho_2^\kappa}.$$

Zunächst nach ρ_1^κ umgeformt,

$$\rho_1^\kappa = \rho_2^\kappa \cdot \frac{p_1}{p_2},$$

und dann mit $(1/\kappa)$ potenziert führt das auf

$$\rho_1 = \rho_2 \cdot \left(\frac{p_1}{p_2} \right)^{1/\kappa}.$$

Die Dichte ρ_2 bestimmt man aufgrund $p \cdot v = R_{\mathrm{i}} \cdot T$ oder $\frac{p}{\rho} = R_{\mathrm{i}} \cdot T$ an der Stelle 2 mit

$$\frac{p_2}{\rho_2} = R_{\mathrm{i}} \cdot T_2,$$

bzw. umgestellt nach der gesuchten Dichte:

$$\rho_2 = \frac{p_2}{R_{\mathrm{i}} \cdot T_2}.$$

Diesen Ausdruck wird in der Dichte ρ_1 verwendet,

$$\rho_1 = \frac{p_2}{R_{\mathrm{i}} \cdot T_2} \cdot \left(\frac{p_1}{p_2} \right)^{1/\kappa},$$

und liefert, eingefügt in die Gleichung für c_2,

$$c_2 = \sqrt{\frac{2 \cdot \kappa}{\kappa - 1} \cdot \frac{p_1 \cdot R_\mathrm{i} \cdot T_2}{p_2 \cdot \left(\frac{p_1}{p_2}\right)^{1/\kappa}} \cdot \left[1 - \left(\frac{p_2}{p_1}\right)^{\frac{\kappa-1}{\kappa}}\right]}.$$

Dann setzen wir

$$\left(\frac{p_1}{p_2}\right)^{\frac{1}{\kappa}} = \frac{p_1^{\frac{1}{\kappa}}}{p_2^{\frac{1}{\kappa}}}$$

ein,

$$c_2 = \sqrt{\frac{2 \cdot \kappa}{\kappa - 1} \cdot \frac{p_1 \cdot p_1^{-1/\kappa}}{p_2 \cdot p_2^{-1/\kappa}} \cdot R_\mathrm{i} \cdot T_2 \cdot \left[1 - \left(\frac{p_2}{p_1}\right)^{\frac{\kappa-1}{\kappa}}\right]},$$

und fassen die beiden Drücke zusammen:

$$c_2 = \sqrt{2 \cdot \frac{\kappa \cdot R_\mathrm{i} \cdot T_2}{\kappa - 1} \cdot \frac{p_1^{1-\frac{1}{\kappa}}}{p_2^{1-\frac{1}{\kappa}}} \cdot \left[1 - \left(\frac{p_2}{p_1}\right)^{\frac{\kappa-1}{\kappa}}\right]}.$$

Dies führt uns zur gesuchten Geschwindigkeit c_2

$$c_2 = \sqrt{2 \cdot \frac{\kappa \cdot R_\mathrm{i} \cdot T_2}{\kappa - 1} \cdot \left(\frac{p_1}{p_2}\right)^{\frac{\kappa-1}{\kappa}} \cdot \left[1 - \left(\frac{p_2}{p_1}\right)^{\frac{\kappa-1}{\kappa}}\right]}$$

oder

$$c_2 = \sqrt{2 \cdot \frac{\kappa \cdot R_\mathrm{i} \cdot T_2}{\kappa - 1} \cdot \left[\left(\frac{p_1}{p_2}\right)^{\frac{\kappa-1}{\kappa}} - 1\right]}.$$

Die **Schallgeschwindigkeit a_2** an der Stelle 2 lautet

$$a_2 = \sqrt{\kappa \cdot p_2 \cdot v_2}.$$

Mittels thermischer Zustandsgleichung $p \cdot v = R_\mathrm{i} \cdot T$ erhält man dann auch

$$a_2 = \sqrt{\kappa \cdot R_\mathrm{i} \cdot T_2}.$$

Die Frage nach der **Mach-Zahl** Ma_2 löst sich, indem man nun die Gleichungen für c_2 und a_2 in die Definition $Ma_2 = \frac{c_2}{a_2}$ einsetzt und vereinfacht:

$$Ma_2 = \frac{\sqrt{2 \cdot \frac{\kappa \cdot R_i \cdot T_2}{\kappa - 1} \cdot \left[\left(\frac{p_1}{p_2} \right)^{\frac{\kappa-1}{\kappa}} - 1 \right]}}{\sqrt{\kappa \cdot R_i \cdot T_2}} = \sqrt{\frac{2 \cdot \frac{\kappa \cdot R_i \cdot T_2}{\kappa - 1} \cdot \left[\left(\frac{p_1}{p_2} \right)^{\frac{\kappa-1}{\kappa}} - 1 \right]}{\kappa \cdot R_i \cdot T_2}}.$$

Das Resultat lautet dann

$$Ma_2 = \sqrt{\frac{2}{\kappa - 1} \cdot \left[\left(\frac{p_1}{p_2} \right)^{\frac{\kappa-1}{\kappa}} - 1 \right]}.$$

Lösungsschritte – Fall 2

Den **Massenstrom** $\dot{m}$ liefert die Durchflussgleichung für kompressible Fluide:

$$\dot{m} = \rho \cdot c \cdot A.$$

An der Stelle 2, wo alle erforderlichen Größen bekannt sind bzw. sich aus vorangegangenen Ergebnissen ermitteln lassen, lautet der Massenstrom demzufolge

$$\dot{m} = \rho_2 \cdot c_2 \cdot A_2.$$

Die Dichte an der Stelle 2 lautet

$$\rho_2 = \frac{p_2}{R_i \cdot T_2}$$

(s. o.) und die Geschwindigkeit folgt dem Gesetz

$$c_2 = \sqrt{2 \cdot \frac{\kappa \cdot R_i \cdot T_2}{\kappa - 1} \cdot \left[\left(\frac{p_1}{p_2} \right)^{\frac{\kappa-1}{\kappa}} - 1 \right]}$$

(s. o.). Der freie Strömungsquerschnitt A_2 ist als Differenz der Kreisflächen $\frac{\pi}{4} \cdot D^2$ und $\frac{\pi}{4} \cdot D_2^2$ zu erkennen. Somit folgt

$$A_2 = \frac{\pi}{4} \cdot \left(D^2 - D_2^2 \right).$$

Diese drei Ergebnisse werden in den Massenstrom eingesetzt,

$$\dot{m} = \frac{\pi}{4} \cdot \left(D^2 - D_2^2 \right) \cdot \frac{p_2}{R_i \cdot T_2} \cdot \sqrt{2 \cdot \frac{\kappa \cdot R_i \cdot T_2}{\kappa - 1} \cdot \left[\left(\frac{p_1}{p_2} \right)^{\frac{\kappa-1}{\kappa}} - 1 \right]},$$

und mit $\frac{1}{R_i \cdot T_2}$ unter der Wurzel bekommen wir

$$\dot{m} = \frac{\pi}{4} \cdot \left(D^2 - D_2^2\right) \cdot p_2 \cdot \sqrt{2 \cdot \frac{\kappa}{\kappa - 1} \cdot \frac{1}{R_i \cdot T_2} \cdot \left[\left(\frac{p_1}{p_2}\right)^{\frac{\kappa - 1}{\kappa}} - 1\right]}.$$

Lösungsschritte – Fall 3

Zur **Temperatur T_1** an der Stelle 1 gelangt man unter Anwendung der thermischen Zustandsgleichung $p \cdot v = R_i \cdot T$ mit $v = 1/\rho$ nach T_1 umgestellt

$$T_1 = \frac{p_1}{\rho_1 \cdot R_i}.$$

Setzt man jetzt

$$\rho_1 = \frac{p_2}{R_i \cdot T_2} \cdot \left(\frac{p_1}{p_2}\right)^{1/\kappa}$$

(s. o.) ein, so liefert dies

$$T_1 = \frac{p_1}{\frac{p_2}{R_i \cdot T_2} \cdot \left(\frac{p_1}{p_2}\right)^{1/\kappa} \cdot R_i} = \frac{p_1 \cdot p_1^{-1/\kappa} \cdot T_2}{p_2 \cdot p_2^{-1/\kappa}}.$$

Gleiche Drücke zusammengefasst führt zu

$$T_1 = T_2 \cdot \left(\frac{p_1}{p_2}\right)^{\frac{\kappa - 1}{\kappa}}.$$

Lösungsschritte – Fall 4

Zur Ermittlung des **Laval-Durchmessers D_L** werden zwei Ansätze des engsten Strömungsquerschnitts A_{min} in der Laval-Düse mit der dort einsetzenden Schallgeschwindigkeit benötigt. Zum einen handelt es sich um den rein geometrischen Zusammenhang,

$$A_{min} = A_L = \frac{\pi}{4} \cdot \left(D^2 - D_L^2\right),$$

der sich aus der Differenz zweier Kreisflächen darstellen lässt. Einen weiteren Zusammenhang für A_{min} leitet man bei isentroper Strömung ab zu

$$A_{min} = \dot{m} \cdot \sqrt{\frac{1}{\kappa \cdot \rho_1 \cdot p_1} \cdot \left[\frac{\kappa + 1}{2}\right]^{\frac{\kappa + 1}{2 \cdot (\kappa - 1)}}}.$$

Die Größen mit dem Index 1 sind die des Ruhezustands, hier die an der Stelle 1 im Druckbehälter. Ersetzt man die Dichte $\rho_1 = \frac{p_1}{R_i \cdot T_1}$, so gelangt man zu

$$A_{\min} = \dot{m} \cdot \sqrt{\frac{R_i \cdot T_1}{\kappa \cdot p_1 \cdot p_1}} \cdot \left[\frac{\kappa + 1}{2} \right]^{\frac{\kappa+1}{2\cdot(\kappa-1)}} .$$

Die weiter oben festgestellte Temperatur

$$T_1 = T_2 \cdot \left(\frac{p_1}{p_2} \right)^{\frac{\kappa-1}{\kappa}}$$

ergibt in $A_{\min}$ eingefügt

$$A_{\min} = \dot{m} \cdot \sqrt{\frac{R_i \cdot T_2 \cdot \left(\frac{p_1}{p_2} \right)^{\frac{\kappa-1}{\kappa}}}{\kappa \cdot p_1 \cdot p_1}} \cdot \left[\frac{\kappa + 1}{2} \right]^{\frac{\kappa+1}{2\cdot(\kappa-1)}} ,$$

und mit

$$\left(\frac{p_1}{p_2} \right)^{\frac{\kappa-1}{\kappa}} = \frac{1}{\left(\frac{p_2}{p_1} \right)^{\frac{\kappa-1}{\kappa}}}$$

führt das auf

$$A_{\min} = \dot{m} \cdot \sqrt{\frac{R_i \cdot T_2}{\kappa \cdot \frac{p_1 \cdot p_1}{p_1^{\frac{\kappa-1}{\kappa}}} \cdot p_2^{\frac{\kappa-1}{\kappa}}}} \cdot \left[\frac{\kappa + 1}{2} \right]^{\frac{\kappa+1}{2\cdot(\kappa-1)}} .$$

Gleiche Drücke zusammengefasst liefert

$$A_{\min} = \dot{m} \cdot \sqrt{\frac{R_i \cdot T_2}{\kappa \cdot p_1^{2-\frac{\kappa-1}{\kappa}} \cdot p_2^{\frac{\kappa-1}{\kappa}}}} \cdot \left[\frac{\kappa + 1}{2} \right]^{\frac{\kappa+1}{2\cdot(\kappa-1)}} .$$

Jetzt wird noch der Exponent bei p_1 mit

$$2 - \frac{\kappa - 1}{\kappa} = \frac{2 \cdot \kappa - \kappa + 1}{\kappa} = \frac{\kappa + 1}{\kappa}$$

vereinfacht und wir bekommen

$$A_{\min} = \dot{m} \cdot \sqrt{\frac{R_i \cdot T_2}{\kappa} \cdot \frac{1}{p_1^{\frac{\kappa+1}{\kappa}} \cdot p_2^{\frac{\kappa-1}{\kappa}}}} \cdot \left[\frac{\kappa + 1}{2} \right]^{\frac{\kappa+1}{2\cdot(\kappa-1)}} .$$

Die geometrische Größe

$$A_{min} = \frac{\pi}{4} \cdot \left(D^2 - D_L^2 \right)$$

wird jetzt nach dem gesuchten Durchmesser umgestellt:

$$D_L^2 = D^2 - \frac{4}{\pi} \cdot A_{min}.$$

Wird die Wurzel gezogen, erhält man (mit A_{min} von oben):

$$D_L = \sqrt{D^2 - \frac{4}{\pi} \cdot A_{min}}.$$

Lösungsschritte – Fall 5

Die Größen aus den Fällen 1–4 nehmen, wenn $D = 200\,\text{mm}$, $D_2 = 50\,\text{mm}$, $p_1 = 0{,}80\,\text{bar}$, $p_1 = 0{,}10\,\text{bar}$, $T_2 = 283\,\text{K}$, $\kappa = 1{,}40$ und $R_i = 287\,\text{N} \cdot \text{m}/(\text{kg} \cdot \text{K})$ sind, bei dimensionsgerechter Verwendung der gegebenen Zahlen die folgenden Zahlenwerte an.

$$Ma_2 = \sqrt{\frac{2}{1{,}4-1} \cdot \left[\left(\frac{0{,}8}{0{,}1} \right)^{\frac{1{,}4-1}{1{,}4}} - 1 \right]} = 2{,}01$$

$$\dot{m} = \frac{\pi}{4} \cdot \left(0{,}2^2 - 0{,}05^2 \right) \cdot 10\,000 \cdot \sqrt{2 \cdot \frac{1{,}4}{1{,}4-1} \cdot \frac{1}{287 \cdot 283} \cdot \left[\left(\frac{0{,}8}{0{,}1} \right)^{\frac{1{,}4-1}{1{,}4}} - 1 \right]}$$

$$= 2{,}463\,\text{kg/s}$$

$$T_1 = \left(\frac{0{,}8}{0{,}1} \right)^{\frac{1{,}4-1}{1{,}4}} \cdot 283 = 512{,}6\,\text{K}$$

$$A_{\min} = 2{,}463 \cdot \sqrt{\frac{287 \cdot 283}{1{,}4} \cdot \frac{1}{80\,000^{\frac{1{,}4+1}{1{,}4}} \cdot 10\,000^{\frac{1{,}4-1}{1{,}4}}}} \cdot \left(\frac{1{,}4+1}{2}\right)^{\frac{1{,}4+1}{2 \cdot (1{,}4-1)}}$$

$$= 0{,}01725\,\text{m}^2$$

$$D_{\text{L}} = \sqrt{0{,}2^2 - \frac{4}{\pi} \cdot 0{,}01725} = 0{,}134\,\text{m}$$

Aufgabe 11.12 Adiabate Rohrströmung 1

Im Fall adiabater Rohrströmungen werden die Rohrleitungen durch geeignete Maßnahmen wärmeisoliert gegenüber der Umgebung installiert. Es findet folglich kein Wärmeaustausch von innen nach außen noch in der umgekehrten Richtung statt. Reibungsverluste in der Rohrleitung führen dagegen zu einer Veränderung thermodynamischer wie auch strömungsmechanischer Größen. Bei bekannter Mach-Zahl am Rohrleitungseintritt Ma_1, Rohrleitungsdurchmesser D, konstanter Rohrreibungszahl λ sowie dem Isentropenexponent κ von Luft soll die Rohrleitungslänge L_{Grenz} ermittelt werden, an deren Ende die Schallgeschwindigkeit erreicht wird, also $c_2 = c_{2,\text{krit}} = a_2$ ist.

Lösung zu Aufgabe 11.12

Aufgabenerläuterung
Bei der Lösung der Aufgabe werden die Gesetze der stationären, kompressiblen Rohrströmung anzuwenden sein; dies für den hier gegebenen Fall adiabater, verlustbehafteter Strömung.

Gegeben:

- Luftströmung mit $\kappa = 1{,}4$; $D = 50\,\text{mm}$; $\lambda = 0{,}025$; $Ma_1 = 0{,}35$

Gesucht:
L_{Grenz}

Anmerkung
- Stelle 1 ist Beginn, Stelle 2 das Ende der Rohrleitung.

Lösungsschritte

Bei adiabater Rohrströmung lässt sich für L_{Grenz} bekanntermaßen herleiten zu

$$L_{\text{Grenz}} = \frac{D}{\lambda} \cdot \frac{\kappa+1}{2 \cdot \kappa} \cdot \left[\frac{1}{Ma_{1,\text{krit}}^2} - 1 + \ln\left(Ma_{1,\text{krit}}^2\right) \right].$$

Die einzusetzende Mach-Zahl $Ma_{1,\text{krit}}$ lautet

$$Ma_{1,\text{krit}} = \sqrt{\frac{(\kappa+1) \cdot Ma_1^2}{2 + (\kappa-1) \cdot Ma_1^2}}.$$

Mit den gegebenen Größen wird

$$Ma_{1,\text{krit}} = \sqrt{\frac{(1{,}4+1) \cdot 0{,}35^2}{2 + (1{,}4-1) \cdot 0{,}35^2}} = 0{,}379.$$

Damit erhält man

$$L_{\text{Grenz}} = \frac{0{,}05}{0{,}025} \cdot \frac{1{,}4+1}{2 \cdot 1{,}4} \cdot \left[\frac{1}{0{,}379^2} - 1 + \ln\left(0{,}379^2\right) \right].$$

Dies liefert das Ergebnis

$$L_{\text{Grenz}} = 6{,}89\,\text{m}.$$

Aufgabe 11.13 Adiabate Rohrströmung 2

Im Fall adiabater Rohrströmungen werden die Rohrleitungen durch geeignete Maßnahmen wärmeisoliert gegenüber der Umgebung installiert. Es findet folglich kein Wärmeaustausch von innen nach außen noch in umgekehrter Richtung statt. Reibungsverluste in der Rohrleitung führen dagegen zu einer Veränderung thermodynamischer wie auch strömungsmechanischer Größen. Bei bekannten Mach-Zahlen am Rohrleitungseintritt Ma_1 und Rohrleitungsaustritt Ma_2, Rohrleitungsdurchmesser D, konstanter Rohrreibungszahl λ sowie dem Isentropenexponent κ von Sauerstoff (O_2) als Fluid soll die Rohrleitungslänge L ermittelt werden, die den gegebenen Größen zugrunde liegt.

Lösung zu Aufgabe 11.13

Aufgabenerläuterung

Bei der Lösung der Aufgabe werden die Gesetze der stationären, kompressiblen Rohr-strömung anzuwenden sein; dies für den hier gegebenen Fall adiabater, verlustbehafteter Strömung im Überschallbereich.

Gegeben:

- κ; D; λ; Ma_1; Ma_2

Gesucht:

1. L
2. L, wenn $\kappa = 1{,}395$; $D = 0{,}120\,\mathrm{m}$; $\lambda = 0{,}020$; $Ma_1 = 3{,}0$; $Ma_2 = 2{,}0$

Anmerkungen

- Zwischen den Stellen 1 und 2 liegt Überschallströmung vor, da Ma_1 und Ma_2 beide > 1 sind.

Lösungsschritte – Fall 1

Bei adiabater Rohrströmung lässt sich für die **Rohrleitungslänge** L folgender Zusam-menhang herleiten:

$$L = \frac{D}{\lambda} \cdot \left[\frac{1}{\kappa \cdot Ma_1^2} \cdot \left(1 + \frac{\kappa - 1}{2} \cdot Ma_1^2 \right) \cdot \left(1 - \frac{c_1^2}{c_2^2} \right) + \frac{\kappa + 1}{2 \cdot \kappa} \cdot \ln \left(\frac{c_1^2}{c_2^2} \right) \right].$$

Das hierin enthaltene Geschwindigkeitsverhältnis c_1^2/c_2^2 muss in Zusammenhang mit den vorliegenden bekannten Größen gebracht werden. Dies lässt sich wie folgt bewerkstelli-gen. Mit $Ma_1 = \frac{c_1}{a_1}$ und $Ma_2 = \frac{c_2}{a_2}$ sowie $a_1 = \sqrt{\kappa \cdot R_i \cdot T_1}$ und $a_2 = \sqrt{\kappa \cdot R_i \cdot T_2}$ wird zunächst

$$\frac{c_1^2}{c_2^2} = \frac{Ma_1^2 \cdot a_1^2}{Ma_2^2 \cdot a_2^2} = \frac{Ma_1^2 \cdot \kappa \cdot R_i \cdot T_1}{Ma_2^2 \cdot \kappa \cdot R_i \cdot T_2}$$

oder, nach Kürzen,

$$\frac{c_1^2}{c_2^2} = \frac{Ma_1^2 \cdot T_1}{Ma_2^2 \cdot T_2}.$$

Nun fehlt noch das **Temperaturverhältnis** T_1/T_2. Bei adiabaten Rohrströmungen kann für T_1/T_2 folgender Zusammenhang ermittelt werden:

$$
\begin{aligned}
\frac{T_2}{T_1} &= 1 + \frac{\kappa - 1}{2} \cdot Ma_1^2 \cdot \left(1 - \frac{c_2^2}{c_1^2}\right) \\
&= 1 + \frac{\kappa - 1}{2} \cdot Ma_1^2 \cdot \left(1 - \frac{Ma_2^2 \cdot T_2}{Ma_1^2 \cdot T_1}\right).
\end{aligned}
$$

Ausmultipliziert liefert das

$$
\frac{T_2}{T_1} = 1 + \frac{\kappa - 1}{2} \cdot Ma_1^2 - \frac{\kappa - 1}{2} \cdot Ma_1^2 \cdot \frac{Ma_2^2 \cdot T_2}{Ma_1^2 \cdot T_1}.
$$

Nach Gliedern mit (T_2/T_1) geordnet, führt das zu

$$
\frac{T_2}{T_1} + \frac{\kappa - 1}{2} \cdot Ma_2^2 \cdot \frac{T_2}{T_1} = 1 + \frac{\kappa - 1}{2} \cdot Ma_1^2
$$

oder, zusammengefasst,

$$
\frac{T_2}{T_1} \cdot \left(1 + \frac{\kappa - 1}{2} \cdot Ma_2^2\right) = 1 + \frac{\kappa - 1}{2} \cdot Ma_1^2.
$$

Wir dividieren durch $\left(1 + \frac{\kappa-1}{2} \cdot Ma_2^2\right)$ und bekommen

$$
\frac{T_2}{T_1} = \frac{1 + \frac{\kappa-1}{2} \cdot Ma_1^2}{1 + \frac{\kappa-1}{2} \cdot Ma_2^2}.
$$

Kehrwertbildung gibt uns das Ergebnis

$$
\frac{T_1}{T_2} = \frac{1 + \frac{\kappa-1}{2} \cdot Ma_2^2}{1 + \frac{\kappa-1}{2} \cdot Ma_1^2}.
$$

Dies liefert dann den gesuchten Zusammenhang für c_1^2/c_2^2 gemäß

$$
\frac{c_1^2}{c_2^2} = \frac{Ma_1^2}{Ma_2^2} \cdot \frac{1 + \frac{\kappa-1}{2} \cdot Ma_2^2}{1 + \frac{\kappa-1}{2} \cdot Ma_1^2}.
$$

In die Gleichung für die gesuchte Länge L eingesetzt lässt sich diese jetzt bestimmen.

Lösungsschritte – Fall 2

Zum Wert der Länge L bei $\kappa = 1{,}395$, $D = 0{,}120\,\text{m}$, $\lambda = 0{,}020$, $Ma_1 = 3{,}0$ und $Ma_2 = 2{,}0$ kommen wir, sofern dimensionsgerecht vorgegangen wird, über

$$\frac{c_1^2}{c_2^2} = \frac{3^2}{2^2} \cdot \frac{\left(1 + \frac{1{,}395-1}{2} \cdot 2^2\right)}{\left(1 + \frac{1{,}395-1}{2} \cdot 3^2\right)} = 1{,}45$$

und

$$L = \frac{0{,}12}{0{,}020} \cdot \left[\frac{1}{1{,}395 \cdot 3^2} \cdot \left(1 + \frac{(1{,}395-1)}{2} \cdot 3^2\right) \cdot (1 - 1{,}45) + \frac{1{,}395+1}{2 \cdot 1{,}395} \cdot \ln(1{,}45)\right]$$

$$L = 1{,}316\,\text{m}$$

Aufgabe 11.14 Isentrope Luftströmung durch Düse

Im Fall isentroper Strömungen durch Düsen werden diese mittels geeigneter Maßnahmen wärmeisoliert gegenüber der Umgebung installiert. Es findet folglich kein Wärmeaustausch von innen nach außen noch in umgekehrter Richtung statt. Weiterhin wird angenommen, dass keine Strömungsverluste vorliegen sollen. Bei bekannten Drücken am Eintritt p_1 und Austritt p_2, Eintrittsgeschwindigkeit c_1 und -dichte ρ_1 sowie -querschnitt A_1 sollen die Mach-Zahlen Ma_1 und Ma_2, die Austrittsgeschwindigkeit c_2 und der Austrittsquerschnitt A_2 ermittelt werden. Weiterhin wird der kleinstmögliche Austrittsquerschnitt $A_{2,\text{min}}$ gesucht. Als Fluid steht Luft mit dem Isentropenexponenten κ zur Verfügung.

Lösung zu Aufgabe 11.14

Aufgabenerläuterung

Bei der Lösung der Aufgabe werden die Gesetze der stationären, kompressiblen Düsenströmung anzuwenden sein; dies für den hier gegebenen Fall adiabater, verlustfreier Strömung.

Gegeben:

- $p_1 = 208\,000\,\text{Pa}$; $\rho_1 = 1{,}3\,\text{kg/m}^3$; $c_1 = 47{,}3\,\text{m/s}$; $A_1 = 0{,}10\,\text{m}^2$; $p_1 = 172\,500\,\text{Pa}$; $\kappa = 1{,}4$

Gesucht:

1. Ma_1
2. c_2
3. A_2
4. Ma_2
5. $A_{2,\text{min}}$

Lösungsschritte – Fall 1

Die *Mach*-Zahl ist definiert mit $Ma = \frac{c}{a}$. Am Düseneintritt haben wir also die **Mach-Zahl** Ma_1 zu

$$Ma_1 = \frac{c_1}{a_1} \quad \text{mit} \quad a_1 = \sqrt{\kappa \cdot \frac{p_1}{\rho_1}}.$$

Somit entsteht

$$Ma_1 = \frac{c_1}{\sqrt{\kappa \cdot \frac{p_1}{\rho_1}}}.$$

Mit den gegebenen Zahlenwerten erhält man

$$Ma_1 = \frac{47,3}{\sqrt{1,4 \cdot \frac{208\,000}{1,3}}} = 0,10.$$

Lösungsschritte – Fall 2

Bei isentroper Strömung lässt sich die **Geschwindigkeit** c_2 herleiten zu

$$c_2 = \sqrt{c_1^2 + 2 \cdot \frac{\kappa}{\kappa - 1} \cdot \frac{p_1}{\rho_1} \cdot \left[1 - \left(\frac{p_2}{p_1} \right)^{\frac{\kappa - 1}{\kappa}} \right]}.$$

Folglich wird aufgrund der gegebenen Zahlenwerte

$$c_2 = \sqrt{47,3^2 + 2 \cdot \frac{1,4}{1,4 - 1} \cdot \frac{208\,000}{1,3} \cdot \left[1 - \left(\frac{172\,500}{208\,000} \right)^{\frac{1,4-1}{1,4}} \right]}$$

oder ausgewertet

$$c_2 = 246\,\text{m/s}.$$

Lösungsschritte – Fall 3

Den **Düsenaustrittsquerschnitt** A_2 erhält man aus

$$\dot{m} = \rho_1 \cdot c_1 \cdot A_1 = \rho_2 \cdot c_2 \cdot A_2$$

durch eine einfache Umformung zu

$$A_2 = A_1 \cdot \frac{\rho_1}{\rho_2} \cdot \frac{c_1}{c_2}.$$

Hierin fehlt noch die Dichte ρ_2, die sich wie folgt ermitteln lässt: Bei isentropen Zustandsänderungen kennt man den Zusammenhang

$$\frac{p_1}{\rho_1^\kappa} = \frac{p_2}{\rho_2^\kappa}.$$

Umgestellt folgt zunächst

$$\frac{\rho_2^\kappa}{\rho_1^\kappa} = \frac{p_2}{p_1}$$

oder, mit ρ_1^κ multipliziert,

$$\rho_2^\kappa = \rho_1^\kappa \cdot \frac{p_2}{p_1}.$$

Mit $(1/\kappa)$ potenziert wird daraus

$$\rho_2 = \rho_1 \cdot \left(\frac{p_2}{p_1} \right)^{1/\kappa}.$$

Und oben eingesetzt führt es auf

$$A_2 = A_1 \cdot \left(\frac{p_1}{p_2} \right)^{1/\kappa} \cdot \frac{c_1}{c_2}$$

und wir bekommen aufgrund der bekannten Zahlenwerte

$$A_2 = 0{,}10 \cdot \left(\frac{208\,000}{172\,500} \right)^{\frac{1}{1{,}4}} \cdot \frac{47{,}3}{246} = 0{,}022\,\mathrm{m}^2$$

Lösungsschritte – Fall 4

Am Düseneintritt lautet haben wir die **Mach-Zahl** $Ma_2 = \frac{c_2}{a_2}$, wobei $a_2 = \sqrt{\kappa \cdot \frac{p_2}{\rho_2}}$. Somit entsteht

$$Ma_2 = \frac{c_2}{\sqrt{\kappa \cdot \frac{p_2}{\rho_2}}}.$$

Mit

$$\rho_2 = \rho_1 \cdot \left(\frac{p_2}{p_1}\right)^{1/\kappa}$$

(s. o.) folgt nach Auswertung

$$\rho_2 = 1,3 \cdot \left(\frac{172\,500}{208\,000}\right)^{\frac{1}{1,4}} = 1,137 \frac{\text{kg}}{\text{m}^3}.$$

Dann ergibt sich

$$Ma_2 = \frac{c_2}{\sqrt{\kappa \cdot \frac{p_2}{\rho_2}}} = \frac{246}{\sqrt{1,4 \cdot \frac{172\,500}{1,137}}} = 0,534$$

Lösungsschritte – Fall 5

Die **kleinstmögliche Fläche** $A_{2,\text{min}}$ erhält man, wenn bei 2 die Schallgeschwindigkeit a_2 erreicht wird, wobei die Eintrittsbedingungen beibehalten werden sollen, der Druck p_2 bei 2 (u. a.) sich aber ändert. Mit der Kontinuität

$$\dot{m} = \rho_1 \cdot c_1 \cdot A_1 = \rho_{2,\text{min}} \cdot c_L \cdot A_{2,\text{min}}$$

ergibt sich nach Umformung

$$A_{2,\text{min}} = A_1 \cdot \frac{c_1}{c_L} \cdot \frac{\rho_1}{\rho_{2,\text{min}}}.$$

Die noch fehlende Laval-Geschwindigkeit c_L und Minimal-Dichte $\rho_{2,min}$ müssen wie folgt ermittelt werden.

Mit $Ma_2 = 1{,}0$ (Schallgeschwindigkeit) wird $c_2 = a_2 = c_L$. Die **Laval-Geschwindigkeit** c_L lässt sich bei isentroper Düsenströmung herleiten zu

$$c_L = \sqrt{\frac{2 \cdot \kappa}{\kappa - 1} \cdot \frac{p_1}{\rho_1}}.$$

Mit o. g. Größen erhalten wir

$$c_L = \sqrt{\frac{2 \cdot 1{,}4}{1{,}4 - 1} \cdot \frac{208\,000}{1{,}3}} = 432\,\text{m/s}$$

Die **Minimal-Dichte** $\rho_{2,min}$ im Querschnitt $A_{2,min}$ bei Schallgeschwindigkeit ($c_2 = a_2 = c_L$) erhält man gemäß

$$\rho_{2,min} = \rho_1 \cdot \left(\frac{p_2 = p_L}{p_1} \right)^{1/\kappa},$$

wobei $p_2 = p_L$ den sog. Laval-Druck darstellt. Dieser **Laval-Druck** p_L lässt sich bei isentroper Düsenströmung ermitteln zu

$$p_L = p_1 \cdot \left(\frac{2}{\kappa + 1} \right)^{\frac{\kappa}{\kappa - 1}}.$$

Mit dem bekannten Zahlenmaterial folgt

$$p_L = 208\,000 \cdot \left(\frac{2}{1{,}4 + 1} \right)^{\frac{1{,}4}{1{,}4 - 1}} = 109\,883\,\text{Pa}.$$

Der Druck $p_L = p_2 = 109\,883$ Pa ist der neue Druck bei 2 im Fall der dort vorliegenden Schallgeschwindigkeit $c_2 = a_2 = c_L$. Die gesuchte Dichte $\rho_{2,\text{min}}$ lautet jetzt mit dem vollständigen Zahlenmaterial

$$\rho_{2,\text{min}} = 1{,}3 \cdot \left(\frac{109\,883}{208\,000}\right)^{\frac{1}{1{,}4}} = 0{,}824\,\frac{\text{kg}}{\text{m}^3}.$$

Man erhält für $A_{2,\text{min}}$ als gesuchten Mindestquerschnitt

$$A_{2,\text{min}} = 0{,}10 \cdot \frac{1{,}3}{0{,}824} \cdot \frac{47{,}3}{432} = 0{,}0173\,\text{m}^2$$

Aufgabe 11.15 Isentrope Luftströmung durch Diffusor

Im Fall isentroper Strömungen durch Diffusoren werden diese mittels geeigneter Maßnahmen wärmeisoliert gegenüber der Umgebung installiert (Abb. 11.10). Es findet folglich kein Wärmeaustausch von innen nach außen noch in umgekehrter Richtung statt. Weiterhin wird angenommen, dass keine Strömungsverluste vorliegen sollen. Bei bekannten Drücken am Eintritt p_1 und Austritt p_2, Eintrittsgeschwindigkeit c_1 und Eintrittstemperatur T_1 sollen der Austrittsdruck p_2, die Austrittsgeschwindigkeit c_2 und die Austrittstemperatur T_2 ermittelt werden. Als Fluid steht Luft mit dem Isentropenexponenten κ und der Gaskonstanten R_i zur Verfügung.

Lösung zu Aufgabe 11.15

Aufgabenerläuterung

Bei der Lösung der Aufgabe werden die Gesetze der stationären, kompressiblen Diffusorströmung anzuwenden sein; dies für den hier gegebenen Fall adiabater, verlustfreier Strömung.

Abb. 11.10 Isentrope Luftströmung durch Diffusor

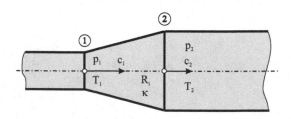

Gegeben:

- $p_1 = 34\,500\,\text{Pa}$; $p_2 = 1,3 \cdot p_1$; $c_1 = 305\,\text{m/s}$; $T_1 = 508\,\text{K}$; $\kappa = 1,4$; $R_i = 287\,\text{N} \cdot \text{m/(kg} \cdot \text{K)}$

Gesucht:

1. p_2
2. c_2
3. T_2; ϑ_2

Anmerkung

- Überprüfung, ob bei 1 Unter- oder Überschallströmung vorliegt, also ob $Ma_1 < 1$ oder $Ma_1 > 1$

Lösungsschritte – Fall 1

Zur **Überprüfung der Strömung bei 1** verwenden wir die Definition der Mach-Zahl, $Ma = \frac{c}{a}$, bzw. an der Stelle 1 des Diffusors $Ma_1 = \frac{c_1}{a_1}$. Daraus erhält man mit der dort vorhandenen Schallgeschwindigkeit

$$a_1 = \sqrt{\kappa \cdot R_i \cdot T_1}$$

die Mach-Zahl zu

$$Ma_1 = \frac{c_1}{\sqrt{\kappa \cdot R_i \cdot T_1}}.$$

Die gegebenen Zahlenwerte führen zu

$$Ma_1 = \frac{305}{\sqrt{1,4 \cdot 287 \cdot 508}} = 0,675 < 1.$$

Bei 1 liegt somit Unterschallströmung vor und wegen $1 > Ma_1 > Ma_2$ damit ebenfalls bei 2.

Der **Druck p_2** am Diffusoraustritt errechnet sich dann mit

$$p_2 = 1,3 \cdot p_1 = 1,3 \cdot 34\,500 = 44\,850\,\text{Pa}.$$

Lösungsschritte – Fall 2

Bei isentroper Strömung lässt sich die **Geschwindigkeit c_2** herleiten zu

$$c_2 = \sqrt{c_1^2 + 2 \cdot \frac{\kappa}{\kappa - 1} \cdot R_i \cdot T \cdot \left[1 - \left(\frac{p_2}{p_1}\right)^{\frac{\kappa-1}{\kappa}}\right]}.$$

Mit dem gegebenen Zahlenmaterial erhält man

$$c_2 = \sqrt{305^2 + 2 \cdot \frac{1{,}4}{1{,}4 - 1} \cdot 287 \cdot 508 \cdot \left[1 - (1{,}3)^{\frac{1{,}4-1}{1{,}4}}\right]}$$

oder ausgewertet

$$c_2 = 116{,}5\,\text{m/s}.$$

Lösungsschritte – Fall 3

Als Ansatz zur Ermittlung der **Temperatur T_2 bzw. ϑ_2** bei isentroper Zustandsänderung kennt man

$$\frac{T_2}{T_1} = \left(\frac{p_2}{p_1}\right)^{\frac{\kappa-1}{\kappa}}.$$

Umgeformt nach T_2 resultiert

$$T_2 = T_1 \cdot \left(\frac{p_2}{p_1}\right)^{\frac{\kappa-1}{\kappa}}$$

oder, mit den gegebenen Größen,

$$T_2 = 508 \cdot \left(\frac{44\,850}{34\,500}\right)^{\frac{1{,}4-1}{1{,}4}}$$

$$T_2 = 547{,}5\,\text{K} \quad \text{bzw.} \quad \vartheta_2 = 274{,}35°\text{C}.$$

Aufgabe 11.16 Stickstoffströmung aus Düse

Bei bekanntem Druck p_2 am Düsenaustritt (Stelle 2), der dort vorliegenden Austrittstemperatur ϑ_2 sowie dem Isentropenexponenten κ und der spezifischen Gaskonstanten R_i soll zunächst die mit diesen Größen bestimmbare Schallgeschwindigkeit a_2 ermittelt werden. Des Weiteren wird dann die Frage nach dem Massenstrom $\dot{m}$ gestellt, wenn der Düsenaustrittsdurchmesser D_2 als gegebene Größe und o. g. Schallgeschwindigkeit a_2 bekannt sind.

Lösung zu Aufgabe 11.16

Aufgabenerläuterung

Bei der Lösung der Aufgabe werden die Gesetze der stationären, kompressiblen Düsenströmung anzuwenden sein.

Gegeben:

- p_2; ϑ_2; κ; R_i; D_2

Gesucht:

1. a_2
2. $\dot{m}$
3. a_2 und $\dot{m}$, wenn $p_2 = 60\,000$ Pa; $\vartheta_2 = -15\,°C$; $\kappa = 1,405$; $R_i = 296,8$ N·m/(kg · K); $D_2 = 25$ mm

---

Anmerkung

- Es wird angenommen, dass es sich es sich im vorliegenden Fall um ein ideales Gas handelt.

Lösungsschritte – Fall 1

Die **Schallgeschwindigkeit** a_2 am Düsenaustritt lässt sich ermitteln aus

$$c_2 = a_2 = \sqrt{\kappa \cdot R_i \cdot T_2},$$

wobei $T_2 = 273 + \vartheta_2$ ist.

Lösungsschritte – Fall 2

Der **Massenstrom** $\dot{m}$ lautet allgemein $\dot{m} = \rho \cdot A \cdot c = $ konstant. Am Düsenaustritt (Stelle 2) folgt

$$\dot{m} = \rho_2 \cdot A_2 \cdot c_2.$$

A_2 wird hierin mit $A_2 = \frac{\pi}{4} \cdot D_2^2$ eingesetzt. Zur Ermittlung der Gasdichte ρ_2 bietet sich die thermische Zustandsgleichung an gemäß

$$p_2 \cdot v_2 = R_i \cdot T_2.$$

Verwendet man dann noch $v_2 = 1/\rho_2$, so folgt zunächst

$$\frac{p_2}{\rho_2} = R_i \cdot T_2$$

oder, nach ρ_2 umgeformt,

$$\rho_2 = \frac{p_2}{R_i \cdot T_2}.$$

Da am Austritt $c_2 = a_2$ sein soll, lässt sich mit o. g. Ergebnis für a_2 feststellen, dass

$$c_2 = a_2 = \sqrt{\kappa \cdot R_i \cdot T_2}.$$

Diese Ergebnisse führen, in $\dot{m}$ eingesetzt, zunächst zu

$$\dot{m} = \frac{\pi}{4} \cdot D_2^2 \cdot \frac{p_2}{R_i \cdot T_2} \cdot \sqrt{\kappa \cdot R_i \cdot T_2}.$$

Es folgt als Ergebnis für den Stickstoffmassenstrom

$$\dot{m} = \frac{\pi}{4} \cdot D_2^2 \cdot \sqrt{\kappa} \cdot \frac{p_2}{\sqrt{R_i \cdot T_2}}.$$

Lösungsschritte – Fall 3

Für a_2 und $\dot{m}$ bekommen wir mit $p_2 = 60\,000\,\mathrm{Pa}$, $\vartheta_2 = -15\,°\mathrm{C}$, $\kappa = 1{,}405$, $R_i = 296{,}8\,\mathrm{N} \cdot \mathrm{m}/(\mathrm{kg} \cdot \mathrm{K})$ und $D_2 = 25\,\mathrm{mm}$ die (dimensionsgerechten) Zahlenwerte

$$a_2 = \sqrt{1{,}405 \cdot 296{,}8 \cdot (273 - 15)} = 328\,\mathrm{m/s}$$

$$\dot{m} = \frac{\pi}{4} \cdot 0{,}025^2 \cdot \sqrt{1{,}405} \cdot \frac{60\,000}{\sqrt{296{,}8 \cdot (273 - 15)}} = 0{,}126\,\mathrm{kg/s}$$

Aufgabe 11.17 Isentrope Luftströmung aus einem Behälter in eine Rohrleitung

Bei isentropen Strömungsvorgängen, wie im vorliegenden Fall angenommen, ist weder ein Wärmeaustausch über die Systemgrenzen vorhanden, noch werden Strömungsverluste berücksichtigt. Im Fall eines Druckluftbehälters mit bekanntem Innendruck und -temperatur strömt Luft isentrop in eine Rohrleitung mit einem Querschnitt A_1. Die Luftgeschwindigkeit erreicht hierbei den Wert c_1. Von der Luft sind des Weiteren κ und R_i bekannt. Gesucht werden im Rohr Druck und Temperatur, die Mach-Zahl und der Massenstrom.

Lösung zu Aufgabe 11.17

Aufgabenerläuterung

Bei der Lösung der Aufgabe werden die Gesetze der stationären, kompressiblen Strömung anzuwenden sein; dies für den hier gegebenen Fall eines adiabaten, verlustfreien Vorgangs.

Gegeben:

- p_0; T_0; A_1; c_1; κ; R_i

Gesucht:

1. p_1
2. T_1
3. Ma_1
4. $\dot{m}$
5. Fälle 1–4, wenn $p_0 = 320\,000\,\text{Pa}$; $T_0 = 490\,\text{K}$; $A_1 = 0{,}20\,\text{m}^2$; $c_1 = 600\,\text{m/s}$; $\kappa = 1{,}40$; $R_i = 287\,\text{N} \cdot \text{m}/(\text{kg} \cdot \text{K})$

Anmerkungen

- Die Größen im Behälter werden mit dem Index 0, diejenigen im Rohr mit dem Index 1 gekennzeichnet.
- Die Geschwindigkeit im Behälter lautet $c_0 = 0$.

Lösungsschritte – Fall 1

Für den **Druck p_1** leiten wir bei isentropen Strömungen zunächst folgenden Ausdruck her:

$$\frac{c_1^2}{2} - \frac{c_0^2}{2} = \frac{\kappa}{\kappa - 1} \cdot \frac{p_0}{\rho_0} \cdot \left[1 - \left(\frac{p_1}{p_0} \right)^{\frac{\kappa - 1}{\kappa}} \right].$$

Im vorliegenden Fall muss diese Gleichung schrittweise nach p_1 umgeformt werden. Mit $c_0 = 0$ im Behälter erhält man zunächst

$$\frac{c_1^2}{2} = \frac{\kappa}{\kappa - 1} \cdot \frac{p_0}{\rho_0} \cdot \left[1 - \left(\frac{p_1}{p_0} \right)^{\frac{\kappa - 1}{\kappa}} \right].$$

Multipliziert man jetzt diese Gleichung mit

$$\frac{\kappa - 1}{\kappa} \cdot \frac{1}{p_0/\rho_0}$$

und vertauscht außerdem die Seiten, so führt dies zu

$$1 - \left(\frac{p_1}{p_0} \right)^{\frac{\kappa - 1}{\kappa}} = \frac{c_1^2}{2} \cdot \frac{\kappa - 1}{\kappa} \cdot \frac{1}{p_0/\rho_0}$$

oder nochmals umgestellt

$$\left(\frac{p_1}{p_0} \right)^{\frac{\kappa - 1}{\kappa}} = 1 - \frac{c_1^2}{2} \cdot \frac{\kappa - 1}{\kappa} \cdot \frac{1}{p_0/\rho_0}.$$

Hierin fehlt noch (p_0/ρ_0). Diesen Quotienten erhält man aus der thermischen Zustandsgleichung $p_0 \cdot v_0 = R_i \cdot T_0$ mit $v_0 = 1/\rho_0$ zu

$$\frac{p_0}{\rho_0} = R_i \cdot T_0.$$

Somit wird jetzt

$$\left(\frac{p_1}{p_0} \right)^{\frac{\kappa - 1}{\kappa}} = 1 - \frac{c_1^2}{2} \cdot \frac{\kappa - 1}{\kappa} \cdot \frac{1}{R_i \cdot T_0}.$$

Potenzieren mit $\left(\frac{\kappa}{\kappa - 1} \right)$ liefert

$$\frac{p_1}{p_0} = \left(1 - \frac{c_1^2}{2} \cdot \frac{\kappa - 1}{\kappa} \cdot \frac{1}{R_i \cdot T_0} \right)^{\frac{\kappa}{\kappa - 1}}.$$

Hieraus folgt als Ergebnis

$$p_1 = p_0 \cdot \left(1 - \frac{c_1^2}{2} \cdot \frac{\kappa - 1}{\kappa} \cdot \frac{1}{R_i \cdot T_0} \right)^{\frac{\kappa}{\kappa - 1}}.$$

Lösungsschritte – Fall 2

Aus der thermischen Zustandsgleichung $\frac{p_1}{\rho_1} = R_i \cdot T_1$ lässt sich die **Temperatur T_1** angeben mit

$$T_1 = \frac{p_1}{\rho_1 \cdot R_i}.$$

Die noch benötigte Dichte ρ_1 an der Stelle 1 erhält man wie folgt: Bei isentroper Zustandsänderung ist bekanntermaßen

$$\frac{p_1}{\rho_1^\kappa} = \frac{p_0}{\rho_0^\kappa}$$

oder umgeformt dann

$$\rho_1^\kappa = \rho_0^\kappa \cdot \frac{p_1}{p_0}.$$

Mit $(1/\kappa)$ potenziert führt das weiterhin zu

$$\rho_1 = \rho_0 \cdot \left(\frac{p_1}{p_0}\right)^{1/\kappa}.$$

Es fehlt noch die **Dichte ρ_0**. Aus

$$\frac{p_0}{\rho_0} = R_i \cdot T_0$$

(s. o.) lässt sich durch Umstellen die Dichte ρ_0 angeben mit

$$\rho_0 = \frac{p_0}{R_i \cdot T_0}.$$

Oben in ρ_1 eingesetzt erhält man

$$\rho_1 = \frac{p_0}{R_i \cdot T_0} \cdot \left(\frac{p_1}{p_0}\right)^{1/\kappa}$$

oder auch

$$\rho_1 = \frac{1}{R_i \cdot T_0} \cdot \frac{p_0}{p_0^{1/\kappa}} \cdot p_1^{1/\kappa}.$$

Weiter umgeformt entsteht

$$\rho_1 = \frac{1}{R_i \cdot T_0} \cdot p_0^{\frac{\kappa-1}{\kappa}} \cdot p_1^{\frac{1}{\kappa}}.$$

Die Temperatur T_1 ist mit den jetzt bekannten Größen p_1 (s. o.) und ρ_1 (s. o.) bestimmbar.

Lösungsschritte – Fall 3

Allgemein ist $Ma = \frac{c}{a}$ und somit die **Mach-Zahl an der Stelle 1** $Ma_1 = \frac{c_1}{a_1}$. Da die Geschwindigkeit c_1 vorgegeben ist, muss lediglich die Schallgeschwindigkeit bei 1 ermittelt werden. Sie lautet

$$a_1 = \sqrt{\kappa \cdot R_i \cdot T_1}.$$

Mit der bekannten Temperatur ist folglich auch die Mach-Zahl Ma_1 festgelegt.

Lösungsschritte – Fall 4

Der **Massenstrom** $\dot{m}$ ist nun über die erforderlichen Größen an der Stelle 1 leicht zu ermitteln aus

$$\dot{m} = \rho_1 \cdot c_1 \cdot A_1.$$

Lösungsschritte – Fall 5

Wenn $p_0 = 320\,000\,\text{Pa}$, $T_0 = 490\,\text{K}$, $A_1 = 0{,}20\,\text{m}^2$, $c_1 = 600\,\text{m/s}$, $\kappa = 1{,}40$ und $R_i = 287\,\text{N} \cdot \text{m}/(\text{kg} \cdot \text{K})$ vorgegeben sind, bekommen wir bei dimensionsgerechter Rechnung folgende Zahlenwerte für die gefragten Größen:

$$p_1 = 320\,000 \cdot \left(1 - \frac{600^2}{2} \cdot \frac{1{,}40 - 1}{1{,}40} \cdot \frac{1}{287 \cdot 490}\right)^{\frac{1{,}40}{1{,}40 - 1}}$$

$$p_1 = 65\,040\,\text{Pa}$$

Wir haben weiterhin $T_1 = \frac{65\,040}{\rho_1 \cdot 287}$ mit

$$\rho_1 = \frac{1}{287 \cdot 490} \cdot 320\,000^{\frac{0.4}{1,4}} \cdot 65\,040^{\frac{1}{1,4}} = 0,729\,\text{kg/m}^3.$$

Damit ist

$$T_1 = \frac{65\,040}{0,729 \cdot 287} = 310,9\,\text{K}.$$

$$Ma_1 = \frac{600}{\sqrt{1,4 \cdot 287 \cdot 310,9}} = 1,698$$

$$\dot{m} = 0,729 \cdot 600 \cdot 0,20 = \dot{m} = 87,48\,\text{kg/s}$$

Aufgabe 11.18 Druckbehälter mit Düsenaustritt

Bei isentropen Strömungsvorgängen, wie im vorliegenden Fall angenommen, ist weder ein Wärmeaustausch über die Systemgrenzen vorhanden, noch werden Strömungsverluste berücksichtigt. Im Beispiel des gemäß Abb. 11.11 dargestellten Druckluftbehälters mit bekannter Innentemperatur strömt Luft stationär durch eine Düse in atmosphärische Umgebung. Die Luftgeschwindigkeit erreicht hierbei am Düsenaustritt den Wert c_1. Von der Luft sind des Weiteren κ und R_i bekannt. Außerdem ist die Messflüssigkeitshöhe Δh in einem am Behälter angeschlossenen U-Rohr-Manometer gegeben. Gesucht werden die Drücke im Behälter und am Düsenaustritt ebenso wie die dort vorhandenen Luftdichten. Weiterhin sollen die Schallgeschwindigkeit und die Mach-Zahl am Austritt der Düse ermittelt werden.

Lösung zu Aufgabe 11.18

Aufgabenerläuterung
Bei der Lösung der Aufgabe werden die Gesetze der stationären, kompressiblen Strömung anzuwenden sein; dies für den hier gegebenen Fall eines adiabaten, verlustfreien Vorgangs.

Abb. 11.11 Druckbehälter mit Düsenaustritt

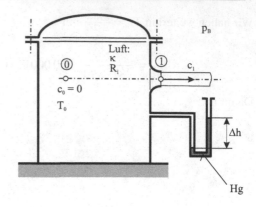

Gegeben:

- T_0; κ; R_i; c_1; Δh; ρ_Hg

Gesucht:

1. p_0
2. ρ_0
3. ρ_1
4. a_0
5. Ma_1
6. Fälle 1–5, wenn $T_0 = 300\,\mathrm{K}$; $\kappa = 1{,}4$; $R_\mathrm{i} = 287\,\mathrm{N} \cdot \mathrm{m/(kg \cdot K)}$; $c_1 = 240\,\mathrm{m/s}$; $\Delta h = 0{,}30\,\mathrm{m}$; $\rho_\mathrm{Hg} = 13\,600\,\mathrm{kg/m^3}$

Anmerkungen

- Die Größen im Behälter werden mit dem Index 0, diejenigen am Düsenaustritt mit dem Index 1 gekennzeichnet.
- Die Geschwindigkeit im Behälter lautet $c_0 = 0$.
- Als Messflüssigkeit im U-Rohr-Manometer wird Quecksilber (Hg) verwendet.

Lösungsschritte – Fall 1

Über den **Druck** p_0 kennen wir bei isentroper Strömung von 0 nach 1 den folgenden Zusammenhang:

$$\frac{c_1^2}{2} - \frac{c_0^2}{2} = \frac{\kappa}{\kappa - 1} \cdot \frac{p_0}{\rho_0} \cdot \left[1 - \left(\frac{p_\mathrm{B}}{p_0} \right)^{\frac{\kappa - 1}{\kappa}} \right].$$

Im vorliegenden Fall muss diese Gleichung schrittweise nach p_0 umgeformt werden. Mit $c_0 = 0$ und $p_1 = p_B$ folgt zunächst

$$\frac{c_1^2}{2} = \frac{\kappa}{\kappa - 1} \cdot \frac{p_0}{\rho_0} \cdot \left[1 - \left(\frac{p_B}{p_0} \right)^{\frac{\kappa-1}{\kappa}} \right].$$

Multiplizieren mit

$$\frac{\kappa - 1}{\kappa} \cdot \frac{1}{p_0/\rho_0}$$

und Vertauschen der Seiten liefert

$$1 - \left(\frac{p_B}{p_0} \right)^{\frac{\kappa-1}{\kappa}} = \frac{c_1^2}{2} \cdot \frac{\kappa - 1}{\kappa} \cdot \frac{1}{p_0/\rho_0}.$$

Hierin fehlt noch der Quotient (p_0/ρ_0): Aus der thermischen Zustandsgleichung $p_0 \cdot v_0 = R_i \cdot T_0$ mit $v_0 = 1/\rho_0$ folgt

$$\frac{p_0}{\rho_0} = R_i \cdot T_0.$$

In o. g. Gleichung eingesetzt führt das zunächst zu

$$1 - \left(\frac{p_B}{p_0} \right)^{\frac{\kappa-1}{\kappa}} = \frac{c_1^2}{2} \cdot \frac{\kappa - 1}{\kappa} \cdot \frac{1}{R_i \cdot T_0}.$$

Umstellen nach $\left(\frac{p_B}{p_0} \right)^{\frac{\kappa-1}{\kappa}}$ ergibt

$$\left(\frac{p_B}{p_0} \right)^{\frac{\kappa-1}{\kappa}} = 1 - \frac{c_1^2}{2} \cdot \frac{\kappa - 1}{\kappa} \cdot \frac{1}{R_i \cdot T_0},$$

dann liefert Potenzieren mit $\left(\frac{\kappa}{\kappa-1} \right)$ den Ausdruck

$$\frac{p_B}{p_0} = \left(1 - \frac{c_1^2}{2} \cdot \frac{\kappa - 1}{\kappa} \cdot \frac{1}{R_i \cdot T_0} \right)^{\frac{\kappa}{\kappa-1}}.$$

Hieraus folgt als Zwischenergebnis für p_0

$$p_0 = p_B \cdot \frac{1}{\left(1 - \frac{c_1^2}{2} \cdot \frac{\kappa-1}{\kappa} \cdot \frac{1}{R_i \cdot T_0} \right)^{\frac{\kappa}{\kappa-1}}}.$$

Der noch unbekannte Atmosphärendruck p_B lässt sich mit der U-Rohr-Manometeranzeige Δh herleiten aus $p_0 = p_B + g \cdot \rho_{Hg} \cdot \Delta h$ oder auch

$$p_B = p_0 - g \cdot \rho_{Hg} \cdot \Delta h.$$

Oben eingesetzt liefert das zunächst

$$p_0 = \left(p_0 - g \cdot \rho_{Hg} \cdot \Delta h\right) \cdot \frac{1}{\left(1 - \frac{c_1^2}{2} \cdot \frac{\kappa-1}{\kappa} \cdot \frac{1}{R_i \cdot T_0}\right)^{\frac{\kappa}{\kappa-1}}}.$$

Multiplizieren mit

$$\left(1 - \frac{c_1^2}{2} \cdot \frac{\kappa - 1}{\kappa} \cdot \frac{1}{R_i \cdot T_0}\right)^{\frac{\kappa}{\kappa-1}}$$

ergibt

$$p_0 \cdot \left(1 - \frac{c_1^2}{2} \cdot \frac{\kappa - 1}{\kappa} \cdot \frac{1}{R_i \cdot T_0}\right)^{\frac{\kappa}{\kappa-1}} = p_0 - g \cdot \rho_{Hg} \cdot \Delta h.$$

Wir ordnen nach Termen mit p_0,

$$p_0 - p_0 \cdot \left(1 - \frac{c_1^2}{2} \cdot \frac{\kappa - 1}{\kappa} \cdot \frac{1}{R_i \cdot T_0}\right)^{\frac{\kappa}{\kappa-1}} = g \cdot \rho_{Hg} \cdot \Delta h,$$

klammern aus,

$$p_0 \cdot \left[1 - \left(1 - \frac{c_1^2}{2} \cdot \frac{\kappa - 1}{\kappa} \cdot \frac{1}{R_i \cdot T_0}\right)^{\frac{\kappa}{\kappa-1}}\right] = g \cdot \rho_{Hg} \cdot \Delta h,$$

und bekommen das Ergebnis

$$p_0 = \frac{g \cdot \rho_{Hg} \cdot \Delta h}{1 - \left(1 - \frac{c_1^2}{2} \cdot \frac{\kappa-1}{\kappa} \cdot \frac{1}{R_i \cdot T_0}\right)^{\frac{\kappa}{\kappa-1}}},$$

Lösungsschritte – Fall 2

Für die **Dichte** ρ_0 folgt aus der thermischen Zustandsgleichung (s. o.) mit p_0 von oben

$$\rho_0 = \frac{p_0}{R_\mathrm{i} \cdot T_0}.$$

Lösungsschritte – Fall 3

Für die **Dichte** ρ_1 haben wir bei isentroper Zustandsänderung

$$\frac{p_0}{\rho_0^\kappa} = \frac{p_1}{\rho_1^\kappa}.$$

Mit $\rho_1 = \rho_\mathrm{B}$ und $p_1 = p_\mathrm{B}$ folgt

$$\frac{\rho_\mathrm{B}^\kappa}{\rho_0^\kappa} = \frac{p_\mathrm{B}}{p_0} \quad \text{oder} \quad \rho_\mathrm{B}^\kappa = \rho_0^\kappa \cdot \frac{p_\mathrm{B}}{p_0}.$$

Potenzieren mit $(1/\kappa)$ führt (mit p_B, p_0 und ρ_0 von oben) zu

$$\rho_\mathrm{B} = \rho_0 \cdot \left(\frac{p_\mathrm{B}}{p_0}\right)^{1/\kappa}.$$

Lösungsschritte – Fall 4

Die **Schallgeschwindigkeit** a_1 am Düsenaustritt bei 1 lautet

$$a_1 = \sqrt{\kappa \cdot \frac{p_1}{\rho_1}}.$$

Mit $p_1 = p_\mathrm{B}$ und $\rho_1 = \rho_\mathrm{B}$ folgt

$$a_1 = \sqrt{\kappa \cdot \frac{p_\mathrm{B}}{\rho_\mathrm{B}}}.$$

Lösungsschritte – Fall 5
Die **Mach-Zahl Ma_1** bei $1 \equiv B$ lautet

$$Ma_1 = \frac{c_1}{a_1}.$$

Lösungsschritte – Fall 6
Mit den gegebenen Werten $T_0 = 300\,\text{K}$, $\kappa = 1{,}4$, $R_i = 287\,\text{N}\cdot\text{m}/(\text{kg}\cdot\text{K})$, $c_1 = 240\,\text{m/s}$, $\Delta h = 0{,}30\,\text{m}$ und $\rho_{Hg} = 13\,600\,\text{kg/m}^3$ erhalten wir dimensionsgerecht gerechnet für die gesuchten Größen die folgenden Werte:

$$p_0 = \frac{9{,}81 \cdot 13\,600 \cdot 0{,}3}{1 - \left(1 - \frac{240^2}{2} \cdot \frac{1{,}4-1}{1{,}4} \cdot \frac{1}{287 \cdot 300}\right)^{\frac{1{,}4}{1{,}4-1}}}$$

$$p_0 = 135\,036\,\text{Pa}$$

$$\rho_0 = \frac{135\,036}{287 \cdot 300} = 1{,}568\,\frac{\text{kg}}{\text{m}^3}$$

$$\rho_B = 1{,}568 \cdot \left(\frac{95\,012}{135\,036}\right)^{\frac{1}{1{,}4}} = 1{,}220\,\frac{\text{kg}}{\text{m}^3}$$

$$a_1 = \sqrt{1{,}4 \cdot \frac{p_B}{1{,}22}},$$

wobei

$$p_B = p_0 - g \cdot \rho_{Hg} \cdot \Delta h = 135\,036 - 9{,}81 \cdot 13\,600 \cdot 0{,}30 = 95\,011\,\text{Pa},$$

also

$$a_1 = \sqrt{1{,}4 \cdot \frac{95\,011}{1{,}22}} = 330{,}2\,\text{m/s}$$

$$Ma_1 = \frac{240}{330{,}2} = 0{,}727$$

Aufgabe 11.19 Luftströmung aus einem Druckbehälter in ein Rohr

Gemäß Abb. 11.12 strömt Luft aus einem Druckbehälter mit hier bekanntem Druck p_0 und Temperatur T_0 durch eine Düse in eine anschließende Rohrleitung. Die Düsenströmung soll isentrop verlaufen. Die anschließende Rohrströmung erfolgt bei konstanter Temperatur (isotherm). Neben den spezifischen Luftgrößen κ und R_i sind von der Rohrleitung weiterhin die Abmessungen L und D sowie die konstante Rohrreibungszahl λ gegeben. Das Druckverhältnis p_1/p_0 liegt ebenfalls vor. Zu ermitteln sind am Rohreintritt der Druck p_1, die Geschwindigkeit c_1, die Temperatur T_1, die Dichte ρ_1 und die Mach-Zahl Ma_1. Weiterhin sollen der Massenstrom $\dot{m}$ sowie an der Stelle 2 der Rohrleitung der Druck p_2, die Geschwindigkeit c_2, die Dichte ρ_2 und die Mach-Zahl Ma_2 bestimmt werden. Schließlich stellt sich noch die Frage nach der spezifischen Wärme $q_{1;2}$, die über die Rohrwand zu- oder abgeführt wird.

Lösung zu Aufgabe 11.19

Aufgabenerläuterung
Bei der vorliegenden Aufgabe müssen zwei verschiedene thermodynamische Zustandsänderungen strömender Fluide behandelt werden. Einmal die Änderung des Zustands der

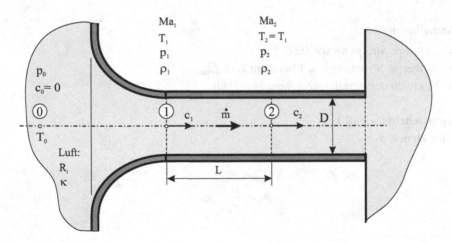

Abb. 11.12 Luftströmung aus einem Druckbehälter in ein Rohr

im Behälter ruhenden Luft in den Zustand am Düsenaustritt, der gleichzeitig den Zustand am Rohreintritt darstellt. Die Änderung wird isentrop angenommen, d. h., es findet hierbei keine Wärmezufuhr noch Wärmeabfuhr statt. Ebenso werden die Verluste vernachlässigt. Nach dem Eintritt in die nachfolgende Rohrleitung bleibt die Temperatur im Rohr durch Austausch von Wärmeenergie mit der Umgebung auf einem konstanten Wert $T_1 = T_2$. Dies hat zur Folge, dass der Strömungsvorgang im Rohr isotherm abläuft und die entsprechenden Gesetzmäßigkeiten anzuwenden sind.

Gegeben:

- $p_0 = 200\,000\,\text{Pa}$; $T_0 = 300\,\text{K}$; $p_1/p_0 = 0{,}80$; $\kappa = 1{,}4$; $R_i = 287\,\text{N} \cdot \text{m}/(\text{kg} \cdot \text{K})$; $\lambda = 0{,}02$; $D = 0{,}10\,\text{m}$; $L = 1{,}50\,\text{m}$

Gesucht:
p_1, die Geschwindigkeit c_1, die Temperatur T_1, die Dichte ρ_1 und die Mach-Zahl Ma_1.

1. p_1
2. c_1
3. T_1
4. ρ_1
5. Ma_1
6. $\dot{m}$
7. c_2
8. ρ_2
9. p_2
10. Ma_2
11. $q_{1;2}$

Anmerkungen

- isentrope Strömung von 0 bis 1
- isotherme Strömung von 1 bis 2 mit $L < L_{\text{max}}$
- Startwert der Iterationsrechnung $\frac{c_1}{c_2} \geq 0{,}80$

Lösungsschritte – Fall 1
Für den **Druck p_1**,

$$p_1 = \frac{p_1}{p_0} \cdot p_0,$$

folgt mit den gegebenen Größen

$$p_1 = 0{,}8 \cdot 200\,000 = 160\,000\,\text{Pa}$$

Lösungsschritte – Fall 2

Für die **Geschwindigkeit c_1** kennt man bei isentroper Strömung den folgenden Zusammenhang zwischen 0 und 1:

$$c_1 = \sqrt{c_0^2 + 2 \cdot \frac{\kappa}{\kappa - 1} \cdot \frac{p_0}{\rho_0} \cdot \left[1 - \left(\frac{p_1}{p_0}\right)^{\frac{\kappa-1}{\kappa}}\right]}.$$

Im vorliegenden Fall ist $c_0 = 0$. Weiterhin kann man mit der thermischen Zustandsgleichung $p_0 \cdot v_0 = R_i \cdot T_0$ mit $v_0 = 1/\rho_0$ die Gleichung wie folgt umschreiben:

$$c_1 = \sqrt{2 \cdot \frac{\kappa}{\kappa - 1} \cdot R_i \cdot T_0 \cdot \left[1 - \left(\frac{p_1}{p_0}\right)^{\frac{\kappa-1}{\kappa}}\right]}.$$

Die Zahlenwerte führen eingesetzt auf

$$c_1 = \sqrt{2 \cdot \frac{1{,}4}{1{,}4 - 1} \cdot 287 \cdot 300 \cdot \left[1 - 0{,}8^{\frac{1{,}4-1}{1{,}4}}\right]}.$$

Als Ergebnis erhält man

$$c_1 = 193\,\text{m/s}$$

Lösungsschritte – Fall 3

Die thermische Zustandsgleichung an den Stellen 0 und 1 angewendet liefert für die **Temperatur T_1**

$$\frac{p_0}{\rho_0} = R_i \cdot T_0 \quad \text{und} \quad \frac{p_1}{\rho_1} = R_i \cdot T_1.$$

Hieraus entsteht

$$\frac{p_0}{\rho_0} \cdot \frac{1}{T_0} = \frac{p_1}{\rho_1} \cdot \frac{1}{T_1}$$

oder auch

$$T_1 = T_0 \cdot \frac{p_1}{p_0} \cdot \frac{\rho_0}{\rho_1}.$$

Im Fall der hier vorausgesetzten isentropen Zustandsänderung gilt u. a. $p \cdot v^\kappa = $ konstant und somit auch

$$\frac{p_0}{\rho_0^\kappa} = \frac{p_1}{\rho_1^\kappa}.$$

Umgeformt ergibt sich

$$\frac{\rho_0^\kappa}{\rho_1^\kappa} = \frac{p_0}{p_1}.$$

Potenzieren mit $(1/\kappa)$ führt zu

$$\frac{\rho_0}{\rho_1} = \left(\frac{p_0}{p_1}\right)^{1/\kappa}.$$

Oben eingesetzt liefert zunächst

$$T_1 = T_0 \cdot \frac{p_1}{p_0} \cdot \left(\frac{p_0}{p_1}\right)^{1/\kappa}$$

$$= T_0 \cdot \frac{p_1}{p_0} \cdot \frac{1}{\left(\frac{p_1}{p_0}\right)^{1/\kappa}}$$

bzw.

$$T_1 = T_0 \cdot \left(\frac{p_1}{p_0}\right)^{\frac{\kappa-1}{\kappa}}.$$

Mit dem vorhandenen Zahlenmaterial heißt das

$$T_1 = 300 \cdot (0{,}8)^{\frac{1{,}4-1}{1{,}4}}$$

bzw.

$$T_1 = T_2 = 281{,}5\,\text{K}.$$

Lösungsschritte – Fall 4

Mit $\frac{p_1}{\rho_1} = R_i \cdot T_1$ umgeformt nach der **Dichte** ρ_1 erhält man

$$\rho_1 = \frac{p_1}{R_i \cdot T_1}.$$

Somit wird dann

$$\rho_1 = \frac{160\,000}{287 \cdot 281,5} = 1,980 \frac{\text{kg}}{\text{m}^3}.$$

Lösungsschritte – Fall 5

Für die **Mach-Zahl** Ma_1 haben wir den Ausdruck $Ma_1 = \frac{c_1}{a_1}$ sowie die bekannte Geschwindigkeit $c_1 = 193\,\text{m/s}$ und die Schallgeschwindigkeit

$$a_1 = \sqrt{\kappa \cdot R_i \cdot T_1} = \sqrt{1,4 \cdot 287 \cdot 281,5} = 336,3\,\text{m/s}.$$

Damit bekommen wir

$$Ma_1 = \frac{193}{336,3} = 0,574.$$

Lösungsschritte – Fall 6

Der **Massenstrom** $\dot{m}$ lässt sich gemäß $\dot{m} = \rho \cdot c \cdot A$, bzw. an der Stelle 1

$$\dot{m} = \rho_1 \cdot c_1 \cdot A,$$

mit $A = \frac{\pi}{4} \cdot D^2$ wie folgt berechnen:

$$\dot{m} = \rho_1 \cdot c_1 \cdot \frac{\pi}{4} \cdot D^2 = 1,98 \cdot 193 \cdot \frac{\pi}{4} \cdot 0,10^2.$$

Das Ergebnis lautet

$$\dot{m} = 3,00\,\text{kg/s}.$$

Lösungsschritte – Fall 7

Für die **Geschwindigkeit** c_2 lässt sich bei isothermer Rohrströmung, wobei die Rohrreibungsverluste mit berücksichtigt werden, der folgende Zusammenhang herleiten:

$$\lambda \cdot \frac{L}{D} = \frac{1}{\kappa \cdot Ma_1^2} \cdot \left(1 - \frac{c_1^2}{c_2^2}\right) + \ln\left(\frac{c_1^2}{c_2^2}\right).$$

Im Unterschallbereich, wenn also $Ma_1 < 1$ ist, nimmt die Geschwindigkeit über die Länge L von c_1 auf c_2 zu. Dies bedeutet, dass $c_1/c_2 < 1$ ist. Bei gegebenen Rohrabmessungen L und D sowie konstanter Rohrreibungszahl λ lässt sich das Geschwindigkeitsverhältnis c_1/c_2 nur iterativ aus der oben angegebenen Gleichung bestimmen. Bei vorliegender Geschwindigkeit c_1 lautet dann die gesuchte Geschwindigkeit

$$c_2 = \frac{c_1}{c_1/c_2}.$$

Voraussetzung ist noch, dass die Mach-Zahl Ma_1 am Beginn der Rohrleitung gleichfalls bekannt ist. Zum Iterationsvorgang muss o. g. Gleichung folgendermaßen umgeformt werden:

$$\lambda \cdot \frac{L}{D} \cdot \kappa \cdot Ma_1^2 = 1 - \frac{c_1^2}{c_2^2} + \kappa \cdot Ma_1^2 \cdot \ln\left(\frac{c_1^2}{c_2^2}\right).$$

Umgestellt nach Gliedern mit $\frac{c_1^2}{c_2^2}$ folgt

$$\frac{c_1^2}{c_2^2} - \kappa \cdot Ma_1^2 \cdot \ln\left(\frac{c_1^2}{c_2^2}\right) = 1 - \lambda \cdot \frac{L}{D} \cdot \kappa \cdot Ma_1^2.$$

Unter Verwendung der bekannten und berechneten Größen erhält man

$$\frac{c_1^2}{c_2^2} - 1{,}4 \cdot 0{,}574^2 \cdot \ln\left(\frac{c_1^2}{c_2^2}\right) = 1 - 0{,}02 \cdot 0{,}10 \cdot 1{,}4 \cdot 0{,}574^2$$

oder ausgewertet

$$\frac{c_1^2}{c_2^2} - 0{,}4613 \cdot \ln\left(\frac{c_1^2}{c_2^2}\right) = 0{,}8616.$$

Die Iteration soll bei $\frac{c_1}{c_2} = 0{,}80$ beginnen.

$\frac{c_1}{c_2}$	$\frac{c_1^2}{c_2^2} - 0{,}4613 \cdot \ln\left(\frac{c_1^2}{c_2^2}\right)$		Rechte Gleichungsseite
0,80	0,8459	<	0,8616
0,82	0,8555	<	0,8616
0,83	0,8608	<	0,8616
0,84	0,8665	>	0,8616
usw.	usw.		
0,832	**0,8619**	$\approx$	**0,8616**

Das Ergebnis lautet folglich

$$\frac{c_1}{c_2} = 0{,}832.$$

Für die Geschwindigkeit c_2 erhält man

$$c_2 = \frac{c_1}{c_1/c_2} = \frac{193}{0{,}832} = 232\,\text{m/s}.$$

Lösungsschritte – Fall 8
Die gesuchte **Dichte** ρ_2 an der Stelle 2 kann mit dem Massenstrom $\dot{m} = \rho_2 \cdot c_2 \cdot \frac{\pi}{4} \cdot D^2$ durch Umstellen berechnet werden

$$\rho_2 = \frac{4 \cdot \dot{m}}{\pi \cdot D^2 \cdot c_2}.$$

Auch hier werden die Zahlenwerte eingesetzt:

$$\rho_2 = \frac{4 \cdot 3{,}001}{\pi \cdot 0{,}1^2 \cdot 232} = 1{,}647 \frac{\text{kg}}{\text{m}^3}.$$

Lösungsschritte – Fall 9
Für den **Druck** p_2 bekommen wir mit der thermischen Zustandsgleichung $\frac{p}{\rho} = R_\text{i} \cdot T$ an den Stellen 1 und 2 und isothermer Zustandsänderung ($T_1 = T_2$) den folgenden Zusammenhang

$$\frac{p_1}{\rho_1} = \frac{p_2}{\rho_2} = R_\text{i} \cdot T.$$

Nach dem gesuchten Druck p_2 aufgelöst führt das zu

$$p_2 = p_1 \cdot \frac{\rho_2}{\rho_1}.$$

Die bekannten Werte eingesetzt liefern

$$p_2 = 160\,000 \cdot \frac{1{,}647}{1{,}980} = 13\,309\,\text{Pa}.$$

Lösungsschritte – Fall 10

Für die **Mach-Zahl** Ma_2 haben wir den Ausdruck $Ma_2 = \frac{c_2}{a_2}$ sowie die bekannte Geschwindigkeit $c_2 = 232\,\text{m}/\text{s}$ und die Schallgeschwindigkeit

$$a_2 = a_1 = \sqrt{\kappa \cdot R_i \cdot T_1} = \sqrt{1{,}4 \cdot 287 \cdot 281{,}5} = 336{,}3\,\text{m}/\text{s}.$$

Daraus erhalten wir

$$Ma_2 = \frac{232}{336{,}3} = 0{,}690.$$

Lösungsschritte – Fall 11

Schließlich gilt für die **spezifische Wärme** $q_{1;2}$ gemäß dem 1. Hauptsatz der Thermodynamik

$$q_{1;2} + w_{i_{1;2}}^{*} = (h_2 - h_1) + \frac{1}{2} \cdot \left(c_2^2 - c_1^2\right) + g \cdot (Z_2 - Z_1).$$

Mit

$$(h_2 - h_1) = c_p \cdot (T_2 - T_1)$$

und hier $T_2 = T_1$ wird

$$h_2 - h_1 = 0.$$

Bei Gasströmungen ist $g \cdot (Z_2 - Z_1) \ll$. Des Weiteren ist bei Rohrströmungen

$$w_{i_{1;2}}^{*} \left(\equiv \frac{P_{i_{1;2}}}{\dot{m}} \right) = 0,$$

da keine Arbeit zwischen 1 und 2 übertragen wird.

Es folgt

$$q_{1;2} = \frac{1}{2} \cdot \left(c_2^2 - c_1^2 \right).$$

Dies liefert für die gesuchte spezifische Wärme bei den bekannten Geschwindigkeiten das Ergebnis

$$q_{1;2} = \frac{1}{2} \cdot \left(232^2 - 193^2 \right) = 8\,288 \frac{\text{N} \cdot \text{m}}{\text{kg}}.$$

Aufgabe 11.20 Isotherme, kompressible Fluidströmung im Kreisrohr

Isotherme Strömungen kompressibler Fluide (Gase) in Rohrleitungen sind dadurch gekennzeichnet, dass durch Wärmeaustausch zwischen Fluid und Umgebung die Temperatur des Fluids konstant bleibt. Dies ist z. B. in langen, nicht isolierten Rohrleitungen, die im Erdreich verlegt sind, der Fall. Die Rohrleitungslänge kann jedoch nicht beliebig gewählt werden, sondern wird durch einen Maximalwert L_{max} begrenzt. Die Gleichung zur Bestimmung von L_{max} soll in vorliegender Aufgabe hergeleitet werden, wenn die Fluiddaten κ und R_i sowie der Rohrleitungsdurchmesser D, die Rohrreibungszahl λ und die Eintrittsgeschwindigkeit c_1 bekannt sind. Ebenfalls soll die an der Stelle 2 bei L_{max} größtmögliche Mach-Zahl $Ma_{2,\text{max}}$ ermittelt werden.

Lösung zu Aufgabe 11.20

Aufgabenerläuterung
Der Hintergrund zur Lösung der Aufgabe ist die Eulersche Bewegungsgleichung reibungsbehafteter Strömung eines newtonschen Fluids. Bei Vernachlässigung des Gravitationsterms lässt sich durch Integration zwischen den Stellen 1 und 2 in einer Rohrleitung die Gleichung der isothermen, kompressiblen Rohrströmung wie folgt herleiten

$$\lambda \cdot \frac{L}{D} = \frac{1}{\kappa \cdot Ma_1^2} \cdot \left[1 - \left(\frac{c_1}{c_2} \right)^2 \right] + \ln \left(\frac{c_1}{c_2} \right)^2.$$

Da der Term $\lambda \cdot L/D$ (mit Ma_1 und κ als Parameter) nur von c_1/c_2 abhängt, führt eine Extremwertbestimmung

$$\frac{d\,(\lambda \cdot L/D)}{d\,(c_1/c_2)} = 0$$

zur gesuchten Gleichung für $L_{\max}$ und weiterhin auf $Ma_{2,\max}$.

Gegeben:

- D; λ; c_1; $T_1 = T_2$; κ; R_i

Gesucht:

1. $L_{\max}$
2. $Ma_{2,\max}$

Anmerkungen

- isotherme, kompressible Fluidströmung in einer Rohrleitung zwischen den Stellen 1 und 2 unter Berücksichtigung der Reibungsverluste

Lösungsschritte – Fall 1

Für die **maximale Rohrleitungslänge $L_{\max}$** verwenden wir o. g. Gleichung:

$$\lambda \cdot \frac{L}{D} = \frac{1}{\kappa \cdot Ma_1^2} \cdot \left[1 - \left(\frac{c_1}{c_2}\right)^2\right] + \ln\left(\frac{c_1}{c_2}\right)^2$$

und substituieren

$$y \equiv L \cdot \frac{\lambda}{D}; \quad x \equiv \frac{c_1}{c_2}; \quad C \equiv \frac{1}{\kappa \cdot Ma_1^2}.$$

Damit erhalten wir folgende Gleichung:

$$y = C \cdot \left(1 - x^2\right) + \ln x^2.$$

Der Differenzialquotient $\frac{dy}{dx}$ lautet

$$\frac{dy}{dx} = \frac{dC}{dx} - \frac{d\left(C \cdot x^2\right)}{dx} + \frac{d\left(\ln x^2\right)}{dx}.$$

Nach dem Differenzieren folgt

$$\frac{dy}{dx} = 0 - 2 \cdot C \cdot x + \frac{2 \cdot x}{x^2} = -2 \cdot C \cdot x + \frac{2}{x}.$$

Setzt man $\frac{dy}{dx} = 0$, so erhält man

$$0 = -2 \cdot C \cdot x + \frac{2}{x}$$

oder umgestellt

$$C \cdot x = \frac{1}{x} \quad \text{oder} \quad C \cdot x^2 = 1.$$

Hieraus folgt $x^2 = \frac{1}{C}$ und letztlich

$$x = \sqrt{\frac{1}{C}}.$$

Werden x und C zurücksubstituiert, ergibt sich

$$\left(\frac{c_1}{c_2}\right)_{\max} = \sqrt{\kappa} \cdot Ma_1.$$

In die Ausgangsgleichung,

$$\lambda \cdot \frac{L}{D} = \frac{1}{\kappa \cdot Ma_1^2} \cdot \left[1 - \left(\frac{c_1}{c_2}\right)_{\max}^2\right] + \ln\left(\frac{c_1}{c_2}\right)_{\max}^2,$$

eingesetzt hat das zunächst

$$\lambda \cdot \frac{L_{\max}}{D} = \frac{1}{\kappa \cdot Ma_1^2} \cdot \left(1 - \kappa \cdot Ma_1^2\right) + \ln\left(\kappa \cdot Ma_1^2\right)$$

zur Folge. Mit (D/λ) multipliziert führt dies dann zum Ergebnis

$$L_{\max} = \frac{D}{\lambda} \cdot \left(\frac{\left(1 - \kappa \cdot Ma_1^2\right)}{\kappa \cdot Ma_1^2} + \ln\left(\kappa \cdot Ma_1^2\right)\right).$$

Lösungsschritte – Fall 2

Für die **maximale Mach-Zahl bei 2**, $Ma_{2,\text{max}}$, beginnen wir mit den Mach-Zahlen $Ma_1 = \frac{c_1}{a_1}$ und $Ma_2 = \frac{c_2}{a_2}$ oder umgeformt

$$a_1 = \frac{c_1}{Ma_1} \quad \text{und} \quad a_2 = \frac{c_2}{Ma_2}$$

sowie der Schallgeschwindigkeiten

$$a_1 = \sqrt{\kappa \cdot R_\text{i} \cdot T_1} \quad \text{und} \quad a_2 = \sqrt{\kappa \cdot R_\text{i} \cdot T_2}.$$

Daraus erhält man bei Temperaturgleichheit, $T_1 = T_2 = T$, den Ausdruck

$$a_1 = a_2 = a = \sqrt{\kappa \cdot R_\text{i} \cdot T}.$$

Dies führt zu

$$a_1 = a_2 = \frac{c_1}{Ma_1} = \frac{c_2}{Ma_2}$$

bzw. umgestellt

$$\frac{c_1}{c_2} = \frac{Ma_1}{Ma_2}.$$

Mit

$$\left(\frac{c_1}{c_2}\right)_{\text{max}} = \frac{Ma_1}{Ma_{2,\text{max}}}$$

(bei L_{max}) und

$$\left(\frac{c_1}{c_2}\right)_{\text{max}} = \sqrt{\kappa} \cdot Ma_1$$

(s. o.) liefert das zunächst

$$\frac{Ma_1}{Ma_{2,\text{max}}} = \sqrt{\kappa} \cdot Ma_1$$

und schließlich das Ergebnis

$$Ma_{2,\text{max}} = \frac{c_{2,\text{max}}}{a_2} = \frac{1}{\sqrt{\kappa}}.$$

Aufgabe 11.21 Isotherme, kompressible Luftströmung im Kreisrohr

In einer Rohrleitung soll Luft zwischen den Stellen 1 und 2 bei gleichbleibender Temperatur kompressibel strömen. Die Drücke an den beiden Stellen p_1 und p_2 sind bekannt ebenso wie die Geschwindigkeit c_1. Von der Luft kennt man die spezifische Gaskonstante R_i und die Temperatur $T_1 = T_2 = T$. Das Rohr weist den Durchmesser D auf. Zu ermitteln ist zunächst der Geschwindigkeitsenergieunterschied $\Delta(c^2)/2$. Des Weiteren sind die spezifische Wärme $q_{1;2}$, welche über die Rohrleitungsoberfläche übertragen wird, sowie der zugeordnete Wärmestrom $\dot{Q}_{1;2}$ zu bestimmen.

Lösung zu Aufgabe 11.21

Aufgabenerläuterung

Aufgrund der gegebenen Größen bietet es sich an, bei der Ermittlung von $\Delta(c^2)/2$ das Kontinuitätsgesetz und die thermische Zustandsgleichung zu verwenden. Die spezifische Wärme $q_{1;2}$ und der Wärmestrom $\dot{Q}_{1;2}$ lassen sich mittels 1. Hauptsatz der Thermodynamik feststellen.

Gegeben:

- p_1; p_2; c_1; $T_1 = T_2 = T$; R_i; D

Gesucht:

1. $\frac{\Delta(c^2)}{2} = \frac{(c_2^2 - c_1^2)}{2}$
2. $q_{1;2}$
3. $\dot{Q}_{1;2}$
4. $\frac{\Delta(c^2)}{2}$, $q_{1;2}$ und $\dot{Q}_{1;2}$, wenn $p_1 = 600\,000$ Pa; $p_2 = 200\,000$ Pa; $c_1 = 30$ m/s; $T_1 = T_2 = T = 308$ K; $R_i = 287$ N $\cdot$ m/(kg $\cdot$ K); $D = 0{,}1500$ m

---

Anmerkungen
- isotherme Luftströmung von 1 nach 2

Lösungsschritte – Fall 1

Für den **Geschwindigkeitsenergieunterschied** $\frac{\Delta(c^2)}{2} = \frac{(c_2^2 - c_1^2)}{2}$ bemerken wir, dass sich bei isothermer Rohrströmung ($T_1 = T_2 = T$ = konstant) aus dem Kontinuitätsgesetz $\dot{m} = \rho \cdot A \cdot c$ und der thermischen Zustandsgleichung $\frac{p}{\rho} = R_i \cdot T$ der anschließende Zusammenhang herleiten lässt. Mit $\dot{m} = \rho_1 \cdot A_1 \cdot c_1 = \rho_2 \cdot A_2 \cdot c_2$ bei $A_1 = A_2 = A$ entsteht daraus durch Kürzen und Umformen

$$\frac{c_2}{c_1} = \frac{\rho_1}{\rho_2} \quad \text{sowie} \quad \frac{p_1}{\rho_1} = \frac{p_2}{\rho_2} \quad \text{oder} \quad \frac{\rho_1}{\rho_2} = \frac{p_1}{p_2}$$

Hieraus erhält man

$$\frac{c_2}{c_1} = \frac{p_1}{p_2}.$$

Dies Ergebnis wird in

$$\frac{\Delta\left(c^2\right)}{2} = \frac{\left(c_2^2 - c_1^2\right)}{2} = \frac{c_1^2}{2} \cdot \left[\left(\frac{c_2}{c_1}\right)^2 - 1\right]$$

eingesetzt und liefert

$$\frac{\Delta\left(c^2\right)}{2} = \frac{c_1^2}{2} \cdot \left[\left(\frac{p_1}{p_2}\right)^2 - 1\right].$$

Lösungsschritte – Fall 2

Für die **spezifische Wärme** $q_{1;2}$ ziehen wir den 1. Hauptsatz der Thermodynamik hinzu:

$$q_{1;2} + w_{i_{1;2}}^* = (h_2 - h_1) + \frac{1}{2} \cdot \left(c_2^2 - c_1^2\right) + g \cdot (Z_2 - Z_1).$$

Im vorliegenden Fall müssen die nachstehenden Besonderheiten berücksichtigt werden. Mit $(h_2 - h_1) = c_p \cdot (T_2 - T_1)$ und hier $T_2 = T_1$ wird $h_2 - h_1 = 0$. Bei Gasströmungen ist $g \cdot (Z_2 - Z_1) <<$. Des Weiteren gilt bei Rohrströmungen

$$w_{i_{1;2}}^* \left(\equiv \frac{P_{i_{1;2}}}{\dot{m}}\right) = 0,$$

da keine Arbeit zwischen 1 und 2 übertragen wird. Es folgt somit

$$q_{1;2} = \frac{1}{2} \cdot \left(c_2^2 - c_1^2\right).$$

Mit dem o. g. Ergebnis für $\Delta(c^2)/2$ erhält man

$$q_{1;2} = \frac{c_1^2}{2} \cdot \left[\left(\frac{p_1}{p_2} \right)^2 - 1 \right].$$

Lösungsschritte – Fall 3
Der **Wärmestrom** $\dot{Q}_{1;2}$ ergibt sich mit der folgenden Überlegung. Aus $\dot{Q} = \dot{m} \cdot q$ wird zwischen 1 und 2

$$\dot{Q}_{1;2} = q_{1;2} \cdot \dot{m}.$$

Es fehlt somit nur noch $\dot{m}$. Mit $\dot{m} = \rho_1 \cdot \dot{V}_1$, $\dot{V}_1 = c_1 \cdot A_1$ sowie $A_1 = \frac{\pi}{4} \cdot D^2$ erhält man zunächst

$$\dot{m} = \rho_1 \cdot c_1 \cdot \frac{\pi}{4} \cdot D^2.$$

Die thermische Zustandsgleichung $\frac{p_1}{\rho_1} = R_\mathrm{i} \cdot T$ führt dann zu

$$\rho_1 = \frac{p_1}{R_\mathrm{i} \cdot T}.$$

Der gesuchte Massenstrom lautet folglich

$$\dot{m} = \frac{p_1}{R_\mathrm{i} \cdot T} \cdot c_1 \cdot \frac{\pi}{4} \cdot D^2.$$

In die Ausgangsgleichung eingesetzt liefert das zunächst

$$\dot{Q}_{1;2} = \frac{p_1}{R_\mathrm{i} \cdot T} \cdot c_1 \cdot \frac{\pi}{4} \cdot D^2 \cdot q_{1;2}$$

und dann das Resultat

$$\dot{Q}_{1;2} = \frac{p_1}{R_\mathrm{i} \cdot T} \cdot c_1 \cdot \frac{\pi}{4} \cdot D^2 \cdot \frac{c_1^2}{2} \cdot \left[\left(\frac{p_1}{p_2} \right)^2 - 1 \right].$$

Lösungsschritte – Fall 4

Die Größen $\frac{\Delta(c^2)}{2}$, $q_{1;2}$ und $\dot{Q}_{1;2}$ nehmen, wenn $p_1 = 600\,000\,\text{Pa}$, $p_2 = 200\,000\,\text{Pa}$, $c_1 = 30\,\text{m/s}$, $T_1 = T_2 = T = 308\,\text{K}$, $R_i = 287\,\text{N} \cdot \text{m}/(\text{kg} \cdot \text{K})$ und $D = 0,1500\,\text{m}$ gegeben sind und dimensionsgerecht gerechnet wird, die folgenden Werte an:

$$\frac{\Delta(c^2)}{2} = \frac{30^2}{2} \cdot \left[\left(\frac{600\,000}{200\,000} \right)^2 - 1 \right] = 3\,600 \frac{\text{m}^2}{\text{s}^2} \equiv 3\,600 \frac{\text{N} \cdot \text{m}}{\text{kg}}$$

$$q_{1;2} = \frac{30^2}{2} \cdot \left[\left(\frac{600\,000}{200\,000} \right)^2 - 1 \right] = 3\,600 \frac{\text{m}^2}{\text{s}^2} \equiv 3\,600 \frac{\text{N} \cdot \text{m}}{\text{kg}}$$

$$\dot{Q}_{1;2} = \frac{600\,000}{287 \cdot 308} \cdot 30 \cdot \frac{\pi}{4} \cdot 0,15^2 \cdot \frac{30^2}{2} \cdot \left[\left(\frac{600\,000}{200\,000} \right)^2 - 1 \right]$$

$$\dot{Q}_{1;2} = 12\,954\,\text{W} \equiv 12,954\,\text{kW}.$$

Aufgabe 11.22 Isotherme, kompressible Luftströmung im Graugussrohr

In einer Graugussrohrleitung soll Luft zwischen den Stellen 1 und 2 bei gleichbleibender Temperatur kompressibel strömen. Die Drücke an den beiden Stellen p_1 und p_2 sind bekannt ebenso wie der Massenstrom $\dot{m}$. Von der Luft kennt man die spezifische Gaskonstante R_i und die Temperatur $T_1 = T_2 = T$. Das Rohr weist den Durchmesser D und die Rauigkeit k_S auf. Zu ermitteln ist der R!ohrleitungslänge L, die bei den genannten Größen vorliegt.

Lösung zu Aufgabe 11.22

Aufgabenerläuterung

Bei Frage nach der Länge L zwischen den beiden Stellen 1 und 2 muss eine Gleichung der isothermen, kompressiblen Gasströmung verwendet werden, welche L mit den gegebenen Größen direkt oder indirekt verknüpft.

Gegeben:

- p_1; p_2; $\dot{m}$; $T_1 = T_2 = T$; R_i; D; k_S

Gesucht:

1. L zwischen 1 und 2
2. L zwischen 1 und 2, wenn $p_1 = 480\,000\,\text{Pa}$; $p_2 = 450\,000\,\text{Pa}$; $\dot{m} = 2{,}0\,\text{kg/s}$; $T_1 = T_2 = T = 293\,\text{K}$; $R_i = 287\,\text{N} \cdot \text{m}/(\text{kg} \cdot \text{K})$; $D = 150\,\text{mm}$; $k_S = 0{,}4\,\text{mm}$

Anmerkungen

- isotherme Luftströmung von 1 nach 2

Lösungsschritte – Fall 1

Für die **Rohrleitungslänge L** lässt sich bei isothermer Rohrströmung folgender Zusammenhang herleiten:

$$\left(p_1^2 - p_2^2\right) = \frac{\dot{m}^2 \cdot R_i \cdot T}{A^2} \cdot \left[2 \cdot \ln\left(\frac{p_1}{p_2}\right) + \lambda \cdot \frac{L}{D}\right].$$

Wir formen weiter um, um L explizit darzustellen, und erhalten zunächst

$$\frac{\left(p_1^2 - p_2^2\right) \cdot A^2}{\dot{m}^2 \cdot R_i \cdot T} = 2 \cdot \ln\left(\frac{p_1}{p_2}\right) + \lambda \cdot \frac{L}{D}$$

bzw. umgestellt

$$\lambda \cdot \frac{L}{D} = \frac{\left(p_1^2 - p_2^2\right) \cdot A^2}{\dot{m}^2 \cdot R_i \cdot T} - 2 \cdot \ln\left(\frac{p_1}{p_2}\right).$$

Nun wird mit (D/λ) multipliziert und A via $A = \frac{\pi}{4} \cdot D^2$ ersetzt. Dies liefert das Ergebnis

$$L = \cdot \frac{D}{\lambda} \cdot \left[\frac{\left(p_1^2 - p_2^2\right) \cdot \left(\frac{\pi}{4} \cdot D^2\right)^2}{\dot{m}^2 \cdot R_i \cdot T} - 2 \cdot \ln\left(\frac{p_1}{p_2}\right)\right]$$

oder, nochmals umgeformt,

$$L = \cdot \frac{D}{\lambda} \cdot \left[\frac{\pi^2}{16} \cdot D^4 \cdot \frac{p_1^2 - p_2^2}{\dot{m}^2 \cdot R_i \cdot T} - \ln\left(\frac{p_1}{p_2}\right)^2\right].$$

Die **Rohrreibungszahl** λ ist im Allgemeinen nicht konstant und es gilt

$$\lambda = f\left(Re; \frac{k_S}{D}\right).$$

λ kann dabei von Re alleine (hydraulisch glatt), nur von k_S/D (vollkommen rau) oder sowohl von Re als auch von k_S/D (Mischgebiet) abhängen. Erst durch die konkreten Werte von Re und k_S/D (Diagramm „Rohrreibungszahl nach Moody" [Abb. A.1]) lässt sich dann λ genau bestimmen.

Für die **Reynolds-Zahl** Re finden wir mit $Re = \frac{\overline{c} \cdot D}{\nu_L}$, $\overline{c} = \frac{\dot{V}}{A}$, $\dot{V} = \frac{\dot{m}}{\rho}$, $A = \frac{\pi}{4} \cdot D^2$ sowie $\rho = \frac{p}{R_i \cdot T}$ den Ausdruck

$$Re = \frac{4}{\pi} \cdot \frac{\dot{m} \cdot R_i \cdot T}{D \cdot p \cdot \nu_L},$$

wobei für die kinematische Zähigkeit an der Stelle L allgemein

$$\nu_L = f(p; T)$$

gilt.

Das **Verhältnis** k_S/D aus Durchmesser und Rauigkeit ist aufgrund der gegebenen Größen bekannt.

Lösungsschritte – Fall 2
Wenn $p_1 = 480\,000$ Pa, $p_2 = 450\,000$ Pa, $\dot{m} = 2{,}0$ kg/s, $T_1 = T_2 = T = 293$ K, $R_i = 287$ N $\cdot$ m/(kg $\cdot$ K), $D = 150$ mm und $k_S = 0{,}4$ mm gegeben sind, berechnen wir jetzt (natürlich streng dimensionsgerecht) die Rohrleitungslänge L.

Wir untersuchen dafür als Erstes die **Rohrreibungszahl** λ. Es ist allgemein $\lambda = f(Re; k_S/D)$ mit

$$Re = \frac{4}{\pi} \cdot \frac{\dot{m} \cdot R_i \cdot T}{D \cdot p \cdot \nu_L}$$

und bekanntem k_S/D.

Die kinematische Zähigkeit ν_L der Luftströmung erhält man bei $T_L = 293\,\text{K}$ aus

$$p \cdot \nu_L = 1{,}5 \quad \text{(s. Sigloch [15], Seite 396)}$$

Da die Drücke an den Stellen 1 und 2 verschieden groß sind, lassen sich zwei ν_L-Werte ($\nu_{L_1} \neq \nu_{L_2}$) wie folgt angeben:

$$\nu_{L_1} = \frac{1{,}5}{480\,000} = 3{,}125 \cdot 10^{-6}\,\frac{\text{m}^2}{\text{s}} \quad \text{und} \quad \nu_{L_2} = \frac{1{,}5}{480\,000} = 3{,}33 \cdot 10^{-6}\,\frac{\text{m}^2}{\text{s}}.$$

Weiterhin nehmen die Drücke über die Dichte an den Stellen 1 und 2 Einfluss auf die Re-Zahlen. Somit liegen zwei verschiedene Re-Zahlen ($Re_1 \neq Re_2$) vor, deren arithmetischer Mittelwert für die weiteren Berechnungen verwendet wird.

Stelle 1:

$$Re_1 = \frac{4}{\pi} \cdot \frac{2{,}0 \cdot 287 \cdot 293 \cdot 10^6}{0{,}15 \cdot 480\,000 \cdot 3{,}125} = 951\,715$$

Stelle 2:

$$Re_2 = \frac{4}{\pi} \cdot \frac{2{,}0 \cdot 287 \cdot 293 \cdot 10^6}{0{,}15 \cdot 450\,000 \cdot 3{,}33} = 952\,668$$

Die mittlere Re-Zahl lautet $\overline{Re} = \frac{1}{2} \cdot (Re_1 + Re_2)$ und folglich

$$\overline{Re} = \frac{1}{2} \cdot (951\,715 + 952\,668) = 952\,192.$$

Für k_S/D finden wir

$$\frac{k_S}{D} = \frac{0{,}4}{150} = 0{,}00267 \quad \text{oder} \quad \frac{D}{k_S} = 375.$$

Mit $\overline{Re} = 952\,192$ und $k_S/D = 0{,}00267$ befinden wir uns im Diagramm „Rohrreibungszahl nach Moody" [Abb. A.1] im **„vollkommen rauen"** Gebiet. Zur Ermittlung von λ wird das „Gesetz von Nikuradse-Karman" verwendet:

$$\lambda = \frac{1}{\left[2 \cdot \log\left(\frac{D}{k_S}\right) + 1{,}14\right]^2} = \frac{1}{\left[2 \cdot \log(375) + 1{,}14\right]^2}.$$

Als Ergebnis erhält man

$$\lambda = 0{,}0253.$$

Die gesuchte Rohrleitungslänge L berechnet sich dann schließlich zu

$$L = \frac{0{,}15}{0{,}0253} \cdot \left[\frac{\pi^2}{16} \cdot 0{,}15^4 \cdot \frac{\left(480\,000^2 - 450\,000^2\right)}{2{,}0^2 \cdot 287 \cdot 293} - \ln\left(\frac{480\,000}{450\,000}\right)^2\right]$$

oder

$$L = 152{,}8\,\text{m}.$$

Rohrreibungszahl

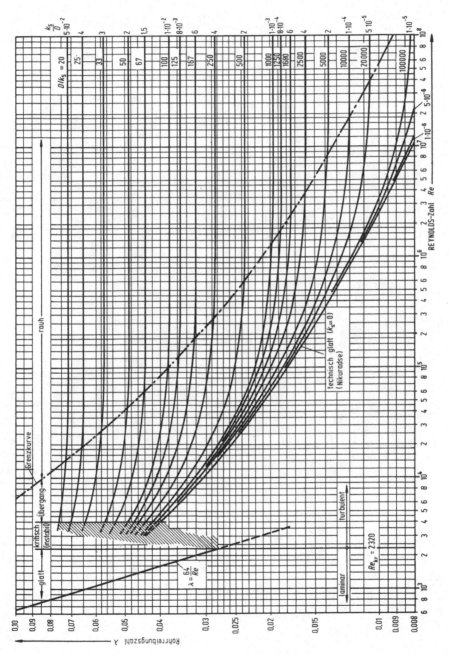

Abb. A.1 Rohrreibungszahl λ in Abhängigkeit von Re und ks/D

Literatur

1. Becker, E.: Technische Strömungslehre. Teubner, Stuttgart (1968)
2. Becker, E., Piltz, E.: Übungen zur Technischen Strömungslehre. Teubner, Stuttgart (1984)
3. Böswirth, L.: Technische Strömungslehre. Vieweg & Sohn, Wiesbaden (2010)
4. Cerbe, G., Hoffmann, H.-J.: Einführung in die Wärmelehre. Hanser, München, Wien (1990)
5. Evett, J.B.: Liu, Cheng: 2500 Solved Problems In Fluid Mechanics and Hydraulics. McGraw-Hill, New York (1989)
6. Giles, R.V., Evett, J.B.: Liu, Cheng: Fluid Mechanics and Hydraulics. McGraw-Hill, New York (1993)
7. Iben, H.K.: Strömungslehre in Fragen und Aufgaben. Teubner, Stuttgart (1997)
8. Kalide, W.: Einführung in die Technische Strömungslehre. Hanser, München (1965)
9. Käppeli, E.: Aufgabensammlung zur Fluidmechanik Teil 2. Harry Deutsch, Thun und Frankfurt a.M. (1996)
10. Krause, E.: Strömungslehre, Gasdynamik. Teubner, Stuttgart (2003)
11. Kümmel, W.: Technische Strömungsmechanik; B. Teubner, Wiesbaden (2007)
12. Merker, G.P., Baumgarten, C.: Fluid- und Wärmetransport Strömungslehre. Teubner, Stuttgart (2000)
13. Oertel, H. Jr., Böhle, M., Dohrmann, U.: Übungsbuch Strömungsmechanik. Vieweg & Sohn, Braunschweig (2010)
14. Siekmann, H.E.: Strömungslehre. Springer, Berlin, Heidelberg (2000)
15. Sigloch, H.: Technische Fluidmechanik. Springer, Berlin, Heidelberg (2005)
16. Strybny, J.: Ohne Panik Strömungsmechanik! Vieweg & Sohn, Braunschweig, Wiesbaden (2005)
17. Surek, D., Stempin, S.: Angewandte Strömungsmechanik. Teubner, Wiesbaden (2007)
18. Truckenbrodt, E.: Lehrbuch der angewandten Fluidmechanik. Springer, Berlin, Heidelberg (1988)
19. Turtur, C.W.: Prüfungstrainer Physik. Vieweg + Teubner, Wiesbaden (2009)
20. Zierep, J., Bühler, K.: Grundzüge der Strömungslehre. Vieweg + Teubner, Wiesbaden (2010)
21. Truckenbrodt, E.: Fluidmechanik Bd. 2. Springer, Berlin, Heidelberg (1999)

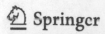

Printed in the United States
By Bookmasters